高等学校教材

无人机测绘技术及应用

Unmanned Aerial Vehicle Surveying and Mapping Technology and Application

万　刚　余旭初　布树辉
熊自明　曹雪峰　李　科　编著

测绘出版社
·北京·

内容简介

本书在系统归纳无人机测绘的基本理论和方法的基础上,重点探讨无人机任务规划、目标定位与跟踪、测绘成图、应急快速成图、基于无人机影像的三维重建和空中全景监测等相关技术及其应用。

本书适合遥感、测绘、环境监测、军事等相关领域的教师、科研人员、研究生和工程技术人员学习参考。

图书在版编目(CIP)数据

无人机测绘技术及应用 / 万刚等编著. — 北京 : 测绘出版社, 2015.12 (2019.12 重印)

ISBN 978-7-5030-3639-2

Ⅰ. ①无… Ⅱ. ①万… Ⅲ. ①无人驾驶飞机—航空摄影测量 Ⅳ. ①P231

中国版本图书馆 CIP 数据核字(2015)第 041700 号

责任编辑　吴　芸　　**封面设计**　李　伟　　**责任校对**　董玉珍

出版发行	测绘出版社	**电　　话**	010－83543965(发行部)
地　　址	北京市西城区三里河路 50 号		010－68531609(门市部)
邮政编码	100045		010－68531363(编辑部)
电子信箱	smp@sinomaps.com	**网　　址**	www.chinasmp.com
印　　刷	北京建筑工业印刷厂	**经　　销**	新华书店
成品规格	184mm×260mm		
印　　张	15	**字　　数**	372 千字
版　　次	2015 年 12 月第 1 版	**印　　次**	2019 年 12 月第 6 次印刷
印　　数	8001－11000	**定　　价**	45.00 元

书　　号　ISBN 978-7-5030-3639-2

本书如有印装质量问题,请与我社门市部联系调换。

前　言

无人机即无人驾驶飞机(unmanned aerial vehicle,UAV),是一种由动力驱动,机上无人驾驶、可重复使用的航空器。进入21世纪后,无人机用途不断扩大,已经成为一种新型的空中平台,在国民经济建设和现代战争中发挥着越来越重要的作用。因此,无人机及其相关技术研发与应用研究引起了各国的高度重视,无人机的发展进入了一个崭新的时代。

在测绘领域,仅靠卫星和有人机难以快速、及时和全方位地获取环境信息,基于无人机平台的测绘技术正是这一缺陷的有效补充手段,具有飞行高度低、分辨率高、获取数据快速等特点,能够满足实时性的要求,所获取的高分辨率遥感图像等数据对于地理信息处理和应用具有重要的意义。无人机测绘技术已经成为测绘科学与技术领域研究的热点,但由于测绘无人机飞行环境的复杂性以及无人机本身性能的限制,导致无人机测绘存在着获取数据幅宽较小、数据量巨大、重叠度不规则且倾角过大、导航定位与姿态测量系统(position and orientation system,POS)信息不够精确等问题。无人机测绘的这些特点,给传统测绘技术带来了新的挑战,必须针对无人机测绘的特点在技术和方法上有所突破和创新。

本书集中了作者及其研究团队近年来在无人机测绘领域的研究成果,在系统归纳无人机测绘的基本理论和方法的基础上,重点对无人机任务规划、目标定位与跟踪、测绘成图、应急快速成图、基于无人机影像的三维重建和空中全景监测等相关技术及其应用进行了深入的探讨。全书共分8章,第1章介绍无人机的基本概念、组成和发展现状,对无人机测绘的概念和系统组成进行论述;第2章详细介绍无人机系统的工作原理;第3章重点介绍测绘任务载荷和地面控制站等无人机测绘任务设备,归纳总结任务设备的发展方向;第4章研究无人机的任务规划,将无人机航线分为任务航线和突防航线,并给出相应的规划算法;第5章研究基于航空摄影测量作业流程的无人机测绘成图,以及在地面控制点和高精度位置姿态测量参数缺乏情况下的应急快速成图的基本理论和方法;第6章研究基于无人机序列影像的目标实时定位与跟踪技术;第7章引入计算机视觉理论,阐述基于无人机影像的地面模型三维重建技术,给出对重建模型进行地理配准的方法;第8章研究基于无人机的空中全景监测的理论和方法,并给出空中全景数据与地理空间数据融合的方法。

本书由万刚、余旭初负责设计全书结构、内容并编稿。万刚负责第1章的编写,曹雪峰编写第2、3章,熊自明编写第4、5章,余旭初负责第6章的编写,布树辉负责第7章的编写,李科编写第8章。讲师张鹏强、李锋也付出了大量努力,研究生马跃龙、张宗佩、张伟、谭熊、杨振发、李钦、王庆贺、谢理想、杨富民、闫鹤、廖晋民、马伟、赵勇、王旭斌、何必、程少光、韩鹏程、张亲卫等人在插图和表格绘制中做了大量工作,在此一并感谢。

由于作者水平有限,加之时间仓促,书中不妥之处在所难免,恳请读者不吝批评指正。

2015年8月

目　录

第1章 绪 论

进入21世纪，无人机的用途不断扩大，已经成为一种新型的空中平台，在国民经济建设和现代战争中发挥着越来越重要的作用。无人机及其相关技术研究与应用已经引起了各国的高度重视，无人机的发展进入了一个崭新的时代。

在测绘领域，仅靠卫星和有人机难以快速、及时和全方位地获取地理环境信息，基于无人机平台的测绘技术正是这一缺陷的有效补充手段，能够满足实时获取的要求，所获取的高分辨率遥感图像数据对于地理信息处理和应用具有重要的意义。目前，无人机测绘技术已经成为测绘科学与技术领域的研究热点。

§1.1 无人机的基本概念

1915年10月德国西门子公司成功研制了采用伺服控制装置和指令制导的滑翔炸弹，1917—1918年，英国与德国先后研制成功无人驾驶遥控飞机，这些工作被公认为是有控无人机的先驱。至今无人机已经有百年的历史。

《中国大百科全书·航空航天卷》(2004年)将无人驾驶飞机定义为：无驾驶员或"驾驶"(控制)员不在机内的飞机，简称无人机；把飞机定义为由动力装置产生前进推力，由固定机翼产生升力，在大气层中飞行的重于空气的航空器。这种定义将无人直升机等排除在外，局限为固定翼无人机。

《无人机系统导论》(2003年)将无人机定义为：无人驾驶航空飞行器(unmanned aerial vehicle，UAV)，即一种由动力驱动、机上无人驾驶、可重复使用的航空器。

在2002年1月美国联合出版社出版的《国防部词典》中，对无人机的解释为：无人机指不搭载操作人员的一种有动力空中飞行器，采用空气动力为飞行器提供所需的升力，能够自动飞行或进行远程引导；既能一次性使用也能进行回收；能够携带致命性或非致命性有效载荷。弹道或半弹道飞行器、巡航导弹和炮弹不能看作是无人飞行器。

本书将无人机定义为：一种由动力驱动，机上无人驾驶，可自主飞行或遥控飞行，能携带任务载荷，可重复使用的航空器。无人机不同于有人机、航模和导弹，它们之间的区别如表1-1所示。

表1-1 无人机与有人机、航模和导弹的区别

飞行器	驾驶方式	飞行控制方式	任务载荷	使用次数
无人机	无人	程序控制、遥控飞行	多种任务载荷	可重复使用
有人机	有人	人为控制	多种任务载荷	可重复使用
航模	无人	遥控操纵	一般不携带任务载荷	可重复使用
导弹	无人	程序控制、自主飞行	单一任务载荷	一次性使用

无人机要完成任务，除需要飞行平台及其携带的任务设备外，还需要地面控制设备、数据通信设备、维护设备以及必要的操作、维护人员等，较大型的无人机还需要专门的发射/回收装

置。因此,完整意义上的无人机应称为无人机系统。在美国国防部 2005 年发布的《2005—2030 无人机系统路线图》中,最明显的变化就是将以往文件中的“无人机”改为“无人机系统”,并扩大了飞行器的类型(如飞艇)。

鉴于以上描述,本书以无人机系统(包括无人飞艇)为研究对象展开论述。考虑到人们已经熟知“无人机”这一提法,文中对术语“无人机”和“无人机系统”等价使用,不作明确区分。

一、无人机的特点

无人机本身最大的特点是机上没有驾驶员或操控人员,比有人机更加适合执行“枯燥”(dull)、“肮脏”(dirty)和“危险”(dangerous)的“3D”任务,无人员伤亡的顾虑。

(1)可持续执行“枯燥”的任务。在 1999 年科索沃战争期间,美军 B-2 飞机机组人员执行了多次从美国密苏里州到塞尔维亚的历时 34 h 的往返飞行任务。机组人员从通常的两名扩充到三名,即便这样,超长飞行时间仍旧是部队指挥官考虑最多的问题。他们认为 40 h 将是机组人员执行任务的极限时间。美国兰德公司在科索沃战争结束后进行的评估中指出,美军每架飞机的机组人员应从两名增加到四名或实施国外部署。然而,该建议存在一个明显的制约因素,因为成倍增加机组人员将对训练产生巨大的压力,要么利用美国空军有限的 B-2 飞机进行训练的架次和飞行时间增加一倍,要么降低每名 B-2 机组人员的训练架次和飞行时间,但这样都会造成装备的巨大压力或使飞行员的作战熟练程度和技能下降。而与之形成对照的是,近年来,美国本土人员操作 MQ-1 无人机在阿富汗和伊拉克进行了近乎连续不间断的作战任务,地面操作人员可以每 4 h 轮换一次,承受压力的时间大大缩短。

(2)可执行“肮脏”的任务。美国空军和海军曾在 1946—1948 年分别采用无人驾驶的B-17和F6 飞机在核武器爆炸后的几分钟内飞入到蘑菇云尘埃中采集放射样本,这显然是一项极具放射性危害的任务。当时返回的无人机需采用水管进行大量清洗,采集到的样本由类似樱桃采摘器的机械手获取,以尽可能减少研究人员对放射物的接触。而 1948 年,美国空军认定机组人员所面临的放射物污染风险是可以控制的,无人驾驶飞机的样本采集任务由身穿 60 磅重防辐射铅服的飞行员驾驶 F-84 飞机取代。但结果是参与该任务的部分飞行员受强射线的辐射相继死亡。

(3)可执行“危险”的任务。战场侦察与监测历来都是一项危险的任务。第二次世界大战期间,美军第三侦察大队有 25%的飞行员牺牲在北非战场,而飞越德国领空的侦察机飞行员死亡比率也为 5%。1960 年 5 月 1 日苏联击落了一架美国 U-2 侦察机并逮捕其飞行员后,美国终止了对苏联进行的有人侦察飞行。冷战时期北约在侦察任务中共损失了 23 架有人驾驶飞机和 179 名飞行员。这些损失促进了美国空军为执行侦察任务开发无人机的工作。无人机系统能够提供显著帮助的其他危险任务还包括对敌防空压制、攻击和电子战等。越南战争和巴以冲突中执行上述任务的飞机和机组人员的损失都是最大的。

此外,无人机和有人机相比还有许多应用上的特点:

(1)成本低,效费比好。目前,大部分无人机的制造成本只是同类型有人机的几十分之一乃至几百分之一,而且无人机的使用和维护费用低,即使被击落,损失也很小。

(2)生存力强。现代无人机的制作广泛采用玻璃纤维等合成材料及其他透波材料和模块式结构,大大减小了雷达有效反射面,降低了被雷达发现的概率和被防空武器攻击的毁伤率,即使损坏也比较容易快速修复。

(3)机动性好。小型无人机体积小、重量轻,对专门的起降场要求不高,便于跟随野战部队行动。

无人机的缺点是：首先，由于智能化程度不高，对意外情况处理的灵活性较差，不宜执行复杂的飞行任务；其次，无人机的遥控与信息传输线路很容易受到敌方的电磁干扰，产生飞行事故；此外，无人机在全天候性能、载荷能力等方面与有人机相比存在较大差距，因此能完成任务的类型也受限。

二、无人机的分类

无人机的分类，依据不同的标准而结果各异。

（一）按无人机执行的任务区分

无人机按执行的任务可分为民用和军用两大类。

（1）民用无人机，可分为遥感测绘无人机、资源遥感无人机、环境污染监测无人机、灾情调查无人机、气象探测无人机、治安巡逻无人机和通信中继无人机等。

（2）军用无人机，可分为无杀伤型和杀伤型两种。无杀伤型无人机又可分为侦察无人机、靶标无人机、运输无人机、测绘无人机、通信中继无人机、防化探测无人机、特种无人机等；杀伤型无人机可分为软杀伤（如电子干扰无人机）与硬杀伤（如无人作战飞机）两种。

（二）按任务半径或续航时间区分

航程是无人机的重要性能指标，指无人机起飞后中途不加油所能飞越的最大距离。一般而言的任务半径指顺利完成指定任务的最大距离，一般是最大航程的25%～40%。按任务半径或续航时间分类，可分为近程、短程、中程和远程无人机四种。

（1）近程无人机，任务半径一般在30 km以内，续航时间2～3 h。

（2）短程无人机，任务半径一般在30～150 km，续航时间3～12 h。

（3）中程无人机，任务半径一般在150～650 km，续航时间12～24 h。

（4）远程无人机，任务半径一般在650 km以上，续航时间24 h以上，因此也称为长航时无人机。

（三）按飞行高度区分

飞行高度指真高，可分为低空无人机（飞行高度6 000 m以下）、中空无人机（飞行高度6 000～15 000 m）和高空无人机（飞行高度15 000 m以上）三种。

（四）按无人机大小或重量区分

无人机按尺寸大小或重量可分为大型、中型、小型和微型无人机。起飞重量500 kg以上为大型无人机；200～500 kg为中型无人机；小于200 kg，翼展为3～5 m的为小型无人机。对于微型无人机，美国国防高级研究计划局的定义是翼展在15 cm以下的无人机，英国《飞行国际》杂志将翼展小于0.5 m的无人机统称为微型无人机。

（五）按飞行速度区分

无人机按飞行速度可分为亚音速无人机、超音速无人机和高超音速无人机。

（六）按飞行方式区分

无人机按飞行方式可分为固定翼无人机、旋翼无人机、扑翼无人机和飞艇等。其中旋翼无人机是指能够垂直起降，以一个或多个螺旋桨作为动力装置的无人飞行器；扑翼无人机是模仿昆虫和小鸟通过扑动机翼产生升力进行飞行的无人飞行器；飞艇是依靠密度小于空气的气体的静升力而升空的无人飞行器。

（七）按无人机应用的层次区分

根据无人机参与军事行动的规模和级别，一般可分为战略、战役和战术三个层次。

(1)战略型无人机,即执行有关国家安全和战争全局行动的无人机,一般为高空、长航时无人机。

(2)战役型无人机,即执行军、师、旅、团级别战役级行动、获取所需信息的无人机,一般为中空、中程、短程无人机。

(3)战术型无人机,即执行营、连以下部队战术级行动、获取所需信息的无人机,一般为近程无人机。

三、无人机的功能与作用

(一)军用无人机的功能与作用

无人机首先诞生于军事领域。目前,世界各国已使用和研发中的无人机,绝大多数都是用于军事和国家安全目的。无人机在战场上的作用与其系统本身的性能以及其执行的战斗任务相关。在越南战争期间,美军率先使用"火蜂"无人侦察机和"QH-50"系列无人直升机执行空中照相侦察和电子情报等任务。在两次中东战争中,以色列创新性地将无人机用于电子对抗,引起各国军方对无人机的重视。在海湾战争中,多国部队广泛使用无人机参战,借助无人机实时侦察伊拉克前后方的军事目标分布、防空体系状况、军队和武器装备的部署及调动、战场态势以及空袭效果等信息。在科索沃战争中,美国及北约盟国首先使用无人机担当开路先锋发动进攻,用于中低空侦察和长时间战场监视、电子对抗、目标定位,以及收集气象资料和散发传单等任务,发挥了有人机难以达到的作用。在阿富汗战争中,无人机已经成为美军追捕本·拉登及其基地组织成员的最有效武器,尤其是对基地组织成员发动的定点清除,开创了无人机空中打击的先河。在伊拉克战争中,美军使用无人机的数量已是阿富汗战争时的三倍多,涉及空中打击、侦察、监视、通信等多个领域,无人机已经成为现代战争中一支重要的空中力量。

综上所述,军用无人机的功能可以归纳为以下几项:

(1)靶机。用作靶机是无人机最早的用途之一。无人机用作靶机既廉价又安全,主要任务是模拟各种飞机、导弹等飞行器的飞行状态,以供各种航空、防空兵器性能的检测和训练战斗机飞行员、防空兵器操纵员之用。

(2)侦察和监视。执行战场侦察和监视任务是无人机诞生以来最为重要的任务,现在的无人机大多属于无人侦察机,是现今发展最为完善、门类最为齐全的一类无人机,且在实战中得到了大量运用。无人机自身目标小,不易被对方发现,能进入高危险区并根据不同任务调整飞行航线进行大范围侦察监视,依靠机上的侦察设备对敌主要部署和重要目标进行长时间实时监视。

(3)火力引导和目标指示。在进行超视距火力打击情况下,无人机能够进入火力打击区上空执行火力引导和校射任务,为指挥员进行火力打击效果评估提供重要依据,提高己方火力打击的效果,降低弹药消耗。此外,无人机还可以载有激光照射器,用于指示地面目标,引导作战飞机用激光制导炸弹进行精确攻击。

(4)诱饵骗敌和电子干扰。利用无人机在敌前沿阵地上空模拟有人驾驶飞机的战术飞行动作,诱使敌雷达等电子侦察设备开机,使己方迅速掌握对方的雷达频率和阵地位置等有关信息,为反辐射武器提供重要参数;引诱敌防空兵器射击,吸引敌火力,掩护己方机群突防;可使敌防空雷达把大量宝贵时间消耗在截获、搜索、识别、跟踪这些假目标上,造成可乘之机;无人机还可以携带电子对抗设备,对敌方电子侦察和通信设备实施干扰和压制。

(5)空中通信中继。通信中继无人机是在无人机上安装无线电通信设备,使其成为通信系统的一个节点，一个机动的通信中继站。这类无人机既可用于兵力集结时的通信联络，也可用于高山地区的远距离通信平台，还可用于攻击性武器的制导信号传输控制等。

(6)空中打击平台。无人机可以携带攻击武器，直接对地面、海上目标实施侦察和攻击，或携带空对空导弹进行空战。

(7)测绘、气象等保障。无人机携带的图像传感器、气象传感器获取实时的序列图像和大气参数数据，支持地理信息、气象信息的快速获取、环境数据的及时更新等，尤其适用于应急测绘、提供气象信息等作战行动保障。

(二)民用无人机的功能与作用

无人机在民用领域的用途极为广泛，应用潜力巨大。

(1)环境监测。无人机可用于农作物生长情况监测；土壤墒情监测；海洋监测(海洋通道、毒品走私、碳氢化合物污染监测、救护的定位)；城市安全监视及边防监测；工程建筑(如桥梁、大坝)的监测；输油管、天然气管道、悬挂电缆、铁路、高压线的监测；公路交通及危险品的运输监测等。

(2)应急救灾监测与评估。无人机可以承担长时间的枯燥监测任务，搭载高分辨率相机、热红外成像仪、激光扫描仪等载荷，用于地震、滑坡、泥石流、森林火情、雪崩、火山、飓风等自然灾害的监测，可执行危险性大的任务(如毒气和放射线污染区域)，为灾害损失情况的精确评估提供第一手信息资料。

(3)科学研究。在大气科学、海洋科学、地球科学等领域，无人机可以搭载高光谱成像仪、湍流通量仪、激光雷达、气溶胶光谱仪、大气色谱仪、湿度计、温度廓线仪等多种环境探测设备，执行大范围、长时间的科学数据采集任务。

(4)反恐维稳。在突发事件、反恐应急中，搭载成像设备的无人机可用于监控事件现场，提供事态最新变化，为应急处置提供第一手数据，还可以投放传单，进行高音广播，为稳定现场事态提供技术支持。在地区治安、边境巡逻中，无人机可以承担可疑地区长时间监视的任务。在偏远地区缉毒中，无人机可以担负搜寻地面疑似毒品种植区域、加工窝点、运输通道的任务，为快速锁定毒品的种植地点、数量，掌握毒品生产运输情况提供技术保障。

(5)搜索救援。在野外营救中，可利用无人机搭载信号接收机，在人员失踪区域上空持续搜寻失踪人员发出的求救信号，特别是在海上、高山、荒漠等难以大规模人工搜索的地区，可显著提高搜寻和救援的效率。

§1.2　无人机系统的基本组成

一个典型的无人机系统应包括飞行器、地面控制设备(任务规划与控制站)、任务载荷、数据链路、发射与回收装置、地面支援及维护设备等六个部分(见图1-1)。

一、飞行器

飞行器是无人机系统中的主体部分，包括机体、动力装置、飞行控制系统、导航装置以及供电系统等。飞行器可以是固定翼式、旋转翼式、扑翼式或艇囊式(无人飞艇)。需要说明的是，飞行数据终端被安装在飞行器上，属于通信数据链路的机载部分；任务载荷虽然也是机载的，但一般视为独立的子系统，有些型号的任务载荷可以支持在不同类型飞行器之间通用。

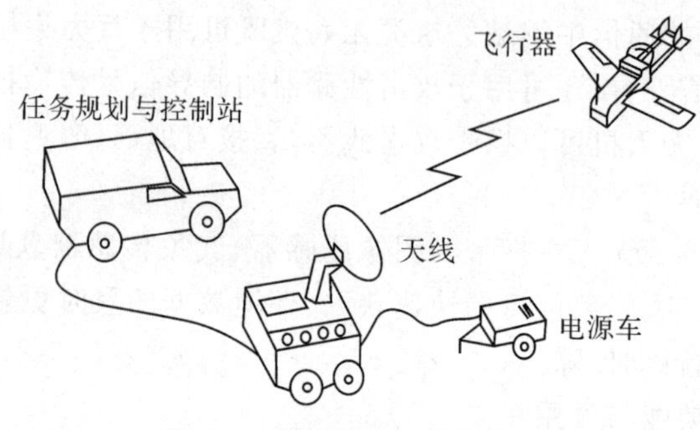

图 1-1 典型无人机系统构成

二、地面控制设备

地面控制设备也称为地面控制站，是无人机系统的指挥、控制中心。传至无人机的遥控数据及无人机向下传输的图像和遥测数据都在此进行处理和显示。地面控制系统一般由任务规划设备、控制及显示平台、图像处理设备、计算机及信号处理器、通信设备等组成。

三、任务载荷

携带有效任务载荷执行各种任务是无人机的主要应用目的。任务载荷通常是无人机系统中最昂贵的子系统之一，包括应用于侦察任务的照相机、日间摄像机及夜视摄像机、雷达等，应用于指示目标的激光定位设备等，应用于电子战的通信中继及干扰设备等，应用于气象及化学探测的传感器等。无人机携带的具有杀伤能力的导弹等武器装备一般不归为任务载荷。

四、数据链路

数据链路能够根据要求提供持续的天地之间双向通信，负责无人机系统的指令、数据、情报的上传下达。

从硬件组成的角度看，数据链路系统一般由地面数据终端和空中数据终端两大部分组成：地面数据终端通常是一个微波电子系统及天线，在地面及飞行器之间提供视距通信，也可由卫星提供中继；空中数据终端是数据链路的机载部分，其中视频发射机及天线用于传递图像及飞行姿态数据，接收器用于接收地面指令。

从数据传输的角度看，数据链路由上行链路和下行链路组成：上行链路提供对无人机飞行系统的控制及对其有效任务载荷下达指令；下行链路则用于接收任务载荷获取的数据及无人机的飞行状态信息。在使用数据链路时还要使其具备相应的抗电磁干扰能力。

五、发射与回收装置

无人机的发射与回收方式种类很多，发射方式包括母机投放、火箭助推、车载发射、滑跑起飞、垂直起飞、容器发射和手抛起飞等，回收方式包括舱式回收、网式回收、伞降回收、滑跑着陆和气垫着陆等。一个无人机系统的发射与回收装置包括能完成上述一种或几种发射与回收方式所需要的各种设备。

六、地面支援及维护设备

地面支援及维护设备一般包括后勤支援设备、维护保养设备以及用于保障无人机完成任务的必要辅助设备等。

§1.3　无人机的发展

一、世界主要国家无人机发展情况

无人机作为一种高度集成的技术系统，其发展已成为综合国力的体现。世界主要军事强国都投入了大量的人力和物力用于发展无人机。

(一)美国

美国作为最早研制和使用无人驾驶飞机的国家，早在20世纪50年代越南战争时期就已大规模使用无人机，但随后放慢了无人机的研发速度。随着20世纪70年代中东战争中以色列使用无人机的出色表现，美国重新认识到无人机的巨大军事价值，又加快了研发速度，经过30多年的不懈努力，现已成为全球研制和使用无人机能力最强的国家。

在美军无人机的发展过程中，最重要的标志之一是Tier计划(见图1-2)的执行。该计划于1994年由美国国防部先进研究项目局(Defense Advanced Research Projects Agency，DARPA)和防务空中侦察办公室(Defense Airborne Reconnaissance Office，DARO)共同启动，开发高空长航时无人机项目(high altitude endurance UAV，HAE UAV)，目的是通过研制并验证HAE UAV系统是否能够为军方提供全天候、大面积、长时间的情报侦察和监视支持。Tier原计划发展Tier-Ⅰ、Tier-Ⅱ、Tier-Ⅲ三种系列无人机。后来发现Tier-Ⅲ研制耗资巨大并且难以完成，便改为平行发展两种互为补充的Tier-Ⅱ＋和Tier-Ⅲ－系统。Tier-Ⅱ＋设定用于低/中等威慑环境，Tier-Ⅲ－用于高威慑环境。该计划的最终结果构成了美军现有无人机系列的主体成品。

(a) Tier-Ⅰ “蚊蚋”(Gnat)无人机

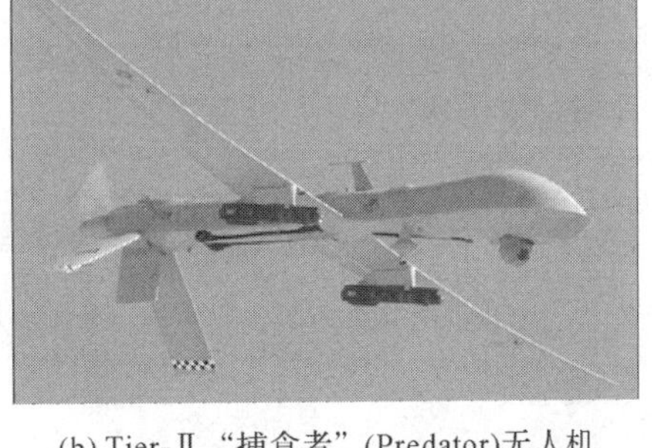

(b) Tier-Ⅱ “捕食者”(Predator)无人机

(c) Tier-Ⅱ+“全球鹰”(Global Hawk)无人机

(d) Tier-Ⅲ “暗星”(Dark Star)无人机

图1-2　Tier计划

2002年至2011年,美国国防部部长办公室分六次公开发布了美军的《无人机系统路线图(2005—2030)》(见图1-3),路线图文中详细阐述了目前和未来20多年的美军无人机发展方向,无人机的动力装置、各种传感器、通信和信息处理等技术水平的发展要求,对美军无人机的发展起到重要的指导作用。

图1-3 美国《无人机系统路线图(2005—2030)》封面

文中详细论述了根据作战需要将来可由无人机执行的任务,并根据这些任务说明无人机应该具备哪些新性能;路线图根据摩尔法则,预测了很多关键技术,例如推动装置、传感器、数据链路、信息处理能力等未来的发展趋势。

这份路线图的时间跨度为30年,正好与无人机技术的研发周期一致,即用15年时间将实验室的研究成果转化为可操作的实际系统,再用15年的时间完成整个系统的螺旋式发展,最终参与作战。

图1-4是美军《无人机系统路线图(2005—2030)》中最重要的几种无人机技术研究、发展、军事应用情况的规划。颜色由浅变深表示该机型由实验室研究阶段正式进入军事应用阶段;由深变浅则代表逐渐退出现役或被其他机型取代。

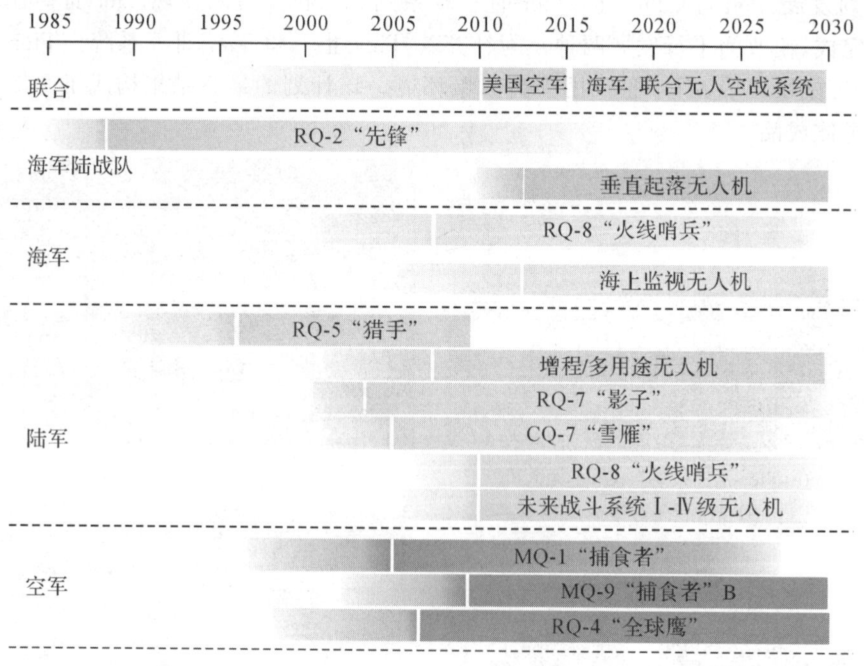

图1-4 美军无人机系统发展规划

除此之外,美军还制定了一系列相对具体的计划,如联合无人驾驶战斗飞行器(J-UCAV)计划等;各军种也根据自己的特点和需求,分别制订相应的无人机计划,发展最适合本军作战特点的机型，实现最佳作战效果。例如陆军早期的“天鹰”小型战术无人机计划和随后的“猎人”短程无人机计划；海军和海军陆战队的“火力侦察兵”计划；美国空军总部于2009年5月正式颁布了《美国空军2009—2047年无人机系统发展规划》，以条令、编制、训练、作战物资、领导者的培养、人员与设施以及政策的形式对美国空军2009—2047年的发展规划进行了概述，综合了早期无人机的发展经验与新兴的先进无人机技术。

（二）以色列

以色列在无人机的发展方面走在世界前列，仅次于美国。以色列无人机的发展是在20世纪60～70年代引进美国“石鸡”军用无人机后，通过仿制和改进逐步发展起来的，以色列飞机工业公司（Israel Aircraft Industries Ltd.，IAI）是其无人机研究的主要单位。

经过数十年的不懈努力，以色列在这一领域已取得了骄人的成绩，一跃成为世界无人机强国。目前以色列已投入使用的无人机有17种型号，并拥有一批规模不等、产品各异的无人机生产企业，具有研制、生产和实战应用的丰富经验。至今，以色列已经研制了三代无人机，其第一代为“侦察兵”无人机、“猛犬”无人机，第二代为“先锋”无人机，第三代主要是“搜索者”无人机及中空长航时多用途“苍鹭”无人机，现正在研制的是第四代无人机。

以色列的军用无人机包括侦察、干扰、反辐射、诱饵、通信中继等多种类型，形成了一个较完整的无人机体系。世界许多国家在发展无人机时，都曾借鉴以色列的成功经验，或从以色列引进技术、联合研制、进口无人机系统。

（三）俄罗斯

俄罗斯的无人机发展大致可以分为三个阶段。

第一阶段是20世纪50年代后期至70年代初期，由于受到当时世界政治及战略格局的影响，苏联主要研制战略型无人机。最初是在地地导弹的基础上研制出具有超声速巡航能力的无人驾驶攻击机，并在其基础上研制了远程无人驾驶侦察机系统。

第二阶段为20世纪70年代初至80年代末，苏联主要研制战术无人机。在这一时期，速度更快、机动性更强的米格-25有人驾驶高空高速侦察机已大量装备部队且战绩颇佳，因此战略无人机被逐步淘汰，而侦察设备更先进的无人驾驶的亚声速战术侦察机和战役侦察机应运而生。

第三阶段从20世纪90年代初至今。20世纪90年代初，由于缺乏经费，俄罗斯无人机的发展开始走入低谷，与此同时，美国、以色列等国家无人机技术已经开始超过俄罗斯。近年来，俄罗斯军方不断加大了对无人机研发工作的投入，使其无人机工业有了很大的发展。

（四）英国

英国是较早研制使用军用无人机的国家之一，其无人机研制水平也比较高。在1999年的科索沃战争、2002年的阿富汗战争和2003年的伊拉克战争中，英军都有多种无人机参战。英国典型的无人机有“不死鸟”（Phoenix）侦察监视无人机、“观察者”（Observer）战术侦察无人机等。

（五）法国

法国在无人机研制上拥有较强的实力，曾在欧洲无人机领域长期保持领先地位。法国在20世纪80年代末至90年代中期，先后自行研制了“玛尔特”“狐狸”AT和“红隼”“轻骑兵”“麻雀”等战术无人机，“考普特”1和“考普特”2、“警戒观察员”“太阳”等无人直升机，“龙”“狐狸”等电子战无人机等，近年来进展较慢。法国主导的中空长航时无人机系统、多功能多传感器无人机和神经元无人战斗机三个公开的合作计划中,目前只有神经元无人战斗机验证机获得了成功。

(六)德国

德国早在第二次世界大战期间就已使用过无人航空兵器,从事无人轰炸机的研究并将其用于实战。早在20世纪70年代,德国就开始研制多种无人机,但大部分用于战场侦察或射击校正。德国比较著名的无人机有"月神"X-2000、"布雷维尔/KZO"等无人侦察机,"希摩斯"LV、"奥卡"1200无人直升机,"达尔"(DAR)反辐射无人机,"欧洲鹰"长航时无人机和"台风"无人作战飞机等。

(七)日本

日本具有很强的无人机研制能力。雅马哈公司研制的无人直升机广泛地用于民用和军用领域;微型、多用途和超声速等类型的无人机正在研究开发中。日本计划投入大量的资金从美国引进先进的"全球鹰"和"捕食者"系列无人机并加以改进,以满足其军事需要。

二、无人机的发展趋势

随着无人机技术的发展进步和应用领域的拓展延伸,无人机在国民经济建设和现代战争中将发挥越来越重要的作用。

(一)无人机技术发展趋势

无人机技术的发展将赋予无人机新的性能和功能,随着计算机、通信、人工智能等技术的飞速发展,制约无人机发展的技术难题将会逐一解决,高空、高速、长航时及微型化、智能化和隐身化的无人机系统层出不穷,无人机的发展将进入到一个崭新的时代。无人机技术的发展趋势主要表现在以下几个方面。

1. 无人机平台向高空长航时、高超音速、高隐身性和高仿生性方向发展

美国"全球鹰"无人机,其续航时间在42 h以上,最大飞行高度20 000 m,最大飞行距离26 000 km,可从美国本土飞往全球任何地区进行战略和战役侦察。为延长其飞行时间,美国国防部已与波音公司签订了无人机燃料电池动力系统开发合同,新的燃料电池动力系统能使无人机在空中连续飞行数周,而不是现在的数十小时。同类型的无人机平台还有美国的"全球观察者"无人侦察机、以色列的"苍鹭"TP无人机以及我国的"翔龙"高空长航时无人机。"全球观察者"无人机的体型十分庞大,翼展相当于一架波音747客机,其续航时间约为7天,最大飞行高度19 800 m,被称为"五角大楼永远睁着的眼睛";以色列航空航天工业公司开发的"苍鹭"TP无人机,又被称为"埃坦"(Eitan),是以军最大的无人机,航程可覆盖包括伊朗在内的海湾地区,续航时间在24 h以上,最大飞行高度13 700 m;"翔龙"无人机是中国新一代高空长航时无人侦察机,其续航时间最大为10 h,巡航高度为18 000~20 000 m。

2013年5月1日,美国波音公司和普惠公司联合研制的X-51A型高超音速无人驾驶飞行器完成最后一次试验,在试验中达到了超过5马赫的最高时速,共计飞行370 s,距离426 km。X-51项目始于2004年,用来验证一种自由飞行、超燃冲压发动机驱动的飞行器的可行性,更高的速度和更大的机动性意味着更高的生存性。该项目是美军"全球快速打击计划"的产物,美国空军号称其在一小时内可以对全球任何目标进行即时打击。

2013年6月巴黎航展上,法国、西班牙、意大利等欧洲六国联合研制的"神经元"隐身无人机进行展示。该机翼展尺寸与"幻影"2000相当,但显示在雷达屏幕上的尺寸却不超过一只麻

雀。“神经元”无人机可发挥隐身性能好和突防能力强的优势，诱敌暴露目标，并对其实施快速攻击，甚至可以在隐身模式下自主发射武器。隐身设计涉及发动机进出口的设计、内置式武器吊舱、无缝复合材料蒙皮、更小的平台尺寸和雷达吸波结构与材料，以降低红外线(infrared radiation，IR)及无线电频率(radio frequency，RF)信号特征。

2013 年 8 月美国无人系统展上，纳米仿生无人机尤其引人关注。纳米仿生无人机是一种以昆虫为灵感，采用纳米技术的微小型无人机。在美国军方设计的未来战争中，一大群“昆虫机器人部队”将在敌方无法察觉的情况下随意进出防空系统层层布防的敌方领空进行侦察和攻击。纳米仿生无人机的典型代表是“蜂鸟”无人机，其是美国五角大楼研制的一款如蜂鸟般大小的无人间谍侦察机，不需要推进器，能像鸟儿一样通过扇动翅膀获得动力，可以轻松装入上衣口袋中，十分有利于深入敌后悄然作战。

2. 控制系统向高可靠性、智能化、多机协同、自防御方向发展

无人机控制系统的关键技术包括自主起降、容错控制、飞行中任务管理、协同作战、自动目标识别、交战和自主防御等技术。

美军通过采用额定发动机、三冗余的飞行关键装备以及与有人驾驶飞机相当的软件和硬件，希望在未来研发出平均无故障时间至少 10 000 h 的无人机系统，而战略级无人机的平均无故障时间可望达到 100 000 h，与商业喷气式飞机的可靠性相当。

2013 年 5 月 14 日，美国海军 X-47B 无人机完成第一次航母上自主飞行和着舰。X-47B 可按照设定要求滑行、起飞，并沿着搜索空域和最佳航线航行，自动躲避威胁，选择需要打击的目标并发起攻击。具有类似功能的还有英国研制的“雷神”无人机。

多无人机自主协同作战将在多个无人机平台之间、传感器与传感器之间构架“桥梁”的作用，智能规划和感知技术可使无人机在最少人工干预情况下有效地执行任务。美国陆军航空兵应用技术管理局(Army Aviation Applied Technology Directorate，AATD)发起了无人机自主协同作战项目，罗克韦尔科学中心(Rockwell Science Center，RSC)负责开发并验证多无人机协同作战能力。自主协同作战项目旨在对执行指定任务的无人机编队的协同作战性能进行研究和论证，其最终目标是应用先进的智能协同技术，以最少的人工干预使无人机群协作完成任务。AATD 为该项目确定了四项功能，包括协同侦察与警戒、确立多个最佳观测点、通信网络适配性以及部件发生故障时无人机群内部的相应调整。

目前，美军已提出了为“捕食者”或“全球鹰”等中大型无人机安装通用红外对抗系统的方案，以保护无人机免遭导弹的袭击。同时，准备为“火力侦察兵”无人直升机安装新一代防护罩，这种防护罩能抵御强电场和电磁波的干扰，为飞机的关键电子器件提供更强的防护能力。

3. 任务设备向全天候、高分辨率、远距离、宽视角、实时化、小型化方向发展

无人机机载任务设备的探测距离将大幅度增加，灵敏度更高、分辨率更高、重量更轻、体积更加小型化。具体表现在航空数码相机向宽视角、高分辨、准实时成像、照相摄像一体化方向发展；高分辨率、高灵敏度、不用扫描成像的第三代前视红外仪将在无人机上普遍应用。

2013 年，美国国防高级研究计划署(Defense Advanced Research Projects Agency，DARPA)和英国航空航天系统公司(BAE Systems)共同研发了自动化实时地面全部署的侦察成像系统“阿格斯”(ARGUS)。ARGUS 摄像头能够在 5 000 m 的高空巡逻，向地面返回高达 18 亿像素的高分辨率图像。该摄像头采用名为“广域持续凝视”的技术，使用 368 个 500 万像素的摄像头和成像芯片，其功效相当于 100 部“捕食者”无人机同时俯瞰一个中型城市，地面显

示系统能够同时打开 65 个窗口，看清地面上面积只有 15 cm^2 的物体。

美国雷声公司 2013 年 6 月 26 日报道，将为美国空军生产带有地面移动目标指示与合成孔径雷达(synthetic aperture radar, SAR)技术的雷达吊舱。这种可拆卸式探测雷达安装在 MQ-9“捕食者”无人机的机翼下方，能够在恶劣天气、昼夜环境下透过云和树叶等障碍物成像探测，为美国空军执行情报、监视和侦察任务。

另外，无人机搭载的超光谱成像仪(hyperspectral imager, HSI)、激光雷达(light laser detection and ranging, LiDAR)和带动目标指示器(moving target indicator, MTI)的 SAR 等任务设备不断发展。多维传感器将通过扫描大量的离散光谱提供更多的目标特征信息。超光谱成像可鉴别诱饵，探测和对目标测距的可靠性更高。既能探测地面目标又能探测空中目标的自主合成孔径/动目标指示(SAR/MTI)雷达，被认为将成为未来主要用于空地作战的无人机最主要的传感器。

4. 数据链路向远距离、安全保密、通用化、网络化方向发展

近年来，超视距的卫星中继测控传输系统在无人机上的运用将更加成熟、普遍；无人机的测控站将实现系列化、通用化；数据链与通信的高数据率、高带宽、低拦截概率、安全和全天候特性，使无人机与其他的有人驾驶战斗机、无人战斗机、其他平台携载的传感器和地面站联网，形成一个综合的战场态势感知体系，满足未来战斗管理的需要。

从 2012 年起，美军开始为 MQ-8C“火力侦察兵”无人直升机提供新的多波段数字数据链(intelligence surveillance and reconnaissance, ISR)。数据链采用更小、更轻的组件，采用具有开放标准波形信号的无线电频率(radio frequency, RF)技术传输数据和视频流，集成组件是 Cubic 公司的多频段微型收发器(multiband miniature transceiver, MMT)，可采用双数据流同时传输 Ku 波段和 C 波段。MMT 和双通道调制解调器组装在一起，可放在陆军士兵和海军陆战队员的战术背心里，数据链系统能够将全动态视频和数据从飞机传送到地面部队和水面舰艇，以便在作战行动的前、中、后各阶段提供实时的态势感知能力。

5. 武器系统向精确化、自主化方向发展

受无人机载弹能力和作战环境的限制，供普通战斗机使用的导弹武器并不适合无人机。不少国家开始为无人机研制体积小、重量轻、威力较小的精确制导弹药。无人战斗机的武器系统将包括先进的导引头、小型弹药、定向能武器等。下一代导弹的导引头可能依靠低成本的红外成像或毫米波导引头，具有发射后不管的自主能力。

2013 年，美军为无人机专门研制了一种名为“怪兽”的导弹，该导弹最大射程可达 12.5 km，采用复合制导方式，并加装红外成像导引头，具备全天候作战能力。英国基于便携式防空导弹，研制出一款用于无人机的小型空对地导弹，最大射程超过 6 km。非洲航宇与防务展曾展示一款专门为无人机研制的小型空对地导弹，这种导弹可攻击装甲车辆、建筑物、民用车辆和人员等目标。

(二)无人机应用发展趋势

下面从民用和军用两个方面对无人机应用的发展趋势进行介绍。

1. 民用无人机的应用发展趋势

随着无人机技术向民用领域的拓展，显示无人机具有广阔的民用空间。民用无人机的应用发展趋势主要体现在以下几个方面：

(1)民用测绘无人机将成为基础测绘地理信息建设的主力军。搭载高性能任务设备的测

绘无人机可以快速获取地面高分辨率数字影像，为地理信息基础测绘建设提供高质量的原始数据，可广泛应用于测绘4D数据生产、数字城市和智慧城市建设等领域。

(2)民用无人机将成为应急抢险救援中灾情信息获取的最主要手段。民用无人机具有飞行高度低(可低于云层)、人员危险小、操作简单快捷、成本低等优点，便于迅速赶到灾区现场，及时获取灾情信息，同时也可以对灾情损失进行精确评估。

(3)民用无人机将全面改变未来信息化社会的面貌。民用无人机正向着实用化、智能化、多功能化的方向发展，未来新一代民用无人机将与通信、计算机、人工智能、新材料等技术协同发展，融入社会生活方方面面，在不断提高作业效能的同时扩大其应用范围，全面改变未来信息化社会和人类生活的面貌。

2. 军用无人机的应用发展趋势

(1)无人侦察机仍是军用无人机发展的主流。无人侦察机是最早运用于军事应用的一种无人机，其现在和将来仍然是军用无人机发展的主流，无人侦察机相比有人侦察机更具有军事、经济效益。美国国防部空中侦察处已大量使用无人侦察机，减少对有人侦察机的依赖，准备逐渐用无人侦察机替换掉有人侦察机。现在，更多国家正积极发展新一代无人侦察机。

(2)攻击型无人机得到大力发展，实现查打一体化。许多发达国家已把攻击型无人机看作21世纪空中打击力量的一个重要组成部分，积极进行研制。攻击型无人机的研制重点解决两方面的问题：一是提高无人机的生存能力，攻击型无人机大多是在环境十分恶劣的条件下作战，必然会遭到敌方各种防空武器和敌机的攻击，所以必须着重解决好无人机的生存问题；二是注重解决无人机的长航时问题，因为攻击型无人机在空中滞留时间越长，作战范围越大，对敌人的威胁也就越大。

(3)隐形无人机将主导未来空战。目前，新一代多用途、隐身无人机的研制，已成为世界各国军队新的研究和发展重点。现代隐身技术和无人机技术结合而形成的新型隐身无人机，在隐身性能、生存能力、作战主动权方面正在不断提高，将在未来的战场上与各种防空武器进行“终极对话”。现代隐身无人机的隐身技术将在等离子体隐身、新型隐身材料、抑制可见光、红外线反射等方面取得突破。

(4)军用无人机将在网络中心战中发挥越来越重要的作用。网络中心战是通过战场各个作战单元的网络化，使分散配置的部队共同感知战场态势，协调行动，把信息优势变为作战优势，从而发挥最大作战效能的作战样式。无人机可以在网络中心战中实施信息搜集和精确打击等多项任务，主要表现在战场感知能力、通信中继中节点、目标定位、精确打击、毁伤评估等，已成为网络中心战体系中不可或缺的一环。

§1.4 无人机测绘的基本概念

无人机测绘是将无人机技术运用于测绘领域而产生的新方向，是新型测绘技术与航空平台技术、信息技术的高度集成，是对传统卫星遥感测绘和有人机航空测绘的有效补充。无人机测绘具有结构简单、操纵灵活、使用成本低、反应快速的特点，可以灵活、快速地获取到高分辨率、大比例尺和高现势性的遥感影像。无人机测绘可广泛用于应急抢险、高危区域调查、环境遥感监测和军事应用等。

一、无人机测绘的定义

随着空间技术、计算机技术和信息技术的发展，人类实现了从空中和太空观测和感知人类赖以生存的地球的理想，并能将所感知的结果通过计算机网络在全球发布，为人类的生存和可持续发展服务。在20世纪后半叶，遥感作为一门新兴的科学和技术迅速地成长起来。遥感对地观测主要采用有人飞机航空遥感和卫星遥感方式。遥感卫星因受回归周期、高度等因素影响，遥感数据的时效性难以保证。例如，在我国东部某地点，上午10:30遥感卫星刚刚过顶，10:40就在此地发生了一场事故。可是，该卫星此时轨道已不可能调整回来，两小时后卫星可能到乌鲁木齐上空了，即使卫星变轨，该卫星在短时间内也无法应用于该地的应急救灾。2008年“5·12”汶川救震时，分辨率最高的卫星影像来自美国的军用侦察卫星，但其获取时间是5月19日，已不能满足应急救灾的实时快速要求。有人机航空遥感灵活性要好很多，但受空域管制和气候等因素的影响很大，使用成本比较高，飞行时间有限，难以完成长时间低空连续监测任务，并且起降地域受到严重制约。

无人机技术正好成为卫星和有人机获取手段的有效补充。一方面，无人机飞行高度低、分辨率高，可以长时间对感兴趣地区进行“凝视”性观测；另一方面，无人机没有人员伤亡危险，布置灵活，操纵简单，对环境要求低，可以在任何危险环境中完成任务。因此，在航空遥感领域，无人飞行器正异军突起，受到广泛关注。航空技术、微电子技术、微电机技术、信息技术、智能技术的飞速发展，使无人飞行器技术趋于成熟，各种数字化、小型化、探测精度高的机载遥感传感器的不断面世，也大大拓展了无人飞行器的应用范围和应用领域，已使其成为军用和民用的主要航空遥感平台之一。

无人机测绘，就是综合集成无人飞行器、遥感传感器、遥测遥控、通信、导航定位和图像处理等多学科技术，通过实时获取目标区域的地理空间信息，快速完成遥感数据处理、测量成图、环境建模及分析的理论和技术。

二、无人机测绘的特点

以无人机遥感为基础的无人机测绘系统支持低空近地、多角度观测、高分辨率观测、通过视频或图像的连续观测，形成时间和空间重叠度高的序列图像，信息量丰富，特别适合对特定区域、重点目标的观测。与卫星测绘和有人机测绘相比，无人机测绘具有以下特点。

(一)成本低、无人员伤亡的风险

在大比例尺成图方面，无人机测绘的成本与卫星和有人机测绘相比具有巨大优势；无人机的安全性使其能够在对人的生命有害的危险和恶劣环境下(如森林火灾、火山、有毒气体等)直接获取影像，即便是设备出现故障，发生坠机也无人身伤害。

(二)作业方式灵活快捷

无人机结构简单，操作灵活，作业准备时间短，对起降场地要求不高，可在云下飞行，特别适合在建筑物密集的城市地区和地形复杂区域、多云地区应用。

(三)高时间分辨率、针对性强

无人机测绘的时效性好，不受重访周期的限制，可以根据任务需要随时起降；另外，无人机测绘针对性强，可以对重点目标进行长时间的凝视监测。

(四)空间分辨率高、可获得多角度影像

无人机飞行高度低,可携带高精度数码成像设备,具备垂直或倾斜摄影的能力。无人机不仅能垂直拍摄获取顶视影像,还能低空多角度摄影,获取建筑物侧面高分辨率纹理影像,弥补卫星遥感和普通航空摄影获取城市建筑物时遇到的侧面纹理获取困难及高层建筑物遮挡问题。

(五)飞行姿态的不稳定性

由于载荷重量的限制,测绘无人机搭载的导航定位与姿态测量系统(position and orientation system,POS)一般精度较低。无人机飞行之前,一般会设计规划飞行航线(包括任务航线),但实际的飞行轨迹受风力和导航系统精度等因素的影响,飞行轨迹一般会一定程度地偏离原来规划的航线,同时飞行过程不能保证姿态稳定,倾斜角较大,对后期数据处理提出了更高的要求。

(六)数据处理的特殊性

无人机测绘获取的影像数据还存在着幅宽较小、整体数据量较大、重叠度不规则等问题,给无人机测绘数据处理带来了一系列的困难。

无人机测绘的这些特点,给测绘技术带来了新的机遇和挑战,传统的测绘技术已无法完全满足无人机测绘的要求,必须针对无人机测绘的特点在影像处理技术上有所突破和创新,形成新的产品体系。

三、无人机测绘的作业流程

无人机测绘的作业流程一般包括以下几个步骤。

(一)区域确定与资料准备

根据任务要求确定无人机测绘的作业区域,充分收集作业区域相关的地形图、影像等资料或数据,了解作业区域地形地貌、气象条件以及起降场、重要设施等情况,并进行分析研究,确定作业区域的空域条件、设备对任务的适应性,制订详细的测绘作业实施方案。

(二)实地勘察和场地选取

作业人员需对作业区域或作业区域周围进行实地勘察,采集地形地貌、植被、周边机场、重要设施、城镇布局、道路交通、人口密度等信息,为起降场地的选取、航线规划以及应急预案制定等工作提供资料。

飞行起降场地的选取应根据无人机的起降方式,考虑飞行场地宽度,起降场地风向,净空范围,通视情况等场地条件因素和起飞场地能见度、云高、风速,监测区能见度、监测区云高等气候条件因素以及电磁兼容环境。

(三)航线规划

航线规划是针对任务性质和任务范围(面积),综合考虑天气和地形等因素,规划如何实现任务要求的技术指标,实现基于安全飞行条件下的任务范围的最大覆盖及重点目标的密集覆盖。航线规划宜依据1∶5万或更大比例尺地形图、影像图进行。

(四)飞行检查与作业实施

起飞之前,须仔细检查无人机系统设备的工作状态是否正常。作业实施过程主要包括起飞阶段操控、飞行模式切换、视距内飞行监控、视距外飞行监控、任务设备指令控制和降落阶段操控。

(五)数据获取

无人机数据获取分实时回传和回收后获取两种方式。如果无人机获取的图像数据是实时传回地面接收站的,那么通过无人机的机载数据无线传输设备发送的数据包有的是压缩格式,地面接收站在接收到该数据包后,需要对其中的图像数据进行解压缩处理。解压缩包括解码、反量化、逆离散余弦变换等几个步骤。

(六)数据质量检查与预处理

为了后续无人机影像数据处理的顺利完成,需要对获取的影像进行质量检验,剔除不符合作业规范的影像,并对影像数据进行格式转换、角度旋转、畸变差改正和图像增强等预处理。

(七)数据处理与产品制作

运用目标定位、运动目标检测与跟踪、数字摄影测量、序列图像快速拼接、影像三维重建等技术对无人机获取图像数据进行处理,并按照相应的规范制作二维或三维的无人机测绘产品。

§1.5　无人机测绘系统

一套典型的无人机测绘系统至少应包括无人机平台、地面控制子系统(任务规划与控制站)、任务载荷子系统、数据链路子系统,以及影像数据处理与测绘成果制作子系统五部分组成,如图 1-5 所示。

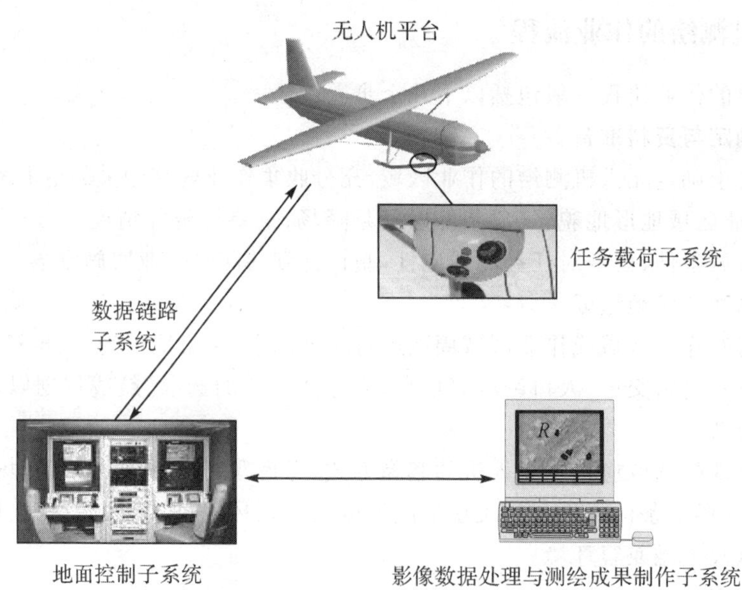

图 1-5　无人机测绘系统的组成部分

在无人机执行测绘任务时,地面控制员可利用监视器对其进行操控。当无人机飞临任务区,收集到遥感图像数据后,可由数据链路直接将数据传送到地面用户终端,也可不回传,记录在机上存储卡内。如果用户有了新的任务请求,可随时通知地面控制站,由地面控制员修改指令改变无人机的飞行航线以完成新的任务。

一、无人机平台

无人机测绘系统中的无人机平台用于搭载任务设备并执行航拍测绘任务。根据2010年10月发布实施的CH/Z 3005—2010《低空数字航空摄影规范》,对测绘无人机平台有以下通用要求：

(1)飞行高度。相对航高一般不超过1 500 m,最高不超过2 000 m。满足平原、丘陵等地区使用的无人机平台的升限应不小于海拔3 000 m,满足高山地、高原等地区使用的无人机平台升限应不小于海拔6 000 m。

(2)续航能力。执行测绘任务的无人机平台的续航时间一般须大于1.5 h。

(3)抗风能力。执行测绘任务的无人机平台应具备4级风力气象条件下安全飞行的能力。

(4)飞行速度。无人机平台执行测绘任务时的巡航速度一般不超过120 km/h,最快不超过160 km/h。

(5)稳定控制。执行测绘任务的无人机平台应能实现飞行姿态、飞行高度、飞行速度的稳定控制。

(6)起降性能。执行测绘任务的无人机平台应具备不依赖机场起降的能力,起降困难地区使用时,无人机平台应具有手抛或弹射起飞能力和具备撞网回收或伞降功能。

二、地面控制子系统

无人机测绘系统中地面控制系统的主要功能通用要求如下：

(1)可进行测绘飞行任务规划与设计。

(2)通过数据链,地面控制系统可以向飞控系统发送数据和控制指令等。

(3)可接收、存储、显示、回放无人机的高度、空速、地速、航迹等飞行数据。

(4)能显示任务设备工作状态,显示发动机转速、机载电源电压等数值。

(5)出现机载电源电压不足、GPS卫星失锁或北斗导航失效、发动机停车、无人机平台失速等危急情况时,有报警提示功能。

三、任务载荷子系统

无人机测绘中的任务载荷主要用于遥感影像的获取与存储。可根据不同类型的遥感任务,使用相应的机载遥感设备,如高分辨率电荷耦合器件(charge-coupled device,CCD)数码相机、轻型光学相机、多光谱成像仪、红外扫描仪、激光扫描仪、磁测仪、合成孔径雷达等,应具备数字化、体积小、重量轻、精度高、存储量大等特点。

目前比较典型的机载遥感设备包括:德国徕卡公司推出的2 200万像素专业相机,配备了自动保持水平和改正旋偏的相机云台;国内制造的数字航空测量相机拥有8 000多万像素,能够同时拍摄彩色、红外、全色的高精度航片;中国测绘科学研究院使用五台哈苏相机组合照相,支持多相机图像拼接功能,有效地提高了遥感飞行效率。近年来,激光三维扫描仪、红外扫描仪等小型高精度遥感设备已日益增多,为无人机遥感的应用提供了广阔的空间。

四、数据链路子系统

无人机数据链路子系统分为空中与地面两个部分,主要用于地面控制系统与无人机飞行控制系统以及其他设备之间的数据及控制指令的双向传输。

无人机测绘系统中的数据链路系统主要性能指标通用要求如下：

(1)数据传输距离应大于10 km(空地之间没有遮挡)。

(2)传输速率应不低于2 400 bit/s。

(3)误码率应低于千分之一。

(4)机载数传电台应小型化、轻型化，重量不超过2 kg。

(5)机载数传天线设计与安装，应在重量、阻力和气动性能等方面进行优化设计。

(6)馈线应保证输入、输出端子阻抗匹配，布线应服从电磁兼容性设计。

(7)具有电磁兼容能力，对其他电子设备不产生干扰。

五、影像数据处理与测绘成果制作子系统

无人机测绘弥补了卫星遥感和有人机遥感之间的空白点，提升了遥感的时效性、连续性和精确性，但受自身性能限制，具有稳定性差、载荷轻、姿态精度不够等缺点，给测绘技术带来了机遇和挑战。针对无人机测绘的这些特点，在传统测绘技术的基础上，无人机测绘处理全过程及产品应有所创新，其影像数据处理与测绘成果制作子系统通常具有以下功能。

(一)无人机任务规划

无人机任务规则指在地面综合考虑各方面因素，对无人机完成指定任务所要经历的航线、目标区域、任务载荷类型等内容的设定与统筹管理，通常包括设定无人机出动位置、确定任务目标、规划飞行航线、配置任务载荷以及制定任务载荷的工作规划等功能。

(二)无人机目标实时定位与跟踪

无人机执行实时跟踪目标，获取目标坐标任务时，实时回传序列图像和高精度的位置、姿态参数。利用无人机位置姿态参数、传感器成像参数，通过共线方程可以反算无人机序列图像上目标的地面坐标。通过图像目标提取匹配技术，可以从无人机序列图像中自动检测感兴趣的目标(包括运动目标)并实时测定目标的精确坐标，跟踪运动目标并分析目标运动状态，进而预测目标的运动趋势。

(三)无人机航空摄影测量及成图

在无人机平台搭载了高精度的位置和姿态传感器或布设了地面控制点的情况下，参照数字摄影测量的作业流程，利用图像滤波处理、镜头畸变校正、几何校正、相对定向和绝对定向、空中三角测量等技术，可以对无人机图像进行处理以得到无人机正射影像图。

(四)基于无人机序列影像的应急快速成图

受载荷影响，大部分无人机未搭载高精度的位置和姿态传感器，数据达不到数字摄影测量成图的要求。为充分发挥无人机快速反应、灵活方便的优点，可运用图像处理技术，基于无人机实时回传的序列视频图像直接进行图像特征匹配和快速拼接，完成目标的快速成图。

(五)基于无人机影像的三维重建

从无人机序列图像中获取地面三维信息是无人机图像应用的更高层次。无人机序列图像是飞行过程中在不同视角下对场景的连续成像，具有时间上的连续性和成像区域的高重叠性特点，采用计算机视觉及摄影测量的理论和技术，可以基于无人机序列图像完成目标区域三维快速重建功能。

(六)基于无人机的空中全景监测

无人机成像范围是由地面规划的航线决定的，即使可以实时修改上传航线以及多次补充飞行，仍存在视野有限、监测范围小、灵活性不够等缺点，严重制约了无人机执行监测任务的效能。为使无人机既“看得清”又“看得广”，可基于广角传感器进行超宽视场的大范围空中监测。

思考题

1.什么是无人机？无人机的特点有哪些？无人机如何分类？

2.一套完整的无人机系统一般由哪几个部分组成？

3.简述无人机测绘的定义和特点。

4.无人机测绘的一般作业流程包括哪些？

5.无人机测绘系统由哪几个部分组成？

6.无人机测绘系统中的数据处理和成果制作子系统主要包括哪些功能？

第2章　无人机系统工作原理

一个典型的无人机系统主要包括飞行器、地面控制设备、任务载荷和通信链路发射与回收装置、地面支援与维护设备等六部分。由于测绘无人机系统的任务载荷和地面控制设备是区别于其他无人机系统的关键组成部分,这些内容将在第3章专门介绍。本章首先介绍空气动力学和空气静力学的基本原理,然后分别介绍飞行器的各个组成部分(包括飞行平台、动力系统、飞行控制系统)以及发射与回收系统的工作原理,最后介绍无人机系统数据链路的组成及工作原理。

§2.1　空气动力学基础

重于空气的无人机平台依靠与空气相对运动所产生的空气动力完成在空中飞行。本节简要讨论气体的运动及其与机体相互作用的基本规律,即无人机升力和阻力的产生及变化规律。

一、飞行环境

飞行环境对飞行器的结构、材料、性能等都有十分明显的影响。只有熟悉飞行环境并设法克服或减少飞行环境的影响,才能保证飞行器飞行的准确性和可靠性。这里指的飞行环境包括从地球表面到大气层边界。

航空器的飞行活动环境是大气层(空气层)。大气层包围着地球,其厚度在2 000～3 000 km。由于大气的成分和物理性质在垂直方向上有显著的差异,因此可按大气在各个高度的特征分成若干层:

(1)对流层。对流层是大气圈的最底层,其下界是地面,上界因纬度和季节而异。对流层的平均厚度在低纬度地区为17～18 km,中纬度地区为10～12 km,高纬度地区为8～9 km。对流层是大气圈中与一切生物关系最为密切的一个空间,其对人类的生产、生活的影响也最大。

(2)平流层。从对流层顶至55 km左右为平流层。

(3)中间层。从平流层顶至85 km高空是中间层。

(4)电离层(暖层)。从中间层顶到800 km高空属于暖层。

(5)散逸层。电离层顶之上,即800 km高度以上的大气层,称为散逸层。

大气层的各种特性沿铅垂方向上的差异非常明显,例如空气密度和压强都随高度增加而减小。在10 km高空,空气密度只相当于海平面空气密度的1/3,压强约为海平面压强的1/4;在100 km高空,空气密度只是地面密度的0.000 04%,压强只是地面的0.000 03%。

二、关于气流的重要定律

可流动的介质称为流体,流体是液体和气体的总称。在物理学中,流体是由大量分子组成的,每个分子都在不停地做无规则的热运动。彼此不时碰撞,交换着动量和能量。分子之间距离很大,分子的平均自由程(指一个分子经一次碰撞后到下一次碰撞前平均走过的距离)比分子本身的尺寸大得多。以空气为例，在标准状况下，每立方厘米的空间内约有 2.7×10^{19} 个空气分子，空气分子的平均自由程约为 6×10^{-6} cm，而空气分子的平均直径约为 3.7×10^{-8} cm，两者之比约为 170∶1。液体虽然比气体稠密得多，但分子之间仍然有相当的距离。因此，从微观上说，流体是一种有间隙的不连续介质。无人机飞行时引起的流体运动，一般是大量流体分子一起运动的。因此，不需要详细地研究流体分子的个别运动，而是研究流体的宏观运动。采用连续介质假设，即把流体看成连绵一片的、没有间隙的、充满了其所占据的空间的连续介质。流体绕流物体时，各物理量如速度、压力和温度等都会发生变化。这些变化必须遵循的基本物理定律包括质量守恒定律、牛顿运动第三定律、热力学第一定律（能量守恒与转换定律）和热力学第二定律等。用流体流动过程中的各个物理量描述的基本物理定律，就组成了空气动力学的基本方程组，这是理论分析和计算的出发点，也是用试验方法获得无人机空气动力特性与规律的基础。

（一）稳定气流

要研究空气动力，首先要了解气流的特性。气流特性指空气在流动中各点的流速、压力和密度等参数的变化规律。气流可分为稳定气流和不稳定气流。稳定气流指空气在流动时，空间各点上的参数不随时间而变化。如果空气流动时，空间各点上的参数随时间而改变，这样的气流称为不稳定气流。

在稳定气流中，空气微团流动的路线叫作流线。一般说来，在流体流动的流场中，在某一瞬时可以绘制出许多称为流线的空间曲线，在每条流线上的各点的流体微团的流动速度方向与流线在该点的切线方向重合。流体流过物体时，由许多流线所组成的图形，称为流线谱（见图 2-1），流线谱真实地反映了空气流动的全貌，可以看出空间各点空气流动的方向，也可以比较出空间各点空气流动速度的快慢。

在流场中取一条不为流线的封闭曲线 OS，经过曲线 OS 上每一点做流线，由这些流线集合构成的管状曲面称为流管，如图 2-2 所示。

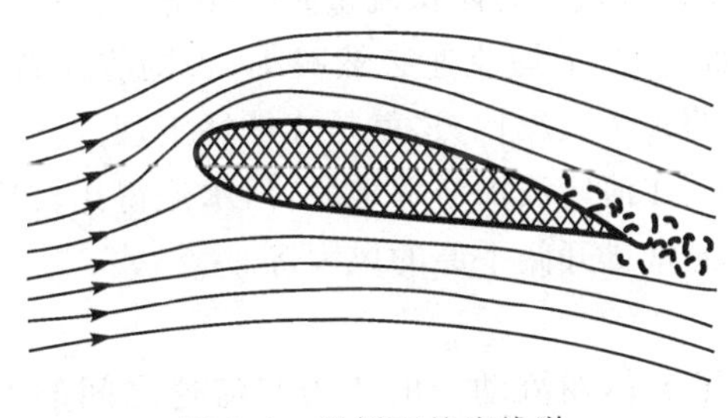

图 2-1　翼剖面的流线谱

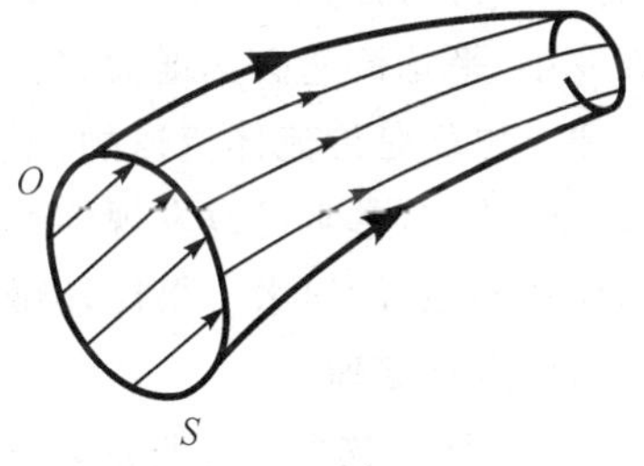

图 2-2　流管

流管由流线构成，因此流体不能穿出或穿入流管表面。在任意瞬时，流场中的流管类似真实的固体管壁。流线越稠密，流线之间的距离缩小，流管变细。相反，流线越稀疏，流线之间的距离扩大，流管变粗。

如果流动是稳定的，由于同一流线上的空气微团都以同样的轨道流动，那么流管的形状不随时间而变化。这样在稳定流动中，整个气流可认为是由许多单独的流管组成。

（二）连续性定理

当流体连续不断而稳定地流过一个粗细不等的流管时，在管道粗的地方流速比较慢，在管道细的地方流速比较快，如图 2-3 所示，这是由于管中任一部分的流体既不能中断也不能堆积。因此在同一时间，流进任一截面的流体质量和从另一截面流出的流体质量应该相等，这就是流体的质量守恒定律。

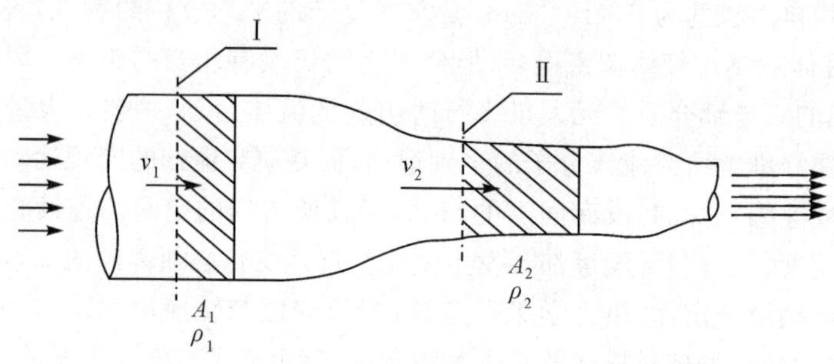

图 2-3 气流在不同管径中流速的变化

在单位时间内，流过任一截面的流体体积等于流体流过该截面的速度乘以该截面的面积；体积与流体密度相乘为单位时间内流过该截面的流体质量，即质量流量 q_m

$$q_m = \rho v A \tag{2-1}$$

式中，q_m 为单位时间内流过任一截面的流体质量，kg/s；ρ 为流体密度，kg/m³；v 为流体速度，m/s；A 为取截面面积，m²。

在单位时间内通过截面Ⅰ和截面Ⅱ的流体的质量流量应该相等，即

$$\left.\begin{aligned} q_{m_1} = q_{m_2} = \text{常数} \\ \rho_1 v_1 A_1 = \rho_2 v_2 A_2 = \text{常数} \end{aligned}\right\} \tag{2-2}$$

这就是质量方程，或称为连续方程，说明通过流管个横截面的质量流量必须相等。

对于不可压缩的流体，$\rho_1 = \rho_2 =$ 常数，则式(2-2)变为

$$v_1 A_1 = v_2 A_2 \tag{2-3}$$

由式(2-3)可知，对于不可压缩流体，通过流管各横截面的体积流量必须相等。故而，流管横截面变小，平均流速必然增大；反之，流管横截面变大，平均流速必然减小，否则将违背质量守恒定律。也就是说流体流速的快慢与管道截面的大小成反比，这就是连续性定理。

日常生活中，常常可以发现连续性定理的例子：在河床浅而窄的地段，河水流得比较快；在河床深而宽的地段，河水流得比较慢；山谷里的风通常比开阔平原的风大等。

(三)伯努利定理

1738 年，瑞士物理学家丹尼尔·伯努利阐明了流体在流动中的压力与流速之间的关系，后来科学界称之为伯努利定理。该定理是研究气流特性和在飞行器上的空气动力产生和变化的基本定理之一。

日常生活中常常可以观察到空气流速或液体流速发生变化时，空气或液体压力也发生相应变化的例子。例如向两张纸片中间吹气，两纸不是彼此分开，而是互相靠拢。这说明两纸中间的空气压力小于纸片外的大气压力，于是两纸在压力差的作用下靠拢。又如河中并排行驶的两条船，会互相靠拢。这是因为河水流经两船中间因水道变窄会加快流速而降低压力，但流过两船外侧的河水流速和压力变化不大，这样两船中间同外边形成水的压力差，从而使两船靠拢。

从上述现象可以看出流速与压力之间的关系，概括地讲，流体在流管中流动，流速快的地方压力小，流速慢的地方压力大，这就是伯努利定理的基本内容。

下面从能量的角度来讨论上述现象。根据能量守恒定律，能量既不会消失，也不会无中生

有，只能从一种形式转化为另一种形式。在低速流动的空气中，参与转换的能量有两种：压力能和动能。一定质量的空气，具有一定的压力，能推动物体做功。压力越大，压力能也越大。此外，流动的空气还具有动能，流速越大，动能也越大。

在稳定气流中，对于一定质量的空气而言，如果没有能量消耗，也没有能量加入，则其动能和压力能的总和是不变的。所以流速加快，动能增大，压力能减小，则压力降低；同样的，流速减慢，则压力能升高。它们之间的关系可用静压、动压和全压的关系说明。

静压是静止空气作用于物体表面的静压力，例如大气压力就是静压。动压则蕴藏于流动的空气中，没有作用于物体表面，只有当气流流经物体，流速发生变化时，动压才能转换为静压，从而施加于物体表面。当人们逆风前进时，感到迎面有压力，就是这个原因。空气的动压大小与其密度成正比，与气流速度的平方成正比，这也就是说，动压等于单位体积空气的动能。

全压是空气流过任何一点时所具有的静压和动压之和。根据能量守恒定律，无人机飞行时，相对气流中的空气全压等于当时飞行高度上的大气压加上相对气流中无人机前方的空气所具有的动压。用数学表达式表示为

$$p_i+\frac{1}{2}\rho v^2=p_q\text{（常量）} \tag{2-4}$$

式中，p_i 为静压；$\frac{1}{2}\rho v^2$ 为动压；p_q 为全压。

应当注意，以上定理在下述条件下才成立：

(1)气流是连续的、稳定的。

(2)流动中的空气与外界没有能量交换。

(3)气流中没有摩擦，或摩擦很小，可以忽略不计。

(4)空气的密度没有变化，或变化很小，可认为不变。

由式(2-4)可以看出，当全压一定时，静压和动压可以互相转化；当气流的流速加快时，动压增大，静压必然减小；当流速减慢时，动压减小，静压必然增大。

综合连续性定理和伯努利定理，可总结出如下结论：流管变细的地方，流速加大，压力变小；反之，流管变粗的地方，流速减小，压力变大。

三、升力和阻力的产生

作用在飞行器上的基本力包括推力、升力、阻力和地心引力，如图 2-4 所示。其中，推力由飞行器的动力系统产生，地心引力由地球的引力产生，即为重力。飞行器的升力、阻力等统称飞行器的空气动力。飞行器的升力、阻力主要由机翼产生，机翼升力、阻力的产生和变化与机翼的外形有关。下面将具体介绍升力、阻力的产生。

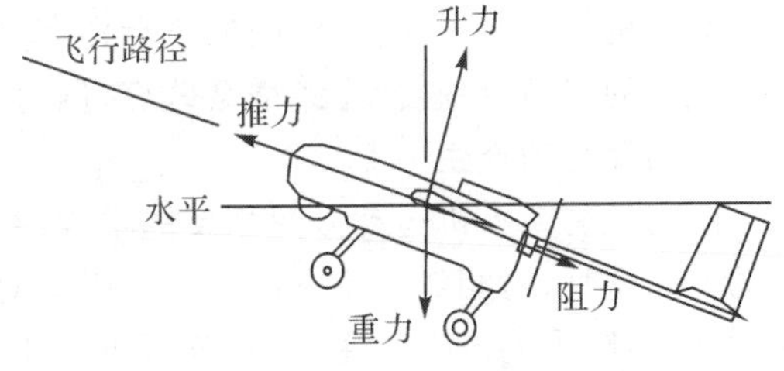

图 2-4　飞行器受力原理

(一)升力的产生

1. 机翼升力的产生

空气流过机翼的流线谱如图 2-5 所示，从图中可以看出，空气流到机翼前缘，被分成两股，

分别沿机翼上、下表面流过，在机翼后缘重新汇合向后流去。因为机翼上表面凸起的影响，流管变细，根据连续性定理和伯努利定理，流管细处流速快，压力低；在机翼下表面，流管相对比上表面粗，流速也比较慢，压力也较大，这样机翼上、下表面产生压力差。垂直于相对气流方向的压力差的总和，就是升力。机翼升力的作用线与翼弦的交点叫压力中心。

2. 机翼表面的压力分布

机翼表面上各点的压力大小，可以用箭头长短来表示，如图 2-6 所示。箭头方向朝外，表示比大气压力低的吸力或称负压力，箭头指向机翼表面，表示比大气压力高的正压力，简称压力。把各个箭头的外端用平滑的曲线连接起来，这就是用向量表示的机翼压力分布图。图上吸力用“⊖”表示，压力用“⊕”表示。B 点的压强最小、吸力最大，称为最低压力点；A 点的压强最大、吸力最小，位于前缘，这里的流速为零，动压全部变成静压，这一点称为驻点。

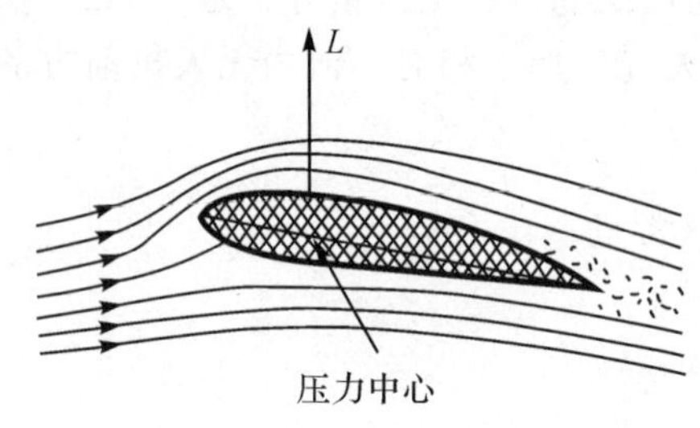

图 2-5 空气流过机翼的流线谱

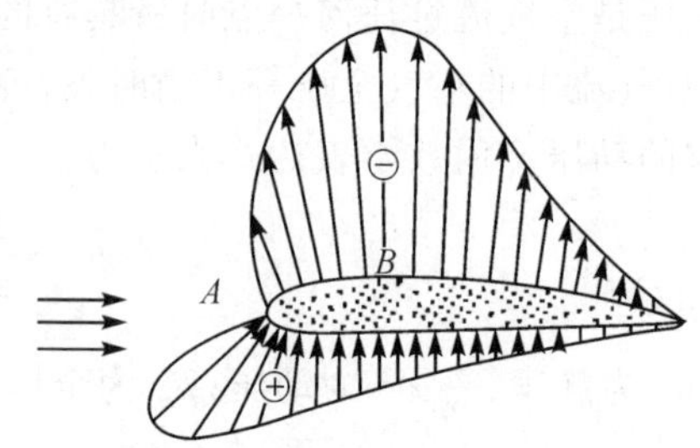

图 2-6 用向量法表示机翼压力分布

从压力分布图可以看出，由于机翼上表面吸力形成的升力在总升力中占主要部分，为60%～80%，而下表面的压力所形成的升力，只占总升力的 20%～40%。所以，不能简单地认为无人机主要是由空气从下面冲击机翼而被支托在空中的。

3. 机翼的迎角

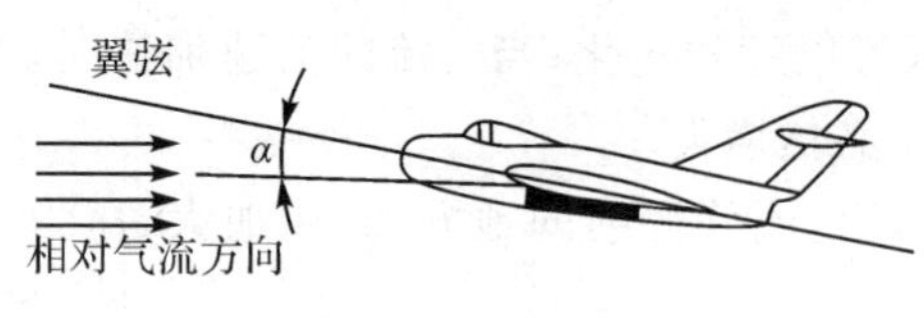

图 2-7 机翼的迎角

相对气流与机翼之间的相对位置，可用迎角表示，如图 2-7 所示。迎角 α 指翼弦与相对气流方向(无人机运动方向)所夹的角。相对气流方向指向机翼下表面，为正迎角；相对气流方向指向机翼上表面，为负迎角；相对气流方向与翼弦重合，迎角为零。正常飞行中经常使用的是正迎角。

无人机在飞行中，会有不同的飞行姿态变化。飞行姿态不同，迎角的正负、大小一般也不同。机翼的迎角改变后，流线谱会改变，压力分布也随之改变，压力中心发生前后移动。

(二)阻力的产生

阻力是与无人机运动方向相反的空气动力，起阻碍无人机前进的作用。阻力的方向与升力的方向垂直，与相对气流方向一致。阻力对无人机增速是不利的，但减速时，又需增大阻力。因此，学习阻力的产生和变化，对分析飞行速度的变化，具有重要意义。

无人机的阻力按其产生的不同原因主要可分为摩擦阻力、压差阻力和诱导阻力等。

1. 摩擦阻力

空气是有黏性的，当其流过无人机表面时，产生摩擦阻力。空气流过无人机时，在贴近表面的地方，由于空气黏性的影响，有一层气流速度逐渐降低的空气流动层，称为附面层。从图 2-8可以看出附面层的底部速度为零，往外速度逐渐增大，到附面层边界，速度不再变化，等于附面层外主流的速度。附面层的厚度随着气流在机翼上流动距离的加大而增厚，在机翼前缘驻点，附面层厚度为零，离前缘越远，附面层越厚。附面层内压力沿法线方向是不变的，且等于法向的主流压力。

图 2-8 中 P_1 点的压力与附面层边界上 Q_1 的压力是相等的(因摩擦影响，动能变热能)。摩擦阻力的大小应与空气的黏性、无人机表面的粗糙程度、无人机表面与空气的接触面积有关。为了减小摩擦阻力，应尽量减小无人机的表面积，并把无人机的表面做得平整光滑。例如，机体表面采用埋头铆钉或整体壁板等。

2. 压差阻力

运动的物体因前后压力差而形成的阻力，称为压差阻力。飞行中，空气流过机翼时，在机翼前缘受到阻挡，流速减慢，压力增大；在机翼后缘，由于气流分离形成涡流区，流速加快，压力减小，因此形成压差阻力，如图 2-9 所示。

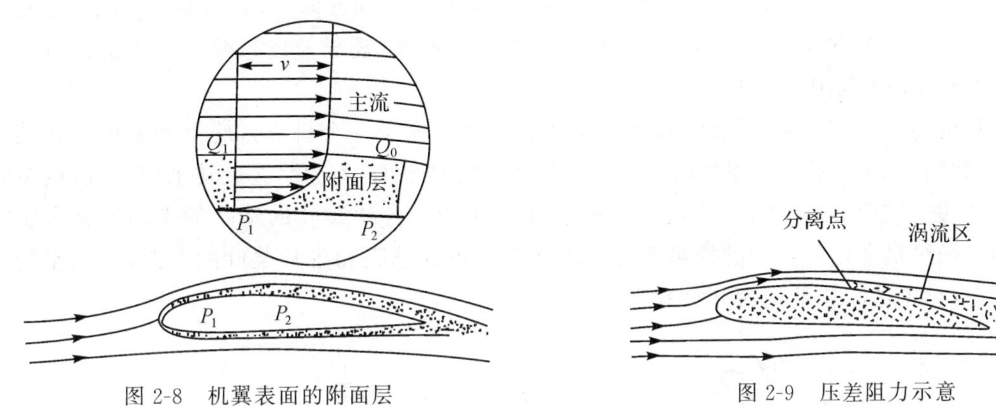

图 2-8　机翼表面的附面层

图 2-9　压差阻力示意

现在分析机翼后缘出现气流分离的原因。在黏性摩擦的作用下，附面层气流的速度总比主流的速度小得多；而在机翼上表面最低压力点以后，直到后缘，主流速度逐渐减小，而压力逐渐增大，这对附面层气流也起阻滞作用，使其速度进一步减小，以致停滞下来而无力继续向后缘流去。这种沿途递增的压力，甚至会迫使机翼后部的附面层中出现逆流。于是，附面层中逆流而上的空气与顺流而下的空气顶碰，使附面层气流脱离机翼表面而卷进主流，形成旋涡的气流分离现象，气流脱离机翼表面的位置，称为分离点。

机翼表面的气流分离形成涡流区以后，压力会减小。一方面因为旋涡区速度大所以压力小；另一方面空气迅速旋转，发生摩擦，气流中部分能量变成热能而散失，因而涡流区的全压比机翼前部的全压小，这也是产生压差阻力的原因。高速行驶的汽车后面会扬起尘土，就是车后涡流区的空气压力小，吸起灰尘的缘故。

压差阻力和物体的形状有很大关系。物体的形状流线程度越高，对气流的阻挡作用越小，后部的涡流区也越小，所产生的压差阻力也最小。现代无人机采用了很多措施，保持无人机机体各部分的流线型。

3. 诱导阻力

伴随升力的产生而产生的阻力称为诱导阻力，诱导阻力主要来自机翼。当机翼产生升力时，下表面的压力比上表面的压力大，下表面的空气会绕过翼尖向上表面流去，使翼尖气流发生扭转而形成翼尖涡流。日常生活中，人们有时可以看到，飞行中的飞机翼尖处拖着两条白雾状的涡流索。这是因为旋转着的翼尖涡流内压力很低，空气中的水蒸气因膨胀冷却，凝结成水珠,显示出翼尖涡流的轨迹。

四、旋翼机的飞行原理

与普通固定翼无人机相比,旋翼机不仅在外形上,而且在飞行原理上都有所不同。一般来讲其没有固定的机翼和尾翼,主要靠旋翼产生气动力。这里所说的气动力既包括使机体悬停和举升的升力,也包括使机体向前后左右各个方向运动的驱动力。旋翼机旋翼的桨叶剖面由翼型构成,叶片平面形状细长,相当于一个大展弦比的梯形机翼,当其以一定迎角和速度相对于空气运动时,就产生了气动力。但是,旋翼的运动与固定翼无人机机翼的运动方式不同,因为旋翼的桨叶除了随无人机一同做直线或曲线运动外,还要绕旋翼轴旋转,因此桨叶空气动力现象比固定翼无人机机翼的复杂得多。因为,即使是定常前飞,当旋翼桨叶旋转一周时,由于桨叶有迎风和顺风的区别,桨叶在旋转平面内同一半径的不同方向上,其相对风速的大小和方向都不一样。如果再考虑桨叶运动所引起的附加气流速度(诱导速度),桨叶各个剖面与空气之间的相对速度情况更不一样。

旋翼机旋翼绕旋翼转轴旋转时,每个叶片的工作类同于一个机翼。旋翼的截面形状是一个翼型,如图 2-10 所示。翼型弦线与垂直于桨毂旋转轴平面(称为桨毂旋转平面)之间的夹角称为桨叶的安装角,以 φ 表示,有时简称安装角或桨距。各片桨叶的桨距的平均值称为旋翼的总距。操纵员通过旋翼机的操纵系统可以改变旋翼的总距和各片桨叶的桨距,根据不同的飞行状态,总距的变化范围为 2°～14°。

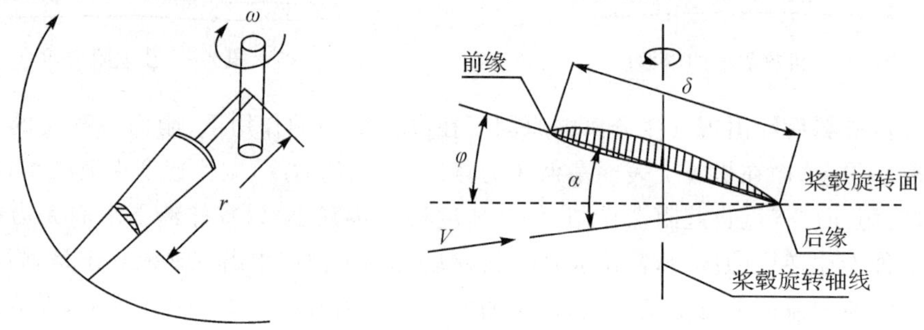

图 2-10 旋翼机的旋翼

气流 V 与翼弦之间的夹角即为该剖面的迎角 α。显然,沿半径方向每段叶片上产生的空气动力在桨轴方向上的分量将提供悬停时需要的升力;在旋转平面上的分量产生的阻力将由发动机所提供的功率克服。

旋翼除了提供旋翼无人机的升力和前进力外,还具有操纵面的作用,通过改变其空气动力的大小和方向,产生改变旋翼无人机位置和姿态的力和力矩。

旋翼机飞行的特点:①能垂直起降,对起降场地要求较低;②能够在空中悬停,即使直升机的发动机空中停车时,操纵员可通过操纵旋翼使其自转,仍可产生一定升力,减缓下降趋势;③可以沿任意方向飞行,但飞行速度较低,航程相对来说也较短。

本节的目的只为概要地描述基本概念,更为详细的介绍可参见空气动力学的相关书籍。

§2.2　飞艇空气静力学基础

飞艇是一种轻于空气的航空器，其有别于其他飞行器的明显特征是依靠轻于空气的气体的静升力升起。热气球不属于飞艇范畴，飞艇与热气球最大的区别在于具有推进和控制飞行状态的装置。本节主要介绍飞艇静升力产生的原理以及如何控制飞艇的静升力。当飞艇依靠动力飞行时，其与周围空气有相对运动就产生了空气动力，遵循上节所述的空气动力学原理。

一、飞艇静升力原理

飞艇靠装载轻于空气的浮升气体（氢气、氦气、热空气等）在空气中产生的静升力而升空；靠安装在飞艇上的动力装置推进飞行；同时，依靠副气囊，以及辅助的俯仰操纵控制上升和下降；在飞行中，通过尾部结构的水平、垂直动力翼面控制飞艇的飞行方向。

（一）飞艇在大气中的静升力

在这里给出使用的符号及定义，主要有：

(1)总静升力 L_g；

(2)净静升力 L_n；

(3)飞艇艇囊和其所有附件的质量 W_o；

(4)飞艇总质量 W；

(5)飞艇艇囊体积 V；

(6)艇囊浮升气体体积 V_n(V_n＝飞艇艇囊总体积 $V_{艇}$－副气囊体积 $V_{副}$)；

(7)压力 P，N/m^2；

(8)空气密度 ρ_α，kg/m^3；

(9)飞艇艇囊浮升气体密度 ρ_g，kg/m^3；

(10)净密度或升力密度 ρ_n，kg/m^3，$\rho_n=\rho_\alpha-\rho_g$；

一般地说，物体在气体中的浮力等于部分或全部浸没物体排开同体积流体的重量；该浮力的方向与重力方向相反，即垂直向上。但是，术语“浮力”主要在流体静力学中使用，而在空气静力学中均使用“静升力”(static lift)这一术语。为了保持一致性，在本节阐述飞艇工作原理时，将统一使用静升力，而不使用浮力。

充以浮升气体的飞艇，在空气中产生的总静升力等于艇囊体积排开的空气质量，由式(2-5)给出

$$L_g=V\rho_\alpha \tag{2-5}$$

在飞艇的实际飞行使用中，应该计算出整个飞艇获得的实际升力。因此，提出了净静升力这一概念，由下式给出

$$L_n=L_g-W=V_n\rho_n \tag{2-6}$$

由于艇囊本身质量一般很小，与大气中作用在飞艇艇囊上的静升力相比，可以忽略不计。飞艇飞行在大气中所处的高度范围内，其空气密度随高度升高呈非线性变化。

在实际的飞艇飞行中，其静升力受到诸多因素的影响。这些因素分为两类：第一类是参数（艇囊体积、副气囊体积、内部静升气体的温度和压力等）测量不精确引起的变化；第二类是当地高度决定的大气参数变量引起的影响。在第二类影响因素中，高度对飞艇的这些影响如

图 2-11 所示，部分充满的艇囊从海平面 A 点开始上升，以不变的升力爬升到高度 B，假设温度完全相同。

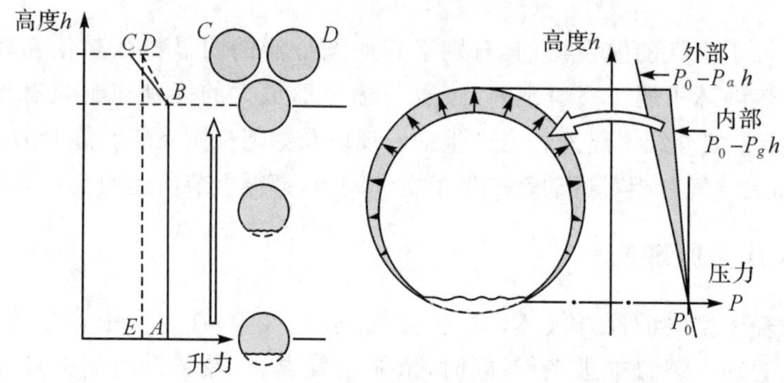

图 2-11　飞艇飞行的空气静力学原理

从图 2-11 中可见，自海平面 A 点向上，艇囊内外压力将随高度的增加而下降，下降的程度与艇囊内外各气体的密度成正比。在离基准面高度 h 处，内压力为 $P_g h$，外压力则为 $P_a h$。显然后者下降的幅度较大，压力差 $(\rho_a-\rho_g)h$ 将向外作用在艇囊蒙皮上。例如，在海平面以上 30 m 高度，氢气艇囊顶部的压力只达到 335 N/m^2，约是大气压力的 1/300。对于氦气艇囊来说，其压力差 $(\rho_a-\rho_g)h$ 比氢气艇囊小 7%。艇囊内表面上的这种楔形的压力分布，将会防止艇囊褶皱，以及产生净静升力表示的向上合力。

(二)飞艇的浮升气体

飞艇艇囊中容纳的浮升气体可以是氦气、氢气等。以氦气为例，一般情况下，飞艇中的氦气不可能是完全纯净的，含有的杂质往往是空气。由于制造飞艇艇囊织物的多孔性，以及其部件连接点的某些泄露因素，氦气纯度的变化，会直接引起浮升气体密度的变化。

在实际使用中，常遇到计算浮升气体氦气的密度问题。计算海平面标准大气压下氦气的密度 ρ_g，使用

$$\rho_g=K\times0.169+(1-k)\times1.225 \tag{2-7}$$

式中，系数 1.225 为海面标准大气压下的空气密度，kg/m^3；K 为氦气纯度百分数。

对于软式飞艇艇囊体积为 V 的密封柔性艇囊，飞艇的总质量 W 为

$$W=V\rho_g+W_0 \tag{2-8}$$

在实际情况中，W_0 中的结构部分体积与产生浮力的艇囊体积比较起来很小，所以结构本身产生的浮力可以忽略不计。将式(2-6)、式(2-7)和式(2-8)组合起来得到飞艇净静升力表达式

$$L_n=V(\rho_a-\rho_g)-W_0=L_g-W_0 \tag{2-9}$$

式中，$(\rho_a-\rho_g)$ 实际上表示艇囊浮升气体和艇囊外空气相互比较产生的单位体积静升力，或称单位静升力，在飞艇实际设计计算中是一个很实用的重要数据。

飞艇在飞行中，由于艇囊中的浮升气体能自由膨胀，并且浮升气体和空气温度保持相同，则由式(2-9)给出的飞艇可用升力(净静升力)L_n 将不随高度的变化而变化。当飞艇升高时，浮升气体和空气密度随大气压力的下降而减小。与此同时，浮升气体的体积 V 却以相同的比例增加。相反，随飞艇升高，大气温度是下降的，这使气体密度增加，体积减小，于是这两种效应又可相互部分抵消。

在真实的大气中，随高度增加，压力的下降比温度的下降更明显，于是在飞艇上升的过程中，因大气密度下降而使艇囊中浮升气体不断膨胀。为保障艇囊不致破裂，需要降低浮升气体向外的内部压力，采用的方法一般是排出飞艇副气囊中的一部分空气，直到副气囊中空气排空，此刻的高度称为飞艇的压力高度，也称飞艇的限制高度。值得注意的是，一定要把飞艇的压力高度与大气的压力高度两个概念加以区别。飞艇的压力高度指飞艇副气囊中空气完全释放变瘪时的高度，因此也是飞艇不使艇囊浮升气体超压（或放泄）时能爬升的最大高度。而大气的压力高度，则是飞艇被包围于地球表面大气层中，随高度升高的自然大气的压力值。

二、飞艇静升力的控制

（一）飞艇的静升力控制系统

飞艇在飞行使用上，与其他飞行器一样都要有必要的操纵系统，飞艇的一个重要特点是其副气囊在飞艇飞行操纵上的作用。飞艇依靠艇囊排挤空气形成的空气浮力（静升力）升起，也依靠其副气囊协助操纵人员实施对飞艇的升降操纵。所以，飞艇的副气囊是飞艇实施浮空飞行中极其重要的组成部分。

如图 2-12 所示，当飞艇上升时，副气囊的排气阀门是自动打开的。如果飞艇艇囊中的浮升气体体积膨胀，副气囊就被挤压，通过排气阀门排出空气来泄压，直至调节到浮升气体的压力变小，恢复原状态为止。飞艇下降时，借助发动机推进器（螺旋桨、风扇）的冲压空气或专门的电风扇供气，可经软管向副气囊充以新空气，副气囊空气量增加并膨胀，以使艇囊中浮升气体的压力保持一定值。目的是使飞艇艇囊保持外形不被压扁，特别是艇首在迎面气流压力下，保持艇囊形状和一定的刚性尤为重要。

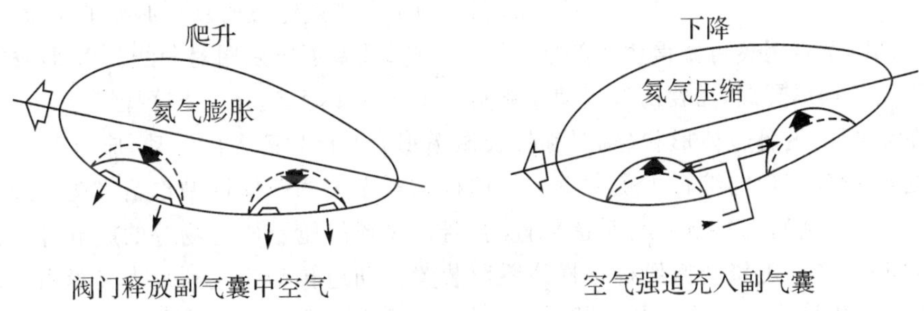

图 2-12　副气囊的工作原理

飞艇副气囊的容积大小实际上决定了飞艇的压力高度，也就决定了飞艇的实用升限。当副气囊的空气完全排空时，就达到了飞艇的实用升限（即飞艇的压力高度）。所以，飞艇的载重越大，需充的浮升气体越多，副气囊的充气容积越小，则允许浮升气体膨胀的体积越小，飞艇的升限就越低。一般情况下，副气囊的容积大约为主气囊（艇囊）容积的 25％为宜。飞艇的副气囊数量一般为 1～4 个。对于小型飞艇，设计一个副气囊就足够。低空飞行的中型或大型飞艇，一般采用两个副气囊，每个副气囊之间可以实施轮换（一个副气囊膨胀，另一个副气囊放气收缩）调节。对于在高空和热天飞行的飞艇，将需要更大的副气囊容量以适应飞艇的压力平衡调节。这种情况下，可采用在飞艇艇囊外面两侧增设吊挂的吊篮式副气囊增加副气囊容量。

（二）飞艇的空气动力控制

飞艇是一种低速飞行器，其飞行速度一般在 100～150 km/h，一般飞艇上限速度为 130～

150 km/h。飞艇的飞行速度设计得过高，会导致飞艇结构质量和燃料消耗量的显著增加，而且要承担更高的空气动力载荷。飞艇飞行的需用功率大致与其空速的立方成正比，所以随着飞艇的加大，飞艇动力装置的质量也随其需求功率的增加而大大增加。飞艇虽然有精致的流线型外形并低速飞行，但由于其庞大的艇囊迎风截面，其气动阻力仍然还是很大的。

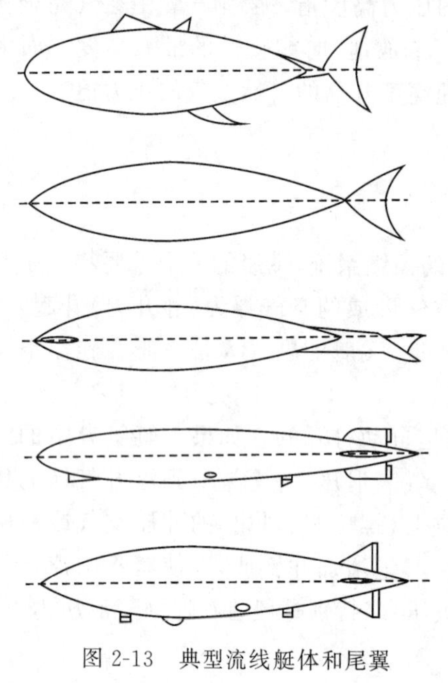

图 2-13 典型流线艇体和尾翼

典型的流线型飞艇艇体和尾翼类型如图 2-13 所示。经典流线型艇体在飞艇飞行方向上是不稳定的，总是趋向于转弯运动。在水平面内，这种偏离由艇囊垂直尾翼面调节；在垂直平面内还存在自由爬升或下降的俯仰趋势，这种趋势受吊舱等悬挂装置摆动效应的影响，可操作水平尾翼进行调节。

飞艇在进行机动飞行中，有时则要通过飞艇的动力升力补偿飞艇静升力的不平衡气动力操纵。常规设计的飞艇艇体，因飞艇的飞行速度很低，使其气动效率较低。在飞艇飞行中，如果艇囊迎角(即艇形体轴线相对航线的抬头角)超过临界角，则可能使飞艇艇体“失速”，这时可用飞艇艇体的气动升力控制解决。飞艇飞行中形成的空气动力升力，随飞艇迎角的大小和飞艇飞行速度的平方成比例地变化。所以重型飞艇在这些情况下，起飞或降落期间的飞行速度不能太低；过低的飞行速度可能使飞艇接近危险的失速状态。为了在飞艇起飞时获得必要的抬头离地高度，飞艇艇囊下部的垂直尾翼可做得比上部垂直尾翼小些；或者可以采用对角线为 X 形或倒 Y 形构型。这些飞艇的操纵翼面，需要协调运动才能实行飞艇的转弯、爬升或下降操纵。

经典的流线型飞艇艇体形状(轴对称拉长橄榄形)对于飞艇飞行运动，应是其结构和空气动力要求之间较为理想的综合平衡方案。但这种相对庞大的艇体造型也给飞艇的地面操作带来相当多的问题，例如飞艇艇首与系留装置的连接、飞艇吊舱及压舱物等的影响等。被系留的飞艇，当风向改变时，飞艇会像风标一样绕系留装置自动地转动。尤其是当飞艇系留出现阵风影响时，阵风的能量将通过系留装置传递给飞艇，给予飞艇严重的振荡危害。

§2.3 无人飞行器构造

无人飞行器的结构是无人飞行器各受力部件和支撑构件的总称，就像人的躯体一样把无人飞行器上的机体、任务载荷、控制系统和动力装置等连接成一个整体，形成良好的气动力外形，保护其内部所安装的设备。本节不介绍动力装置和机载设备，只对无人飞行器机体结构、构成、特性等给予描述。无人飞行器中的无人机与飞艇平台的构造差别较大，所以分别介绍。

一、无人机平台结构的基本组成

由于无人驾驶，无人机上省去了驾驶员座舱、生命保障系统等大量的设备和空间，在机体结构上与有人机相比有重大变化和调整。无人机平台的结构形式虽然在不断变化，但大多数无人机平台结构通常仍由机身、机翼和尾翼组成，如图 2-14 所示。

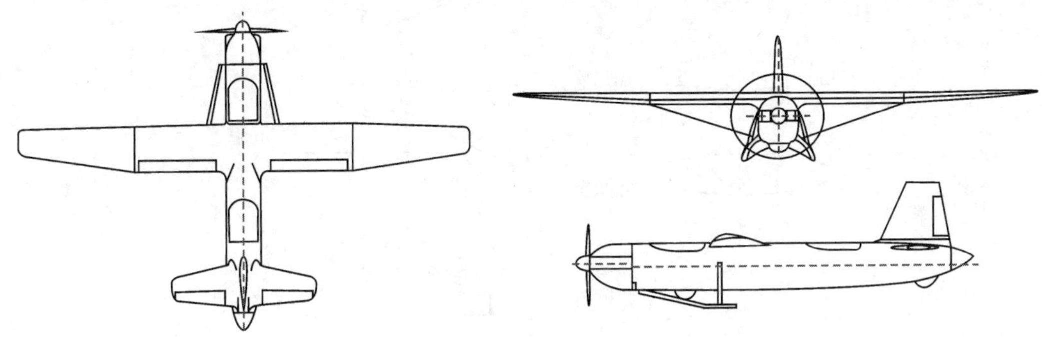

图 2-14 无人机平台三视图

(一)机身

机身是无人机主体结构，包括任务舱、油舱(电池舱)、控制舱、发动机舱等，部分机型还有伞舱。机身主要用来装载任务设备、燃油、电源、控制和操纵系统(包括导航设备)、发动机、数据链路设备和武器系统等，并通过其将机翼、尾翼、起落架等部件连成一个整体。

飞行中，机身的阻力占整个飞行器阻力的绝大部分，因此要求机身具有良好的流线型、光滑的表面、合理的截面形状以及尽可能小的横截面积。在飞行和着陆过程中，机身不仅要承受作用于其表面的局部空气动力，还要承受起落架和机身上其他部件传来的作用力，所以机身结构必须具有足够的强度和刚度。

(二)机翼

机翼是无人机飞行时产生升力的主要部件，固定翼无人机的机翼一般分为左右两个翼面，无人直升机使用旋翼，扑翼无人机使用像鸟或昆虫翅膀一样的扑翼。机翼是无人机的主要气动面，是主要的承受气动载荷的部件，起着重要的稳定和操纵作用，后文将详细介绍机翼的相关知识。

(三)尾翼

尾翼分垂直尾翼和水平尾翼两部分。垂直尾翼垂直安装在机身尾部，主要功能是保持机体的方向平衡和方向操纵，通常垂直尾翼后缘设有用于操纵方向的方向舵，主要用于转弯。水平尾翼水平安装在机身尾部，主要功能是保持俯仰平衡和俯仰操纵，用于上升和下降。对于一些特殊结构的无人机，会不设计垂直尾翼或水平尾翼。

二、无人机的机翼和尾翼

当无人机在空中飞行时，作用在无人机上的升力主要由机翼产生；同时机翼上也会产生阻力。机翼上的空气动力的大小和方向，在很大程度上又取决于机翼的外形，即机翼翼型(或翼剖面)几何形状、机翼平面几何形状等。

(一)机翼的形状

机翼的平面几何形状指机翼在水平面内投影的形状，常见的机翼形状有矩形、梯形、后掠、三角形等，如图 2-15 所示。

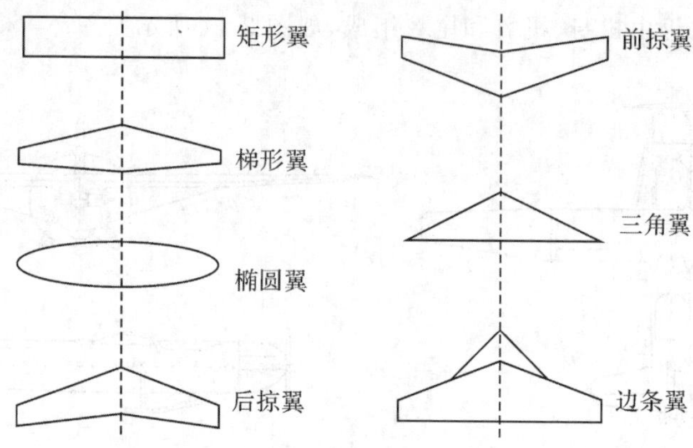

图 2-15 几种机翼的平面形状

如图 2-16 所示，表示机翼平面形状的主要几何参数有以下几种：

(1)机翼面积 s。机翼平面形状面积，是影响无人机性能的最重要的参数，大的机翼面积能够产生大的升力。

(2)展长(或称翼展)L。机翼在 z 方向上的最大长度。

(3)弦长 $b(z)$。机翼展向剖面弦长，是展向位置 z 的函数，有代表性的弦长是根弦长 $b_0(z=0)$ 和尖弦长 $b_1(z=\pm\frac{1}{2})$。

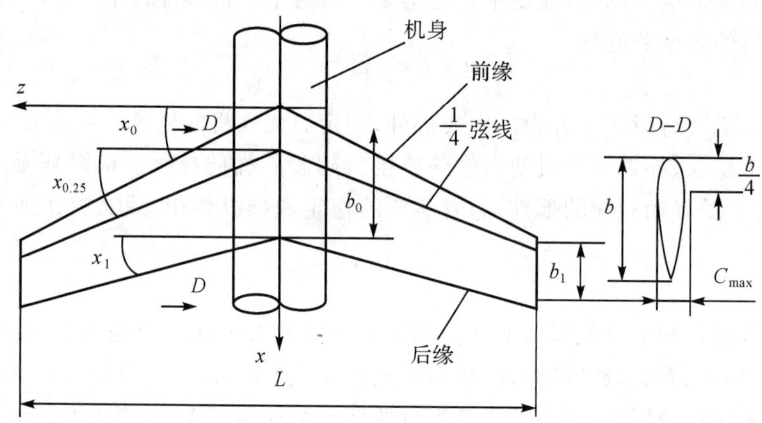

图 2-16 机翼平面形状的几何参数

(4)展弦比 λ。机翼翼展的平方与机翼面积之比 $\lambda=\frac{L^2}{s}$，或者翼展与机翼平均弦长的比值，$\lambda=2\frac{L}{b_0+b_1}$。当机翼面积和$\frac{S_{wet}}{S_{ref}}$(其中，wet 代表浸润，ref 代表参考)保持不变时，无人机的最大亚声速升阻比近似随着展弦比的平方根增加而增加。另一方面，机翼的质量也大约以相同的因子随着展弦比的变化而变化。改变展弦比的另外一个效果是失速迎角的变化，小展弦比的机翼比大展弦比的机翼失速迎角大。

(5)根梢比 η。$\eta=\frac{b_0}{b_1}$，机翼的根梢比影响其沿展向的升力分布，当升力是椭圆形分布时，升致阻力或诱导阻力最小。

(6)后掠角 x。前缘、后缘、翼弦 $\frac{1}{4}$ 点(或 $\frac{1}{2}$ 点)连线与 z 轴的夹角分别称为前缘后掠角 x_0、后缘后掠角 x_1、$\frac{1}{4}\left(\frac{1}{2}\right)$弦线后掠角 $x_{\frac{1}{4}}$($x_{\frac{1}{2}}$)。机翼的后掠角主要用于减缓超声速流的不利影响,可以改善无人机的稳定性。

(二)尾翼

无人机尾翼的主要功用是保证无人机的纵向(俯仰)和方向(偏航)的平衡,使无人机在纵向和横向两方面具有必要的稳定和操纵作用。

一般的尾翼包括水平尾翼(简称平尾)和垂直尾翼(简称垂尾或立尾)。通常低速无人机的尾翼分成可动的舵面和固定的安定面两部分,如图 2-17 所示。但是在超音速无人机飞行时,舵面的操纵效能大大降低,有时甚至降低一半,要恢复尾翼的操纵能力,必须使整个尾翼都偏转,于是在高速无人机上就出现了全动尾翼。

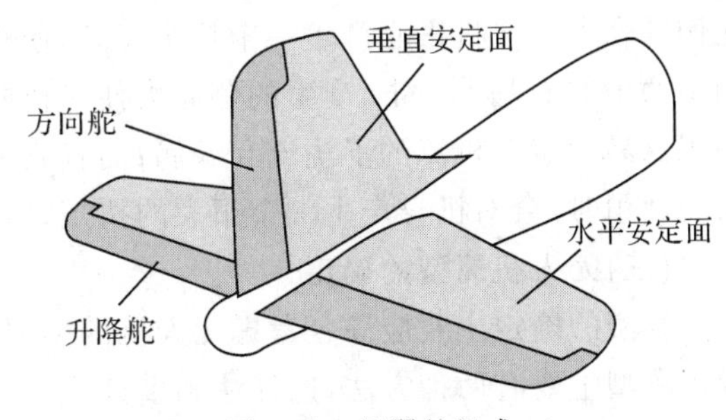

图 2-17　尾翼的组成

由于无人机的功用、空气动力性能和受力情况的不同,尾翼有不同的布置型式,如图 2-18 所示。

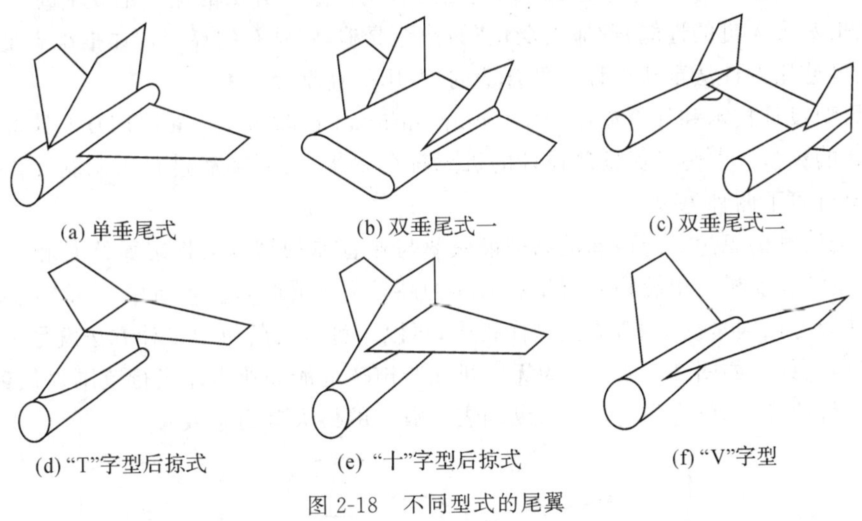

图 2-18　不同型式的尾翼

多数无人机采用图 2-18(a)的单垂尾式,这种型式的垂直安定面可与机身做成一个整体,因而刚度大,重量轻。对单台发动机的螺旋桨式无人机,还便于利用螺旋桨的滑流提高尾翼的工作效率。其主要缺点是垂直尾翼上的空气动力使机身受到扭矩影响。在某些跨音速或超音速的三角翼无人机上,只装有一个垂直尾翼,而将水平尾翼取消,以减少阻力和结构重量。另外在三角翼上常使用升降副翼,以代替一般的副翼,升降副翼既可起副翼的作用,又可起升降舵的作用。

图 2-18(b)为双垂尾式的一种,用于双发动机或多发动机的螺旋桨无人机,可使垂尾尽可能处于螺旋桨滑流之中,提高其工作效率。另一种装在双机身(或双尾撑)上的双垂尾如图 2-18(c)所示,由于垂尾直接连接在机身(或尾撑)上,因而平尾承受外力较小。

在跨音速或超音速无人机上，为了延缓局部激波的产生或减弱波阻，一般都采用后掠式尾翼，同时为了避开随着机翼局部激波而产生的大量漩涡，往往将水平尾翼安置在垂直尾翼上，构成“T”字型或“十”字型，如图 2-18(d)和图 2-18(e)所示。这两种型式虽有如上的好处，但平尾上所受的载荷必须通过垂尾传到机身，因而使垂尾上的载荷加大，重量增加，而且垂尾受力时对机身产生的扭矩也较大。此外，在大迎角飞行状态下，平尾仍有可能受到机翼的下洗流和漩涡的影响，所以有些超音速无人机采用平尾低置布局，使平尾低于机翼。

在无人机上还有一种不常见的尾翼形式——“V”字型，如图 2-18(f)所示。“V”字型尾翼的舵面如果同时向上或向下，就起升降舵的作用。例如同时向上，两边舵面都产生向下的力，它们的合力对飞机重心产生一个抬头力矩，使飞机抬头，同升降舵向上偏转所起的作用一样。如果两个舵面一上一下，产生的侧向力使飞机向左或向右转弯，同方向舵所起的作用一样。这种尾翼易于避开机翼的下洗流和漩涡；而且它的面积和重量也比正常式尾翼小。但当它作方向舵使用时，会对机身产生一个很大的扭矩，增加了机身的受力和重量。

(三)无人机翼型的确定

翼型的确定主要应综合考虑无人机的类型、性能、功用以及寿命周期费用比等众多因素。确定翼型主要有两种方法，选择法和设计法。

(1)选择法是根据无人机的性能要求，从已有的成功翼型中选择一个合适的翼型，如美国国家航空与航天局(National Aeronautics and Space Administration，NASA)系列翼型或德国的哥廷根(Goettingen)系列翼型都是可以使用的数据。这一方法的优点是效率高。

(2)如果对无人机的性能有“非大众化”的特殊要求，则已有的翼型往往很难满足其性能要求。此时，可使用设计法重新设计一种合适的、专用的翼型。

现代翼型设计技术和计算流体力学(computational fluid dynamic，CFD)工具可以帮助设计任意形状的翼型。但为了保证所设计的机翼符合要求，需要随后进行风洞验证。现代翼型的设计主要有以下两种思想：

(1)杂交设计的思想。跨声速的高巡航效率与亚音速的高升力性能始终是相互矛盾的气动要求，在设计民航机时由超临界翼型和低速的高升力增升装置实现折中。无人机受价格、重量和简易性等方面因素的影响，无法这样折中，所以一种合适的折中设计方法就是采用杂交设计的思想设计翼型，如图 2-19 所示，为无人机在跨声速巡航和亚声速飞行范围提供最大升力，横轴表示飞行速度，单位为马赫(Ma)，纵轴表示翼型的最大升力系数 $C_{L\max}$。

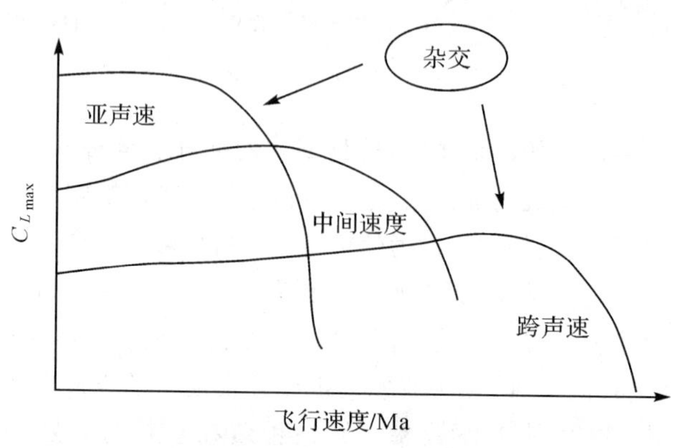

图 2-19 杂交设计思想示意

(2)基于CFD技术的多目标多点优化设计思想。设计翼型在设计条件下有最优值,但对流动条件变化极为敏感,在非设计条件下性能大幅度下降,这是翼型设计中的难点,也使单设计点翼型不实用,应综合考虑设计和非设计状态的性能,即采用多设计点翼型设计的方法。

(四)几种典型机翼的特性

1. 大展弦比机翼

空气动力学理论及风洞试验说明,低速情况下,大展弦比平直翼的升力系数大,诱导阻力小。流体力学计算结果显示,在亚声速($Ma \leqslant 0.8$)时,机翼阻力(零升阻力和诱导阻力)中的诱导阻力占80%,大展弦比机翼是无人机获取特大升阻比的最直接而有效的措施。最大升阻比近似随着展弦比的平方根增加而增加,在合适翼型组合配合下,特大展弦比机翼飞机的升阻比可达20以上,所以在长航时无人机中多采用大展弦比机翼。“全球鹰”、“捕食者”等中、高空长航时无人机的机翼都有着较大的展弦比,多采用平直型机翼,如图2-20所示。另外,寻求稳定飞行姿态的无人机也大多采用大展弦比的机翼设计。

2. 后掠型机翼

机翼后掠的程度用后掠角的大小表示,机翼后掠角在25°以上称为后掠型机翼,后掠角较小的机翼仍称平直机翼。当飞机飞行速度接近声速时,机翼上表面局部气流速度超过声速,这将出现激波并引起激波后面的气流分离,使阻力急剧增加。对于后掠型机翼,垂直机翼前缘的气流速度分量低于飞行速度,从而可以在飞行速度已达到或超过声速时,垂直机翼前缘的气流速度分量却还未达到声速。所以与平直机翼相比,后掠型机翼只有在更高的飞行速度下才会出现激波,从而推迟了激波的产生。即使产生激波,后掠型机翼也能减弱激波强度,减小飞行阻力。所以后掠翼一般用于超声速无人机中,美军的X-45A就采用了后掠型机翼,如图2-21所示。

图2-20　全球鹰采用的大展弦比机翼

图2-21　X-45A采用的后掠翼机翼

3. 三角机翼

当后掠翼的后掠角大到一定程度后又会出现一些新的问题,如机翼翼尖部分容易失速的问题变得更加突出,机翼的空气动力弹性变形更加严重,将大大增加机翼的结构重量。另外,如果后掠翼的后掠角不够大,飞机的阻力系数在$Ma>1.3$以后反而有可能增大。研究表明,飞机的超声速阻力问题可以通过采用小展弦比和相对厚度很薄的机翼来解决。与一般的后掠翼相比,在机翼面积相同的情况下,三角机翼的相对厚度比较小,机翼前缘后掠角大(一般为

图 2-22　X-47A 采用的三角机翼

50°～60°)，可以降低超声速阻力。所以，采用三角机翼可以满足速度和机动性两方面的综合要求，一般用于无人战斗机或快速灵活的小型无人机中。如图 2-22 所示，X-47A 用的就是三角机翼。

4. 新概念的无人机机翼

随着技术的发展，一些新概念的无人机机翼技术已被提出，并且进入试验验证阶段。预计不久的将来，可以在正式装备的无人机上见到这些新概念的机翼。这里简单介绍可变形机翼和充气机翼。

(1)变形机翼。所谓变形机翼，指在飞行中利用控制等技术，自动改变机翼的面积、弦长、后掠角和展弦比。变形机翼技术与折叠机翼技术的不同之处在于，前者的机翼面积可通过弦长的增减独立于后掠角改变，而后者是通过改变后掠角，使一部分翼面收入或移出机翼固定部分或机身来实现机翼面积的改变。2006 年 8 月，美国已成功进行了机翼在飞行中改变外形的演示验证试飞，采用柔性蒙皮变形机翼，并将面板结合到接头上安装有作动器的铰接栅格结构，在 185～220 km/h 的速度下成功将翼展改变了 30%，机翼面积改变了 40%，后掠角从 15°变为 35°。这是世界上首次实现在飞行中改变机翼的面积、弦长、后掠角和展弦比。

(2)充气机翼。所谓充气机翼，指无人机的机翼在平时处于非展开状态，需要飞行时，通过给其充气使其展开并保持外形。2007 年 2 月，一架充气机翼无人机的原型机已在美国 30 000 m 上空进行了测试飞行。该机长 2.1 m，重约 6.8 kg，可充气机翼翼展约 2.1 m。飞行中，由一个气象气球携带该无人机原型机上升到空中，上升期间对机翼充气，到目标高度后进行脱离，并展开降落伞，随后丢弃降落伞开始自由飞行。充气机翼技术可用作士兵和突发事件工作者使用的背包携带式无人机，机翼可以放气储存，充气使用。

三、飞艇平台结构的基本组成

(一)飞艇的结构

飞艇的主要结构包括艇囊、副气囊、飞艇吊舱(包括任务设备吊舱、动力吊舱等)、尾部和艇首等，如图 2-23 所示。

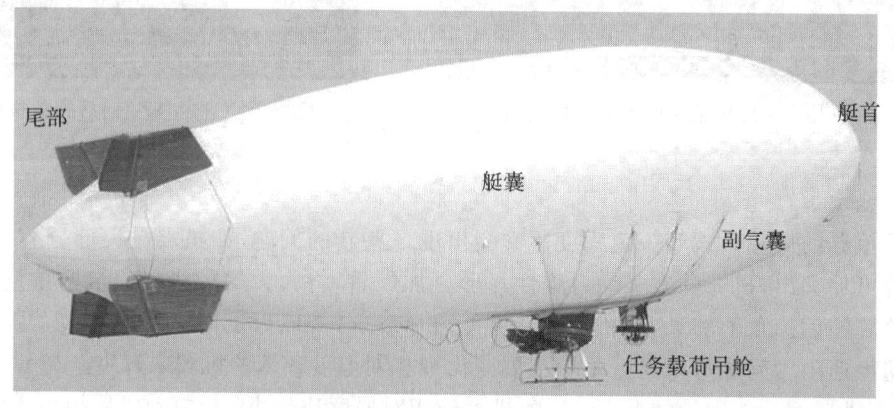

图 2-23　飞艇结构

1. 飞艇艇囊

飞艇的艇囊也称气囊，是飞艇进行浮空飞行的浮力源，也是最能反映飞艇特点的主体结构之一。飞艇艇囊的形状对于飞艇的整体性能有很大的影响，理想的形状是常规的椭圆形或橄榄形。目前，多数软式充氦气飞艇的艇囊，是用涂有涂料的织物或织物与薄膜夹层材料制成。这些材料的性能设计，应满足能容纳浮升气体和能适应飞艇工作区域极端的大气环境条件。制造艇囊所用基本材料经裁剪和胶接，制成用作容纳浮升气体的软气袋(艇囊)，然后充以压缩的浮空气体(如氦气)，可以稳定地保持飞艇艇囊“旋转体”的气动外形。

飞艇对艇囊的主要要求是流线型外形，以减小空气阻力和提高飞艇的操纵性能；能承受飞行中的空气静力、动力和推进装置产生的载荷。

2. 飞艇副气囊

随着飞艇飞行高度的变化，艇囊承受的大气压力有较大的变化。为了保持压力变化条件下飞艇的浮力平衡，主要通过与艇囊组合的副气囊控制。最典型的飞艇副气囊是一个充以空气的气袋，它被组合在飞艇艇囊之中或组合在艇囊的外部。副气囊中的气体(空气)与艇囊中的浮升气体(氦气等)相隔绝，它们通过软管和阀门与外部空气连通。软管用来给副气囊充气或放气，副气囊可被完全充满或部分地充满空气，这要由飞艇艇囊所需的工作状态而定。副气囊底部的阀门是用来排气的，空气被排出后副气囊就瘪了。

3.飞艇吊舱

飞艇吊舱也称吊篮，是飞艇载荷的主要承力结构，是飞艇的核心任务部件。吊舱是有空气动力外形的硬式容器结构，在原理上与重于空气的低速无人机机身相似，可以是一个整体，也可以是几个独立的部分。飞艇吊舱应包括飞行控制设备、燃料系统、任务载荷、动力装置和着陆装置等，如图 2-24 所示。

图 2-24　某型号飞艇的动力吊舱和任务载荷吊舱

4. 飞艇尾部结构

艇囊的尾部结构是实施飞艇气动操纵舵面的部分，即尾翼。飞艇尾翼一般由一组固定于艇囊上的操控翼面组成，每个翼面的后缘部分可在一定的角度范围内摆动，与无人机尾翼的构造形式类似。在飞艇飞行时，通过控制操控翼面后缘的摆动角度，实现对飞艇飞行的操纵。

(二)飞艇的分类

1. 按结构分类

飞艇按其结构特点可分为软式、半硬式和硬式三类，如图 2-25 所示。

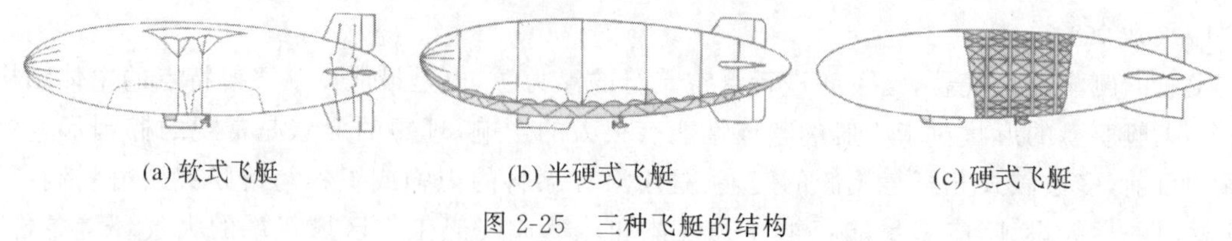

(a) 软式飞艇　(b) 半硬式飞艇　(c) 硬式飞艇

图 2-25　三种飞艇的结构

(1)软式飞艇,也称轻型飞艇。其艇囊由特殊材料热焊而成,艇囊内充满轻于空气的浮升气体,艇囊的外形由该浮升气体的压力保持。在艇囊的下面由绳索悬挂一个吊舱,吊舱内有动力装置及工作系统等。软式飞艇一般为小型飞艇。

(2)硬式飞艇,也称重型飞艇。其外形由刚性骨架保持,外罩由特殊材料形成艇囊外蒙布或由薄铝皮包围保持飞艇的整个形状;在艇体骨架内再放置一系列密封的浮升气体小气囊。动力装置、操纵系统和机组的舱室设置在飞艇刚性骨架的主结构上。不管艇囊充气与否,飞艇的外部形状保持不变。硬式飞艇结构适用于大型飞艇。

(3)半硬式飞艇。综合硬式飞艇和软式飞艇的优点,既在艇囊内增加刚性龙骨,又靠艇囊内充满浮升气体保持外形。艇囊直接附着在龙骨上,龙骨内可容纳动力装置。放气时,只需将艇囊折叠。半硬式飞艇艇囊的压力约是软式飞艇艇囊压力的 30%～50%。这类飞艇的框架或龙骨的内部或外部结构,一般是沿飞艇底部从艇头延伸到尾部。在这些框架或龙骨上,安装头部框架、尾翼、吊舱、燃料箱、发动机和机械部件。半硬式飞艇的框架或龙骨加强了飞艇艇囊的薄弱点,有助于承受飞艇的静升力与气动力载荷。

2. 按浮升气体分类

按飞艇所充浮升气体类型,可将飞艇分为冷式浮升气体飞艇和热式浮升气体飞艇两类。

(1)冷式浮升气体飞艇,也称浮升气体飞艇。该型飞艇指常温下向艇囊内充入轻于空气的浮升气体,如氢气、氦气等,产生飞艇上升的静升力。上述各种结构的飞艇实际上大多是冷式浮升气体飞艇。现代飞艇已基本采用安全的氦气作为冷式浮升气体,即所谓氦气飞艇。

(2)热式浮升气体飞艇,也称热气飞艇。热式浮升气体飞艇具有热气球和冷式浮升气体飞艇的综合特性,它将取之不竭的空气加热后作为浮升气体。这样可以使艇囊内的气体轻于艇囊外的大气,进而产生浮力。一般的方法是,由专门为热气飞艇设计的燃烧器向艇囊内不断地喷热气,由螺旋桨产生的气流将热流引入艇囊内。显然,热气飞艇留空时间也受到所载燃油的限制,且抗风性差,目前应用较少。

四、无人飞行器结构的基本要求

(一)空气动力要求和设计一体化要求

无人飞行器结构应具有良好的空气动力外形以及表面质量。气动外形主要是根据无人飞行器性能要求和飞行品质(操纵性、稳定性等)要求决定的。如果无人飞行器结构达不到必要的气动要求,将会导致飞行阻力增加、升力降低以及飞行性能下降。

为了提高无人飞行器的生存力和战斗力,各无人飞行器大国正努力发展低可见度的隐身技术,提出无人飞行器设计向综合性和一体化发展,对无人飞行器结构提出隐身-结构一体化的要求。其中飞翼型无人飞行器要求机翼、机身圆滑过渡融合为一体,并要求机身沿轴向的形状符合面积律规律,大大改善无人飞行器的气动性能,但增加了结构的复杂性。无人飞行器-

发动机的一体化设计，要求对既是机体结构一部分又是推进系统组成部分的进气道、喷管，强调其形状、结构与发动机的匹配设计，用以优化控制无人飞行器与发动机之间气动性能的相互影响。飞控-火控结构一体化设计等发展趋势使无人飞行器结构设计在满足气动和无人飞行器性能等方面增加了新的内容和难度。

（二）结构完整性要求

结构完整性指关系到无人飞行器安全使用、使用费用和功能的机体结构强度、刚度、损伤容限及耐久性（或疲劳安全寿命）等结构特性的总称。

强度指无人飞行器结构在承受外载荷时抵抗破坏的能力。刚度指结构在外载荷作用下，抵抗变形的能力。强度不够，会引起结构破坏。刚度不足，不仅会产生过大变形，破坏气动外形，而且在一定的飞行速度下会发生很危险的振动现象。

（三）最小重量要求

现代无人飞行器在尺寸、重量上差别很大。在阿富汗和伊拉克战争期间，美军使用的“指针”微型无人飞行器只有 4 kg 重，携带的全部载荷只有大约 50 g，主要用于执行短程的战术侦察任务；“影子 200”等低空近程无人飞行器重量为 150～500 kg，所携带载荷重量为 20～100 kg；“捕食者”等中空长航时无人飞行器重量为 500～3 000 kg，所携带载荷重量为 250～500 kg；“全球鹰”等高空长航时无人飞行器重量约为 10 000 kg，携带载荷重量约 1 000 kg。

随着无人飞行器航程加大和电子设备的增多，无人飞行器的载油系数和设备系数是增加的，结构和发动机重量系数在下降，对无人飞行器结构重量提出了更高的要求。

合理的结构布局是减轻结构重量最主要的环节。在保证无人飞行器性能的前提下，结构重量减轻 1%可以减轻无人飞行器总重的 3%～5%。在满足无人飞行器的空气动力要求和结构完整性的前提下，应尽量使用复合材料使结构的重量尽可能减轻，即达到最小重量要求。因为结构重量的增加，在总重量不变的情况下，就意味着有效载荷的减小，或飞行性能的降低。

（四）使用维修要求

良好的维修性可以提高无人飞行器在使用中的安全可靠性和保障性，并可以有效地降低保障使用成本。无人飞行器的各部分（包括主要结构和无人飞行器内的电子设备、燃油系统等），须按规定周期检查、维护和修理。为了使无人飞行器有良好的维修性，在结构上需要布置合理的分离面与各种舱口，在结构内部安排必要的检查、维修通道，增加结构的敞开性和可达性。

（五）工艺要求

无人飞行器结构要求有良好的工艺性，便于加工、装配。这些要求须结合产品的数量、机种、需要的迫切性与加工条件等综合考虑。对于复合材料等新材料，还应对材料、结构的制作和结构修理的工艺性予以重视。

（六）经济性要求

经济性要求过去主要指制作生产和使用成本。近年来提出了全寿命周期费用概念（也称全寿命成本）。全寿命周期费用主要指无人飞行器的概念设计、方案论证、全面研制、生产、使用与保障五个阶段直到退役或报废期间付出的一切费用之和。其中生产费用与使用、保障费用约占全寿命周期费用的 85%，而减少生产费用最根本的是结构设计的合理性；影响使用和保障费用的关键是可靠性和维护性，也与结构设计直接有关。

（七）测绘要求

测绘无人机的主要目的是完成测绘成图、应急成图以及三维重建等测绘作业，对飞行平台有较高要求，要求无人机平台具有较好的稳定性、较强的抗风性，同时飞行速度也不宜过快。

§2.4 无人机动力系统

动力系统是为无人机提供推力的整套系统，由发动机、推进剂或燃料系统以及保证发动机正常有效工作所需的附件和仪表等组成。动力系统的核心部件是发动机，通常用发动机指代动力系统。飞行器的飞行速度、高度、航程、机载重量和机动能力等在很大程度上取决于发动机的性能水平。

航空发动机主要包括活塞式发动机、喷气式发动机和特种发动机，喷气式发动机又分燃气涡轮发动机、无压气机式喷气发动机、火箭发动机和组合式发动机。航空发动机具体分类如图 2-26 所示，其中绝大多数类型的航空发动机都可以在无人飞行器上使用。

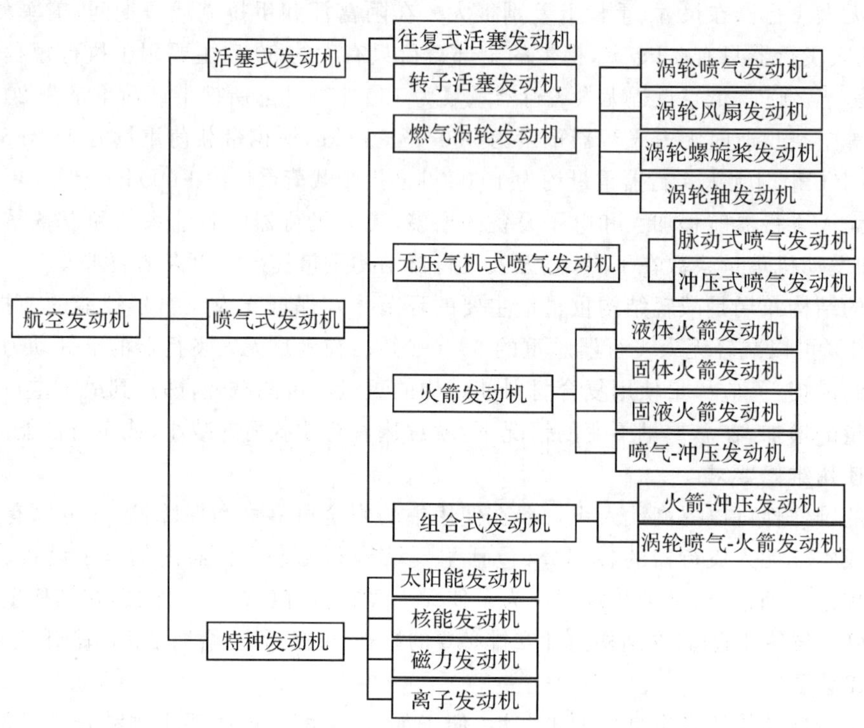

图 2-26 航空飞行器发动机分类

一、活塞式航空发动机

活塞式航空发动机是一种以汽油为燃料的内燃机，是无人机使用最早、最广泛的动力装置，其技术目前已较为成熟。无人机用活塞式航空发动机单台功率小至几千瓦，大至几十千瓦。活塞式发动机的适用速度一般不超过 300 km/h(用于靶机除外)，高度一般不超过 8 000 m，应用机型的续航时间从几小时(靶机除外)到几十小时不等。

活塞式航空发动机必须带动螺旋桨等推进器才能为飞行器提供动力。螺旋桨剖面与机翼剖面相似，从空气动力学原理看，螺旋桨拉力的产生和机翼上升力的产生在原理上是相同的。

根据活塞的运动形式又分为往复式活塞发动机和转子活塞发动机。

(一)往复式活塞发动机

往复式活塞发动机是使用最早、应用最广泛的无人机动力装置。往复式活塞发动机一般都用汽油作为燃料,它的每一循环包括五个过程:①进气过程;②压缩过程;③燃烧过程;④膨胀过程;⑤排气过程。往复式活塞发动机的这五个过程可以在两个行程内完成,称为两冲程发动机,也可以在四个行程内完成,称为四冲程发动机。往复式活塞发动机大都为四行程,并且大都带有增压器,使空气进入汽缸前先经过增压器增压,从而增加进入汽缸的空气量。

随着无人机技术的快速发展,大功率、多冲程往复式活塞发动机在高空长航时无人机上的应用日益增多,高空空气稀薄、压力低、发动机散热等是需要解决的关键技术问题。现在通过往复式活塞发动机与增压器组合,可使无人机的升限达到11 000 m以上。国外用往复式活塞发动机生产无人机的代表性制造商有奥地利的罗泰克斯公司(Rota系列活塞式发动机)、英国的洛特斯·卡斯公司(Lotus系列)和德国的Limbach公司(L系列)。

(二)转子活塞发动机

转子活塞发动机的活塞在汽缸内做旋转运动,不需要曲柄连杆机构,它通过气口换气,不需要复杂的气阀配气机构,因而旋转活塞发动机的结构大为简化,而且明显地具有重量轻、体积小、比功率高、零件少、制造成本低、运转平衡、高速性能良好等优点,因此在20世纪80年代后期发展迅速。在相同功率范围内,转子活塞发动机质量只是往复式活塞发动机的一半。转子活塞发动机若用于高空无人机,需解决发动机高空补氧燃烧、冷却等技术问题。

二、喷气式发动机

在20世纪40年代以前,航空动力由活塞式发动机一统天下。但当飞行速度提高到接近声速,需要突破声障时,活塞式发动机便显得无能为力。喷气式发动机的出现,才使得飞行器的飞行性能有了质的飞跃,开创了一个新的飞行时代。喷气式发动机产生推力,是作用力和反作用力在喷气发动机工作时的一种表现。无人机用的喷气发动机主要包括涡桨、涡扇、涡喷和涡轴发动机。

(一)涡桨发动机

涡桨发动机中,涡轮内燃气的大部分剩余势能转变为无人机螺旋桨的传动功率,继而转换成螺旋桨的拉力,剩余的则转换成喷气流的动能,即喷气推力。因而涡桨发动机的推进力由两部分组成,其中以螺旋桨的拉力为主,拉力和排气推力之比一般为9∶1。涡桨发动机主要应用于高空长航时无人机。美国的"捕食者"B无人机采用涡桨发动机作为动力,发动机型号为霍尼韦尔(与联信公司1999年合并)的TE331-10T。

(二)涡扇发动机

涡扇发动机是在涡桨发动机基础上发展起来的,它将螺旋桨直径大大缩短,增加桨叶数目(增加到2～4排),取消减速器,同时把所有桨叶用一个大圆筒包起来,就成了一种新的发动机部件——风扇。这时螺旋桨已起了质的变化,成了一个叶片较长的压气机,可以在超声速气流中很好地工作。涡扇发动机主要用于高空长航时无人机以及未来的无人战斗机。美国最先将涡扇发动机应用于无人机,主要生产和供应商包括罗罗·艾利逊公司、GE公司、霍尼韦尔公司和威廉姆斯公司。美国"全球鹰"长航时无人机选用AE3007H发动机是涡扇发动机应用于无人机的一个典型代表。

(三)涡喷发动机

涡喷发动机工作时,燃气在喷管内膨胀,几乎全部剩余势能都转换成了动能,燃气流加速到很高的速度而产生推力。涡喷发动机主要应用于高空、高速无人机。在涡喷发动机研制和生产方面,具有代表性的制造商有英国的 NT 公司(NT 系列涡喷发动机)、法国的微型涡轮(Microturbo)公司和美国的特里达因公司(CAE 系列)。

(四)涡轴发动机

涡轴发动机主要应用于短距与垂直起降无人机,特别是无人直升机。涡轴发动机的工作过程与涡桨发动机相似,但结构上差别较大。涡轴发动机利用一个不与压气机相连的自由涡轮带动无人直升机的旋翼,从发动机尾部把功率传出去。国外具有代表性的制造商有美国的罗罗·艾利逊公司(Allison250 发动机)和威廉姆斯公司。

三、无人机动力的选择

一种无人机选用何种动力装置由飞机的任务和各种动力装置的特点决定。罗罗·艾利逊公司在一份有关无人机动力技术的研究报告中对同一种无人机选用涡扇发动机、涡桨发动机和活塞发动机进行了对比研究。假设无人机的尺寸、推力要求和载油量一定,首先通过计算获得无人机选用活塞式发动机的性能指标,包括续航时间、航程、巡航速度和平均大修间隔时间,并以此作为基础进行性能比较。如果换装涡扇发动机,飞机的最佳巡航速度会提高 70%左右,由此可大大改善飞机的响应时间和生存能力。与活塞发动机相比,涡扇发动机不足之处是航程和续航时间短,其主要原因是涡扇发动机的耗油率比活塞式发动机高。如果换装涡桨发动机,飞机的航程和续航时间会略微加长,续航速度提高(但不及涡扇发动机),大修间隔时间类似涡扇发动机。

通过对已投入使用的各型无人机发动机适用情况进行统计分析,列出现有各型发动机的适用范围,如表 2-1 所示。

表 2-1 各型航空发动机的适用情况

发动机的类型	速度/(km/h)	使用高度/m	续航时间/h	适用无人机
往复式活塞发动机	130~260	3 000~8 000	1~60	靶机、侦察无人机、长航时无人机
转子活塞发动机	110~320	3 000~6 000	1.5~12	多用途小型无人机、长航时无人机
涡轮轴发动机	140~330	300~7 600	3~24	无人直升机
涡轮螺旋桨发动机	—	13 000~16 000	8~42	长航时无人机
涡轮喷气发动机	500~1 100	3 000~1 4000	0.2~2.5	靶机、高空高速无人机
涡轮风扇发动机	550~640	14 000~20 500	8~42	长航时无人机

从目前国内外已经投入使用和正在发展的各种无人机来看,虽然其选用的动力装置类别不同,但都倾向于采用技术已经成熟的航空动力系统,并在已有发动机基础上针对无人机特性进行相应改进。最典型的例子是美国的“捕食者”和“全球鹰”。“捕食者”选用的是奥地利罗泰克斯公司生产的 Rotax912 型四缸活塞式发动机,其改进型“捕食者”B 选用了霍尼韦尔/联信公司生产的 TPE-10T 涡桨发动机,“全球鹰”的动力装置是在罗罗·艾利逊公司生产的民用支

线客机用涡扇发动机 AE3007 基础上改进的。为适应高空工作条件，只对燃油系统做了很小的改动，同时对高压涡轮导向叶片的后缘略加调整，并对润滑系统进行了改进。

当然，在无人机动力系统的选择上，是在已有发动机上改进还是发展一种全新的发动机，还取决于飞机对发动机性能的要求和用户经济可承受性。用户经济可承受性包括发动机的采购和使用成本两个方面。发动机性能和用户可承受性两者作为一个对立统一体，只有达到一种相对的平衡才是最佳解决方案。

§2.5　无人机飞行控制系统

无人机飞行控制技术是无人机实现无人化飞行的重要技术之一。无人机飞行控制系统是无人机系统的“大脑”，以自动控制理论为基础，基本任务是当无人机在空中正常飞行或受到干扰的情况下保持无人机姿态与航迹的稳定，包括俯仰、横滚、航向三个轴向的姿态稳定，以及按地面控制站无线传输指令的要求改变无人机姿态与航迹，并完成导航计算、遥测数据传送、任务控制与管理等。

一、飞行自动控制的基本原理

(一)自动控制的基本概念

所谓自动控制，指在没有人直接参与的情况下，利用外加的设备或装置(称控制装置或控制器)，使机器、设备或生产过程(统称被控对象)的某个工作状态或参数(即被控量)自动地按照预定的规律运行。在现代科学技术的众多领域中，自动控制技术起着越来越重要的作用，例如，数控车床按照预定程序自动地切削工件，化学反应炉的温度或压力自动地维持恒定，人造卫星准确地进入预定轨道运行并回收等。

在发展初期，自动控制理论主要建立了以反馈理论为基础的自动调节原理。第二次世界大战之后，自动控制理论得到了进一步的完善和发展，已形成以传递函数为基础的经典控制理论，主要研究单输入-单输出、线性定常系统的分析和设计问题。20 世纪 60 年代初期，随着电子计算机技术的应用，为适应宇航技术的发展需要，自动控制理论跨入了一个新阶段——现代控制理论，主要研究具有高性能、高精度的多变量变参数系统的最优控制问题，主要采用的方法是以状态为基础的状态空间法。目前，自动控制理论还在继续发展，正向以控制论、信息论、仿生学为基础的智能控制理论深入。无人机飞行控制主要研究无人机自主飞行、自主执行任务和远程控制等问题。

(二)控制面

控制飞行器的目的之一是根据飞行状况调整飞行器的姿态和位置，并在受到各种环境干扰的情况下保持飞行器的姿态或位置。因而必须对飞行器施加控制力和力矩，作用在飞行器的偏转控制面(即操纵面)上。一般飞行器(见图 2-27)有三个控制面：升降舵，方向舵和副翼。升降舵主要控制飞机纵向平面的运动，如俯仰运动。方向舵和副翼主要控制飞机侧向平面的运动，如转弯运动。这些控制面与相应的控制设备形成控制通道，构成基本的飞行自动控制系统。

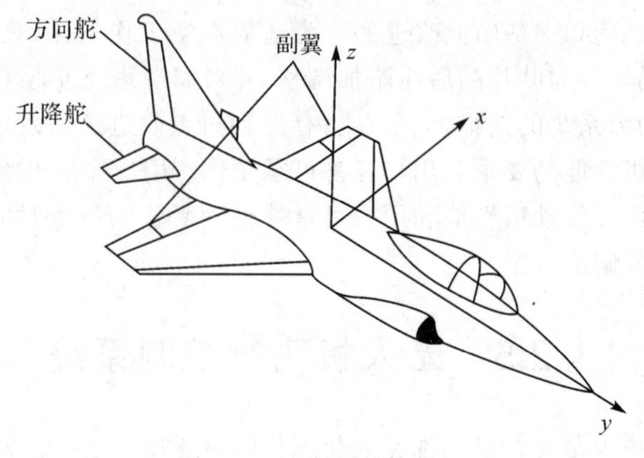

图 2-27 飞行器的控制面

(三)反馈控制系统

为了实现各种复杂的控制任务,需要将被控对象和控制装置按照一定的方式连接起来,组成一个有机总体,这就是自动控制系统。在自动控制系统中,被控对象的输出量即被控量是需严格加以控制的物理量,它可以要求保持为某一恒定值,如温度、压力、液位等,也可以要求按照某个给定规律运行,如飞行航迹、记录曲线等;控制装置则是对被控对象施加控制作用的机构的总体,可以采用不同的原理和方式对被控对象进行控制,其中最基本的一种是基于反馈原理组成的。

在反馈控制系统中,控制装置对被控对象施加的控制作用,是取自被控量的反馈信息,用来不断修正被控量与输入量之间的偏差,从而实现对被控对象进行控制的任务,这就是反馈控制的原理。

通常,把输出量送回到输入端并与输入信号相比较产生偏差信号的循环连续过程,称为反馈。若反馈的信号与输入信号相减,使产生的偏差越来越小,称为负反馈;反之,则称为正反馈。反馈控制就是采用负反馈并利用偏差进行控制的过程,由于引入了被控量的反馈信息,整个控制过程为闭合过程,因此反馈控制也称闭环控制。

组成反馈控制系统的各部分元部件按功能分类主要有以下几种:

(1)测量元件。检测被控制的物理量,如果这个物理量是非电量,一般要再转换为电量。

(2)给定元件。给出与期望的被控量相对应的系统输入量(即参考输入量,也称参据量)。

(3)比较元件。把测量元件检测的被控量实际值与给定元件给出的参据量进行比较,求出它们之间的偏差。常用的比较元件有差动放大器、机械差动装置、电桥电路等。

(4)放大元件。将比较元件给出的偏差信号进行放大,用来推动执行元件控制被控对象。电压偏差信号可用晶体管、集成电路、晶闸管等组成的电压放大级和功率放大级加以放大。

(5)执行元件。直接推动被控对象,使其被控量发生变化。

(6)校正元件,也叫补偿元件。它是结构或参数便于调整的元部件,用串联或反馈的方式连接在系统中,以改善系统的性能。

(四)无人机飞行自动控制的基本原理

无人机自动飞行控制的原理如下:当无人机偏离原始状态时,敏感元件感受到偏离方向和大小,并输出相应纠偏信号,经放大、计算处理,操纵执行机构(舵机)操纵控制面(如升降舵面)相应动作。由于整个系统按负反馈的原则连接,其结果是使无人机趋向原始飞行姿态。当无人机回到原始飞行姿态时，敏感元件输出信号为零，舵机以及与其相连的舵面也回原位，无人机重新按原始姿态飞行，形成一个闭环系统，如图 2-28 所示。自动飞行控制系统中的敏感元件、放大计算装置和执行机构是飞行自动控制系统的核心，称为自动驾驶仪(autopilot)。

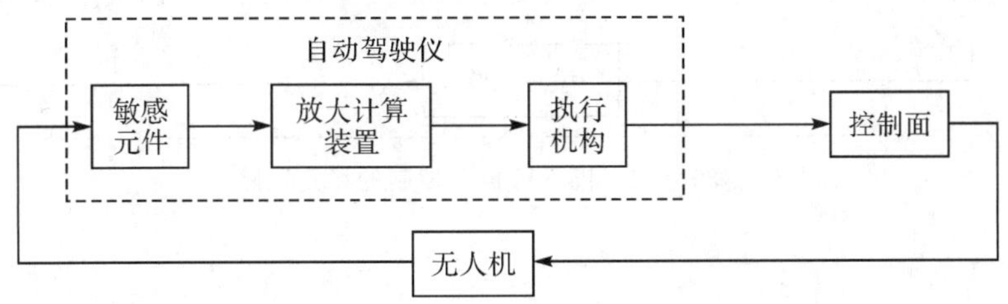

图 2-28　无人机飞行自动控制的闭环回路

如前所述，实现自动飞行必须通过自动控制系统形成回路。典型的无人机飞行控制系统一般包括三个层次的反馈控制回路，即舵回路、稳定回路和控制回路。

1. 舵回路

飞行自动控制系统根据输入信号，通过执行机构(舵机)控制舵面。为改善舵机的性能，通常引入内反馈(将舵机的输出反馈至输入端)，形成随动系统(又称伺服系统或伺服回路)，简称舵回路。舵回路由舵机、放大器及反馈元件组成，如图 2-29 所示。图中测速机测出舵面偏转的角速度，反馈给放大器以增大舵回路的阻尼，改善舵回路的性能。位置传感器将舵面角位置信号反馈到舵回路的输入端，从而使控制信号与舵偏角一一对应。舵回路的负载是舵面的惯量和作用在舵面上的气动力矩(铰链力矩)。

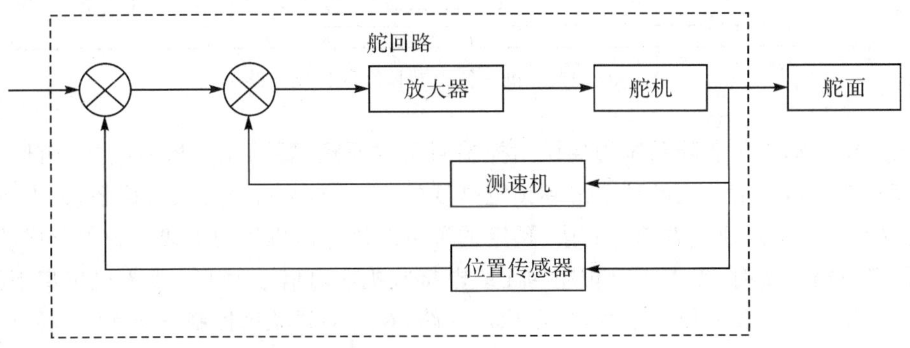

图 2-29　无人机飞行自动控制的舵回路

2. 稳定回路

舵回路加上敏感元件和放大计算装置组成自动驾驶仪，并与无人机组成新回路——稳定回路，如图 2-30 所示。该回路的主要功能是稳定无人机的姿态，或者说稳定无人机的角运动，敏感元件用来测量无人机的姿态角。由于稳定回路中包含了无人机，而无人机的动态特性又随飞行条件(如速度、高度等)而异，使稳定回路的分析变得较为复杂。稳定回路的原理是：将敏感元件测量得到的无人机实时的姿态角与无人机稳定状态的姿态角的差值，反馈给放大计算装置以增大稳定回路的阻尼，改善稳定回路的性能，从而更好地发挥其稳定无人机姿态的作用。

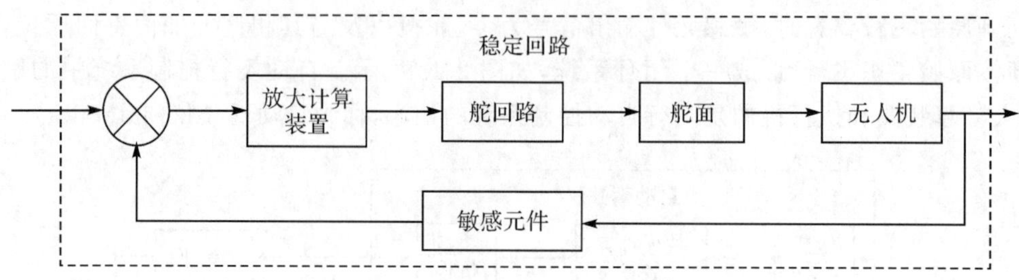

图 2-30 无人机飞行自动控制的稳定回路

3. 控制回路

稳定回路加上测量飞机重心位置的元件以及运动学环节(表征无人机空间位置几何关系的环节)又组成一个更大的新回路,称为控制回路(或控制与导引回路,简称制导回路),如图 2-31 所示。

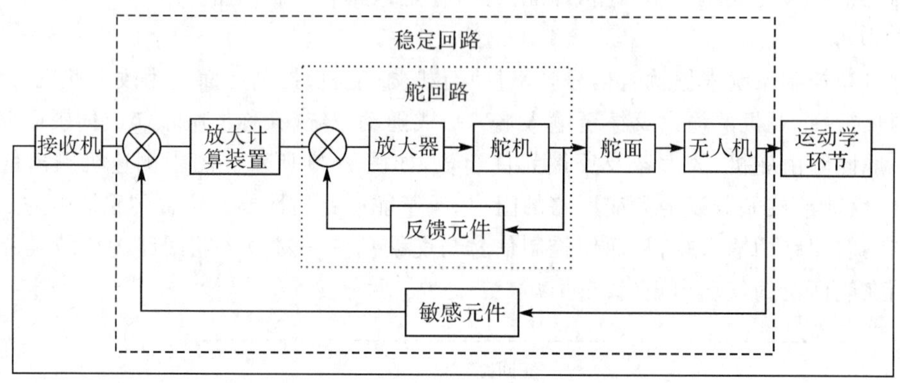

图 2-31 无人机飞行自动控制的控制回路

以无人机自动下滑着陆系统为例说明控制回路的原理:要求无人机做纵向(俯仰、上下和前后)运动,在着地前沿预定航迹下滑到预定高度(十几米),然后将无人机拉平,无人机不断下降,最终以允许的下降速率着陆。其中,预定的下滑航迹是由机场的无线电装置形成的。无人机处于预定下滑航迹时,无人机上相应的无线电接收机输出信号为零。无人机偏离下滑航迹,接收机输出相应极性和幅值的信号,送至稳定回路,在自动驾驶仪控制下使无人机回到下滑航迹。例如,当无人机在预定下滑航迹的上方,接收机将某极性的信号送给自动驾驶仪使升降舵下偏,产生低头控制力矩,使飞机进入下滑航迹;当无人机又进入下滑航迹后,接收机输出为零,舵偏角为零,无人机保持在下滑航迹上。

二、无人机飞行控制系统的组成

无人机飞行控制系统的主要组成部分包括自动驾驶仪、执行机构、飞行控制计算机和导航制导系统,其中自动驾驶仪是核心部分。自动驾驶仪一般由执行机构、敏感元件和控制电路组成,通常通过操纵无人机的空气动力控制面或推力矢量控制无人机的姿态运动。执行机构是自动驾驶仪的一个施力装置,根据自动驾驶仪的指令产生相应的力或力矩,操纵无人机的舵面或推力导向机构,从而使无人机的姿态或轨迹做相应的变化。

(一)自动驾驶仪

自动驾驶仪中的敏感元件一般为惯性器件。常用的惯性器件有自由陀螺仪、测速陀螺仪和线加速度计等,分别用于测量无人机的姿态角、姿态角速度和线加速度等。控制电路由数字电路或模拟电路组成,用于实现信号的综合运算传递、变换、放大和自动驾驶仪工作状态的转换等功能。舵机系统根据控制信号控制相应空气动力控制面的运动。

自动驾驶仪中控制无人机在俯仰平面内运动的部分,称为俯仰通道;控制无人机在偏航平面内运动的部分,称为偏航通道;控制无人机绕机体纵轴转动运动的部分,则称为滚转通道。其与机体构成的闭合回路,分别称为俯仰稳定回路、偏航稳定回路和滚转稳定回路。对于轴对称的"+"字形气动布局无人机,俯仰稳定回路和偏航稳定回路一般是相同的,通常统称为侧向稳定回路或侧向回路。对于"×"形气动布局的无人机,没有偏航与俯仰回路之分,因为无人机的偏航运动和俯仰运动,都由两个相同的回路(通常称为Ⅰ回路和Ⅱ回路)的合成控制实现,习惯上将Ⅰ回路和Ⅱ回路也称为侧向稳定控制回路,相应地称滚转稳定回路为倾斜稳定回路或倾斜回路。自动驾驶仪的分类如图 2-32 所示。

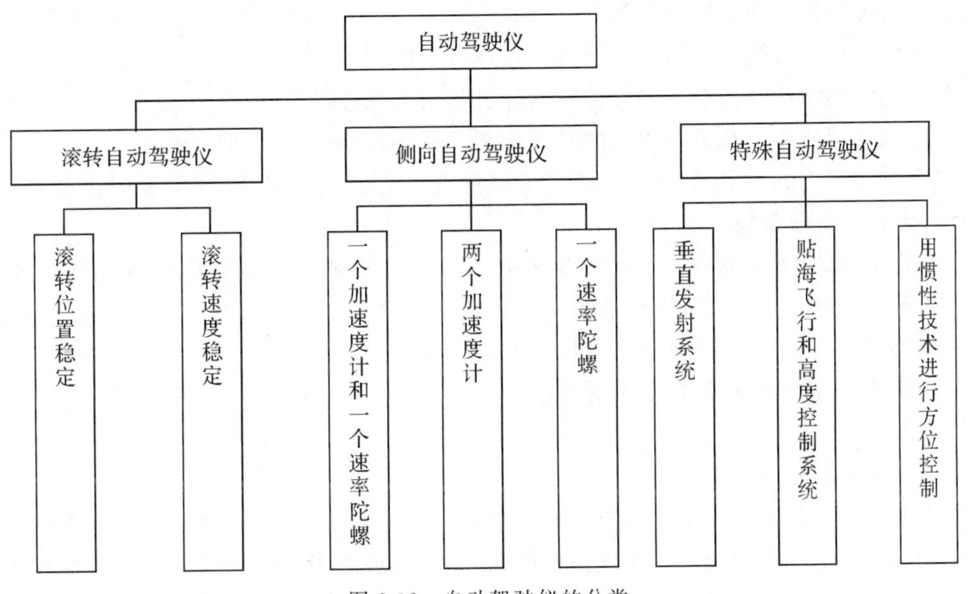

图 2-32　自动驾驶仪的分类

按俯仰、偏航、滚转三个通道的相互关系,自动驾驶仪可分为滚转自动驾驶仪与侧向自动驾驶仪。根据滚转通道和侧向通道的特点,滚转通道可分为实现滚转位置稳定的自动驾驶仪与实现滚转速度稳定的自动驾驶仪;侧向通道可分为使用一个加速度计和一个速率陀螺的自动驾驶仪、使用两个线加速度计的自动驾驶仪及使用一个速率陀螺的自动驾驶仪等。另外还有一些特殊用途的自动驾驶仪,如垂直发射系统自动驾驶仪,用惯性技术进行方位控制以及贴海飞行和高度控制的自动驾驶仪等。

(二)执行机构

执行机构是航空飞行控制系统中不可缺少的重要组成部分。执行机构是控制器的一个施力装置,根据控制器的指令产生相应的力或力矩,操纵飞行器的舵面或推力导向机构,从而使飞行器的姿态或轨迹做相应的变化。

执行机构通常都是一个伺服回路，由伺服放大器、舵机和反馈元件构成，即舵回路或伺服机构。舵回路中的舵机是关键组成部件，在有些简单的控制装置中，执行机构就是一个舵机，而没有伺服回路。伺服放大器的作用是将输入信号和舵反馈的信号进行综合、放大，并根据舵机的类型，将信号变换成舵机所需的信号形式。舵机是操纵舵面转动的器件，在放大变换元件输出信号的作用下，能够产生足够的转动力矩，克服舵面的反作用力矩，使舵面迅速偏转，或者将舵面固定在所需的角度上。反馈元件的作用是将执行机构的输出量（舵面的偏转角）反馈到输入端，使执行机构成为闭环调节系统，以便改善执行装置的调节质量。

（三）飞行控制计算机系统

无人机飞行的自动控制、任务控制与管理都必须采用计算机作为控制系统的重要部件，该系统的主要功能如下：

(1)采集操控员输入指令及无人机运动的反馈信号，并对其进行必要的交换与处理。

(2)飞行控制系统工作模式的管理与控制。

(3)计算不同工作模式中的控制律，并生成必要的控制指令。

(4)对各种控制指令的输出与管理。

(5)对飞行控制系统中各传感器及伺服器进行余度管理。

(6)对飞行控制计算机本身的硬件及软件进行余度管理与检测。

(7)完成飞行前地面及飞行中机内对系统各子系统及部件的自动检测。

(8)完成与机内其他任务计算机及电子部件信息交换的管理(如报警信息管理)。

（四）无人机导航系统

无人机导航，即正确地引导无人机沿着预定的航线，以要求的位置精度，在指定的时间内将其引导至目的地。导航系统给出的基本参数是飞行载体在空间中的即时位置、速度和姿态、航向等，导航参数的确定由导航仪表或导航系统完成。

导航有多种技术途径，如多普勒雷达导航、无线电导航、惯性导航、卫星导航、组合导航、图像匹配导航等。

1. 多普勒雷达导航

多普勒雷达导航是飞行器常用的一种自助式导航系统。1842 年澳大利亚物理学家多普勒(J.Doppler)在研究声学问题时发现多普勒效应，其表述为当发射声波的物体和反射声波的物体之间存在着相对运动时，则发射的声波频率f_1和反射回来的声波频率f_2不同，其差值$f_d=f_2-f_1$称为多普勒频率，其大小与发射物体和反射物体之间的相对运动速度成正比。自从在音频范围内发现了多普勒效应后，在 1938 年也证明在电磁波频域内同样有多普勒效应。后来，人们应用这种效应发明了多普勒雷达，进而研制出多普勒雷达导航系统。

多普勒雷达导航系统是利用随飞机速度变化，在发射波和反射波之间产生的频率差——多普勒频移的大小，测量飞机相对地面的速度，进而完成导航任务的一种方法。这种导航方法，只需要机上设立雷达发射和接收装置便可测出地速的大小，再借助机上航向系统输出航向角，将地速分解成沿地理北向和东向的速度分量，进而确定两个方向的距离变化及经纬度大小，也就确定了飞机位置。

多普勒雷达导航系统应用于无人机的优点是无须地面设备支持，不受地区和气候条件的限制，无人机速度和偏流角的测量精度高；缺点是无人机姿态超过限度时，多普勒雷达因收不到回波而不能工作，定位误差会随时间推移而增加。

2. 无线电导航

20世纪30年代，各种无线电导航系统问世，其原理是利用无线电波在均匀介质和自由空间直线传播及恒速两大特性，进行引导航行。无线电导航有两种定位方式：一种是通过设置在飞机和地面上的收发设备，测量飞机相对地面台的距离、距离差或相位差定位，如DME测距导航系统、罗兰双曲线导航系统、奥米加双曲线导航系统；另一种是通过机上接收系统，接收地面台站发射的无线电信号，测量飞机相对于已知地面台的方位角来定位，如伏尔测向导航系统。

无线电导航系统应用于无人机的优点是精度较高；缺点是工作时必须有地面台配合，电波易受干扰，也容易暴露自身，用于军事目的显得严重不足。

3. 惯性导航

惯性导航完全依靠机载设备自主地完成导航任务，与外界不发生任何光、电联系，因此隐蔽性好，工作不受气象条件的限制。这一独特的优点，使其成为航天、航空和航海领域中一种广泛使用的导航方法，在导航技术中占有突出的地位。

惯性导航的基本工作原理是以牛顿力学定律为基础，利用一组加速度计连续进行测量，从中提取运动载体相对某一选定的导航坐标系(可以是人工建立的物理平台，也可以是计算机存储的数学平台)的加速度信息；在载体初始速度已知的基础上，通过一次积分运算得到载体相对导航坐标系的即时速度信息；在载体初始位置已知的基础上，再通过一次积分运算得到载体相对导航坐标系的即时位置信息。

惯性导航系统通常由加速度计、惯导平台、导航计算机和控制显示器等部分组成。

(1)加速度计用来测量载体运动的加速度。

(2)惯导平台用于模拟一个导航坐标系，把加速度计的测量轴稳定在导航坐标系，并用模拟的方法给出载体的姿态和方位信息。为了克服作用在平台上的各种干扰力矩，平台必须有以陀螺仪作为敏感元件的稳定回路。为了使平台能跟踪导航坐标系在惯性空间的转动，惯导平台还必须有跟踪回路，该跟踪回路是从加速度计到计算机再到陀螺仪形成。

(3)导航计算机完成导航计算和平台跟踪回路中指令角速度信号的计算。

(4)控制显示器用于给定初始参数及系统需要的其他参数，显示各种导航信息。

惯性导航系统可以分为两大类：平台式惯导和捷联式惯导(strapdown inertial navigation)。平台式惯导把加速度计放在实体导航平台上，导航平台由陀螺保持稳定。捷联式惯导把加速度计和陀螺仪直接固连在飞行器载体上。平台式和捷联式的主要区别在于是否有实体的导航平台，除此以外，其他导航计算则基本相同。

惯性导航系统应用于无人机的优点是自主性很强，可以连续地提供包括姿态、位置在内的全部导航参数，并且具有非常好的短期精度和稳定性；缺点是导航定位误差随时间增长，导航误差积累的速度主要由初始对准的精度、导航系统使用的惯性传感器的误差以及主运载体运动轨迹的动态特性决定，因而长时间独立工作后误差会增加。

4. 卫星导航

卫星导航是将人造地球卫星作为观测目标，通过测量用户至卫星的方向、距离或距离变化率(距离差)，在已知卫星坐标或其他参加联测的测站坐标的情况下，确定用户坐标及运动状态的导航定位技术。目前，世界上主要的卫星导航系统有美国的全球卫星定位系统(Global Positioning System，GPS)、俄罗斯的格洛纳斯全球卫星导航系统(Global Navigation Satellite

System，GLONASS）、欧盟的伽利略系统（Galileo Positioning System）和中国的北斗卫星导航系统（BeiDou Navigation Satellite System）。

GPS是美国从20世纪70年代开始研制，历时20年、耗资300亿美元于1994年全面建成的，利用导航卫星进行测时和测距，是具有海、陆、空全方位实时三维导航与定位能力的新一代卫星导航与定位系统。GPS由28颗地球同步卫星组成（4颗为备用星），均匀地分布在距离地球20 000 km高空的6个轨道面上。这些卫星与地面支撑系统组成网络，每隔1～3 s向全球用户播报一次其位置（经纬度）、速度、高度和时间信息，能使地球上任何地方的用户在任何时候都能利用GPS接收机同时收到至少4颗卫星的位置信息。美国政府在GPS的最初设计中，计划向社会提供两种服务：精密定位服务（PPS）和标准定位服务（SPS）。精密定位服务的主要对象是美国军事部门和其他特许民用部门，使用C/A码和双频P码，以消除电离层效应的影响，使预期定位精度达到10 m。标准定位服务的主要对象是广大的民间用户，只使用结构简单、成本低廉的C/A码单频接收机，预期定位精度只达到100 m左右。但是，在GPS试验阶段，由于提高了卫星钟的稳定性和改进了卫星轨道的测定精度，使得只利用C/A码进行定位的GPS精度达到14 m，利用P码的PPS的精度达到3 m，远远优于预期定位精度。美国政府考虑到自身的安全，于1991年7月在BlockⅡ卫星上实施SA（selective availability）策略，目的是人为地降低GPS的定位精度，该策略于2000年取消。为了保护P码的安全，美国政府于1994年实施了AS（anti-spoofing）反电子欺骗政策，一直沿用到现在。如今，GPS已经成为世界上最实用，也是应用最广泛的全球卫星定位系统。

格洛纳斯的正式组网比GPS还早，不过苏联的解体让格洛纳斯受到很大影响，正常运行卫星数量大减，甚至无法为俄罗斯本土提供全面导航服务。到了21世纪初随着俄罗斯经济的好转，格洛纳斯也开始恢复元气。格洛纳斯的工作卫星有21颗，分布在3个轨道平面上，同时有3颗备份星。这3个轨道平面两两相隔120°，同平面内的卫星之间相隔45°。每颗卫星都在19 100 km高、64.8°倾角的轨道上运行，每颗卫星需要11 h 15 min完成一个轨道周期，定位精度约为10 m。

伽利略是欧盟一个正在建造中的卫星定位系统，伽利略系统的基本服务有导航、定位、授时；特殊服务有搜索与救援；扩展应用服务系统包括在飞机导航和着陆系统中的应用、铁路安全运行调度、海上运输系统、陆地车队运输调度、精准农业。伽利略系统计划发射30颗卫星，其中27颗卫星为工作卫星，3颗为候补卫星。卫星高度为24 126 km，位于3个倾角为56°的轨道平面内。该系统除了30颗中高度圆轨道卫星外，还有2个地面控制中心。包括韩国、中国在内，日本、阿根廷、澳大利亚、俄罗斯等国也参与该计划。

北斗是中国正在实施的自主研发、独立运行的全球卫星导航系统，由空间端、地面端和用户端三部分组成。空间端包括5颗静止轨道卫星和30颗非静止轨道卫星。地面端包括主控站、注入站和监测站等若干个地面站。用户端由北斗用户终端以及与美国的GPS、俄罗斯的格洛纳斯、欧洲的伽利略等其他卫星导航系统兼容的终端组成。北斗是继美国的GPS和俄罗斯的格洛纳斯之后第三个成熟的卫星导航系统，可在全球范围内全天候、全天时为各类用户提供高精度、高可靠定位、导航、授时服务，并具有短报文通信能力，已经初步具备区域导航、定位和授时能力，定位精度优于20 m，授时精度优于100 ns。北京时间2003年5月25日0时34分，中国在西昌卫星发射中心用“长征三号甲”运载火箭，成功地将第三颗北斗导航定位卫星送入太空，这标志着中国已自主建立了完善的第一代卫星导航定位系统。为满足用户需求，中国第二代北斗卫星导航系统建设从2007年开始进入了组网卫星密集发射阶段，于2012年分步建成了覆盖中国及周边地区，定位和授时精度相当于GPS的区域卫星导航系统，2012年12月27日，北斗系统空间信号接口控制文件正式版1.0正式公布，北斗导航正式对亚太地区提供无源定位、导航、授时服务。预计到2020年，建成由5颗地球静止轨道和30颗地球非静止轨道卫星组网而成的全球卫星导航系统。

卫星导航系统应用于无人机的优点是可以全天候工作，精度高，导航定位误差不随时间和距离的增长而增长；缺点是导航需要接收设备，接收设备的工作受飞行器机动的影响，导航信号易受干扰。

5. 组合导航

组合导航指把两种或两种以上的导航系统以适当的方式组合在一起，利用其性能上的互补特性，以获得比单独使用任一系统时更高的导航性能。目前，飞行器上实际应用的导航系统基本上都是组合导航系统，如GPS与惯性导航组合导航系统、多普勒与惯性导航组合导航系统和北斗与惯性导航组合导航系统等。

以GPS与惯性导航组合导航系统为例。惯性导航系统和GPS导航系统各有其显著的优缺点。惯性导航系统的主要缺点是导航误差随时间增长而开始发散，在需要长时间导航服务的领域内，惯性导航系统不能满足需要。GPS接收机的工作受飞行器机动的影响，当飞行器机动超过GPS的动态范围时，接收机会死锁，或者误差增大；而且GPS信号的更新频率一般为1～2 Hz，如果飞行器需要快速更新导航信息，单独搭载GPS导航系统不能满足飞行器更新导航信息的需要。所以，综合两种导航以构成GPS与惯性导航组合导航系统。组合的优点表现在惯导系统可以实现惯性传感器的校准、空中对准和高度通道的稳定等，有效地提高惯导系统的性能和精度；对GPS来说，惯导系统可以辅助提高其跟踪卫星的能力，提高接收机的动态特性和抗干扰性。同时，GPS与惯性导航组合可以集成为一体化设备，把GPS接收机组合到惯导部件中，减少系统的体积、重量和成本，便于实现惯导和GPS同步，减少非同步误差。因此，GPS与惯性导航组合可以构成一种比较理想的导航系统，是目前多数无人机所采用的主流自主导航系统。

6. 图像匹配导航

图像匹配导航是由惯性系统与无线电高度表、数字地图和数字影像构成的一种新型导航系统。地球表面的山川、平原、森林、河流、海湾、建筑物等构成了地表丰富的典型特征，这些特征信息一般不随时间和气候的变化而改变，也难以伪装和隐藏。利用这些地表特征信息进行导航的方式称为图像匹配导航。

图像匹配导航可分为地形匹配导航和景象匹配导航两种。地形匹配导航以地形高度轮廓为匹配特征，通常用无线电高度表测量沿航迹的高度数据，与预先获得的航道上的区域地形数据比较，若不一致，则表明偏离了预定的飞行航迹。这种方式适用于有较明显起伏地形区域的飞行。景象匹配导航以一定区域的地表特征，采用摄像等图像成像装置录取飞行轨迹周围或目标附近地区地貌，与存储在飞行器上的原图比较，进行匹配导航。景象匹配适合于各种类型的陆地地区导航，但在海上则不完全适用。

三、多旋翼无人机飞行控制原理

旋翼无人机的飞行控制相对于固定翼无人机具有其特殊性和复杂性。旋翼无人机主要包括无人直升机和多旋翼无人机，其中多旋翼无人机是由多组动力系统组成的飞行平台，一般常见的有四旋翼、六旋翼、八旋翼等，甚至由更多旋翼组成。

无人直升机配备一个主转子和一个尾桨，通过控制舵机改变螺旋桨的桨距角，从而控制无人直升机的姿态和位置。多旋翼无人机与此不同，是通过调节多个转子转速改变旋翼转速，实现升力的变化，从而控制飞行器的姿态和位置。由于多旋翼飞行器是通过改变旋翼转速实现升力变化，这样会导致其动力不稳定，需要一种能够长期保持稳定的控制方法。本节以四旋翼无人机为例说明多旋翼无人机的飞行控制原理。

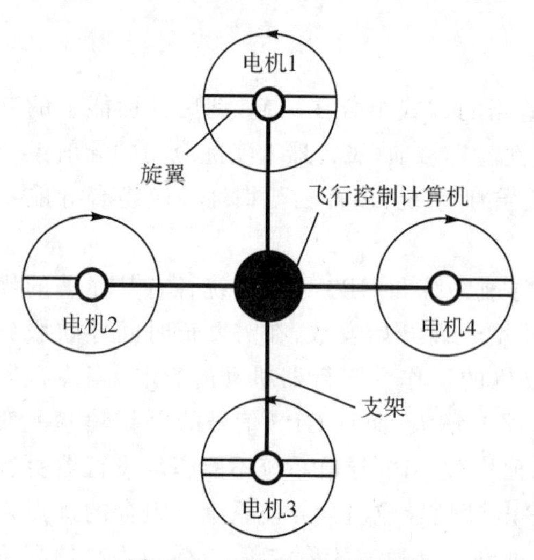

图 2-33 四旋翼无人机结构

四旋翼无人机采用四个旋翼作为飞行的直接动力源，旋翼对称分布在机体的前后左右四个方向，四个旋翼处于同一高度平面，且四个旋翼的结构和半径都相同，如图 2-33 所示，四个电机对称地安装在飞行器的支架端，支架中部空间安放飞行控制计算机和外部设备。

四旋翼飞行器在空间共有六个自由度（分别沿三个坐标轴做平移和旋转动作），这六个自由度的控制都可以通过调节不同电机的转速来实现。基本运动状态如图 2-34 所示，分别是：(a)垂直运动；(b)俯仰运动；(c)滚转运动；(d)偏航运动；(e)前后运动；(f)侧向运动。在图 2-33 中，电机 1 和电机 3 做逆时针旋转，电机 2 和电机 4 做顺时针旋转，规定沿 x 轴正方向运动称为向前运动，箭头在旋翼的运动平面上方表示此电机转速提高，在下方表示此电机转速下降。

(1)垂直运动。垂直运动相对而言比较容易。在图 2-34(a)中，因有两对电机转子转向相反，可以平衡其对机身的反扭矩，当同时增加四个电机转子的输出功率，旋翼转速增加使得总的拉力增大，当总拉力足以克服整机的重量时，四旋翼飞行器便离地垂直上升；反之，同时减小四个电机转子的输出功率，四旋翼飞行器则垂直下降，直至平衡落地，实现了沿 z 轴的垂直运动。当外界扰动量为零时，在旋翼产生的升力等于飞行器的自重时，飞行器便保持悬停状态。注意，保证四个旋翼转速同步增加或减小是垂直运动的关键。

(2)俯仰运动。在图 2-34(b)中，电机 1 的转速上升，电机 3 的转速下降，电机 2、电机 4 的转速保持不变。为了不因为旋翼转速的改变引起四旋翼飞行器整体扭矩及总拉力改变，旋翼 1 与旋翼 3 转速改变量的大小应相等。由于旋翼 1 的升力上升，旋翼 3 的升力下降，产生的不平衡力矩使机身绕 y 轴旋转。同理，当电机 1 的转速下降，电机 3 的转速上升，机身便绕 y 轴向另一个方向旋转，实现飞行器的俯仰运动。

(3)滚转运动。与图 2-34(b)的原理相同，在图 2-34(c)中，改变电机 2 和电机 4 的转速，保持电机 1 和电机 3 的转速不变，则可使机身绕 x 轴旋转（正向和反向），实现飞行器的滚转运动。

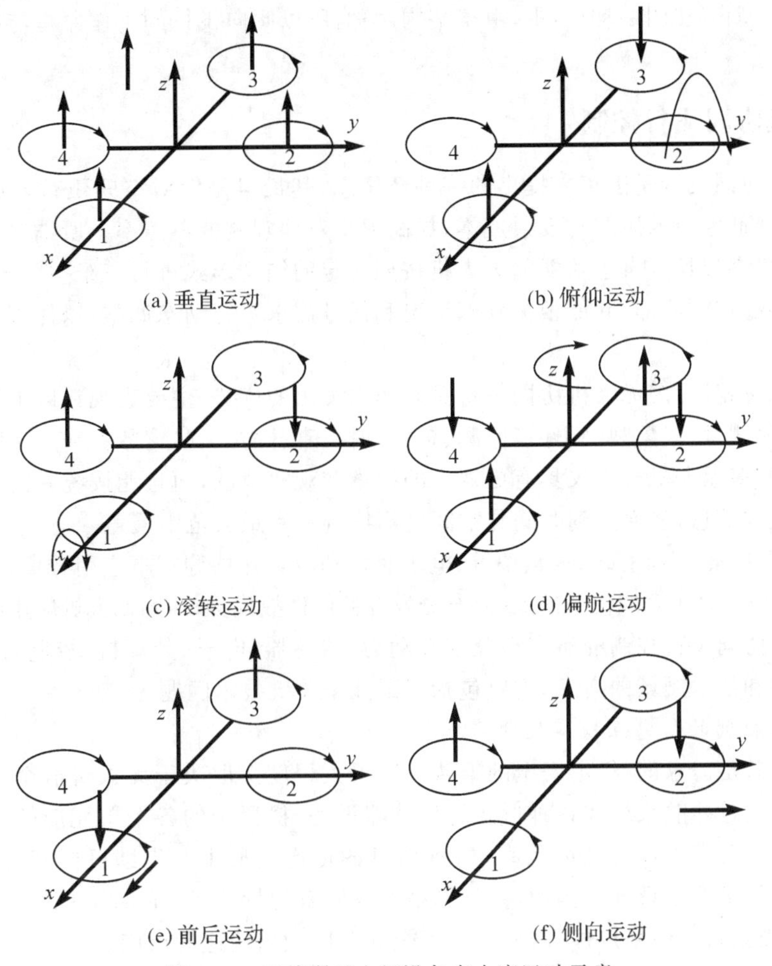

图 2-34　四旋翼无人机沿各自由度运动示意

(4)偏航运动。四旋翼飞行器偏航运动可以借助旋翼产生的反扭矩实现。旋翼转动过程中由于空气阻力作用会形成与转动方向相反的反扭矩，为了克服反扭矩影响，可使四个旋翼中的两个正转，两个反转，且对角线上的各个旋翼转动方向相同。反扭矩的大小与旋翼转速有关，当四个电机转子转速相同时，四个旋翼产生的反扭矩相互平衡，四旋翼飞行器不发生转动；当四个电机转子转速不完全相同时，不平衡的反扭矩会引起四旋翼飞行器转动。在图 2-34(d)中，当电机转子 1 和电机转子 3 的转速上升，电机转子 2 和电机转子 4 的转速下降时，旋翼 1 和旋翼 3 对机身的反扭矩大于旋翼 2 和旋翼 4 对机身的反扭矩，机身便在富余反扭矩的作用下绕 z 轴转动，实现飞行器的偏航运动，转向与电机转子 1、电机转子 3 的转向相反。

(5)前后运动。要实现飞行器在水平面内前后、左右的运动，必须在水平面内对飞行器施加一定的力。在图 2-34(e)中，增加电机转子 3 转速，使拉力增大，相应减小电机转子 1 转速，使拉力减小，同时保持其他两个电机转子转速不变，反扭矩仍然要保持平衡。按图 2-34(b)的理论，飞行器首先发生一定程度的倾斜，从而使旋翼拉力产生水平分量，因此可以实现飞行器的前飞运动。向后飞行与向前飞行正好相反。当然在图 2-34(b)、(c)中，飞行器在产生俯仰、翻滚运动的同时也会产生沿 x、y 轴的水平运动。

(6)倾向运动。在图 2-34(f)中,由于结构对称,所以倾向飞行的工作原理与前后运动完全一样。

四、多机协同飞行控制

多无人机协同飞行是近年来提出的一种新概念,其最早是针对空间飞行器(主要是卫星)提出的,用于降低卫星的研制与发射成本,提高卫星对地观测的覆盖率。所谓多无人机协同飞行控制,就是将多架具有自主功能的无人机按照一定的结构形式进行三维空间排列,使其在飞行过程中保持稳定的队形,并能根据外部情况和任务需求进行动态调整,以体现整个机群的协同一致性。

同单机飞行相比,多无人机协同飞行具有非常突出的优势,主要表现在以下几个方面:

(1)在大地测量、气象观测、环境监测、资源勘探、森林防火、防灾救灾和人工降雨等民用方面,协同飞行的多无人机群不仅具有更宽广的搜索和观察范围,而且能按统一的时间进度在各个空间区域获取信息,从而达到时间与空间的高度统一和最大范围覆盖。

(2)在军事侦察、目标打击、通信中继、电子对抗和战场评估等军事应用方面,多无人机协同飞行可以显著提高单次完成任务的效率,充分发挥群体作战优势,达到无人机应用的最佳效能。

多无人机协同飞行控制的研究涉及空气动力、传感器、电子、计算机、控制、通信及人工智能等多个学科和技术领域的交叉,主要包括以下几个关键技术问题。

1. 多无人机间的信息互换和处理

多无人机满足需求的、稳定安全的编队飞行很大程度上取决于无人机群个体之间的信息交换和处理。通过导航系统和各种形式的传感器设备,机群中的各个单元能够建立起自身及友邻的位置信息及其飞行的环境信息,这种信息的传递交换主要借助机群间的无线电网络。在实际的通信网络控制系统架构中,由于网络本身固有的特性,往往会出现丢包和信息延迟现象,影响编队控制系统的稳定性,需要结合安全冗余度做出快速的反应。

2. 位置检测与防撞控制

多无人机协同飞行控制普遍采用多层混合系统的控制方法,高层控制器利用各种探测设备(如 GPS 导航系统、雷达、视觉传感器等)进行位置检测,并产生可行路径,底层控制器只处理获得的局部信息,以便快速动态地调整相邻距离和方向,避免机群碰撞发生。多无人机协同飞行控制的防撞处理,多被当成威胁类型中的一种,作为航迹规划中的约束条件加以考虑。

3. 多无人机协同飞行控制的航迹规划

多无人机航迹规划是多无人机任务规划的一部分,其目的是在确定的单架无人机性能、燃油量、任务载荷以及自然地理环境等条件下,考虑编队飞行的保持队形、避免碰撞和安全飞行等各种约束条件,计算并选择最优或次优的飞行航迹,尽最大可能提升协同编队行动的优势,完成预期任务。由于多无人机协同飞行控制的航迹规划问题涉及多无人机在立体空间、多目标和多约束的航迹优化,因此该问题的研究难度很大。

4. 多无人机协同飞行控制的队形动态调整

多无人机在已规划好的航线协同飞行遇到突发情况时,必须具备快速调整的功能。通过对群鸟编队飞行过程的观察,可以发现飞行过程中群鸟的队形结构会进行动态调整,一般表现在正常飞行过程中,编队飞行中最前端的鸟飞行最辛苦,因而在飞行一段时间后其会被调整到省力的位置,这种轮流节省体力的方法提高了整个编队飞行的效能;其次,当飞行中出现突发事件(如遭受攻击导致队形结构被破坏),编队中空缺位置会很快被最临近的鸟取代,继而恢复原有结构体。仿效上述现象,并结合具体的军事和民事方面需求,各国研究人员探讨了多无人机协同飞行控制队形的动态调整所应该具备的性能,例如根据任务变更的需要动态调整队形。

5. 多无人机协同飞行控制的队形设计

队形设计是整个编队飞行任务中需要解决的重要问题之一。紧密编队飞行时,多无人机间的气动干扰将直接影响并改变在队形中不同位置上的无人机受到的力和力矩,通过优化调整队形,可有效增加处于跟随位置无人机的升/阻气动性能,能够使这种气动干扰转换为有利于机群编队飞行的动力;在大范围协同中,可以将多类型或同类型的无人机协同管理设计队形,实现对地最大范围的覆盖。如何在计算量最小的条件下实时快速形成最佳队形结构,是队形设计问题的关键所在。

§2.6　无人机发射与回收

无人机的发射和回收必须根据任务需求和自身机体的特点采用最适合自身系统的技术,并没有哪种发射或回收技术适用于所有无人机。

一、无人机发射

对于无人机的发射,通常要求发射设备具备简单、距离短、可靠性高等特点。无人机的发射方式多种多样,归纳起来主要有起落架滑跑起飞、母机投放、车载发射、火箭助推、滑轨式发射、垂直起飞、容器发射、手抛起飞等几种类型。

(一)起落架滑跑起飞

起落架滑跑起飞方式即通过一定长度的跑道助跑,实现滑跑起飞。大展弦比机翼的长航时无人机,通常采用起落架滑跑起飞方式,例如美国的“捕食者”和“全球鹰”系列无人机,如图 2-35 所示。

图 2-35　起落架滑跑起飞

这种起飞方式与有人机相似,其区别在于以下几点:

(1)起飞滑跑跑道短,对跑道的要求不如有人飞机苛刻。

(2)航程较远和飞行时间较长的大型无人机用收缩型起落架,中、小型无人机采用非收缩型起落架。

(3)有些无人机采用可弃式起落架,在无人机滑跑起飞后起落架便被扔下,回收无人机时则采用别的方式,如伞降回收。

图 2-36　母机投放

(二)母机投放

母机投放方式是先由有人驾驶飞机(母机)把无人机带到空中,当飞到预定的高度和速度时,在指定空域启动无人机的发动机,然后投放,称为空中投放,如图 2-36 所示。

固定翼母机携带无人机,一般采用翼下悬挂或机腹半隐蔽携带方式。这种方法简单易行,只需要在母机下增加若干个挂架，机内增设测控操纵台和通往无人机的油路和电路即可把无人机带到任何需要的地方，提高了使用的灵活性。

母机投放发射方式的主要优点是机动性高，发射点活动范围大，在不增加无人机燃油载量要求的条件下，增大无人机的航程。大、中、小型无人机均有采用这种发射方式的，例如美国的“火蜂”无人机由“大力神”母机携带，在空中投放。

图 2-37 车载发射

(三)车载发射

车载发射，就是将无人机安装在一部起飞发射车上，车在公路或较为平坦的路面上迅速滑行，当车速增大时，作用在无人机上的升力也增大，当升力达到足够大时，无人机便可脱离发射车腾空而起，如图 2-37 所示。

起飞发射车可分为无动力发射车、动力发射车和轨道式发射车三种。无动力发射车就是车上无动力，靠无人机的发动机推动。动力发射车是在汽车上装有自动操纵系统，载着无人机自动地在跑道上滑跑，并掌握无人机离地时机，随时向发射操作人员显示工作情况，出现事故时自动采取应急措施。轨道式发射车是将起飞发射车设置在专用的环形跑道上滑跑，起飞前，用一条钢索将起飞发射车和位于环形跑道中央的地面固定桩子连接。起飞发射车在环形跑道上绕桩子旋转、加速，当速度达到足以使无人机升空时，无人机就断绳离地起飞。

在起飞发射车的滑跑过程中，如果偏离了跑道中心线，机上的航向控制系统会自动发出信号，操纵起飞发射车在跑道中心线上滑跑；当速度接近无人机离地速度时，机上的自动控制系统会发出信号，无人机做好离地准备，如解下扣环，抬起机头，一旦速度达到，无人机抛弃起飞发射车，独立升空，起飞发射车惯性滑行一段后自行停止。澳大利亚的“金迪维克”和英国的GTS 7901“天眼”都采用这种发射方式。

(四)火箭助推

将无人机装在发射架上，借助固体火箭助推器的动力和高压气体实现零长度发射起飞的方法称火箭助推，如图 2-38 所示。

图 2-38 火箭助推

固体火箭助推器是一部固体燃料火箭发动机，这种起飞方法是现代战场上使用较多的机动式发射起飞方法，某些小型无人机也可不用火箭助推器，而靠火箭筒或压缩空气弹射器弹射起飞。

无人机的火箭助推发射装置，由装有导轨的发射架、发射控制设备和车体组成，有些装置没有导轨，也叫零长发射架。发射之前，无人机发动机点火并开足马力，当固体火箭助推器点火时，无人机从导轨后端，沿导轨加速滑动至前端。无人机离开导轨时，速度可达 10～40 m/s，离轨后，有些固体火箭助推器短时间内可以继续帮助无人机加速，直至机上舵面产生的空气动力能够操纵并稳定住无人机的速度时，火箭助推器的任务就完成了，并自动脱离。以后，无人机便靠自己的发动机维持飞行速度，固体火箭助推器从点火到自行脱离的时间一般只有 1～3 s。

火箭助推发射起飞装置可以在车、船上装载，其展开和撤收迅速简便，所需的发射场地很小，适合在冲突前沿地区、山区或舰上使用。

(五)滑轨式发射

图 2-39 滑轨式发射

无人机安装在轨道式发射装置上,依靠自身助飞发动机或发射装置上的动力装置(如液压和橡皮筋等)作用下起飞,如图 2-39 所示。

发射装置上的动力装置有弹力式、液压式和气动式。发射之前,无人机发动机已点火开足马力,无人机飞离发射装置后,在主发动机的作用下完成飞行任务。这种发射方式主要适用于小型无人机,例如,英国的“不死鸟”无人机是在液压弹射器作用下由车载斜轨上发射,法国的“玛尔特”MKⅡ无人机是在弹簧索弹射装置作用下从斜轨上发射。

(六)垂直起飞

无人机垂直起飞方式有两种类型:一是旋翼无人机垂直起飞,如图 2-40(a)所示;二是固定翼无人机垂直起飞,如图 2-40(b)所示。

(a) 旋翼无人机

(b) 固定翼无人机

图 2-40 垂直起飞

旋翼无人机垂直起飞方式是以旋翼作为无人机的升力工具,旋转旋翼使无人机垂直起飞。目前,主要有四种类型旋翼式无人机:主旋翼与尾旋翼式(如美国 ARC003 无人机)、共轴反旋双旋翼式(如加拿大的“哨兵”无人机、美国的 QH-50 无人机)、单旋翼式(如德国的 DO-34 无人机)和倾斜旋翼式(如美国的“瞄准手”无人机)。这种起飞方式不受场地面积和地理条件的限制,适用范围十分广泛。

固定翼无人机垂直起飞方式分两种情况:一种情况是无人机在起飞时,以垂直姿态安置在发射场上,由无人机尾支座支撑无人机,在机上发动机的作用下起飞;另一种情况是在无人机上配备垂直起飞用的发动机,在发动机推力的作用下,无人机实施垂直起飞。例如,美国格鲁门公司设计的 754 型无人机,机上装两种发动机,一种是巡航飞行用涡轮风扇发动机,沿无人机纵轴方向安装于机下发动机短舱内,另一种是起飞(降落)用涡轮喷气发动机,装于机身内重心处。另外,飞艇一般都采用垂直起飞的方式。

(七)容器发射

容器发射式装置,是一种封闭式发射装置,分单室式和多室式两种类型,兼有发射与储存无人机的功能。发射时,将无人机安放在容器内发射轨道上,靠容器内动力设备开启室门,将无人机推出轨道,也可同时齐发无人机。容器发射装置常用于发射小型无人机,或用于在舰船和潜艇的狭小区域内发射无人机。例如,德国 KDAR 无人机采用单室式容器装置发射;美国的“勇士”200无人机采用多室式容器发射装置，此装置可同时发射15架无人机。

图 2-41　手抛起飞

(八)手抛起飞

手抛起飞的发射方式源于航模的“手抛发射”，如图2-41所示。这种方式仅适用于重量相对较轻、对起飞初速度要求不高的无人机，这类飞行器载重量低、动力小。这种起飞方式不受场地面积和地理条件的限制，适用范围比较广泛，实用性很强。

二、无人机回收

大多数无人机可以重复使用，称为可回收式无人机，也有些无人机只能使用一次，称为不可回收式无人机。无人机的回收方式多种多样，回收过程非常重要并且容易出现事故，因此无人机回收技术也已经成为影响无人机发展的关键技术之一。常见的回收方式主要有以下六种。

(一)舱式回收

舱式回收是只回收无人机上高价值的部分，如任务舱等。美国的GTD-30型高空超音速无人机就是采用这种回收方法，当完成侦察任务，返回到预定地点上空时，便弹出照相舱，照相舱自动打开降落伞，徐徐下降回收，机体部分自行坠毁。由于回收舱与无人机分离难度较大，而被抛弃的无人机造价较高，这种回收方式已不使用。

(二)起落架滑轮着陆

起落架滑轮着陆方式即通过一定长度的跑道滑跑，依托起落架滑轮实现着陆，主要用于大型无人机的回收，如图2-42所示。这种回收方式与有人飞机相似，不同之处有：①滑跑跑道短，对跑道道面质量要求也不如有人飞机苛刻；②为进一步缩短着陆滑跑距离，有些无人机(如以色列的“先锋”、“猛犬”、“侦察兵”等)在机尾装尾钩，在着陆滑跑时，尾钩钩住地面拦截绳，这样大大缩短了着陆滑跑距离。

(三)网式回收

网式回收即当无人机返航时，地面指挥站用无线电遥控引导无人机降低高度，以小角度下滑，使其最大速度不超过120 km/h，操作人员通过电视监视器监视其飞行，并根据地面接收机接收到的无人机信号，确定返航路线偏差，半自动地控制无人机机动并不断修正飞行路线，使其对准地面摄像机的瞄准线，撞向回收网，如图2-43所示。该回收方式主要应用于回收场地十分有限的条件，如舰船用板上。

图 2-42　起落架滑轮着陆

图 2-43　网式回收

网式回收系统一般由回收网、能量吸收装置和自动引导设备组成。回收网由弹性材料编织而成，分横网和竖网两种架设形式；能量吸收装置与回收网相连，其作用是吸收无人机撞网的能量，使无人机速度迅速减为零，以免无人机触网后在网中继续运行而损坏。自动引导设备通常为一部置于网后的电视摄像机，或装在回收网架上的红外线接收机，由它及时向指挥站报告无人机返航路线的偏差。

无人机触网时的过载，一般不能大于 6 g（过载表述物体受力的大小，它等于物体在某个方向受到的力与它自身重量之比，用重力加速度 g 表示），以免回收网遭到较大损坏。一般性损坏的回收网，可稍加修补后再次使用。以色列的“侦察兵”、美国的“苍鹰”等无人机都采用此回收方式。

（四）伞降回收

伞降回收也是目前比较普遍采用的回收方法。无人机用的回收伞与空降用伞几乎一样，开伞程序也大致相同。伞降回收方式可分为地面着陆、空中回收（见图 2-44）和水上溅落三种。其主要流程是无人机按照预定程序或在遥控指挥下到达回收区上空，根据风力和地面情况关闭发动机，同时自动开伞或根据遥控指令开伞，降落在陆地上或水面上。英国的“不死鸟”无人机、美国的“龙眼”无人机、“指针”无人机等都是采用这种回收方式。

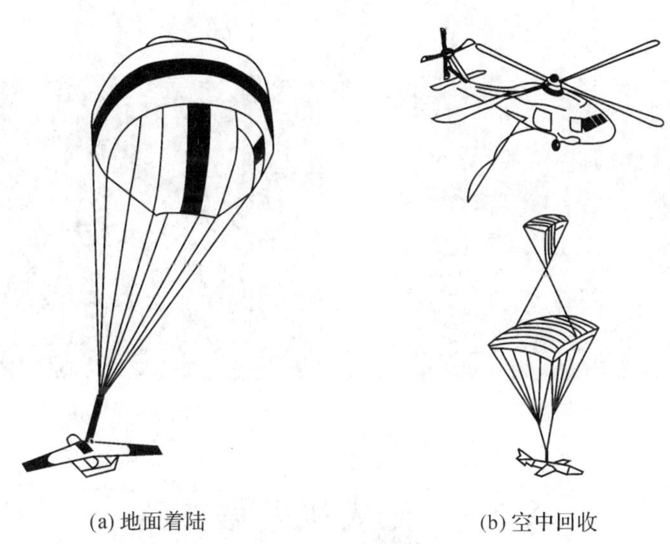

(a) 地面着陆　　(b) 空中回收

图 2-44　两种伞降回收方式

1. 地面着陆

无人机在触地前的一瞬间，其垂直下降速度仍达 5～8 m/s，由于冲击过载较大，无人机触地时常常会损坏。为此，无人机要加装减震装置，如液压减震杆、充气垫（囊）等。无人机可在触地前放出充气垫装置，并由发动机供气，起到缓冲作用。

有些无人机在起落架上设计出较脆弱的局部，允许着陆时撞地损坏以吸收能量。例如，英国的“大鸦”I 型无人机，这是一种机重 15 kg、翼展 2.7 m、机长 2.1 m 的小型无人机，机身下有着陆滑橇，机翼有翼尖滑橇，翼尖滑橇较脆弱，回收时允许折断，以吸收撞击力。

2. 空中回收

采用空中回收方式时，母机上必须配备中空回收系统，无人机上除了有阻力伞和主伞之外，还需有钩挂伞、吊索和可旋转的脱落机构。其回收过程是地面站发出遥控指令，阻力伞开伞，同时关闭发动机，阻力伞引开主伞，此时钩挂伞高于主伞，使母机便于辨认和钩住钩挂伞。当钩住时，主伞自动脱离无人机，母机用绞盘绞起无人机，空中悬挂运走。这种回收方式不会对无人机造成损伤，可避免因无人机落在树上或屋顶难于回收的弊病。但是在回收时必须要求出动大型有人机，费用较高，同时对有人机驾驶员驾驶操纵技术要求较高。

3. 水上溅落

水上溅落时无人机受到的撞击比地面着陆要小，但是必须迅速打捞和烘干，以免无人机沉入水中，使机体及内部设备受侵蚀。采用这种回收方式的无人机必须具有良好的密封防水性，一般海军无人机采用这种回收方式较多。

(五)垂直降落

旋翼无人机、无人飞艇一般都采用垂直着陆的方式，其工作原理与垂直起飞的工作原理类同，如图 2-45 所示。这种回收方式特别适合于回收场地小的场合，如舰艇。

(六)解体式降落

有些体积小的便携式无人机采用解体式降落着陆的方式，其工作原理是着陆时通过机身解体为多个部件来缓冲撞击力，避免机体受损。美军“大乌鸦”无人机就是采用这种降落方式，如图 2-46 所示。

图 2-45　垂直降落

图 2-46　解体式降落

§2.7　无人机数据链路

无人机的数据链路用于无人机整个飞行过程，是连接无人机平台和地面操控指挥人员与设备的信息桥梁，以实现地面控制站与无人机之间的数据收发，能够根据要求间断或持续地提供双向通信。数据链路的基本功能是向无人机传递地面遥控指令，遥测接收无人机的飞行状态信息和传感器获取的各类数据。

数据链包括安装在无人机上的机载数据终端和设置在地面的地面数据终端。无人机数据链可分为上行和下行两路信道(链路)，如图 2-47 所示。

(1)上行链路提供对无人机飞行路线的控制及对其有效任务载荷下达指令，也可称为遥控链路，频率带宽为几千赫兹。地面站请求发送命令时，上行链路必须保证能随时启用。但在无人机执行前一个命令期间(如在自动驾驶仪的控制下从一点飞到另外一点期间)可以保持静默。

(2)下行链路则用于接收传感数据及传输无人机的飞行状态信息。下行链路提供两个通道(可以合并为单一的数据流):一条状态通道,也称遥测通道,用于向地面站传递当前的飞行速度、发动机转速以及机上设备状态(如指向角)等信息,该通道需要较小的带宽,类似于指挥链路;第二条通道用于向地面站传递传感器数据,它需要足够的带宽以传送大量的传感器数据,其频率带宽范围为 300 kHz～10 MHz,一般下行数据链路都是连续传送的。

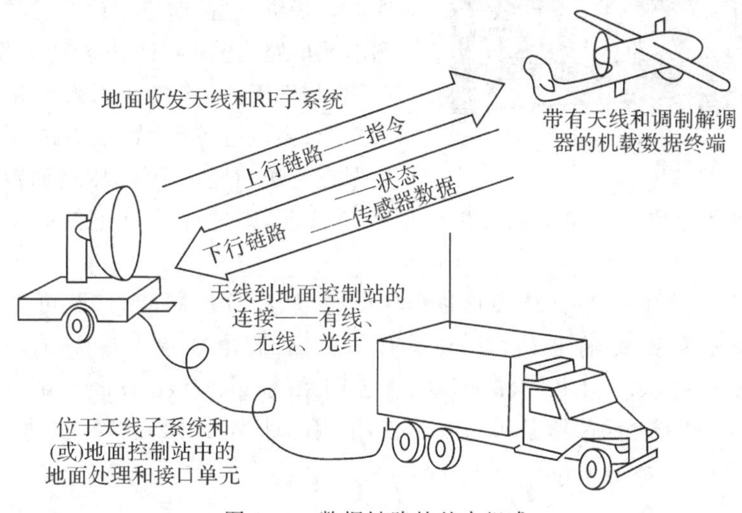

图 2-47　数据链路的基本组成

可以看出,无人机数据链的上下行信道数据传输能力明显不对称,传输任务传感器信息和遥测数据的下行信道的数据速率远高于传输遥控指令的上行信道。作用距离、数据传输速率和抗干扰能力是数据链最主要的技术指标。

作用距离决定了无人机的活动半径,也是影响无人机系统规模的最主要因素。按照作用距离,分别有近程、短程、中程和远程无人机数据链。机载数据终端和地面数据终端之间必须满足无线电通视条件,不具备无线电通视条件时则要采用中继方式,因此根据中继方式,无人机数据链路可分为视距数据链、地面中继数据链、空中中继数据链、卫星中继数据链以及一站多机数据链。数据链路根据传输信号方式不同可分为模拟数据链和数字数据链。

在战场上,无人机系统可能面临各种电磁威胁,如锁定地面数据终端辐射源的反辐射武器,下传信息的电子欺骗、电子截获和情报利用,对数据链的无意干扰和蓄意干扰。因此,数据链需要有良好的电磁兼容性、低截获概率、高安全性和抗击电磁干扰的能力。

一、无人机数据链路的结构

(一)无人机数据链机载部分

数据链的机载部分包括机载数据终端(aerial data terminal,ADT)和天线。机载数据终端包括 RF 接收机、发射机以及用于连接接收机和发射机到系统其余部分的调制解调器,如图 2-48 所示。有些机载数据终端为了满足下行链路的带宽限制,还提供用于压缩数据的处理器。天线一般采用全向天线,有时也要求采用具有增益的有向天线。

图 2-48　机载数据终端

图 2-49 地面测控车常规布局

(二)无人机数据链地面部分

数据链的地面部分也称地面数据终端(ground data terminal,GDT),主要包括测控车辆(可以放在离无人机地面控制站有一定距离的地方)、操纵设备、遥控发射机、遥控编码电路、遥测解码电路、遥测和任务信息接收机、上行功放单元、收发天线、连接地面天线和地面控制站的数据线、供电电源等,如图 2-49 所示。若传感器数据在传送前经过压缩,则地面数据终端还需采用处理器对数据进行重建。如果无人机作用距离较远,则地面部分还包括天线伺服和跟踪设备。

以"全球鹰"为例,地面数据终端具备强大的收发、指挥控制能力,既可进行宽带卫星通信,又可进行视距数据传输通信,能与现有的联合部署智能支援系统(joint deployable intelligence support system,JDISS)和全球指挥控制系统(global command and control system,GCCS)连接,图像能实时地传给各级指挥官使用,用于指示目标、预警、快速攻击与再攻击、战斗评估等。

二、无人机数据链路的通信方式

无人机数据链路用于完成对无人机的遥控、遥测、跟踪定位和视频图像信息传输,其性能和规模在很大程度上决定了整个无人机系统的性能和规模。无人机数据链路按通信方式可以分为地空视距链路、空中中继链路和卫星中继链路。

(一)地空视距链路

为了克服地形起伏的影响,地空视距链路通信采用地面中继方式,一般用来实现近程和短程无人机的遥控、遥测、跟踪定位和任务信息传输。近程无人机系统的地面控制站除了主站外,一般还有一个小型机动地面控制站,如图 2-50 和图 2-51 所示。

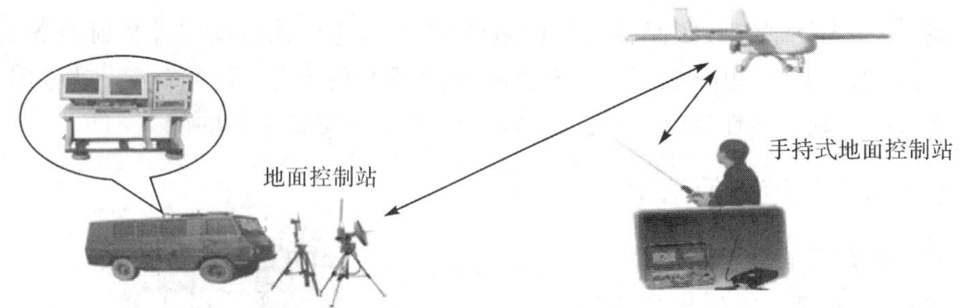

图 2-50 短程无人机地空视距链路

美国的"影子"200、400 和 600,以色列的"侦察兵"(Scout),南非的"探索者"(Seeker),意大利"米拉奇"(Mirach-150c)无人机,都属于近短程无人机,目前国内外大部分固定翼无人机和无人直升机都采用了近短程的数据链路。

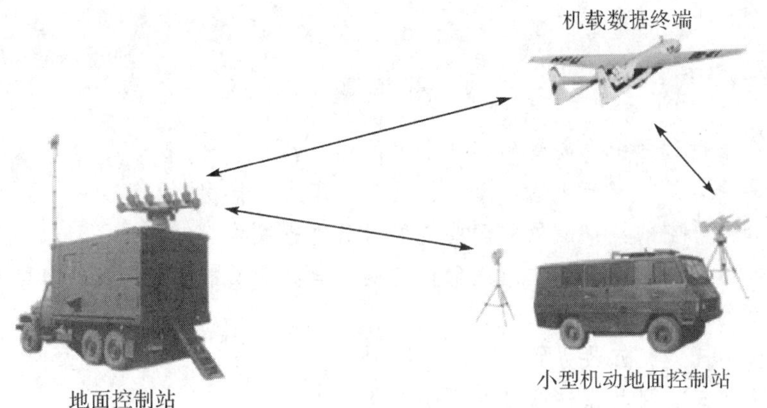

图 2-51　近程无人机地空视距链路

(二)空中中继链路

为了实现更远距离的信号传输,空中中继设备可以放置于某种航空器上,由于空中平台高度远超过地面中继,能够明显地延伸作用距离,但要求安装定向天线并彼此对准,如图 2-52 所示。采用空中中继链路可使作用距离显著增大,如美国的"猎人"无人机,采用空中中继机通信方式,使通信距离达到几百千米以上。

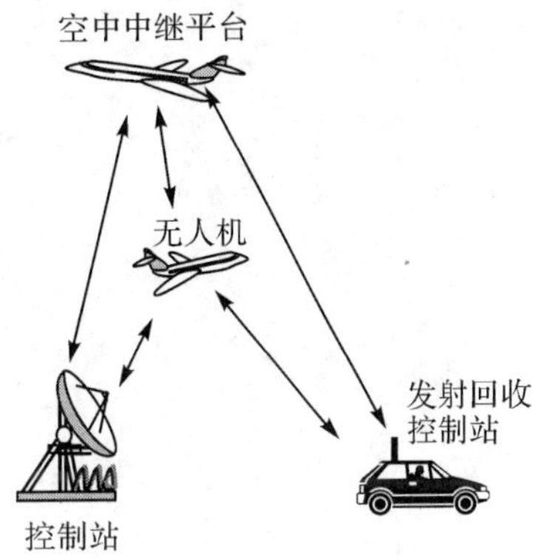

图 2-52　中程无人机空中中继链路

(三)卫星中继链路

为了实现超远距离乃至全球范围内的信号传输,可采用卫星中继链路,其作用距离可达几千米至上万千米,作用距离主要依据通信卫星的数量和分布情况,如图 2-53 所示。数据链路作用距离越大,要求装备该数据链路的无人机的续航能力越强。例如美国的"全球鹰"RQ-4A 的最大续航时间为 36 h 以上,最大航程可达 22 224 km。

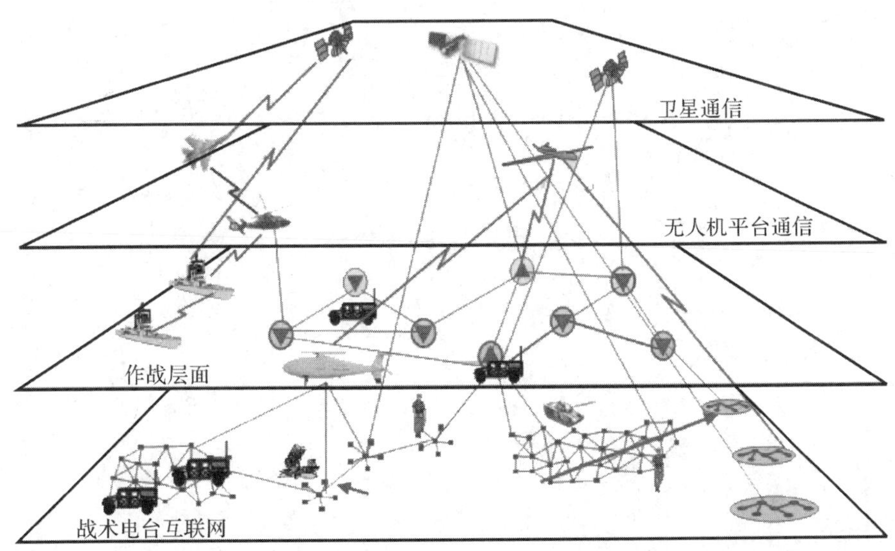

图 2-53　中程、远程无人机卫星中继链路

思考题

1.无人机在飞行过程中主要受到哪几个力的作用？

2.无人机的升力是怎样产生的？无人机受到的阻力包括哪些？

3.飞艇是如何升空的？一般依靠哪些装置对其进行操控？

4.无人机反馈控制系统的基本组成包括哪些？典型的反馈控制回路包括哪些？

5.简述典型的无人机发射方式。

6.简述典型的无人机回收方式。

7.按通信方式无人机数据链路可分为哪几种？

第 3 章　无人机测绘任务设备

无人机测绘任务设备指无人机完成其测绘任务所必需的各种设备的集合，主要包括机载测绘任务载荷和地面控制与处理站两部分。机载测绘任务载荷和地面控制与处理站之间通过数据链路连接。

§3.1　测绘任务载荷

无人机测绘任务载荷指搭载于无人机上，用于完成测绘任务的设备的总称，主要包括光电任务载荷、成像雷达任务载荷和位置姿态测量装置等设备。其中，光电任务载荷包括可见光量测型相机、可见光非量测型相机、彩色视频成像系统和热成像设备等。

目前，一些大、中型无人机系统能够执行常规的测绘任务，其搭载的任务载荷几乎涵盖传统航空测绘的全部设备，如大型量测型相机、激光雷达（light detection and ranging，LiDAR）等。但与常规航空测绘使用的有人机平台相比，无人机平台稳定性欠佳，获取的航摄像片尚不能完全满足传统航空测绘的要求，所以无人机测绘尚不能提供传统航空摄影测量与遥感的全部测绘产品，而是重点提供应急测绘和快速测绘产品，主要有两大类：一类是生产各种专题影像图，另一类是生产和更新大比例尺数字线划图。围绕测绘任务需求，本节主要介绍数字相机、组合数字相机、红外热像仪和位置姿态测量装置。此外，因为雷达成像已成为无人机测绘的一项独特的重要能力，本节也将介绍成像雷达任务载荷的相关内容。

一、测绘任务载荷相关指标参数

测绘任务载荷相关指标参数主要包括：像场角、比例尺、地面采样距离、影像重叠度和基高比等。

（一）像场角

根据不同的应用需要，像场角（field of view，FOV）有不同的定义方法。图 3-1(a)是以可视范围直径确定的像场角，称为全像场角；图 3-1(b)是以成像面长度方向可拍摄范围确定的像场角，称为长度方向像场角。令相机主距为 f，线段 ab 为物理成像面上镜头的可视长度，记为 l，则像场角 ω 可按照式(3-1)计算

$$\tan\frac{\omega}{2}=\frac{l}{2f} \tag{3-1}$$

由式(3-1)可见，对于选定的相机，像场角取决于相机主距 f 的大小。按照全像场角的大小，航空相机分为常角、宽角和特宽角三种，$\omega \leqslant 75°$ 为常角相机，$75° < \omega < 100°$ 为宽角相机，$\omega \geqslant 100°$ 为特宽角相机。

航空摄影对于像场角的选择，要顾及影像上投影差的大小以及高程测量精度对摄影基高比的要求。一般情况下，对于大比例尺单像测图（如正射影像制作和地形图修测），应选用常角相机；对于立体测图，则应选用宽角和特宽角相机。

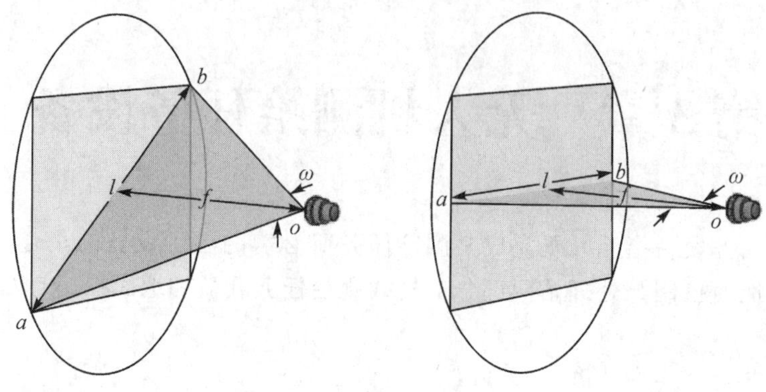

(a) 以可视范围直径确定的像场角 (b) 以成像面长度方向可拍摄范围确定的像场角

图 3-1 像场角的定义

(二) 比例尺

航空影像的比例尺指影像上的一个单位距离与其所代表的实际地面距离的比值。对于平坦地面拍摄的垂直摄影影像，影像比例尺 S 为相机主距 f 和摄站相对航高 H 的比值，即

$$S=\frac{f}{H} \tag{3-2}$$

当影像有倾斜、地面有起伏时，影像比例尺的计算比较复杂，实际影像比例尺在影像上处处不相等。一般用整幅影像的平均比例尺表示航空影像的比例尺。

影像比例尺越大，地面分辨率越高，越有利于影像的解译和提高成图的精度。实际工作中，影像比例尺要根据测绘地形图的精度要求与获取地面信息的需要确定。

(三) 地面采样距离

数字影像的地面采样距离(ground sample distance，GSD)指影像上单个像素所对应的地面实际距离。若相机物理成像面上的像素尺寸为 s，由影像比例尺关系式(3-2)，平坦地面的垂直摄影影像上地面采样距离的计算公式为

$$GSD=\frac{s}{S}=\frac{H}{f}s \tag{3-3}$$

式中，S 为影像比例尺；H 为无人机相对航高；f 为相机主距。

由式(3-3)可见，对于选定的相机和主距，无人机的相对航高决定了影像的分辨率。一般认为，对于大比例尺测图，数字影像的分辨率应满足

$$GSD\leqslant 0.01M(\text{cm}) \tag{3-4}$$

式中，M 为成图比例尺分母。CH/Z 3005—2010 规定，成图比例尺 1∶500、1∶1 000、1∶2 000 所需的数字影像地面采样距离分别为小于等于 5 cm、8～10 cm、15～20 cm。

(四) 影像重叠度

一般情况下，连续拍摄的航空影像应该具有一定程度的重叠度。要完成对于摄影区域的完整覆盖，航空摄影影像除了要有一定的航向重叠外，相邻航线的影像间也要求具有一定的重叠，以满足航线间接边的需要，称为旁向重叠。这种重叠不仅确保了一条航线上的完全覆盖，而且从相邻两个摄站可获取具有重叠的影像构成立体像对，是立体测图的基础。传统航空摄影测量作业规范要求航向应达到 56%～65%的重叠，以确保各种不同的地面至少有 50%的重叠。CH/Z 3005—2010 要求航向重叠度一般应为 60%～80%，最小不应小于 53%。

传统作业要求旁向重叠一般应为30%～35%，地面起伏大时，设计重叠度还要增大，才能保证影像立体量测与拼接的需要。CH/Z 3005—2010适当放宽了旁向重叠度的要求，要求一般应为15%～60%，最小不应小于8%。

图3-2为某个测区的航空影像重叠度示意图。图3-3为相邻摄站影像航向重叠示意图。ω_x为影像长度方向像场角，f为相机主距，l为影像长度方向可视长度，p%为航向重叠度，b为相邻摄站之间的像方距离，也被称为像方摄影基线。

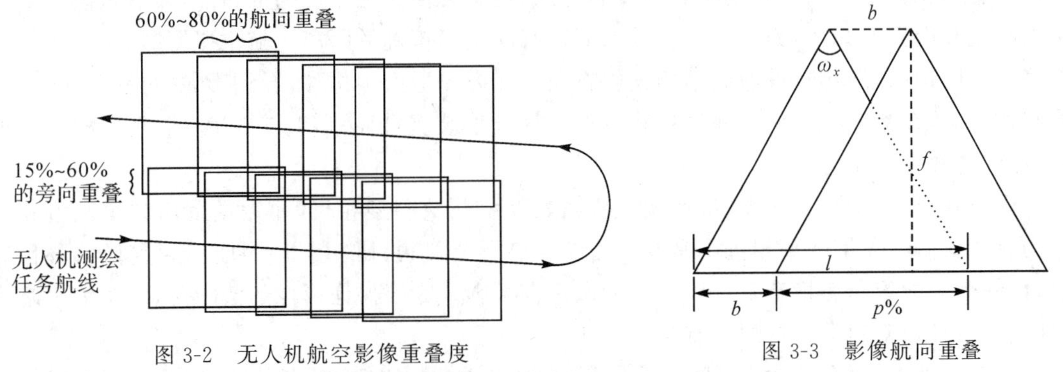

图3-2 无人机航空影像重叠度　　　　图3-3 影像航向重叠

由图3-3中的几何关系，可得像方摄影基线与航向重叠度之间的关系

$$b=(1-p\%)l \tag{3-5}$$

可得

$$b=(1-p\%)\cdot 2f\tan\frac{\omega_x}{2} \tag{3-6}$$

理论上，可以通过设定像方摄影基线b的大小控制影像重叠度。基线越短，影像重叠度越大。实际中，通过设定相邻摄站之间的物方距离，即物方摄影基线得到满足要求的影像重叠。由影像比例尺关系式(3-2)，物方摄影基线B与航向重叠度之间的关系为

$$B=\frac{b}{S}=(1-p\%)\cdot 2H\tan\frac{\omega_x}{2} \tag{3-7}$$

类似地，可以通过设定相邻航线之间的距离控制影像旁向重叠度。

(五)基高比

基高比是摄影基线与相对航高的比值。基高比越大，组成立体像对的同名光线之间的交会角越大，立体测量的高程精度越高。所以当利用立体测量方法成图时，除了要保证影像的重叠度之外，还要求相邻影像之间满足一定的基高比条件。对于无人机低空大比例尺测图，由于数码相机的像幅一般较小，基高比一般小于传统航空摄影。

由式(3-6)和式(3-7)，相邻影像之间的基高比公式为

$$\frac{B}{H}=\frac{b}{f}=2(1-p\%)\tan\frac{\omega_x}{2} \tag{3-8}$$

式(3-8)表明，在保持影像重叠度不变的条件下，基高比与影像像场角相关，像场角越大，基高比越大。另一方面，像场角越大，影像边缘的投影差也越大。因此，在实际工作中，对于相机像场角的选择，要综合考虑投影差和基高比的要求。当测区不是用立体测量的方法成图时，一般应选择长焦距小视场摄影，以限制影像的投影差。当测区采用立体测量方法成图，特别是

对高差不大的测区进行立体测图时，一般选短焦距大视场摄影。但是，在城市低空摄影时，地物容易受高层建筑物的遮挡。所以，在城市和坡度较大的地区摄影时相机焦距的选择，应同时顾及立体测量精度和避免低处地物被遮挡等因素。

二、数字相机

数字相机是测绘型无人机最重要的任务设备，可分为量测型相机和非量测型相机。

量测型相机是专门为航空摄影测量制造的，具有几何量测精度高的特点，装有低畸变高质量的物镜和内置滤光镜，镜头中心与成像面具有固定而精确的距离。航空摄影时，由于无人机的飞行速度很快，地物在成像面上的投影将在航线方向上产生位移，导致影像模糊。为了消除像移的影响，在量测型相机上往往加装像点位移补偿装置和陀螺稳定平台。量测型相机一般较重，多搭载在大型无人机平台上。

由于载荷重量的限制，中、小型无人机还难以承载量测型相机，而大量采用非量测型相机作为有效载荷。非量测型相机不是专门为航空摄影测量设计的相机，因而不配置像移补偿装置，但一般应配置陀螺稳定云台以保证近似垂直摄影。为了保证影像的清晰度，除了缩短曝光时间外，还必须限制无人机的巡航速度。

表 3-1 列举了几种典型的可用于无人机测绘成图的非量测型数字相机的型号及相关参数。

表 3-1 几种数字相机及其参数

相机类型	短边像元数	长边像元数	像元尺寸/μm	焦距/mm	像片基线宽度/mm	像片基线长度/mm	成图比例尺	相对航高/m
Rollei DB45	4 080	5 440	9	50	12.85	17.14	1∶500	278
							1∶1 000	556
							1∶2 000	1 111
Rollei DB57	5 428	7 228	6.8	50	12.92	17.20	1∶500	368
							1∶1 000	735
							1∶2 000	1 471
Canon EOS 5D MarkⅡ-24 mm	3 744	5 616	6.4	24	8.39	12.58	1∶500	188
							1∶1 000	375
							1∶2 000	750
Canon EOS 5D MarkⅡ-35 mm	3 744	5 616	6.4	35	8.39	12.58	1∶500	273
							1∶1 000	547
							1∶2 000	1 094
Canon EOS 450D	2 848	4 272	5.2	24	5.18	7.78	1∶500	231
							1∶1 000	462
							1∶2 000	923

注：航向重叠度按 65%计算；1∶500、1∶1 000、1∶2 000 成图时航摄地面采样距离分别按 0.05 m、0.1 m、0.2 m 计算。

三、组合特宽角数字相机

非量测型单数字相机存在像场角窄的问题，导致航空摄影测量时高程精度偏低、数据量偏大，因此可以考虑在无人机上使用组合特宽角数字相机。由于无人机任务载荷的限制，组合相机的数量不宜过多，其中典型代表是中国测绘科学研究院研制的四相机（LAC04）和双相机

(LAC02)系统,其结构如图 3-4 所示。

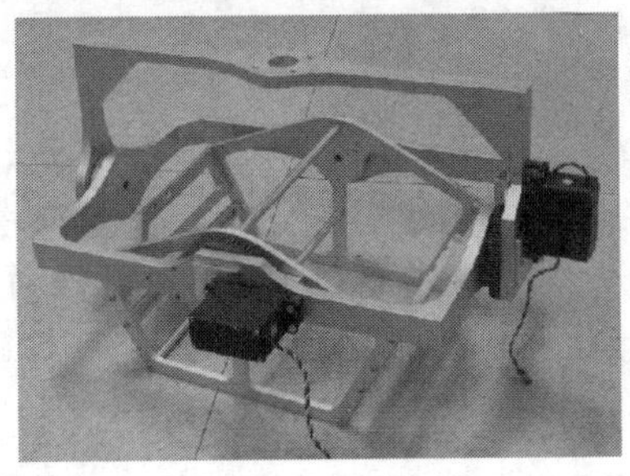
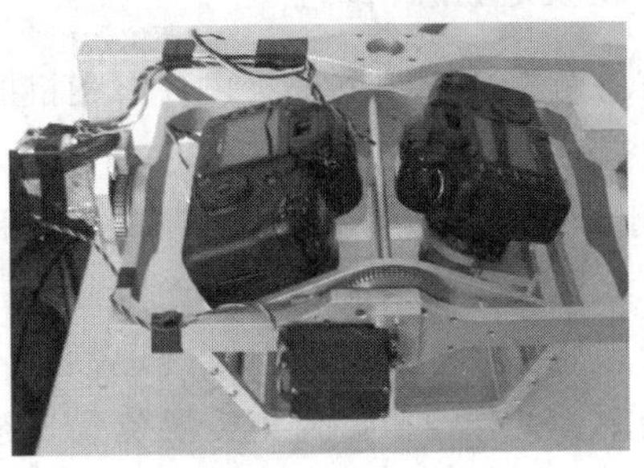

图 3-4　装有三轴稳定平台的组合特宽角双相机系统

下面以双相机系统为例说明。特宽角相机通过对多个单相机进行外场拼接的方式达到增大像场角的目的。最理想化的双相机拼接模型为两相机的投影中心完全重合,如图 3-5 所示,S 为投影中心,SO_1 和 SO_2 为两相机的主光轴。

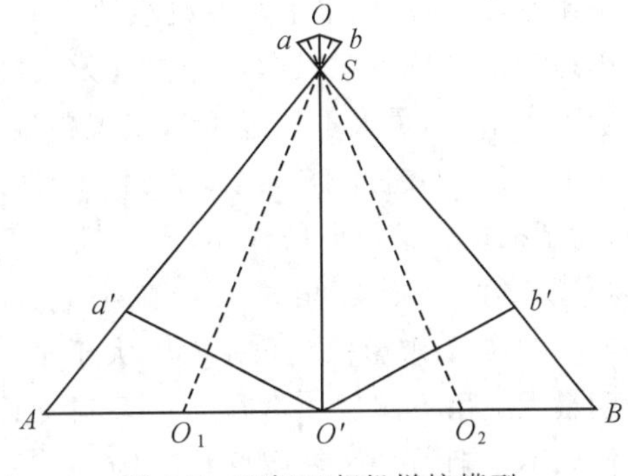

图 3-5　理想双相机拼接模型

图 3-5 的拼接方式,采用内视场拼接才有可能实现,但内视场拼接的难度在于多块 CCD 的接连处理及分光镜的安装。目前国内外航空相机主要的拼接方式是外视场拼接,如数字成图相机(digital mapping camera,DMC)。外视场拼接是利用现有成型单相机(包括相机后背和镜头)进行拼接,每个相机机械尺寸不完全一致,因此两相机的投影中心 S_1 和 S_2 难以重合,采用同款相机能够较好解决问题。外视场拼接有内倾式和外倾式两种方式,内倾式是两个相机镜头均向内倾斜,如图 3-6 所示;外倾式是两个相机镜头均向外倾斜,如图 3-7 所示。

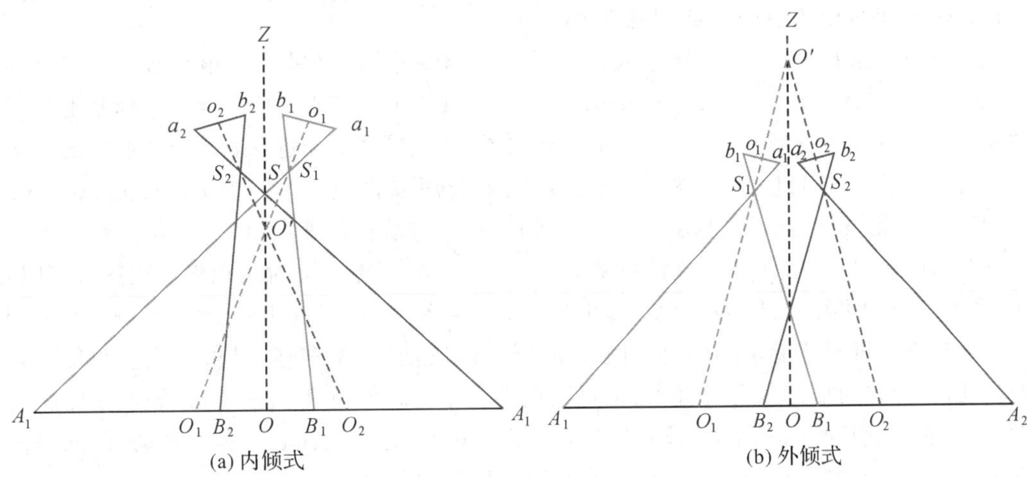

图 3-6　带有重叠度的外视场拼接模型

无论采取内倾式还是外倾式拼接,从原理上都要保持两个相机主光轴的倾角一样,也就是 $\angle O_1O'O_2$ 保持不变。

四、位置姿态测量装置

位置姿态测量装置用来记录成像时相机的姿态参数。

(一)位置姿态测量装置的作用

(1)用于满足影像地面采样距离、重叠度和基高比等要求。无人机测绘对地摄影时,要事先规划好无人机飞行航线和相机曝光位置,并通过设置曝光时间实现航摄区域覆盖。为了便于后续的摄影质量检查和立体测绘处理,需要记录飞行航线和相机曝光位置。另外,安装有自动曝光控制单元的航空摄影机也需要位置姿态测量装置。

(2)获得影像倾角小的近似水平影像。无人机测绘对地摄影时,摄影物镜的主光轴偏离铅垂线的夹角,称为航摄影像倾角。在实际的航空摄影过程中,应尽可能获取影像倾角小的近似水平影像,因为应用水平影像测绘地形图的作业比应用倾斜影像方便得多。传统航空摄影要求影像倾角保持在3°以内。考虑到无人机姿态稳定性较差,CH/Z 3005—2010要求影像倾角一般不大于5°,最大不超过12°,出现超过8°的影像不多于总数的10%;特别困难地区一般不大于8°,最大不超过15°,出现超过10°的影像数不多于总数的10%。此外,在航空摄影过程中,为了抵抗交叉风向的作用,无人机的实际朝向会与飞行的地面航迹之间产生一个角度,称为影像旋角。影像旋角过大会减小立体像对的有效作业范围和立体观测的效果。CH/Z 3005—2010要求影像旋角一般不大于15°,在确保影像航向和旁向重叠度满足要求的前提下,个别最大旋角不超过30°,在同一条航线上旋角超过20°的影像不应超过3幅,旋角超过15°的影像数不得超过分区影像总数的10%。影像倾角和旋角不应同时达到最大值。一般通过在无人机上安装陀螺稳像云台获取满足倾角和旋角要求的影像。

(3)利用无人机对地面目标进行快速定位。位置姿态测量装置可以动态快速地给出反映载体运动的运动参数,据此可以连续测量成像时传感器的位置和姿态,而不必通过控制点解算影像的外方位元素。这为无人机目标快速定位提供了一种全新的技术途径,可以极大地提高目标快速定位的效率。

(二)GPS/INS位置姿态组合测量系统

应用于航空遥感等领域的导航及姿态测量系统主要有卫星无线电导航定位系统(如GPS)以及惯性导航系统(inertial navigation system,INS)。GPS的基本定位原理是卫星不间断地发送自身的星历参数和时间信息,用户接收到这些信息后,经过计算求出接收机的三维位置以及运动速度和时间信息。INS姿态测量主要利用惯性测量单元(inertial measurement units,IMU)感测飞行器的加速度,经过积分等运算,获取载体的速度、位置和姿态等信息。

虽然GPS可量测传感器的位置和速率,具有精度高、误差不随时间积累等优点,但其易受干扰、动态环境中可靠性差(易失锁)、输出频率低,不能量测瞬间快速的变化,没有姿态量测功能。INS有姿态量测功能,具有完全自主、保密性强,既能定位、测速,又可快速量测传感器瞬间的移动,以及输出姿态信息等优点,主要缺点是误差随时间迅速积累增长,导航精度随时间而发散,不能单独长时间工作,必须不断加以校准。GPS与INS优缺点是互补的,因此最优化的方法是对两个系统获得的信息进行综合,这样可得到高精度的位置、速率和姿态数据。

GPS/INS组合有多种方式,代表了不同的精度和水平。最简单的方式是将GPS和INS独立使用,仅起冗余备份作用,这是早期的组合。最理想的一种组合模式是从硬件层进行组合,即一体化组合,GPS为INS校正系统误差,而INS辅助GPS的接收码相环路,减少跟踪带宽,缩短卫星捕获时间,增加抗干扰能力,剔除多路径等粗差影响。这种组合可减少整个组合系统的体积、重量及功耗。另一种在工程中比较易于实现的模式是保持 GPS 和 INS 各自硬件的独立,从软件层次组合,只需要通过相应的接口将 GPS 和 INS 的数据传输到中心计算机上,并利用相应的算法进行两套数据的时空同步和最优组合即可,这是目前最主要的组合方式。

GPS 与 INS 的组合算法主要通过卡尔曼滤波实现。以 INS 系统误差方程为状态方程,以 GPS 测量结果为观测方程,采用线性卡尔曼滤波器为 INS 系统误差提供最小方差估计,然后利用这些误差的估计值修正 INS,以提高系统的导航精度。另一方面,经过校正的 INS 又可以提供导航信息,以辅助 GPS 提高其性能和可靠性。利用卡尔曼滤波进行 GPS 与 INS 的组合时通常认为有两种模式,即松散组合(位置与速率的组合)和紧密组合(伪距与伪距率的组合)。

在松散组合模式下组合系统利用 GPS 数据来调整 INS 输出,即用 GPS 输出的位置和速度信息直接调整 INS 的漂移误差,得到精确的位置、速度和姿态参数。当 GPS 正常工作时,系统输出为 GPS 和 INS 信息,当 GPS 中断时,INS 以 GPS 停止工作时的瞬时值为初始值继续工作,系统输出 INS 信息,直到下一个 GPS 工作历元出现为止。松散组合模式的优点:①GPS 和 INS 保持了各自的独立性,其中任何一个出现故障时,系统仍能继续工作;②组合系统结构简单,便于设计;③GPS 和 INS 的开发与调试独立性强,便于系统的故障检测与隔离;④组合系统开发周期短。松散组合的缺点是组合后 GPS 接收机的抗干扰能力和动态跟踪能力没有得到任何改善,组合系统的导航精度没有紧密组合模式高。

紧密组合的工作原理是利用 INS 输出的位置和速度信息来估计 GPS 的伪距和伪距率,且与 GPS 输出的伪距和伪距率进行比较,用差值构建系统的观测方程,经卡尔曼滤波后得到精确的 GPS 和 INS 输出信息。紧密组合模式的优点:①GPS 接收机向 INS 提供精确的位置和速度信息,辅助并帮助 INS 的漂移误差积累;②INS 同时向 GPS 接收机提供实时的位置和速度信息,辅助 GPS 接收机内部的码/载波跟踪回路,提高 GPS 接收机的抗干扰能力和动态跟踪能力;③在 INS 的辅助下,GPS 接收机可以接收到更多的卫星信息,而综合滤波器可以利用尽可能多的卫星信息提高滤波修正的精度;④能够对 GPS 接收机信息的完整性进行监测。

在数据处理上,紧密组合将 GPS 和 INS 的原始观测数据一起输入到一个滤波器进行估计,得到整体最优估计结果;松散组合首先使用一个分滤波器对 GPS 独立滤波定位,然后将定位结果输入到一个包含 INS 误差状态方程的主滤波器中,估计 INS 的导航误差。

GPS 和 INS 的系统集成从 20 世纪 80 年代初的简单组合开始,到 20 世纪 80 年代末就已经进入到软硬件组合的水平。目前 GPS/INS 组合系统的精度主要取决于 GPS 数据的定位精度。近年来,随着俄罗斯格洛纳斯的复苏,欧洲伽利略投入运营以及中国北斗的快速发展,GNSS 的阵营不断壮大。通过结合 GPS、格洛纳斯、伽利略、北斗等多套导航系统的卫星信号,GNSS 接收机可接收的卫星数成倍增加,能提供更多的多余观测用于定位计算,卫星的空间配置也更合理,因此能达到比任何单一系统更高的精度和可靠性。

五、红外热像仪

红外热像仪是一种探测物体红外辐射能量的成像仪器,它通过红外探测、光电转换、光电信号处理等过程,将目标物体的红外辐射信息转换为视频图像输出。在军事上,红外热像仪可应用于军事夜视侦察、武器瞄准、夜视导引、红外搜索和跟踪等多个领域;在民用方面,红外热像仪可以用于卫星遥感、防灾减灾、材料缺陷的检测与评价、建筑节能评价、设备状态热诊断、生产过程监控、自动测试等。

与微波系统相比,红外探测系统具有结构简单、体积小、质量轻、分辨率高、抗干扰能力强等优点;与可见光设备相比,具有穿透烟尘和云雾能力强、可昼夜工作的特点。红外探测器作为整个红外探测系统的核心,种类繁多、性能各异,适用于不同的工作领域。

(一)红外探测器的性能参数

红外探测器是把不可见的红外辐射转变为可测量信号的转换器,是红外热像仪的核心部件。随着半导体材料、器件工艺的发展,已研制出各种结构新颖、灵敏度高、响应快的红外探测器。红外探测器的工作性能可用以下参数来描述。

1. 响应率

探测器的输出信号 S 与入射到探测器的辐射功率 P 之比,称为探测器的响应率 R

$$R=\frac{S}{P} \tag{3-9}$$

式中,R 的单位为 $V \cdot W^{-1}$ 或 $A \cdot W^{-1}$,表示探测器把红外辐射转换为信号电压或信号电流的能力。

2. 噪声等效功率

由于探测器存在噪声,当辐射小到它在探测器上产生的信号完全被探测器的噪声所淹没时,探测器就无法肯定是否有辐射信号投射到探测器上。通常用噪声等效功率(noise equivalent power,NEP)表征探测器可探测的最小功率。

当探测器上产生的信号均方根电压正好等于探测器本身的噪声均方根电压值(即信号噪声比为1)时,入射到探测器上的辐射功率称为探测器的噪声等效功率,即

$$NEP=\frac{EA}{\frac{V_S}{V_N}} \tag{3-10}$$

式中,E 为投射到探测器光敏面上的均方根辐照度,W/cm^2;A 为探测器的光敏面积,cm^2;V_S 和 V_N 分别为在该照度下探测器输出的信号均方根电压和噪声均方根电压。

3. 光谱响应

探测器的光谱响应指探测器受到不同波长的电磁波照射时,响应率 R 随入射电磁波波长的变化而变化的特性。

4. 响应时间

当一定功率的辐射照射到探测器上时,探测器的输出电压要经过一定的时间才能上升到与这一辐射功率相对应的稳定值。当辐射突然消失后,输出电压也要经过一定的时间才能下降到辐照之前的值。这种上升或下降所需要的时间称为探测器的响应时间。

5. 频率响应

由于探测器存在响应时间(延迟),探测器对辐射的响应就不是实时的,其响应率 R_f 随调制频率 f 的变化称为探测器的频率响应,表示为

$$R_f=\frac{R_0}{(1+4\pi^2 f^2 \tau^2)^{\frac{1}{2}}} \tag{3-11}$$

式中,R_0 是频率为零或恒定辐射时的响应率,τ 为响应时间。

(二)红外探测器的分类

红外探测器有不同的分类方法,如按照工作温度可分为低温(需要用液态 He、Ne、N 制

冷)探测器、中温(工作温度在 195～200 K 的热电制冷)探测器和室温探测器;按照响应波长可分为中红外和热敏型探测器;根据结构和用途可分为单元探测器、多元阵列探测器和成像探测器。根据探测机理的不同,红外探测器分为热敏型和量子型两大类。

1. 热敏型探测器

热敏型探测器利用红外辐射的热效应探测入射辐射的强度。入射的红外辐射使得探测器敏感元的温度升高,导致它的某些物理性质发生变化,如温差电动势的产生、电阻的改变、体积的改变等,由这些物理量的改变来探测入射辐射的强弱。

热敏型探测器依据红外辐射产生的热效应,所以热敏型探测器的响应只依赖于吸收的辐射功率,与辐射的光谱分布无关。理论上,热敏型探测器对任何波长的红外辐射都具有相同的响应,但由于热探测器敏感面的吸收率可能在某一光谱区间比较高或比较低,使得热探测器对不同波长的红外辐射往往不同。

与对某一特定波长的量子型探测器相比,热敏型探测器探测波段宽、灵敏度较低、响应时间也较长,但其最大优点是能够在通常的环境温度下工作而不需要冷却,从而可以大大减小器件体积、降低器件成本。特别是自 20 世纪 90 年代以来,随着焦平面阵列、超大规模集成电路和微机电系统以及信息处理等技术的发展,非制冷热红外探测器的探测率得到了极大提高,同时响应时间也能满足成像要求,为其在军事和民用两大领域开拓了更广阔的应用前景。

常见的热敏型红外探测器分类如表 3-2 所示,其中微测辐射热计和热释电探测器是最主要的红外探测器。

表 3-2　热敏型红外探测器分类

类型	典型敏感材料或元件
热敏电阻型	氧化钒、非晶硅
热释电型	锆钛酸铅铁电薄膜、钛酸锶钡薄膜
热电耦型	Au/PolySi
二极管型	Si 二极管
光机械型	Au/SiNx 双金属片
谐振式型	石英

2. 量子型探测器

量子型红外探测器一般由半导体材料制成,基于特定物质的光电效应探测红外辐射。由于某些物质的光电效应,满足一定能量的光子直接激发光敏材料的束缚电子成为导电电子。光敏材料的禁带宽度或杂质能级影响其响应波长,所以响应对波长有选择性。量子红外探测器吸收光子后,本身发生电子状态的改变,引起不同的电磁学现象。

根据工作模式的不同将量子型探测器分为如下几类。

(1)光电子发射探测器。当光照射在某些金属、金属氧化物或半导体材料表面时,如果光子的能量足够大,就能使其表面发射电子。利用这种光电效应制成的可见光探测器或红外探测器即为光电子发射探测器。

(2)光电导探测器。半导体吸收能量足够大的光子后,半导体内一些载流子从束缚状态转变到自由状态,从而使半导体电阻率增大。利用这种半导体光电导效应制成的红外探测器称为光电导探测器。应用最多的光电导红外探测器有硫化铅、硒化铅、锑化铟、碲镉汞等。

(3)光伏红外探测器。光伏效应指在光照射下,半导体内部产生的电子-空穴对,在静电场作用下发生分离,产生电动势的现象。利用半导体光伏效应制成的红外探测器称为光伏探测器。光伏探测器通常由半导体 P-N 结构成,利用 P-N 结的内建电场将光生载流子扫出结区而形成信号。光伏探测器主要有锑化铟、碲镉汞、碲锡铅、铟镓砷、铟镓砷锑等。

(4)光磁电红外探测器。半导体吸收光子后,在表面产生的电子-空穴对要向内部扩散。在扩散的过程中,因受到强磁场的作用,电子和空穴各偏向一侧,因而产生电位差,这种现象称为光电磁效应。利用这种效应测量红外辐射的探测器称为光磁电探测器。光磁电探测器主要有锑化铟、碲镉汞等,但需要在探测器芯片上加磁场,结构比较复杂,不常用。表 3-3 列出了热敏型和量子型红外探测器的特点比较。

表 3-3 热敏型和量子型红外探测器的特点比较

性能	热敏型探测器	量子型探测器
灵敏度	较低	高
响应时间	长(通常为毫秒级)	短(通常为微秒级)
光谱响应	理论上与光谱分布无关	特定波长敏感
工作条件	室温	需制冷
成本	低	高

六、成像雷达

由于载荷重量的限制,中、小型无人机目前还难以承载雷达设备,只有少数大型无人机搭载了雷达设备。

(一)合成孔径雷达

合成孔径雷达(synthetic aperture radar,SAR)是一种工作在微波波段的主动式传感器,即主动发射电磁波,照射到地面后经过地面反射,由传感器接收其回波信息。与传统光学摄影机和光电传感器相比,SAR 有以下优点:具有全天候、全天时的工作能力,基本不受云、雾、雨、雪等气候因素的影响,雷达波对地物(如植被、干沙等)具有一定的穿透能力;SAR 成像的方位向分辨率不受波长、平台高度、雷达作用距离等因素的影响,理论上可以获取很高的空间分辨率;雷达测绘带覆盖面广,可以在远离航迹的地方成像。

雷达是一个距离测量系统,工作原理类似于"回声",如图 3-7 所示。雷达系统主要由发射机、接收机、转换开关、天线等部分组成,发射机发射脉冲后经转换开关、天线传输到自由空间,然后继续向地面目标传输,到达地面目标后再返回雷达天线,雷达系统通过记录时间延迟 t,进而测量天线与地面目标的距离 R。

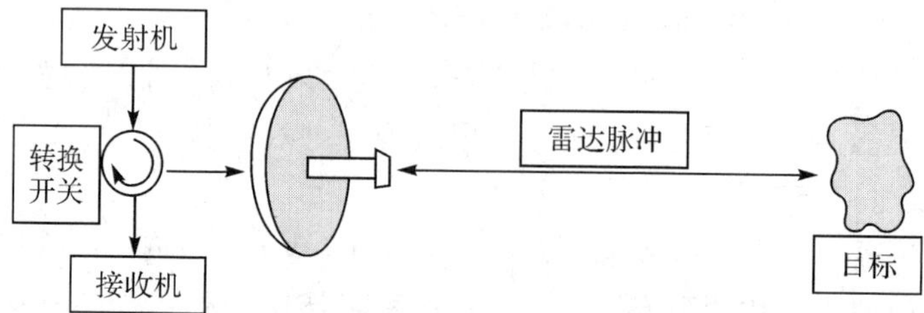

图 3-7 雷达系统工作原理

雷达系统通过记录脉冲信号的时间延迟 t，测量雷达天线到地面目标的距离，可以表示为

$$R=\frac{ct}{2} \tag{3-12}$$

式中，c 表示光速。

雷达一般都是侧视工作的（见图 3-8），即朝向飞行方向的一侧发射电磁波，主要目的是消除两个等距离点产生的左右模糊。侧视雷达可分为真实孔径雷达和合成孔径雷达。

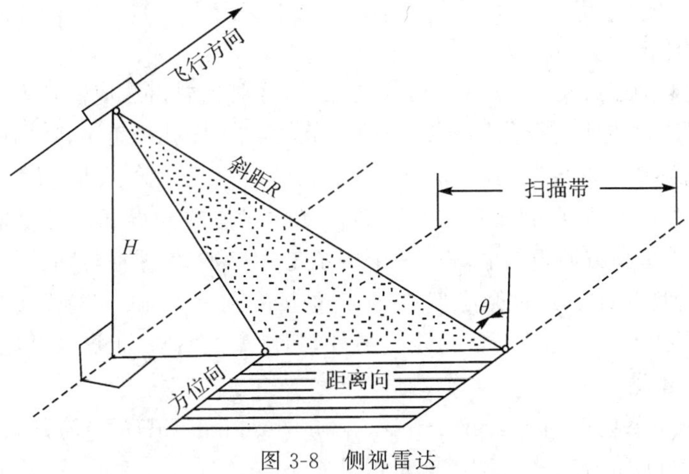

图 3-8　侧视雷达

雷达影像坐标系一般采用方位向-距离向标识。方位向平行于飞行方向，距离向垂直于飞行方向。

合成孔径雷达是一种高分辨率相干成像系统。高分辨率在这里包含两方面的含义：高方位向分辨率和高距离向分辨率。它采用以多普勒频移理论为基础的合成孔径技术提高雷达的方位向分辨率，距离向分辨率的提高则通过脉冲压缩技术实现。

合成孔径的基本原理是利用一个小天线 D 作为单个发射接收单元，当平台以等速直线飞行时（见图 3-9），将经过 $1,2,\cdots,n$ 若干个位置，在每个位置上发射一个信号，接收来自目标的回波信号，并存储其幅度和相位，将存储的信号经叠加处理，就可以得到等效孔径为 $L_s=nD$ 的天线所获取的结果，从而使波束宽度变窄。这种人工形成的孔径称为合成孔径，以此原理构成的雷达称为合成孔径雷达，其成像几何示意图如图 3-10 所示。

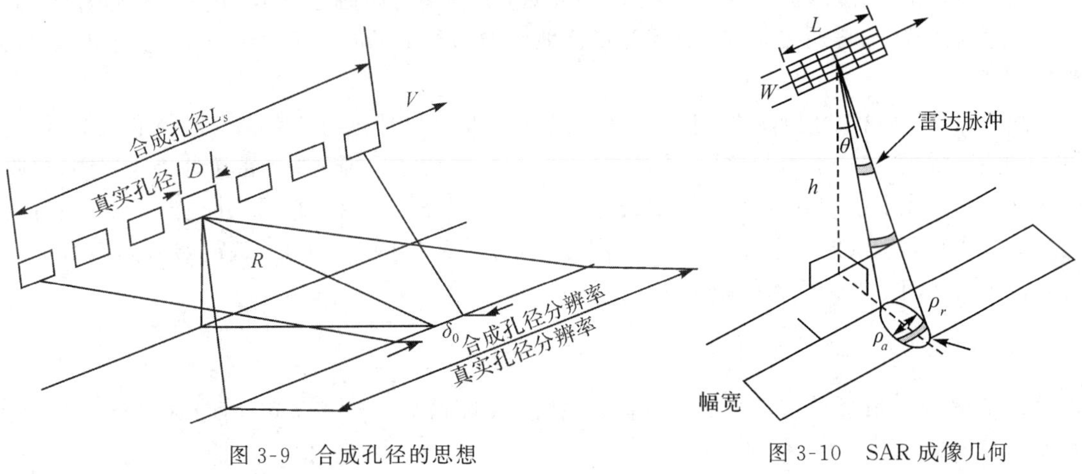

图 3-9　合成孔径的思想

图 3-10　SAR 成像几何

距离向分辨率ρ_r用公式表示为

$$\rho_r = \frac{1}{2}c\tau = \frac{c}{2B} \tag{3-13}$$

式中，B 为系统带宽；c 为光速。

方位向分辨率ρ_a用公式表示为

$$\rho_a = \frac{D}{2} \tag{3-14}$$

式中，D 为天线孔径长度。

方位向分辨率与距离、波长、平台飞行高度无关，这对机载雷达成像具有重要的意义，理论上方位向分辨率是雷达天线真实孔径长度 D 的一半，因此天线孔径越小，其方位向分辨率越高。

SAR 一般装载在“全球鹰”、“捕食者”等高空长航时大型无人机上。随着 SAR 技术的发展和提高，其分辨率越来越高，目前已接近或超过光学成像的分辨率。近年来，微小型化技术也推进了 SAR 向微小型方向发展。其中一个例子是，罗克韦尔·柯林斯公司和美国桑迪亚国家实验室发展的微型 SAR。这种微小型的 SAR 重量降到了 12 kg，目前已经在洛克希德·马丁公司的“天空精灵”无人机上进行了试飞。另外，超微型的 SAR 也已经开始崭露头角。

(二)机载激光雷达

激光探测及测距系统(light laser detection and ranging，LiDAR)简称激光雷达。激光雷达根据其应用原理可分为三类：测距激光雷达(range finder LiDAR)、差分吸收激光雷达(differential absorption LiDAR)及多普勒激光雷达(Doppler LiDAR)。

机载激光雷达以飞机为观测平台，其系统组成主要包括：激光测量单元、光学机械扫描单元、控制记录单元、动态差分 GPS、惯性测量单元和成像装置等。其中，激光测距单元包括激光发射器和接收机，用于测定激光雷达信号发射参考点到地面激光脚点间的距离；光学机械扫描装置与陆地卫星的多光谱扫描仪相似，只不过工作方式完全不同，激光属于主动工作方式，由激光发射器发射激光，由扫描装置控制激光束的发射方向，在接收机接收发射回来的激光束后由记录单元进行记录；动态差分 GPS 接收机用于确定激光雷达信号发射参考点的精确空间位置；惯性测量单元用于测定扫描装置的主光轴的姿态参数；成像装置一般多为 CCD 相机，用于记录地面实况，为后续的数据处理提供参考。

激光雷达的工作原理与无线电雷达非常相近，是一种主动遥感技术，不同的是，激光雷达发射信号为激光，与普通无线电雷达发送的无线电波乃至毫米波雷达发送的毫米波相比，波长要短得多。

图 3-11 是机载激光扫描原理图。由激光器发射出的脉冲激光从空中入射到地面上，传到树木、道路、桥梁、房子上引起散射。一部分光波会经过反射返回到激光雷达的接收器中，接收器通常是一个光电倍增管或一个光电二极管，它将光信号转变为电信号，并记录下来，同时由所配备的计时器记录同一个脉冲光信号由发射到接收的时间 t。于是，就能够得到飞机上的激光雷达到地面上的目标物的距离 R 为

$$R = \frac{ct}{2} \tag{3-15}$$

式中，c 为光速。通过处理每个脉冲返回传感器的时间，解算传感器和地面(或目标)之间的距离。

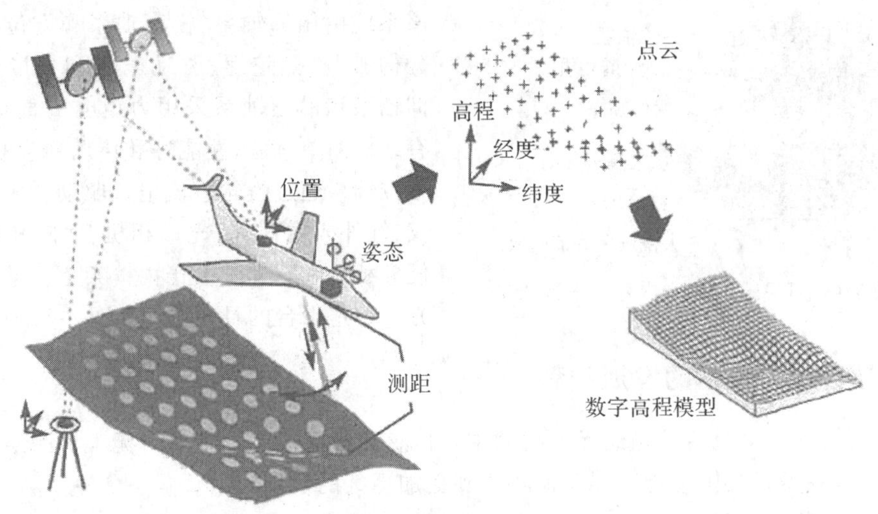

图 3-11　机载激光扫描原理

若空间有一向量，可依据式(3-15)得到其模为 R，方向为(φ,ω,κ)，如果能测出起点的坐标(X_S,Y_S,Z_S)，则该向量的另一端点所对应的地面点(X,Y,Z)就可以唯一确定，即

$$\left.\begin{aligned}X&=R\cos\varphi+X_S\\Y&=R\cos\omega+Y_S\\Z&=R\cos\kappa+Z_S\end{aligned}\right\}\tag{3-16}$$

式中，起点坐标(X_S,Y_S,Z_S)(即传感器空间位置)可利用动态差分 GPS 高精度地测定，向量的模 R 用激光测距仪通过计算激光回波的时间精确测量得到，飞行姿态角(φ,ω,κ)可以利用 IMU 精确测量。通过搭载机载平台进行移动及扫描，激光探测便可以得到地物目标的三维地形数据。图 3-12 是运用 LiDAR 技术生成的数字地面模型。

图 3-12　运用 LiDAR 技术生成的数字地面模型

无人机载 LiDAR 已得到广泛关注，但由于无人机载荷能力、飞行姿态稳定性等条件的制约，如何实现 LiDAR 设备的轻小化，提高 LiDAR 数据处理能力等问题还有待进一步研究。

七、机载光电稳定平台

无人机任务载荷在工作过程中会不可避免地受到无人机姿态晃动的影响，出现光轴晃动的现象。这会带来两个问题：一是单帧图像模糊；二是前后帧图像间的几何位置关系无法实时匹配，造成实时下传或保存的图像扭曲变形。通常使用光电稳定平台解决载荷光轴晃动带来的这些问题。利用光电稳定平台的伺服系统控制平台方位、横滚和俯仰框架转动，实时补偿无人机晃动的影响，实现光轴稳定。光电稳定平台包括稳定平台和电控箱两部分。

光电稳定平台的稳定平台部分一般采用三轴三框架结构形式，其中两轴两框架稳定下视。

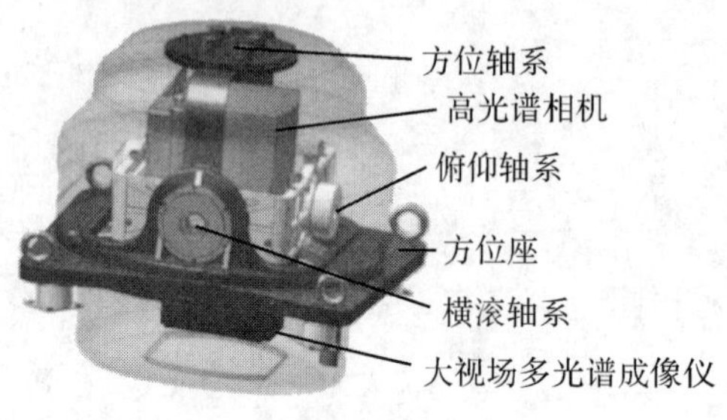

图 3-13 某型号三轴光电稳定平台结构

该系统由俯仰轴系、横滚轴系和方位轴系三部分构成，包括陀螺、驱动电机和角度载荷。俯仰轴系和横滚轴系采用力矩电机直接驱动，具有结构简单、低速性能好和传动精度高的特点；方位轴系通过齿轮直流电机驱动。多光谱成像仪、红外成像仪、高光谱相机、面阵相机等测绘任务载荷和陀螺安装于内框架上。某型号三轴光电稳定平台的具体结构如图 3-13 所示。

八、任务载荷技术的发展趋势

光电载荷和雷达载荷是测绘无人机的主要传感器载荷设备。随着对无人机测绘载荷研究的不断深入，各类无人机的传感器载荷将得到更加迅猛的发展。

(一)光电载荷

近年来，国际上几场局部军事行动证明了无人机上光电载荷使用的重要性，世界各国纷纷加紧研制并推出能够适合无人机使用的各种光电载荷，确保无人机具有获取高质量的昼夜侦察图像的能力。

1. 机载光电平台日趋复杂化和多样化

随着航空侦察朝着空间的立体化、情报信息的实时化、侦察与打击一体化，提高装备生存能力方向发展，要求光电平台技术先进、手段多样、空间广延、时间连续、信息传递快速，要具备搜索、识别和跟踪相应的敏感目标，并以一定的精度对其定位功能。无人机光电载荷将各种光学传感器安装到万向支架上，由陀螺提供惯性基准进行多轴向稳定，地面操作人员可以通过无线链路观察目标和监视战场情况。无人机搭载的传感器包括前视红外、电视摄像机、激光测距/目标指示器等。

2. 机载光电平台向全天候、高分辨率、远距离、宽收容、实时化、小型化方向发展

机载光电设备的探测距离大幅度增加、灵敏度更高、分辨率更细、质量更小、体积更加小型化。具体表现在：航空数码相机将向宽收容、高分辨、准实时成像、照相摄像一体化方向发展；高分辨率、高灵敏度，非扫描成像的第三代前视红外仪将在无人机上普遍应用。

3. 机载光电系统全数字化

机载光电系统必须实现全数字化，才能加强系统的功能和有效性。全数字化的机载光电系统支持：①辨认和抽取感兴趣的区域，将场景以多种视角和尺寸显示出来，测算感兴趣的目标；②图像增强，通过数字化处理，使图像清晰度、稳定度更好；③采用数据压缩和错误校正编码，便于图像分析。

4. 任务载荷的即插即用技术

无人机系统越来越复杂，用户也要求无人机提供一个平台执行多种任务能力，因此模块式任务载荷的概念正在得到越来越多的关注。即插即用技术可以使无人机上的单个或多个传感器根据每项任务或一系列任务的需要进行组合及改变。

5. 多光谱成像技术的应用

光谱成像传感器依靠目标与背景的固有光谱差别成像，具有更好的反伪装、反隐身、反欺骗的侦察能力，工作波段通常为 0.4～1.5 μm。美国 TRW(Thompson-Ramo-Wooldridge)公

司已制造出能同时监测 384 个窄频带的光谱仪；还有一种光谱成像技术的测量光谱范围可为中红外至远红外，用于分析类似气体的物质，如探测分析烟的成分或空气中是否存在神经性毒剂等。

(二)雷达载荷

无人机成像雷达经过这些年的发展，技术不断地走向成熟，应用范围也越来越广。

1. 合成孔径雷达结合动目标指示器同步模式

当前，国际上的无人机雷达基本上都是 SAR 结合动目标指示器 MTI(moving target indicator)体制的侦察雷达。但这两种工作模式是进行分时工作的，存在很大问题。当雷达在监视区域进行 SAR 扫描时，就不能对监视范围进行快速连续的扫描，这样不能发现动目标，无法跟踪动目标，形成动目标运动的轨迹，而且信息更新速度慢；而 MTI 分辨率低，无人机不能同时提供动目标的运动轨迹和 SAR 图像。因此，无人机雷达目前的一个重要发展方向就是 SAR 和 MTI 模式能够同时工作，如美国最新型“全球鹰”无人侦察机即将装备的 MP-RTIP 雷达，就是 SAR 和 MTI 同时工作的同步模式。

2. 雷达成像分辨率不断提高

随着雷达技术的不断进步，雷达的成像分辨率会越来越高。高分辨率的成像雷达使得在对目标进行识别时，能够从图像中获得更多、更详细的目标细节和信息，有助于对目标进行精准的识别，使精确制导武器能对目标进行准确的瞄准。目前，用于中空战术型无人机的“山猫”雷达作用距离为 30 km，雷达成像分辨率最高达到了 0.1 m，小型无人机的 MiniSAR 雷达在作用距离为 10 km 时的分辨率也达到了 0.1 m。

3. 采用有源相控阵体制

有源相控阵雷达在作用距离、抗干扰能力、可靠性和天线隐身设计等方面性能卓越，但庞大的体积和质量限制了其在无人机领域的应用。随着雷达技术的不断演变，有源相控阵雷达会在无人机雷达市场上大有作为。除了美国最新型“全球鹰”无人机采用了 MP-RTIP 有源相控阵雷达之外，美国海军的广域海上监视(broad area maritime surveillance，BAMS)计划中也采用了 MFAS 有源相控阵雷达。意大利的轻型 PicoSAR 有源相控阵监视雷达尺寸仅为“全球鹰”MP-RTIP 雷达的三分之一，质量则控制在 10 kg 以内，非常适合中小型战术无人机。

4. 雷达数据的实时传输

由于雷达成像分辨率高数据量庞大，一般是将雷达获取的数据先存储在机上，在无人机返回到地面站之后，再进行数据处理。这种方法带来了情报的延迟性，已不能满足现代战争的快速反应需求。因此，实现雷达数据的实时处理、实时传送，是无人机雷达的发展方向之一。

5. 大型化和小型化的同步发展

为了让雷达看得更远、看得更清楚，大尺寸的无人机雷达也就成为必不可少的载荷装备之一。对于大型无人机，其机体的有效载荷能力不断提升，为雷达载荷提供了充裕的空间和重量分配。从另一方面来看，为了实现隐身作战需求，战术型和微型无人机的机身尺寸自然会朝着小型化、隐身化的方向发展，那么对无人机雷达的尺寸和重量提出了更加苛刻的要求。

除了上述几点无人机雷达发展趋势之外，无人机雷达还有很多的发展方向，例如雷达作用距离更远、设计更加模块化、工作模式的多样性、实现查打一体化等。未来无人机雷达的监测对象，将不仅仅局限于地面目标，甚至扩展到空中的有人机、无人机、巡航导弹等空中动目标。

§3.2 测绘无人机地面控制与处理站

地面控制站(ground control station,GCS)是无人机系统的指挥、控制中心,主要完成飞行控制、数据链管理、机载任务设备控制,同时监控无人机系统运行状况,包括飞行状态、任务载荷状况、动力系统参数等。地面处理站指专门完成无人机测绘数据快速处理和产品生成的设备。地面控制站和地面处理站通常集中在一起,可统称为地面站。

一、地面站基本结构

地面站通常由系统监控、飞行器操控、任务载荷控制、数据链终端、数据处理、数据分发等几个主要部分组成。系统监控部分实时监视飞行器飞行状态、任务执行情况、燃料与电池消耗、危险告警等信息。飞行器操控部分控制飞行姿态、航线、航迹等。任务载荷控制部分控制各种任务载荷的运行参数和工作状态。数据链终端将各种控制命令经上行链路发送至飞行器,并通过下行链路接收无人机运行参数和获取的数据。数据处理部分主要完成无人机所获取数据的处理与分析。数据分发部分主要负责对处理过的数据进行分发服务。

大、中、小型无人机系统的地面站在结构组成和规模大小上有所区别。大中型无人机系统的地面站一般为包括多个操作台的控制方舱,同时还可能包括操作控制分站,而小型无人机系统的地面站可能只是一台便携式的笔记本电脑。

(一)控制方舱

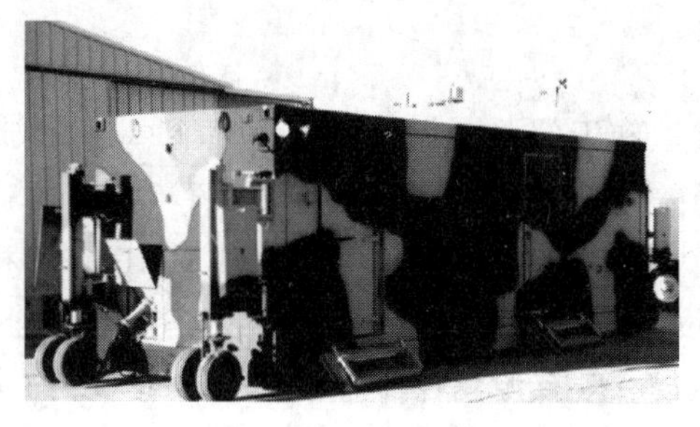

图 3-14 地面站控制方舱

"全球鹰"地面控制站安装在长 10 m 的独立拖车内(见图 3-14),内有遥控操作的飞行员、监视侦察操作手的座席和控制台,三个任务计划开发控制台、两个合成孔径雷达控制台,以及卫星通信、视距通信数据终端(见图 3-15)。图 3-16为"捕食者"操作手控制台,上方显示器显示航线等信息,下方显示器输出"捕食者"摄影机影像。图 3-17 为无人机的状态参数综合显示界面。

图 3-15 地面站控制方舱内部

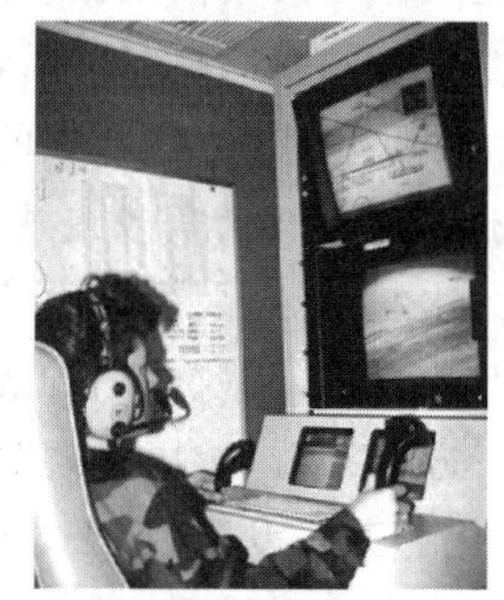

图 3-16 地面站飞行控制台

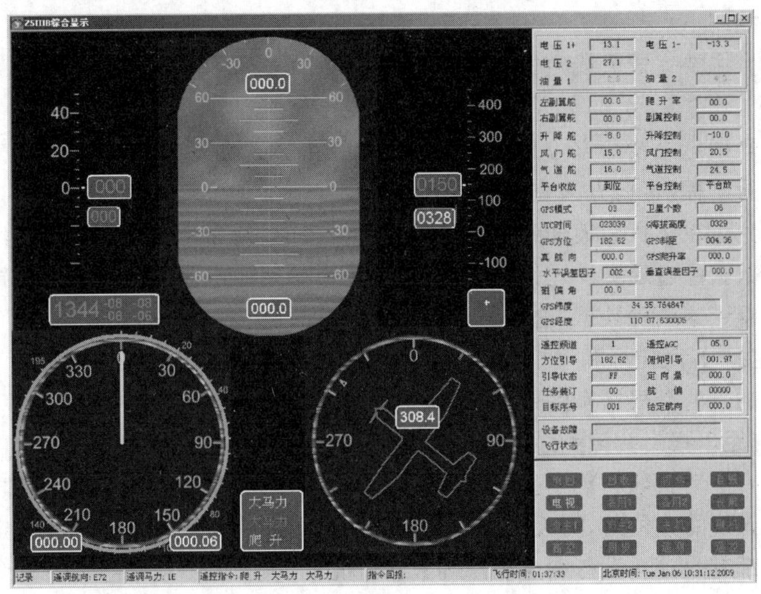

图 3-17　无人机状态参数综合显示

(二)小型地面控制站

在小型、微型无人机的使用中，往往配备便携式的小型地面控制站(见图 3-18)。这类小型地面站功能与地面方舱基本相同，只是更加精炼，将航线管理与显示、状态参数综合显示、传感器数据显示综合在一个屏幕上进行表达，用高机动车(大型吉普)搭载。可供一线人员直接进行控制和接收回传信息。更小型的视频接收系统(见图 3-19)，可用于敌后特种部队携带，接收侦察信息等。

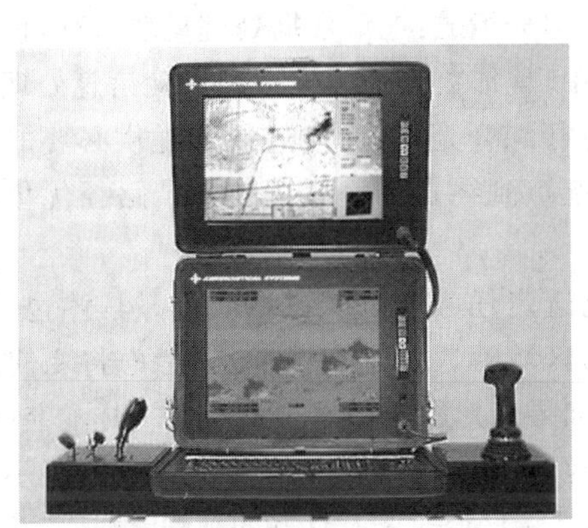

图 3-18　小型地面控制站

图 3-19　小型视频接收系统

二、地面站主要功能

地面站主要功能包括跟踪控制、领航控制、飞行控制、任务控制、数据处理和信息传输六大类。

(一)跟踪控制

跟踪控制台主要完成天线定标、测距校零、引导天线等跟踪控制功能,前两者是飞行前必须要做的准备工作。

天线定标即确定天线0方位角与正北的夹角。由于地面站停放位置的随意性,需要对天线的方位角进行定标,定标方法有两种:

(1)飞机定标,在飞机和地面站上均装有定位设备时,地面站定位数据发送给监控软件,同时飞机的定位数据通过遥测发送给监控软件,当地面站测控定向天线对准并且锁定飞机时,监控软件可同时得到这两种数据,这样可计算出天线此时的实际方位角。

(2)近距定标,近距定标和飞机定标的原理相同,只是由手持定位设备代替了飞机定位设备。

测距校零的目的是根据实际距离(可通过地面站和机载定位设备获取)计算出测距设备的零值,在收到测距上报时扣掉测距零值,就可得出真实的距离值。

引导天线有手动引导和数字引导两种方式,目前一般为数字引导。数字引导是通过监控链路动态设定天线的方位角,使天线指向飞机。执行数字引导的前提是天线已定标,且地面和机载定位设备都有效。在设备发生故障等紧急情况下,可采用手动引导。

(二)领航控制

航迹规划问题是领航控制中最重要的组成部分,是在考虑地形因素、威胁因素以及任务需求的基础上,寻找从起点到终点的一条可飞行路径。一般可以描述为如下需要解决的问题,即给定:起点;一组要服从的限制条件,如机动能力、续航能力等;一组需要执行任务的目标区域;一组威胁或障碍区域;终点。

可以将航迹规划问题分成两步完成。第一步考虑所有已知的威胁及约束,离线找到一条最优航迹作为参考航迹,这个问题一般在地面起飞前解决,对实时性没有太多的要求,是一个纯粹的搜索寻优问题。第二步涉及存在事先未知的威胁或环境变化,如果这些威胁或变化被无人机上的传感器探测到或通过通信链被无人机感知时,需要考虑更改航迹,即进行重新规划,这时的规划是在飞行中进行的,对实时性有很高的要求。

一个完整的航迹规划系统通常由以下几个部分组成:地形数据处理模块、危险信息处理模块、路径生成模块以及路径优化处理模块。其中,地形数据处理模块和危险信息处理模块将规划区域内的各种地形信息以及各种威胁信息进行综合处理,为航迹规划提供必要的模型。路径生成模块通过采用一定的规划算法,生成从起点到终点的一系列航迹。路径优化模块将生成的航迹进行优化处理。

航迹规划中很重要的一个内容是在起飞前选定任务区域及飞行航线。具体包括:选择巡逻地点以避免与其他飞行器或空中目标在目标区域附近发生空中冲突;考虑将要使用的传感器的类型、传感器的视界及其有效覆盖范围。如果传感器是如电视摄像头一样的装置,目标与太阳的相对位置及飞行器的位置也要作为选择巡逻地点的一个因素,如果地面高低不平或植被茂盛,那么事先选择合适的巡逻路线以便在观察目标区域时能有良好的视线,也是非常重要的。

自动规划系统可以将飞行路线叠加在数字地图上;对选定的飞行路线自动计算飞行时间及燃油消耗;自动记录飞行路线;基于数字地图数据的仿真环境显示。仿真图像显示了在不同的巡逻位置及不同的海拔高度观察到的场景,使操作员能为执行任务选择可接受的有利位置。

将飞行规划存起来方便以后的飞行使用。这样,在执行任务规划的各个子段时,仅仅通过从存储器调出程序并下达命令就可以了。例如,任务规划可分解成若干子段,譬如从发射到巡逻地点的飞行段、在指定巡逻地点上空的飞行段、飞向第二巡逻地点上空的飞行段及返回回收地点的飞行段。自动规划系统也允许操作员根据实际任务快速重新设定新的航线并上传至飞行器。例如，如果在飞向预定巡逻地点的途中新观察到一个感兴趣的目标，就很有可能挂起预飞行规划子段并进入新的规划航线或几个标准轨道之一，仔细观察目标，当接到恢复预定规划时，再恢复执行预规划子段。

更复杂的任务可能包括几个可供选择的子任务。这类任务很重视时间的计算和燃油消耗的计算以便在飞行器的总续航时间内按时完成子任务。为了辅助此类规划，需要有一个标准任务规划库。例如，对以特定地点为中心的小区域进行搜索的航线库。航线库的输入将包括指定地点、以该地点为中心的搜索半径及观察该区域的方向(俯视、从东边观察或从西边观察等)，还包括预期的目标区域地形的复杂程度、待搜索目标的类别。基于已知的传感器性能，该传感器专门针对特定复杂地形中的目标类别，航线库将计算飞行规划，要求该规划能在相对于目标的最佳距离上安置传感器、设置传感器的搜索样式和速度及搜索该区域所需的总时间等。

形成的规划将插入总飞行规划中，该子任务所需的燃油消耗及时间也要添加到任务总表中。由于各个子任务都添加到任务总表中，因此规划人员要监控总的任务安排、掌握特定时间是否合适以及飞行器完成任务所需的总时间。

(三)飞行控制

一旦完成任务规划，地面站就要转变到对任务执行期的无人机系统所有要素进行控制这一基本功能上，这些基本功能包括：

(1)发射过程中飞行器的控制及下达飞行器发射指令。

(2)飞行途中对飞行器的控制，监控飞行器相对于任务规划的位置和飞行状态。

(3)维护新修改的任务规划。要考虑新修改的任务规划与预规划任务的偏差并确保没有超出系统的承受范围(留有足够的燃油让飞行器到达回收区域、飞行路线上没有高山阻挡及不会飞入禁飞区等)。

(4)对任务有效载荷的控制。

(5)控制有效载荷数据的接收、显示及记录。

(6)有效载荷数据(实际数据或根据数据得出的信息)向用户的传输。

(7)回收过程中对飞行器的控制。

地面站对飞行器发送指令作为一个完整飞行子任务的一条单独指令发送出去。也就是说，发布一条单独指令让飞行器飞行相当长的一段距离，而不是一次只管一小段距离的一系列指令。在地面给出的航线及其他常规命令的基础上，飞行器可自动驾驶。

无人飞行器具有很强的自主控制能力，这是通过预先编程实现的。例如，飞行器可以从一点自主飞向另一点；自主绕某一点盘旋的标准机动飞行；发射过程中的控制及爬升；回收过程中的控制等。飞行器也把一些预规划飞行子任务存储在无人机上以应付通信链路中断，力图稳定盘旋恢复链路或在链路中断的一定预置间隔后自动返回回收区域。

飞行器操作员的工作职责应集中在对飞行器位置及状态的全面观察上，与当前的飞行器状态相对应的任务状态的显示对任务指挥员执行任务管理至关重要。任务状态包括当前飞行器的位置、已完成的规划任务段、未完成的规划任务段、完成规划任务所需的时间(带有与剩余燃油及时间相关的标记)。操作员的输入包括选择菜单激活预定的飞行子任务，而不像飞行员对飞行器姿态和控制翼面的输入控制。操作员总是在“驾驶仪器”，是真正的飞行指挥员而不是飞行员。对有效载荷或传感器的控制可能比飞行器的控制更复杂，也更困难，原因是传感器需要操作员实时控制并进行解译、识别工作，属于任务控制范畴。

回收阶段，一些无人机系统采用直接领航引导无人机着陆。直接领航一般要求飞行器操作员走出任务规划与控制站方舱，并在回收的最后阶段目视观察飞行器，这种方法需要经过严格训练的操作员。

(四)任务控制

任务控制指任务设备操控员通过任务控制台的键盘和任务操控杆完成对机载任务设备的指挥控制，主要完成拍照间隔设置、录像设置以及目标跟踪定位等控制操作。通过任务操控杆实现目标的锁定与跟踪，对于识别和定位目标具有重要意义。

目标定位过程中，首先确定飞行器位置，其他的要求就是确定从飞行器至目标的矢量角度及距离。该过程的第一步是确定相对于飞行器机体的传感器视线角度，通常通过读取传感器组件上陀螺的各角度就可得到。然后，这些角度必须与有关飞行器机体的姿态信息相结合以确定地球坐标系统上的角度。姿态信息来自机载惯性平台数据。由于传感器要相对于飞行器机体旋转运动(甚至当传感器正在观察地面上的一个固定点时)并且飞行器机体总是处于运动之中，因此在同一时刻及时地确定所有的角度就非常重要。最后一个计算目标位置的因子是飞行器到目标的距离。如果有激光测距仪或在用的雷达传感器，这个距离就可直接确定。此外，这个距离要加注时间标记以与合适的角度数据集进行配对。

(五)数据处理

测绘无人机系统的地面站一般还应包括大量的数据处理功能。数据处理主要包括测绘成图、应急快速成图、三维重建和空中全景监测等，这些内容作为本书的重点，将在后续章节详细介绍。

(六)与其他应用系统的信息传输

该功能用于向其他指挥系统、应用系统快速分发无人机获取的信息和数据处理成果。这个过程不仅是在飞行任务结束以后，更重要的是在飞行任务执行期间，对获取数据进行多层次的分析和处理，并通过有线、无线通信系统将数据进行传输，及时地得到应用方反馈意见，再由飞行指挥人员对预先规划的任务立即做出修改，使得地面站下一步的工作更加有效。

三、地面站发展趋势

无人机地面站技术具有以下发展趋势。

(一)发展通用地面站

未来的地面站更具有开放性和兼容性，不必进行现有系统的重新设计和更换就可以在地面控制站中通过增加新的功能模块实现功能扩展，不仅能控制同一型号的无人机群，还能控制不同型号无人机的联合机群。未来由不同部门根据各自的需要将分别重点开发不同类型的各种无人机，必须要最大限度地使用通用的机载设备，避免重复研制，实现地面控制系统的标准化。为此，美国正考虑如何将各层次的无人机综合到一体化作战指挥系统中，为确保各无人机情报侦察系统间能毫无障碍地传输图像和数据，美国国家侦察局和地理空间情报局共同拟定了一项“通用图像地面/接口系统”，并确定一套通用的图像存储与传输协议，以解决各层次无人机之间的地面站和数据的接口标准问题。美国正在建设一种公共的开放且规模可调的地面控制站结构，以支持从“火力侦察兵”到“全球鹰”的无人机系统，这将有效地终结无人机与地面站仍是专有和封闭的格局。

(二)重视一站多机地面站设计

一站多机指一个地面站系统可以控制多架甚至多种无人机。未来无人机地面站将朝着高性能、低成本、通用性方向发展,一站多机对地面站的显示和控制提出了更严格的要求。这种地面站设计可同时操控多架无人机,使用较少的操作员操纵更多的无人机,这样既提高了操作效率,也减少了人力成本。同时,也对无人机自主控制能力提出了更高的挑战。

(三)发展更高效的数据链路

发展安全、可跨地平线、抗干扰的宽带数据链是无人机的关键技术之一。近年来,射频和激光数据链技术的发展为其奠定了基础。除了带宽要增加外,数据链也要求可用和可靠。数据链的可用指特定信号的覆盖区域和范围;可靠指信号的健壮性。对于不可避免的电子干扰,数据链需要采用复杂的信号处理和抗干扰技术(如扩频、调频技术等),并能够确保在数据链失效的情况下,无人机能安全返回基地。

发展可靠的、干扰小的、宽带宽的数据链路,提高数据传输效率,其涉及的关键技术有数据链路的抗截获、抗干扰的编码、加密、变频、跳频、扩频与解扩技术和图像压缩与传输解压以及高速信号处理技术等。

地面站系统还应实现与远距离的更高一级的指挥中心联网通信,及时有效地传输实时测绘数据,接收指令,在网络化的现代作战环境中发挥独特作用。

(四)发展人工智能决策技术

该技术涉及无人机的自主控制问题,尤其是针对无人战斗机显得尤为重要。这需要一些智能的、基于规则的任务管理软件来驱动安置在无人机上的综合传感器,保证通信连接,完成无人机与操纵人员的交互,使无人机不仅能确保按命令或预编程来完成预定任务,对已知的目标做出反应,还能对随机突现的目标做出相应反应。

思考题

1.测绘任务载荷相关指标参数主要包括哪些?

2.无人机测绘对于影像重叠度有什么要求?

3.红外热像仪如何分类?

4.什么是合成孔径雷达?简单介绍合成孔径雷达的工作原理。

5.简述无人机测绘任务载荷的发展方向。

第4章　无人机测绘任务规划

无人机的任务规划指在地面控制站对无人机所要完成的任务进行设定与统筹管理的工作,通常包括设定无人机出动位置、确定任务目标、规划飞行航线、配置任务载荷以及制定任务载荷的工作规划等。无人机测绘任务规划的主要目的是找出一条最佳飞行航线,以及在该航线上对任务载荷的控制策略,在确保无人机安全的前提下,最大限度地发挥无人机任务载荷的作用,完成测绘任务。从时间上来说,任务规划可分为航前规划和实时规划。航前规划是在无人机起飞前制定的,主要是综合任务要求、气象环境和已有的情报等因素,制定飞行任务规划。实时规划是在无人机飞行过程中,根据实际的飞行情况和环境特征对先前规划进行适时的修改,包括应急方案,也叫重规划。

§4.1　无人机测绘任务规划的内容

无人机测绘任务规划的主要内容包含无人机的选择、飞行环境的选择和航线规划。

一、无人机的选择

执行测绘任务时,选择用哪种类型的无人机必须综合考虑无人机性能、测绘对象、测绘区域和测绘时限等因素。

(一)无人机性能

无人机测绘系统的整体性能主要受无人机性能的制约,主要包括无人机飞行性能和任务设备遥感探测能力两方面。

1. 飞行性能

无人机的飞行性能指无人机在飞行方面所具有的能力。其强弱、优劣主要取决于无人机的机体结构、气动布局和发动机三个方面,可以用飞行半径、飞行速度、飞行高度、转弯半径、爬升速率、续航时间、控制方式和起飞降落方式等参数反映。

(1)飞行半径:指无人机在加足燃料或充足电的情况下,往返飞行、执行任务能够达到的最远距离。它的大小与无人机的飞行状态、气象条件和任务要求等因素有关,通常小于无人机航程的一半,常用单位为 km。

(2)飞行速度:指无人机在空中运动的速度快慢。飞行速度有空速和地速之分,相对于空气的飞行速度称为空速,相对于地面的飞行速度称为地速,飞行速度还有最大、最小、巡航飞行速度之分,常用单位为 km/h 或 m/s。

(3)飞行高度:指无人机飞行时与地球基准水平面的垂直距离。飞行高度有绝对高度(海拔高度)、相对高度和真实高度之分,相对于海平面的飞行高度称为绝对飞行高度,相对于起飞平面的飞行高度称为相对高度,相对于地面的飞行高度称为真实高度。通常给出的最大升限指海拔高度,任务高度指真实高度,常用单位为 m。

(4)转弯半径:指无人机转弯时的最小半径,是无人机空中机动能力的重要指标之一,常用单位为 m。

(5)爬升速率:指无人机在单位时间内上升的垂直距离,常用单位为 m/s。

(6)续航时间:指无人机从起飞至着陆在空中飞行的时间,也称为滞空时间,常用单位为 h 或 min。

(7)控制方式:指控制无人机飞行状态和工作状态的方法。对无线电控制来说,通常给出控制方法和控制距离。

(8)起降方式:是无人机的起飞方式和降落方式的统称。无人机常用的起飞方式有发射架发射起飞、轮式滑跑起飞、母机投放起飞和垂直起飞四类。常用的回收方式有伞降回收、阻拦网回收和滑降回收三类。

2. 遥感设备的探测能力

遥感设备的探测能力指无人机机载遥感设备发现、识别和跟踪目标的能力。遥感成像设备有照相、电视、红外、合成孔径雷达等多种手段,但不论何种遥感手段一般都能用探测距离、探测范围、分辨率和工作环境描述其探测能力。

(1)探测距离:指遥感设备的作用距离,通常在技术指标中给出发现距离和识别距离,常用单位为 km 或 m。

(2)探测范围:指遥感设备能同时探测到的区域,也就是遥感设备一次所能覆盖的最大探测范围,通常以视场角的形式给出,单位为(°)。

(3)分辨率:指遥感设备区分相邻两个目标的能力,分辨率有距离分辨率和角度分辨率之分,常用单位分别为 m 和(°)。

(4)工作环境:指遥感设备的适用工作条件,通常指适用于白天工作,还是夜间工作,能否在阴雨天工作。

(二)测绘对象

测绘对象指无人机测绘需获取的目标及目标信息。这里所说的目标信息特指目标的影像信息和位置信息。按目标的性质,测绘对象分为军用目标和民用目标;目标的种类不同,其反映出的影像特征和位置特征就有所区别。限于篇幅这里仅介绍几种典型的目标类型。

按目标是否具有运动能力,测绘对象分为固定目标和活动目标。

(1)固定目标,也称为静态目标,指那些自身不具有运动能力,又不便于移动位置的目标,例如车站、码头、油库、机场等,这类目标的位置参数通常是固定不变的。

(2)活动目标,也称为动态目标,指那些自身具有运动能力,或借助外力方便移动的目标,例如汽车、火车、飞机、导弹发射架等,这类目标的位置参数是经常变化的。

按目标的形状,测绘对象分为点状目标、线状目标和面状目标。

(1)点状目标,指那些尺寸不大,面积较小的目标,例如铁塔、纪念碑等,这类目标的位置通常可以用一个定位坐标点表示。

(2)线状目标,指那些形状是长条形或折线、曲线的目标,例如道路、行驶中的车队等,这类目标的位置通常需要用多个坐标点串表示。

(3)面状目标,指面积较大或分布面积较大的目标,例如农田、机场等,这类目标的位置通常需要用多个坐标点连成一个闭合区域边界表示。

按目标所处的位置,测绘对象分为陆上目标和水上目标。这类目标也可分为点状、线状和面状类型。

(1)陆上目标,指位于地面的活动或固定目标,例如居民区、农田、路口、车辆等。

(2)水上目标,指处在水中的活动或固定目标,例如舰船、海上钻井平台、油污带等。

测绘目标的特征对无人机测绘提出了不同的需求,这也是选择无人机机型时必须考虑的因素。

(三)测绘区域

测绘区域指测绘单位承担的测绘任务所覆盖的空间范围。无人机的测绘区域指无人机测绘单位所承担的遥感测绘任务覆盖的空间范围,这个范围也可能随时间变化,是无人机测绘任务在空间和时间上的表现形式。

测绘区域确定后,应根据监测区域范围的大小和地形、地物、气象特征选择合适的无人机测绘系统。

(四)测绘时限

测绘时限指由用户方和工作方共同协商确定的完成无人机测绘任务的起止时间。无人机测绘单位受领任务后,通常要经过组织准备、开进展开、测绘实施、成果处理等阶段,对于不同的测绘任务、不同的任务环境、不同的测绘能力,其在每一阶段所需的时间有很大差别,其中具体测绘任务的需求是最重要的。例如,应急救援时,无人机的测绘时限就要求非常短。所以,测绘时限也是在选择无人机类型中一个必须考虑的因素。

二、飞行环境的选择

(一)现地勘察

作业人员需对无人机航拍区或航拍区周围进行现地勘察,收集地形地貌、地表植被以及周边的机场、重要设施、道路交通等信息,为无人机起降场地的选取、航线规划、应急预案制定等提供材料。

(二)飞行环境条件

根据掌握的环境数据资料和无人机系统设备的性能指标,判断飞行环境条件是否适合无人机的飞行,如不适合,应暂停或另选环境进行飞行。飞行环境条件主要包括:

(1)海拔高度。无人机的升限高度应大于当地的海拔高度加上航高。

(2)地形地貌条件。沙漠、戈壁、森林、草地、大面积的盐滩、盐碱地等地面反光强烈的地区,当地正午前后 2 h 内不应摄影;陡峭山区和高层建筑物密集的大城市为尽量避免阴影,应在当地正午前后 1 h 内摄影。

(3)风向和风力。地面的风向决定了无人机的起飞和降落的方向,空中的风向决定了无人机飞行作业的方向,风力对无人机平台的稳定性影响很大,进而影响无人机测绘的图像质量。

(4)温度和湿度。当地的环境温度应在维持无人机设备正常工作的温度区间内,同时,当地的环境湿度应不影响无人机设备的正常工作。

(5)含尘量。首先,起降场地地面的尘土情况应不影响无人机操作员观察无人机的飞行姿态,不影响无人机的起飞和降落;其次,无人机在空中进行测绘作业时,要保证能见度,确保航摄影像能够真实地表现地面细节。

(6)电磁环境和雷电。保证无人机导航及数据链路系统正常工作不受干扰。

(7)云量、云高。既要保证具有充足的光照度,又要避免过大的阴影;当云层较高时,可实施云下测绘作业。

(三)飞行起降场地的选择

不同类型的无人机的起降方式不同，对飞行起降场地的要求不同。综合地形环境、气象环境、电磁环境等因素，无人机飞行起降场地应满足以下通用性要求：

(1)起降场地相对平坦、通视良好。

(2)起降场地周围不能有高压线、高大建筑物、重要设施等。

(3)起降场地地面应没有明显凸起的岩石块、土坎、树桩，也无水塘、大沟渠等。

(4)附近应没有正在使用的雷达、微波中继、无线通信等干扰源，在不能确定的情况下，应测试信号的频率和强度，如对系统设备有干扰，须改变起降场地。

(5)采用滑跑起飞、滑行降落的无人机，滑跑路面条件应满足其性能指标要求；采用手抛、弹射等起飞方式的无人机对于路面要求较低，只需路面保证一定的平整度。

三、航线规划的分类

无人机航线规划指在一定的约束条件下，从起始点到目标点，寻找满足无人机机动性能及环境信息(地形数据、威胁情况)限制的，生存概率最大、完成任务最佳、综合指标最优的飞行轨迹。

无人机航线一般可以分为三个部分：前往任务区域的航线、任务区域内的航线和返回降落区的航线。前往任务区域的航线和返回降落区的航线一般都为突防航线，以规避危险因素为主要考虑因素。任务区域内的航线为任务航线，以成像质量和覆盖率为主要考虑因素。综合考虑任务和安全因素进行航线规划，情况复杂，很可能得不到完全理想的规划结果，所以，通常将无人机航线分为突防航线和任务航线两类，分别进行航线规划。

§4.2　无人机测绘任务航线规划

无人机测绘任务航线规划要根据任务情况、地形环境情况、无人机飞行性能、天气条件等因素，设置航线规划参数，计算得到具体的飞行航线。

一、任务航线规划的参数

参考传统的航空摄影测量作业与无人机低空测绘作业的特点，可以将无人机任务飞行的参数分为以下几类。

(一)成像参数

成像参数包括地面像元大小(比例尺)、影像旁向重叠度和航向重叠度。成像参数直接决定了后续数据处理和成图的质量。

(二)任务飞行参数

任务飞行参数指在航拍任务飞行作业中无人机的各项飞行和执行测绘任务的要求。任务飞行参数的科学性、准确性将影响成像质量利作业效率。任务飞行参数包括：

(1)飞行高度(航高)。无人机任务飞行相对于平均地平面的高度。

(2)飞行速度。无人机任务飞行设定的突防速度和巡航速度。

(3)飞行方向。一般采用正东西或正南北的顺序以及逆序向。

(4)飞行摄线长。任务飞行方向作业区域长度。

(5)摄线数量。飞行在任务作业区域航摄线实际条数。

(三)硬件参数

硬件参数主要指机载相机参数,包括相机分辨率、相机镜头焦距、相机存储容量、相机快门差等。其中,相机快门差是飞行控制系统中快门指令发出到实际曝光的时间差。

(四)环境和其他影响因子

环境参数对飞行有很大影响,作为飞行适宜性和飞行轨迹的主要参考,包括地面平均高、地面高差、风向、风速等。

在实际的任务航线参数计算中,根据参数的作用,可以将无人机测绘任务的参数分为六类,具体如表 4-1 所示。

表 4-1　无人机测绘任务航线参数分类

参数类型	意义	包含的参数	符号
成像参数	测绘任务要求达到的性能指标参数	像元大小 航向重叠度 旁向重叠度	P A D
成像冗余参数	通过成像数据计算所得到的参数或计算过程中的参数	像幅实地大小 摄线数 摄线总长 像片数	$K \times V$(航向×旁向) N X Q
主参数	固定不变且参与计算的参数	焦距 分辨率 传感器尺寸 快门时间差 存储容量	f $R\ (R_{航} \times R_{旁})$ $C\ (C_{航} \times C_{旁})$ I M
副参数	不参与计算但对飞行有影响的固定参数	飞行方向	*
计算参数	通过制定成像参数而计算出的非固定参数	任务飞行高度 任务飞行速度 基线长 摄线长 航线间隔 转向线长 拍摄时间间隔	H S $L_{基}$ $L_{摄}$ $L_{间}$ $L_{转}$ T
其他影响参数	不参与计算但对飞行有影响的参数	风向、风速、电磁干扰	*

二、任务航线参数计算

(一)计算流程

任务航线参数确定算法包括正算模型和反算模型两类。

(1)正算模型算法指直接通过成像参数和主参数计算出以任务飞行参数为主的计算参数的方法。正算模型的计算参数明确,计算速度快,是主要的计算方法,但最后得到的计算值有可能不完全符合飞行环境和飞行设置要求。

(2)反算模型算法指根据飞行环境确定计算参数,通过计算参数和主参数结合计算出成像参数,并评估成像参数是否符合成像要求的方法。反算模型适合复杂的飞行环境和飞行设置,但是需要多次计算完成。

(二)计算方法

无人机测绘以完成测绘任务为目标,航线计算一般采用满足成像参数(目标参数)要求的正算模型算法,通过成像目标参数和主参数进行计算,其中包括目标像元大小 P、航向重叠度 A、旁向重叠度 D、数码相机 CMOS 或 CCD 的大小 C ($C_{航} \times C_{旁}$)、焦距 f、分辨率R($R_{航} \times R_{旁}$)和快门时间差 I。

无人机测绘过程一般采用横向拍摄,即相机长像幅与航线垂直的方法,飞行方向为像片的短边,垂直方向为像片的长边。

1. 航高的计算

在无人机影像拍摄中,所使用的传感器一般是数码相机或摄像机,所拍摄的影像直接是数字影像,摄影比例尺主要由地面分辨率确定。

地面摄影像幅为 $K \times V$,其中像元大小

$$P = \frac{K}{R_{航}} = \frac{V}{R_{旁}} \tag{4-1}$$

则 $K = PR_{航}$,$V = PR_{旁}$。

根据摄影成像公式

$$\frac{f}{H} = \frac{C_{航}}{K} = \frac{C_{旁}}{V} \tag{4-2}$$

推导得

$$H = f\,\frac{K}{C_{航}} = fP\,\frac{R_{航}}{C_{航}} \tag{4-3a}$$

或

$$H = f\,\frac{V}{C_{旁}} = fP\,\frac{R_{旁}}{C_{旁}} \tag{4-3b}$$

即飞行高度由焦距 f、目标像元大小 P、传感器尺寸 C 和分辨率 R 确定。

2. 摄影基线长的计算

$$L_{基} = 2K - AK = (2 - A)PR_{航} \tag{4-4}$$

摄影基线由分辨率、航向重叠度和像元大小决定。

3. 航线间隔的计算

由于航线和摄线是平行线,因此航线间隔与摄线间隔相同。航线间隔是两张像片中心的横向距离

$$L_{间} = 2V - D\,\frac{V}{2} \tag{4-5}$$

4. 转向线长和摄线长的确定

摄线长由摄影区域和飞行路线确定,一般采用来回直线和转向弧线组合的方式,转向弧线由无人机飞行性能和航线间隔决定。

飞行速度与无人机飞行性能和航电系统有关。摄影基线长是由相机拍摄相隔时间决定的,摄影中控制系统和摄影快门有一时间差,必须进行修正,以提高拍摄位置的准确性。

5. 航线最大高差

无人机飞行高度以主要地平面高度为主，在丘陵地带，山丘比较多，会对飞行造成一定危险；另一方面高度不同会造成成像分辨率差别较大，数据处理将出现困难。因此，飞行时飞行平均高度与航线中最高点的高差必须控制在一定范围内，根据高差分析其飞行适宜性。由于摄影像素差需要控制在四倍以内，同时要保证飞行安全，因此，一般航线高差不能超过飞行高度的 50%。如高差超过飞行设计高度的 50%，则不适宜进行低空飞行作业，或者需要更换更高像素的数码相机后调高飞行高度。

三、任务航线的布设

任务航线的布设是任务航线规划的中心工作，主要分为三种类型。

(一)测绘点状目标

航线布设主要根据目标点的位置而定，布设的航线要保证无人机以平稳姿态过各目标点的正上空，可以一次通过或小范围扫描，也可以在其上方布设盘旋航线，如图 4-1 所示。

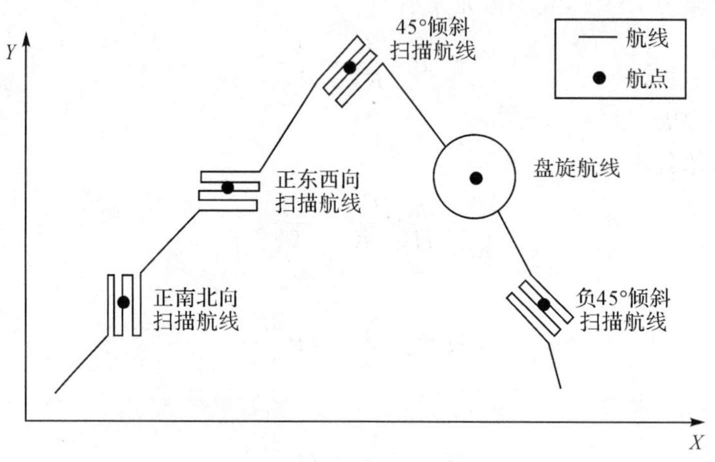

图 4-1 点状目标测绘航线

(二)测绘线状目标

测绘线状目标时，一般情况下，都是随着线状目标的中线正上空布设巡航航线。线状目标呈带状分布且宽度较大时，可以布设来回平行的航线，如图 4-2 所示。

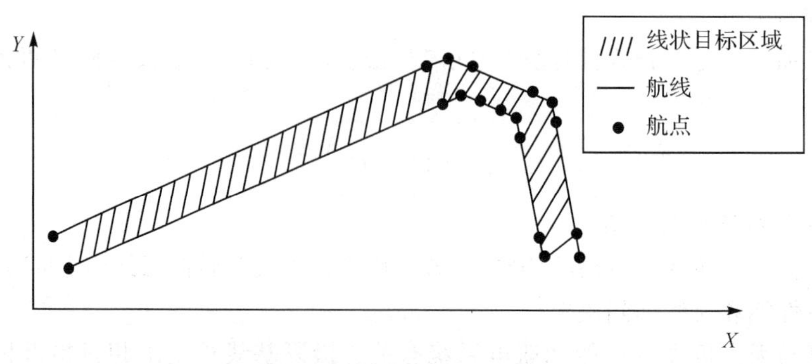

图 4-2 线状目标测绘航线

(三)测绘面状目标

测绘面状目标时航线的布设必须要保证足够的航向重叠和旁向重叠(参考§3.1),实现无缝地监测任务区域。一般采用扫描航线,可根据任务航线参数计算式(4-3)至式(4-5)分别计算出任务航高、摄影基线长和航线间隔等航线参数。为保证无人机转弯航线不在测绘任务区域范围内,实际的航线区域范围应大于测绘任务区域范围。所以,需要在航带的两端各延长一段距离作为无人机进入航带和离开航带的扩展航线,也就是说,每一条航带有四个航点,即进入航带航点、开始拍摄航点、停止拍摄航点、离开航带航点。如图4-3所示,图中航点"1"为进入航带航点,航点"2"为开始拍摄航点,航点"3"为停止拍摄航点,航点"4"为离开航带航点。一般采用无人机系统在给定条件下的最小转弯半径作为航带两端延长出的距离。

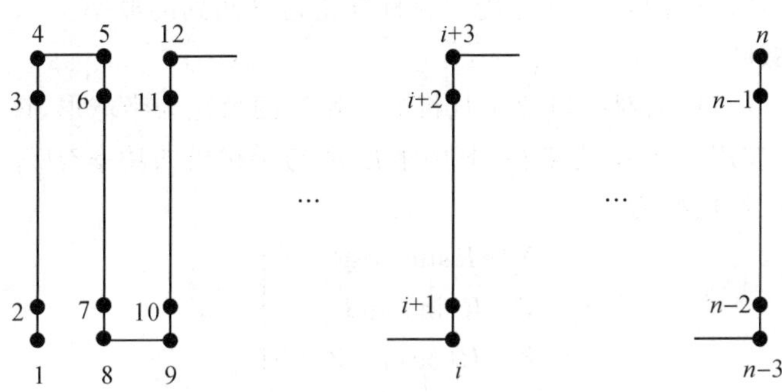

图4-3　无缝覆盖目标区域的扫描航线

如果需要测绘的目标包括点状、线状、面状三类目标中的两种或两种以上,航线布设可以选择以上几种航线组合的方式。

§4.3　顾及威胁因素的无人机航线规划

当前,无人机在测绘、战场侦察、电子对抗、炮兵校射等众多军事领域得到广泛应用。但是随着防空雷达技术的飞速发展,地面防空系统的探测距离、打击范围和干扰能力等迅速提高,对无人机等飞行器构成越来越严峻的生存威胁。无人机突防技术指无人机利用地球曲率和地形起伏造成的低空雷达盲区作为掩护,安全迅速地突入敌区执行任务作业的一种飞行控制技术。无人机能否成功地突破敌方密集的防空体系,安全突防到达预定区域,遂行测绘任务,必然成为无人机测绘运用中首要关注的问题,所以顾及威胁因素的航线规划是无人机测绘任务完成的关键。

一、无人机飞行威胁因素

(一)雷达威胁

目前,对空警戒雷达是长距离探测、识别和跟踪目标最重要的设备。雷达方程是描述雷达系统特性的最基本的数学方程,在雷达方程的完整形式中,考虑了雷达系统参量、目标参量、背景杂波和干扰影响、传播影响、传播介质等各种因素对雷达作用距离的影响。经典雷达方程为

$$P_R=\frac{P_T G^2 \lambda^2 \sigma F^4}{(4\pi)^3 R^4 C_B L} \tag{4-6}$$

式中，P_R为雷达接收机收到的回波信号功率；P_T为雷达发射机输出功率；G 为天线增益；λ 为雷达的工作波长；σ 为目标的雷达散射截面积；C_B为滤波器与信号波形匹配程度系数；L 为损耗因子；R 为目标到雷达的距离。

在建立雷达方程模型时，由于目标到雷达之间的距离 R 对雷达的发现概率起着重要作用，而雷达又存在一个最大作用距离 $R_{\max}$，所以可以简化雷达探测概率模型，近似表示为

$$P_D=\begin{cases}0, & R\geqslant R_{\max}\\ \dfrac{R_{\max}^4}{R^4+R_{\max}^4}, & R<R_{\max}\end{cases} \tag{4-7}$$

式中，R 为目标与雷达之间的距离；P_D 为该目标被雷达探测到的概率。

(二)电磁干扰威胁

通常情况下，可以将地面对空电磁干扰机的作用范围简化为半球形，该半球以干扰机发射位置为中心，以最大作用距离 R 为半径，其中半径 R 与干扰机的功率有关。

电磁干扰作用区域模型为

$$\left.\begin{aligned}X&=R\sin\alpha\cos\beta\\ Y&=R\sin\alpha\sin\beta\\ Z&=R\cos\alpha,\quad Z>0\end{aligned}\right\} \tag{4-8}$$

式中，R 为作用半径；α 为半径与 Z 轴正向的夹角；β 为半径在 XY 平面的投影与 X 轴正向的夹角。$R>0,0<\alpha<\pi,0<\beta<2\pi$。

(三)防空火力威胁

暴露在防空火力面前的无人机被击落的概率P_M表示为

$$P_M=P_v P_{\frac{k}{v}} \tag{4-9}$$

式中，$P_{\frac{k}{v}}$为在被导弹发现后被击落的概率，为常数。P_v 由无人机和导弹阵地之间的几何关系决定的，令Δh_{AS}表示无人机在导弹阵地上的高度，R_S为无人机和导弹之间的斜距，α 为视线的俯角，K_0为比例系数，P_v可近似表示为

$$P_v=K_0\frac{\Delta h_{AS}}{R_S}=K_0\sin\alpha,\quad 0\leqslant\alpha\leqslant 90^\circ \tag{4-10}$$

则

$$P_M=K_0\sin\alpha\, P_{\frac{k}{v}} \tag{4-11}$$

二、无人机突防航线规划因素

在无人机航线规划过程中需要协调多种因素之间的关系，这些因素往往相互影响，具体来说，无人机突防航线规划需要考虑如下因素。

(一)无人机的生存能力

在无人机航迹规划过程中，首先要尽量降低被敌方预警雷达和截获雷达探测到的概率，避开敌方电子干扰和火力打击区域，提高无人机的战场生存能力。

(二)无人机约束条件的限制

航线规划时必须考虑无人机技战术性能的物理限制，仅考虑生存能力，无人机将不可能按

理想的航线进行飞行。突防航线规划通常考虑的约束条件有：

(1)航程约束 L_{max}，主要考虑燃料的限制或者到达目标的时间要求，不能超过最大航程。

(2)最大转弯角 β_{max}，无人机在可行航路上任一点的转弯角不能大于预先确定的最大转弯角，主要考虑水平操纵性能限制。

(3)最大爬升/俯冲角 α_{max}，这是限制无人机在垂直平面内上升或下滑的最大角度，避免撞地危险。

(4)最小步长 L_{min}，即无人机在可行航路上改变一种飞行姿态前必须直飞的最短距离，主要考虑飞行效率和便于导航。

(5)最大和最小飞行高度 H_{max}、H_{min}，无人机飞行时离地面过低会导致撞地概率很大，最小飞行高度为H_{min}；同时为了无人机进行航拍时具有足够的分辨率和视野大小，又不能飞得过高，最大高度记为H_{max}。

(6)固定目标进入方向 θ_{direct}，约束无人机必须从某个预先确定的方向接近目标，在执行某些特定任务时有此项限制。

(三)实时性要求

现代战争中，一方面战场环境瞬息万变，难以保证环境的固定性；另一方面由于任务的不确定性，经常需要改变原有的任务转而执行突发任务。在这些情况下，不可能再按照原来规划的航迹完成任务，这时就必须根据环境和任务的变化，实时地规划出最优航线，以满足不同需求。

三、常用的无人机突防航线规划算法

一般将无人机航线规划算法分为确定性搜索算法和随机搜索算法。确定性搜索方法有基于最优控制原理的方法和基于动态规划或启发式搜索的状态空间搜索方法。随机搜索方法有遗传算法和蚁群算法等优化算法。

(一)Voronoi 图算法

利用 Voronoi(沃罗诺伊)图研究航迹规划，一般先根据航迹规划空间区域内的威胁建立对应的 Voronoi 图，再利用优化算法搜索最优航线。

平面 Voronoi 图可以形象地看成一组生长点以同等速度向四周扩展，直到相遇为止，所形成的图形。两个相邻的生长点具有公共的 Voronoi 边。Voronoi 边的交点称为 Voronoi 节点。Voronoi 节点与至少三个生长点的距离相等，即 Voronoi 节点是至少三个生长点构成的外接圆圆心。一个生长点的 Voronoi 边所围成的封闭图形为 Voronoi 多边形。对于给定的一组生长点，对应的 Voronoi 图是唯一的。对于某一个生长点而言，落在其 Voronoi 多边形内的点均距其最近，可视为该生长点的影响范围。每一个 Voronoi 多边形的平均边数不超过六条，这表明删除或增加一个生长点，一般只影响约六个相邻的生长点，表明 Voronoi 图具有局部动态性。

根据无人机航迹规划空间区域内的威胁构建 Voronoi 图，需要考虑不同威胁源的威胁程度。基于 Voronoi 图的航迹规划算法第一步是生成初始航迹，首先通过已知的敌方雷达或威胁点位构造 Voronoi 图。Voronoi 图的边界就是所有可飞的航迹，根据威胁源的强度大小和边的长短给出各边的相应权值，最后使用某种搜索算法，如 Dijkstra 算法等搜索出两点间的最优的航迹，建立起无人机的初始飞行路线。

(二)启发式搜索算法

启发式搜索(A＊)算法是人工智能中的一种算法,利用问题中的启发信息引导搜索过程,达到减少搜索范围,降低问题复杂度的目的。利用A＊算法进行航迹规划时,通常将航迹规划环境表示为网格的形式,将每一个网格单元视为可能到达的节点。A＊算法从起始节点出发,首先针对当前位置计算每一个可能达到的网格单元的代价,然后将具有最低代价的网格单元加入到搜索空间,这一新加入搜索空间的网格单元又被用来产生更多的可能路径。在不断优先扩展这些能够使代价函数值较小的节点的过程中,逐步形成一个节点集,集合内节点的有序连接即为所求优化路径。A＊算法中的代价函数也称为目标函数,表示为

$$f(n)=g(n)+h(n) \tag{4-12}$$

式中,n为待扩展的节点;$g(n)$为从起始点到当前点n的代价;$h(n)$为从当前点n到目标点的代价估计,称为启发函数;$f(n)$为从起始点经过节点n到达目标点的最小代价路径的估计值。A＊算法实际上是每次从候选节点中选择f值最小的节点,将其插入到可能路径的节点序列中。理论上已经证明,只要启发函数$h(n)$满足可接纳条件,即$h(n)$小于或等于从当前节点到目标点的真实代价,并且搜索图中存在可行解,A＊算法就一定能够找到其中的最优解。

理论上,对于航迹规划空间中的任意一个位置,航迹可以从任意方向通过,导致下一个点的位置存在无数种可能性。在实际应用中,将航迹规划空间表示为网格,搜索下一个可能的航迹点时,一般只考虑当前航迹点所在网格单元的邻域中的网格单元。采用平面矩形规则网格时,一般使用八邻域和24邻域。一般来说,考虑的邻域范围越大,生成的航迹越精确,但计算求解过程需要的存储空间越大,收敛速度越慢。

利用A＊算法进行无人机航迹规划,一般将最小航迹段长度、最大拐弯角、最大爬升/俯冲角、航迹距离约束、飞行高度限制、地面目标位置进入方向等约束条件结合到搜索算法中,以达到缩小搜索空间、缩短搜索时间的目的。

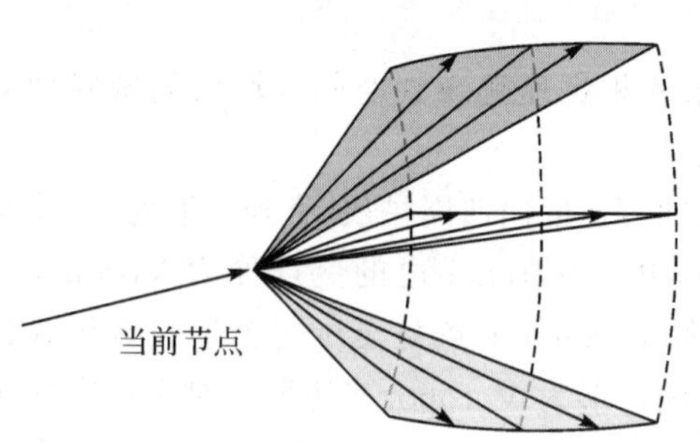

图4-4 当前节点的可行搜索空间

在最小航迹段长度L、最大拐弯角β_{max}、最大爬升/俯冲角α_{max}等约束条件内,无人机可能到达的下一位置被约束在一个有限的空间区域中,可以按照一定规则将该区域细分成若干子区域,针对每个子区域进行代价计算,搜索得到代价最小的节点。图4-4中,由最小航迹段长度、最大拐弯角、最大爬升/俯冲角等条件约束下的空间区域表示为一个由四棱锥和球面包围的区域。其中,四棱锥的顶点为无人机当前位置,顶点处的纵向张角为2θ,水平张角为2φ,球面半径为L。

航迹距离约束对应于无人机在有限燃料条件下航迹的最大长度d_{max}。航迹搜索过程中,从起飞点到当前飞行位置的距离记为D,当前飞行位置到下一个飞行位置i的距离记为S_i,若$D+S_i \geqslant d_{max}$,则将第i个节点视为无效。

无人机的飞行高度受自身性能的制约,同时要考虑避开各种障碍。在特定的飞行任务中,无人机的飞行高度作为约束条件,用来剔除搜索过程中超出飞行高度范围的节点。

地面目标位置进入方向指要求无人机从特定的方向接近目标。如图 4-5 所示，以地面目标为中心设置一个桶形区域，L 为最小航迹段长度，要求无人机从桶形上方开口内飞临目标上空，一般桶形上方开口处的代价设置得较小，而桶形区域内部的代价设置得很高。当无人机从开口处接近目标，其相对距离小于 L 时，航迹搜索过程结束。

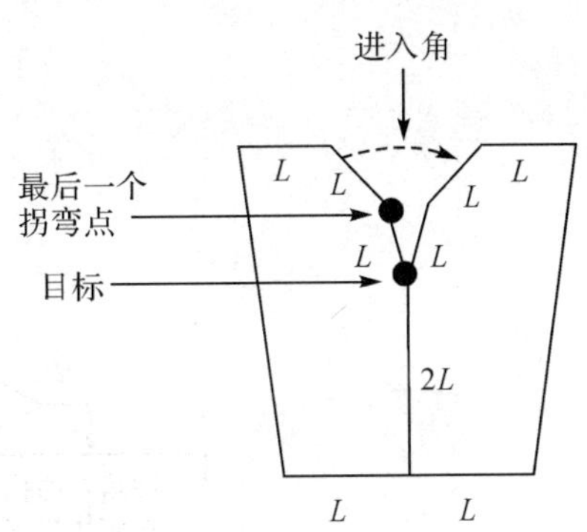

图 4-5　具有高代价的桶形区域

(三)遗传算法

遗传算法(genetic algorithm)是由美国密歇根大学 J.Holland 教授于 1975 年首先提出来的，是一种模拟达尔文的遗传选择和自然淘汰的生物进化过程的计算模型。

遗传算法通过由一组个体(染色体)形成的种群进行工作，种群中的每一个个体代表原问题的一个可能的解。所有个体按照一定的评价机制赋予适应值，适应值反映了个体所表示的原问题解的好坏程度，适应值高的个体在进化过程中生存的可能性更大。对个体进行评价并按其适应值大小进行选择的过程称为繁殖。适应值高的个体通过交叉算子繁殖成子个体，适应值低的个体被选择繁殖的概率很小，因而更容易被淘汰。变异算子只以很小的概率作用于种群中的个体，它通过对个体的某一分量进行随机修改，将新的基因结构引入种群。利用遗传算法解决实际问题通常包括个体的表达机制(基因编码方式)、个体的评价准则、选择优良个体的机制、基因操作、控制参数、进化过程的终止准则等部分。图 4-6 显示了遗传算法的基本进化周期。

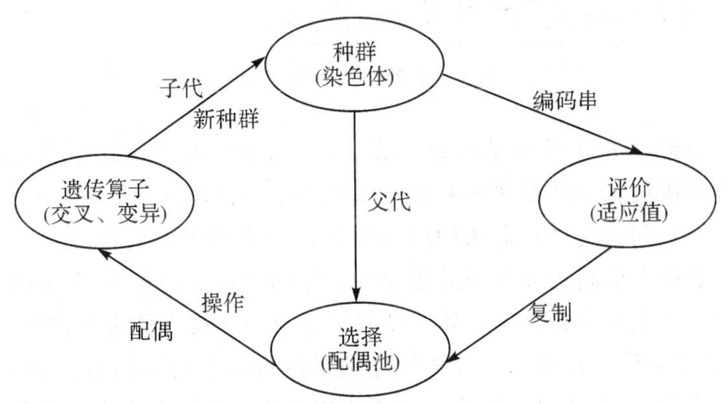

图 4-6　遗传算法的进化周期

在求解航线优化问题时，遗传算法将优化问题当作一个生存环境，将问题的一个解当作生存环境中一个个体，以目标函数值或其变化形式评价个体对环境的适应能力，在模拟由一定数量个体组成的群体的进化过程中，通过优胜劣汰，最终获得最好的个体，即问题的最优解。

图 4-7 为利用遗传算法优化航迹规划的基本流程。每个染色体表示一条航迹，它由一系列航迹节点构成，航迹节点之间用直线段连接。在初始化的时候，为无人机随机的生成大小为 P 的种群，对种群中的所有个体计算其评价值，并据此从小到大排序。

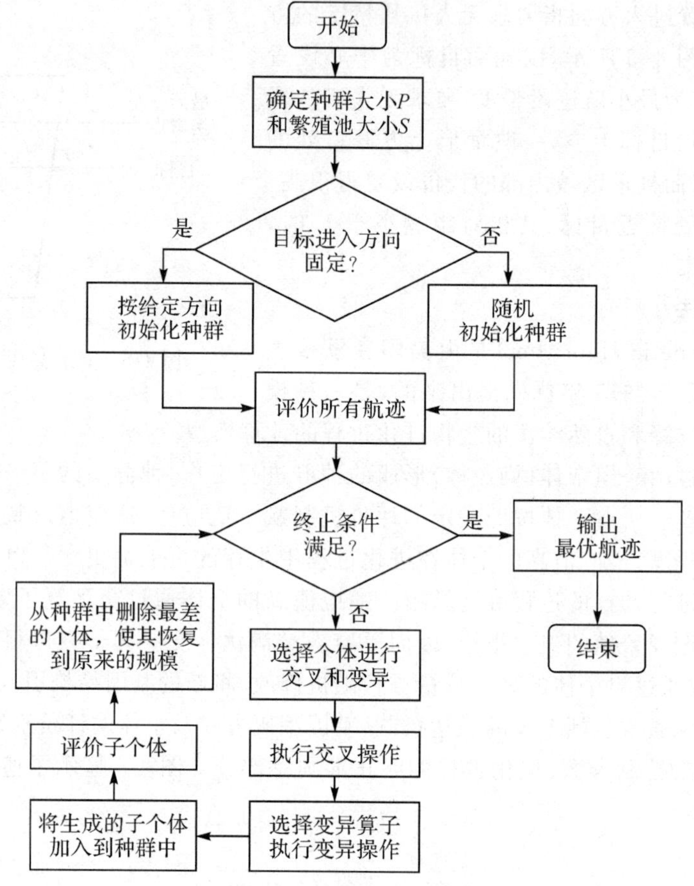

图 4-7 利用遗传算法优化航迹规划的流程

首先，设计一个带有 P 个选格的选择轮盘，每个选格的大小按其序号的增加而递减。在每次选择时，每个个体被选中的概率与其评价值大小不成比例，但较优的个体被选中的概率较大。每次迭代过程中，利用选择轮盘从种群中选取 S 个个体组成繁殖池。

然后，按一定的概率机制选择不同的进化算子作用于被选出的 S 个个体。交叉算子将两个父个体重新组合，生成两个新的子个体。变异算子对一个父个体进行作用，通过改变其中间节点生成一个新的子个体。在要求无人机航迹满足按指定方向飞临目标时，选取定向扰动算子作用于第$(n-1)$个节点，但此时其他变异算子不能再作用于该节点。将新生成的个体添加到种群中，并对其进行评价。每个子种群将包含$(P+S)$个个体，将其中 S 个最差的个体删除，使种群恢复到原来的大小。新生成的个体只有在比种群原有最差个体优越时，才可能进入下一代。

当迭代过程进行到预定最大次数，或者在若干次迭代中最优个体的适应值稳定不变，则迭代过程终止。

(四)蚁群算法

蚁群算法(ant algorithm)是继遗传算法之后的又一种新兴的启发式搜索算法。它是一种概率搜索算法，利用生物信息激素(pheromone，stigmergy)作为蚂蚁选择后续行为的依据。每只蚂蚁会对一定范围内其他蚂蚁散布的生物信息激素做出反应，依据生物信息激素的强度在每一个道口对多条路径选择做出概率上的判断并执行该选择，由此察觉到并影响其以后的行为，通过数次迭代产生全局最优解，形成一种正反馈机制。

蚁群算法的搜索特点具有良好的动态特性、分布性、协同性，这对于航路规划中的动态自适应问题特别有效，而且由于采用了正反馈机制，该算法的收敛速度也比较快。本节的后续内容将重点介绍基于蚁群算法的航线规划方法。

四、基于改进蚁群算法的无人机低空突防三维航线规划方法

蚁群算法最重要的特点是创造性地使用了启发信息，本节在建立无人机航线规划模型的基础上，通过引入偏航角对启发信息进行调整改进，运用优先搜索集策略，可以快速有效地搜索到低空突防的最优航线。突防飞行中，威胁信息发生变化后，该算法也能快速建立新的航线规划模型，实时生成新的最优航线。

（一）无人机航线规划建模

为了模拟无人机的飞行环境，需要先建立规划空间，并建立地形模型、威胁模型以及航线代价评估模型。

1. 规划空间的建立

规划空间指在进行航线规划时涉及的三维飞行范围，即在这个范围内为无人机规划可飞航线。在进行航线规划之前，必须将飞行环境中与航线规划相关的要素（地形、威胁等）表示成规划空间中的符号信息。

将整个规划空间进行三维网格划分后，网格交织的每个顶点作为空间信息节点，节点可进行树状结构组织管理，节点包含的元素可表示为

$$n_{\text{node}}=\{x,y,z,f_{\text{flag}},c_{\text{cost}},f_{\text{father}},h_{\text{hig}}\} \tag{4-13}$$

式中，(x,y,z)为节点位置信息，代表地形数据；f_{flag}为可飞区域边界标志，对可飞区域和边界进行划分，可用 0，1 表示；c_{cost}为该节点的综合代价；f_{father}为该节点层次父节点位置信息；h_{hig}为撞地标志，表示是否满足最小离地高度。当威胁环境信息发生变化时，可更改 f_{flag}的值，及时更新数据。

规划空间节点的设置既要考虑无人机航线规划的精度，空间节点越密集，可行航路的规划就越精确；考虑到无人机水平及俯仰方向的操作限制，当前节点与相邻节点的无人机运动应满足航线规划约束条件，所以空间节点的设置不能过密，满足航线约束是其设置的根本依据。

2. 地形模型的建立

依托各种比例尺数字地图、卫星影像作为数据源，可构建三维地形模型（见图 4-8）。

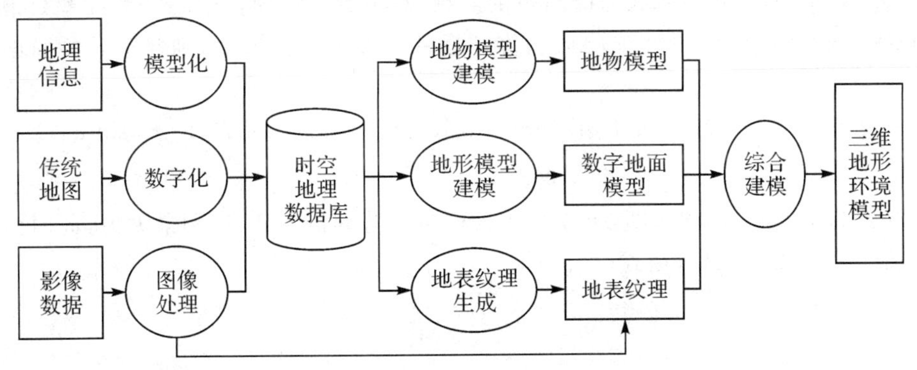

图 4-8　三维地形建模的流程

从图 4-8 可以看出，主要存在数字地面模型、地表纹理、地物模型三种类型的中间数据，其中作为基础数据的地图数据和影像数据在流程中起着重要作用。一方面，栅格地图数据和数字影像数据可作为地表纹理直接贴在地形的表面；另一方面，矢量地图数据中的等高线数据可用于构建数字地面模型，地物数据用于构建地物模型，符号化的矢量数据也可直接生成地表纹理。

三维地形模型是无人机航线的规划空间，并作为航线规划的数据基础和航线可视化表达的显示环境。

3. 威胁模型的建立

威胁模型的建立是无人机执行低空突防飞行任务的核心问题之一，是航线规划和航线危险性评估的计算依据。根据式(4-7)至式(4-9)可以计算出常见的雷达威胁、电磁干扰和防空火力威胁模型。

将威胁信息与三维地形模型共同融合成一种综合的地形信息模型。这种方法将对已知威胁的规避转化为地形规避，简化了航线优化算法，可以有效地缩短航线规划时威胁处理的时间。下面以地空导弹为例说明如何转化。

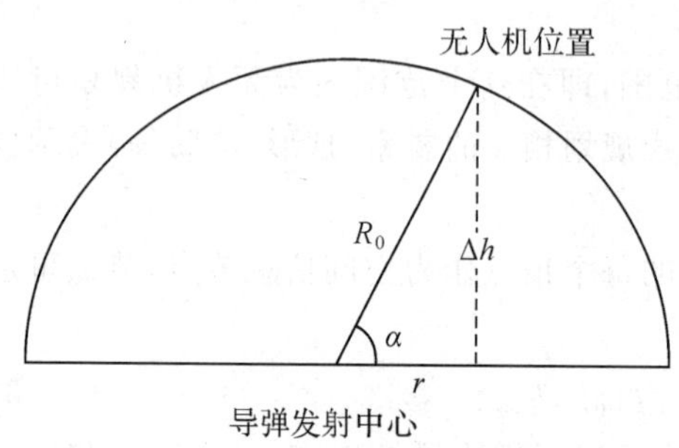

图 4-9　地空导弹威胁等效为地形模型

将威胁模型等效为地形模型时，地形的高度值表示为威胁度的大小，在威胁作用范围之内，等效地形高度值高的点威胁度大，等效地形高度值低的点威胁度小。其中，威胁度的大小以及各俯角 α 方向上的击落概率P_M和导弹的最大作用半径R 有关，导弹的作用半径也和视线俯角 α 有关，可用 $R=f(\alpha)$ 表示，如图 4-9 所示。假设导弹在各方向上的作用半径均为常数R_0，对于其他防空火力的威胁，只要将作用半径和视线俯角 α 的函数关系式取代R_0，就可以推导出类似的等效地形模型。

$$\left.\begin{aligned}\Delta h&=R_0\sin\alpha\\ r&=R_0\cos\alpha\end{aligned}\right\}\tag{4-14}$$

式中，Δh 为威胁等效的地形高度；r 为地形点相对威胁的水平距离。

由式(4-14)确定的空间曲面是威胁最大作用空间的包络曲面。但该曲面没有很好地利用 α 较小的时候存在的探测盲区，依据这样的曲面规划出的航线并不是回避威胁的最优航线。由式(4-9)表示的导弹杀伤概率可以看出，在 $\alpha\in[0°,90°]$ 范围内被击中概率随 α 值的减小而减小。因此，可采用P_M作为威胁曲面的修正系数，对距离地空导弹中心 r 处的等效地形高度值进行修正。假设K_r为修正因子，Δh_c为修正后的等效地形高度值，则修正后的曲面参数方程为

$$\left.\begin{aligned}\Delta h_c&=K_rP_M\Delta h=K_rP_MR_0\sin\alpha=K_rP_vP_{\frac{k}{v}}R_0\sin\alpha=K_rP_{\frac{k}{v}}K_0R_0\sin^2\alpha\\ r&=R_0\cos\alpha\end{aligned}\right\}\tag{4-15}$$

由式(4-9)知，当 $r=0$ 时，即 $\alpha=90°$，无人机被击落的概率P_M达到最大值，此时修正前后的高度应相等，即 $\Delta h=\Delta h_c$，由式(4-15)得

$$K_r=\frac{1}{P_{\frac{k}{v}}K_0}\tag{4-16}$$

代入式(4-14)中得到威胁等效地形曲面参数方程为

$$\left.\begin{aligned}\Delta h_c &= R_0 \sin^2\alpha \\ r &= R_0 \cos\alpha\end{aligned}\right\} \tag{4-17}$$

设导弹的中心坐标为(x_0, y_0)，威胁作用范围内相应点坐标为(x, y)，则

$$r = \sqrt{(x - x_0)^2 + (y - y_0)^2} \tag{4-18}$$

将式(4-18)代入式(4-17)可以导出 Δh_c 与(x, y)之间的函数关系

$$\Delta h_c = \begin{cases} \dfrac{R_0^2 - (x - x_0)^2 - (y - y_0)^2}{R_0}, & 0 \leqslant r \leqslant R_0 \\ 0, & r > R_0 \end{cases} \tag{4-19}$$

因此，将导弹威胁等效为地形时为一旋转抛物体，其形状类似一座山，如图 4-10 所示。

电磁威胁、防空火炮威胁和地空导弹威胁类似，均能够生成类似的山峰地形。威胁模型等效为地形模型之后，需要将各种威胁等效的地形模型进行叠加。叠加数学方程式为

$$z(x, y) = \max[z_1(x, y), z_2(x, y)] \tag{4-20}$$

将威胁等效的地形与规划空间的数字地形叠加后，得到的融合后的规划空间模型如图 4-11 所示。

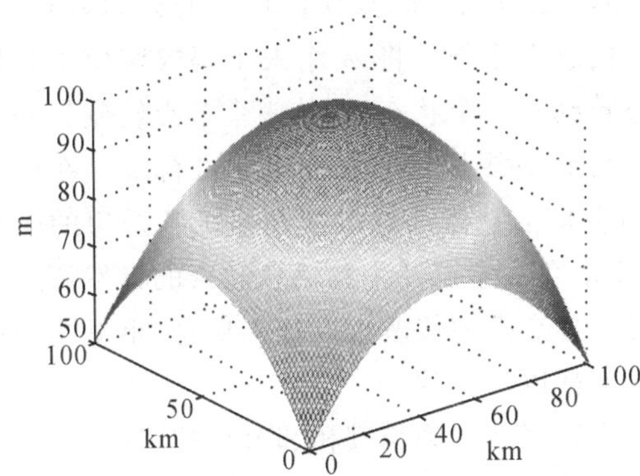

图 4-10　地空导弹等效地形模型的模拟

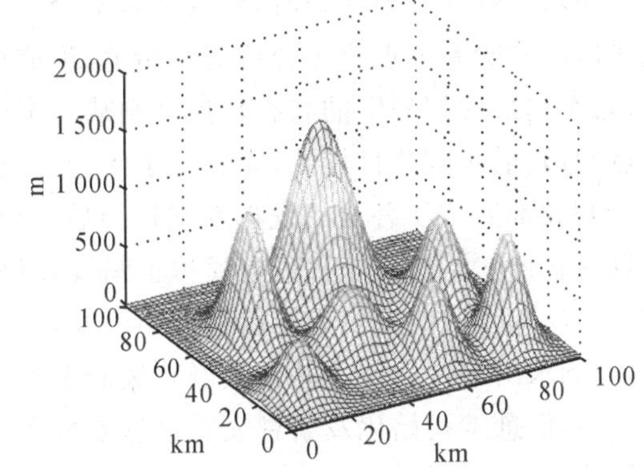

图 4-11　多种威胁模型与地形模型叠加后形成的模拟

4. 航线代价函数

无人机的航线规划主要考虑目标是地形隐蔽、威胁规避下的低空三维航线，所以可采取按照最小威胁、最大遮蔽效果和最短航路加权的方法建立航线代价函数，具体为

$$F(R) = \sum_{i,j \in n} (w_1 C_f^{ij} + w_2 C_t^{ij} + w_3 C_h^{ij}) \tag{4-21}$$

式中，R 为整条航线，$F(R)$为整条航线的代价；(p_i, p_j)为航线 R 中相邻两节点，$C_{ij}(p_i, p_j)$表示该航线线段的代价；C_f^{ij} 为该航段燃油代价；C_t^{ij} 为该航段综合威胁代价，包括地形、探测威胁（如雷达）和火力威胁（如地空导弹、高炮等）的综合代价，表明航线规避威胁的能力；C_h^{ij} 为该航段高度代价，表明航线地形匹配的能力；加权系数w_1、w_2、w_3可根据不同任务决策侧重点进行选择。

考虑到航线长度、高度、威胁这三个量的值往往不是同一个数量级的，甚至可能相差好几个数量级。比如航线长度是几十千米的，这必然导致航线规划的结果对权重值w_1、w_2、w_3很不敏感。可对代价函数中的指标进行归一化处理，将各项指标换算为 0 至 1 之间的值。

由于威胁信息已经等效为地形信息，可以首先确定各项指标 f 的最大值$f_{\max}$、最小值

f_{min}，按照式(4-22)进行归一化，各项指标均成为一个0至1之间的无量纲的值，其对航线总代价的敏感程度就变得一致，即

$$F=\frac{f-f_{min}}{f_{max}-f_{min}} \tag{4-22}$$

(二)基于改进蚁群算法的无人机低空突防航线规划算法实现

1. 蚁群算法的特点

蚁群算法用于无人机低空突防航线规划有如下特点：

(1)动态性。在蚂蚁不断地扩散生物激素的加强作用下，新的信息会很快地被加入到环境中，而旧的信息会被丢失。

(2)分布性。由于许多蚂蚁在环境中感受散布的生物信息激素的同时，自身也散发生物信息激素，这使得不同的蚂蚁会有不同的选择策略。

(3)协同性。许多蚂蚁的协同合作使得最优路线逐步显现，成为大多数蚂蚁所选择的路线。

2. 基本蚁群算法的实现过程

在求解航线规划问题时，要设计若干个人工蚂蚁，这些人工蚂蚁模仿蚂蚁的行为方式，首先对区域的所有节点给出合适的初始值，生成初始信息素矩阵。将 m 个人工蚂蚁定位于起始点，每个蚂蚁使用一定的状态转换规则从一个状态转到另一个状态(即从一个节点转到另一个节点)直到最终到达目标点，完成一条候选航线，即得到航线规划问题的一个可行解。在所有 m 个蚂蚁都完成了各自的候选航线选择后，再利用生物信息激素修改规则修正各条边的生物信息激素强度。这一修正过程模拟了蚂蚁释放生物信息激素以及生物信息激素的自然挥发作用。对没有经过的点只进行信息素的挥发，对经过的各点按照修改准则加强信息，重复这个过程，直到求出最优航路。基本蚁群算法的实现过程包括以下步骤：

(1)信息素初始化及禁忌表。信息素分布在每个航线节点到与其相邻节点的路径线段上，蚂蚁从 r 点开始搜索，蚂蚁的每一步搜索范围是其相邻的节点，每一节点 i 与其相邻节点 j 的信息素值由式(4-23)进行初始化，即

$$\tau_{i,j}=\begin{cases}a, & j\text{ 为可达节点}\\0, & \text{其他}\end{cases} \tag{4-23}$$

禁忌表只记录第 k 只蚂蚁走过的节点。首先将蚂蚁置于初始点，并将该初始点加入该只蚂蚁的禁忌表中，禁忌表根据蚂蚁行走的节点动态变化，在一次循环的过程中，蚂蚁走过的节点不允许再次行走，完成一次循环后，禁忌表清零。

(2)蚂蚁状态转换规则。一只人工蚂蚁选择可行的新节点的概率是由两节点间边的代价以及生物信息激素的强度决定的，由下式可以计算从当前节点 r 转换到可行节点 s 的概率

$$P_k(r,s)=\begin{cases}\dfrac{\tau(r,s)^{\alpha}\cdot\eta(r,s)^{\beta}}{\sum\limits_{s\in J_k(r)}\tau(r,s)^{\alpha}\cdot\eta(r,s)^{\beta}}, & s\in J_k(r)\\0, & \text{其他}\end{cases} \tag{4-24}$$

式中，$P_k(r,s)$ 为蚂蚁 k 从节点 r 转移到节点 s 的概率；$\tau(r,s)$ 为蚂蚁储存在边 $V(r,s)$ 上的生物信息激素强度；$\eta(r,s)$ 为节点 s 相对于节点 r 的可见性，$\eta(r,s)=\dfrac{1}{c(r,s)}$ 作为启发信息，

$c(r,s)$为边$V(r,s)$的代价;$J_k(r)$为第k个蚂蚁由节点r可以到达的所有可行节点集合;α、β为控制参数,确定生物信息激素和可见性的相对重要性。蚂蚁从状态r转移到状态s所选可行节点的概率会随着生物信息激素强度的增大而增大,随着通路代价的增大而减少。

(3)生物信息激素修改规则。一旦所有蚂蚁完成了各自候选航线的选择过程,必须对各边上的生物信息激素做一次全面的修正,修正规则如下

$$\tau(r,s) \leftarrow (1-\rho)\tau(r,s)+\rho[\Delta\tau(r,s)+\Delta\tau^e(r,s)] \tag{4-25}$$

式中,$\Delta\tau(r,s)=\sum_{k=1}^{m}\Delta\tau^k(r,s)$。局部修正

$$\Delta\tau^k(r,s)=\begin{cases}\dfrac{Q}{W_k}, & \text{边 } V(r,s) \text{属于 } k \text{ 候选航路} \\ 0, & \text{不属于}\end{cases}$$

整体修正

$$\Delta\tau^e(r,s)=\begin{cases}\dfrac{Q}{W_e}, & \text{边 } V(r,s) \text{属于当前最好候选航路} \\ 0, & \text{不属于}\end{cases}$$

式中,ρ为参数,用来蒸发储存在边上的生物信息激素以减弱原有的信息;W_k为蚂蚁k选择的航路的广义代价;W_e为当前最小的航路代价;m为蚂蚁数。生物信息激素修正的目的是分配更多的生物信息激素到具有更小威胁代价航路的边上,这个修正规则不仅存储生物信息激素,还适当地蒸发。

3. 蚁群算法的改进

(1)启发信息调整。在基本蚁群算法中$\eta(r,s)$表示节点s相对于节点r的可见性,$\eta(r,s)=\dfrac{1}{c(r,s)}$作为启发信息,增强了蚁群的寻找最佳路径的能力。但这种启发信息有可能会因为选择代价小的航线而偏离原来航线,甚至越来越远,浪费大量的搜索时间,对启发信息作以下调整:可引入偏航角$\theta_i(i=0,1,\cdots,n-1)$作为反馈信息,如图 4-12 所示。

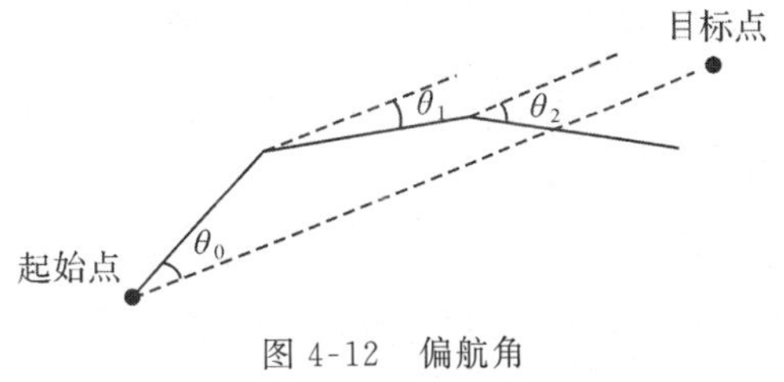

图 4-12　偏航角

将偏航角信息反馈到系统中作为搜索信号,加快了搜索速率,也容易找到最优解,所以选择启发信息为

$$\eta(r,s)=\frac{1}{\theta_i c(r,s)} \tag{4-26}$$

(2)优先搜索集。为提高蚂蚁的搜索效率,可为每个航线节点建立一个优先搜索集,蚂蚁下一个节点的选择就在该优先搜索集中进行。建立优先搜索集的方法是,首先将一个节点周围的所有节点都设为优先搜索集,然后在蚁群算法运行过程中根据各路径上的信息素浓度动态地增减搜索集的数目。这种动态建立最优搜索集的方法可以使信息素浓度不强的路径不容易被蚂蚁选中,另外也可根据一个节点与周围节点的距离进行排序。

(3)算法实现。其具体步骤如下:

第一步,初始化规划空间网格上所有节点的激素信息,构建初始矩阵 $\boldsymbol{T}$。

第二步,将m只蚂蚁置于航路起点。

第三步,根据启发信息(见式(4-26))和建立的优先搜索集将蚂蚁移动到可行的相邻节点,直到所有蚂蚁到达给定的目标点。

第四步,计算每只蚂蚁所选择的航线的代价函数(见式(4-21)),记录当前蚂蚁所选择的最优航线。

第五步,按照生物激素更新规则更新各节点的生物信息激素强度。

第六步,检查所得结果,看结果是否需要调整,如果需要,则进行调整。

第七步,重复第二步至第六步,直到大于预定的迭代次数。

思考题

1.什么是无人机任务规划?

2.无人机飞行起降场地的选择需要考虑哪些因素?

3.无人机任务航线规划中需要考虑哪些参数?

4.无人机突防航线规划中需要考虑哪些参数?

5.常用的无人机突防航线规划算法有哪些?

第 5 章　无人机测绘成图技术

目前，在测绘大范围区域时，生成一张覆盖该区域的影像图的方法主要有两类：一类是主要考虑精度而较少顾及实时性的基于数字摄影测量的正射影像图生成技术；另一类是主要考虑实时性而较少顾及地理精确性的基于图像拼接技术的图像处理方法。本章将分别介绍这两类影像图的生成技术和方法。

§5.1　概　述

无人机测绘成图技术以无人飞行器为飞行平台，一般以非量测型成像设备为传感器，直接获取摄影区域高分辨率的数字影像，经过一系列的后处理，生成覆盖该区域的影像图产品，具有灵活机动、快速反应等特点，是一种新兴的技术先进的测绘手段。目前，后处理的方法可分为两类：一类是基于数字摄影测量的处理，对应的产品为数字正射影像图；另一类是基于图像拼接技术的图像处理，本书将其对应的产品命名为无人机应急影像图。

一、无人机数字正射影像图

(一)无人机正射影像图的概念

无人机数字正射影像图是利用数字高程模型，对无人机航摄像片，逐像元进行预处理、几何纠正和镶嵌，按图幅范围裁切生成的影像数据，带有公里格网、内外图廓整饰和注记的平面图。它同时具有地图的几何精度和影像特征，可用于大比例尺地形图的更新，从中提取自然和人文信息，具有精度、现势性和完整性。通过空中三角测量和几何校正等处理，可以得到地理坐标系下的多张小幅面影像图，将这些影像进行配准和融合处理拼接成大范围的影像后，再按照标准图幅范围裁切可得到数字正射影像图。

要生成满足摄影测量测绘生产规范的无人机数字正射影像图，至少需要满足以下两个前提条件中的一个。

(1)无人机平台搭载了位置和姿态测量装置(如 GPS/INS)，且测量装置的测角精度应达到侧滚角、俯仰角不大于 0.01°，航偏角不大于 0.02°。

(2)无人机测绘作业前已按照数字摄影测量的规范布设了符合要求的地面控制点，且飞行作业中，飞行姿态控制稳度满足横滚角小于±3°、俯仰角小于±3°、航向角误差小于±3°。

(二)无人机正射影像图的应用

1. 大比例尺地形测绘

尽管低成本的无人机测绘系统并不适用于面积较大区域的地形测绘，但是对于测绘面积较小的大比例尺地形测绘任务(一般小于 20 km^2)，由于传统航空摄影技术对机场和天气条件的依赖性较大，成本较高，航摄周期较长，限制了数字摄影测量技术在大比例尺地形测绘中应用，作业单位一般采用全野外数据采集方法成图。由于无人机测绘系统具有机动、快速、经济等优势，同时数码相机可以调节光圈、快门和感光度，并通过软件对彩色、反差、亮度进行调整和消雾处理，从而在阴天、轻雾天也可获得合格的彩色影像。因此小范围的大比例尺地形测绘任务也可以采用全数字摄影测量系统进行作业，将大量野外工作转入内业，减轻了劳动强度、提高了工作效率。利用现有的全数字摄影测量工作站可以很容易获得数字正射影像图(digital orthophoto map，DOM)、数字线划图(digital line graph，DLG)、数字高程模型(digital elevation model，DEM)等测绘产品。

2. 国土资源监测方面

土地资源是人类赖以生存和发展的物质基础，中国人多地少，随着经济的快速发展，耕地、矿产资源等不断减少，生态环境面临严峻考验。全面、准确、及时地掌握国土资源的数量、质量、分布及其变化趋势，进行合理开发和利用，直接关系到国民经济的可持续发展。为此，国土资源管理部门正在逐步建立“天上看、网上管、地上查”的立体跟踪监测体系，对土地和资源的利用情况进行动态监测，同时加大执法监测力度。

国土资源监测工作的重要内容之一是对土地和资源的变化信息进行实时、快速的采集。目前，地方上多采用人工实地检查，国家多采用卫星遥感影像数据和普通航空遥感影像数据，这些技术手段在实际工作中发挥了很大作用，但在高效、快捷、准确性等方面还存在一定的不足。人工实地检查效率低，需要大量的人力和物力，由于国土资源部门各级人员配置与工作量不相适应，大量地方难以巡查到位，并且容易受到人为因素的干扰。卫星遥感影像数据采购周期长、时相难以保证，因此现势性不够；另外卫星影像的分辨率较低，影响判别准确性。

有人驾驶飞机的普通航空遥感的方法可获取较高分辨率的影像，但受空域管制和气候等因素制约，对时间要求紧迫的监测任务较难保障，而且成本高。现实需要对重点地区和热点地区实现滚动式循环监测，对违规违法用地、滥占耕地、非法开采矿山、破坏生态环境等现象要做到及早发现、及时制止，还要更新城乡过时的资料，为土地规划提供最新的信息。从当前情况分析，每年全国航摄一次是不现实的，而且也没有必要，但是一些发展迅速的地区却急需资料，无人机可为地方以及各部门提供国土整治监测、农田水利修建、环境保护和居民建设所需的综合地理、资源信息。无人机摄影测量还可满足带状地形图的测图精度，且具有自动化、智能化、精确化的优势，快速准确地获取 DEM、DLG 和 DOM。利用三维 GIS 软件可实现带状地形图的可视化，使信息更加直观化。为了表达地物与地貌的关系，可在三维建模的基础上叠加对应区域的 DEM 数据，实现地物与地貌的统一，而且利用建立的三维模型可以进行三维 GIS 的一些应用，例如土地属性的实时查询、水土流失的计算等。

二、无人机应急影像图

(一)无人机应急影像图的概念

无人机具有机动灵活的特点，可以低空飞行，通过视频或连续成像形成时间和空间重叠度高的序列图像，图像具有分辨率高、信息量丰富等特点，特别适合为应对突发应急事件提供测绘保障。但另一方面，由于大多数无人机并非测绘专用无人机，这种非测绘无人机具有以下问题：

(1)由于无人机系统平台的平稳程度不如有人驾驶飞机，容易受高空风力的影响，造成飞行航线漂移，飞行的轨迹很难像传统的航空摄影沿直线飞行(航线弯曲度小于等于 3%)，这样使得拍摄的影像航向重叠度和旁向重叠度都不够规则。

(2)与传统的航天影像和航空影像相比，无人机飞行高度低、视野小，获取的影像存在像幅较小、数量多、个别影像的倾角过大等问题。

(3)由于无人机载荷重量的限制，其携带的定姿定位系统(POS)的精度比较低(有的无人机只携带定位系统)，只能起到无人机自身导航和控制的作用，不能得到或不能精确得到传感器影像的外方位元素参数。

(4)应对突发应急事件时，由于情况的紧急以及环境恶劣等原因，不可能在事发地域事先布设控制点。

以上问题的存在，使得此类型无人机获取的序列影像数据质量无法满足传统数字摄影测量的要求，也就难以用传统数字摄影测量的作业方法处理无人机获取的序列影像数据。即使部分无人机(如中远程大型无人机)获取的数据能满足传统数字摄影测量要求，每一次飞行都要获取几百张甚至上千张图像，按照传统数字摄影测量的作业流程，需要大量的人力物力处理，耗时较多，很难充分发挥无人机及时快速这一最显著的特点。所以如何快速准确处理无人机序列影像数据成为亟待解决的问题。

将无人机实时获取的序列影像数据，经过快速拼接、地理配准等处理后，与地形图融合，并将快速分析与解译的信息加以标注，形成一种表达最新情况的无人机测绘产品。这种产品以时效性为第一原则，不需要工序复杂、耗时长的空中三角解算，利用快速拼接影像图的直观、形象的丰富信息和现势性；以精确性为第二原则，利用地形图的数学基础和地理要素。由于以服务于应对突发应急事件需求为主要目的，本书将这种既有图像的直观、实时性好等特点又有地形图的抽象概括、精确等优点的大比例尺影像图产品称为无人机应急影像图，图 5-1 为无人机应急影像图示例(彩图见封二)。

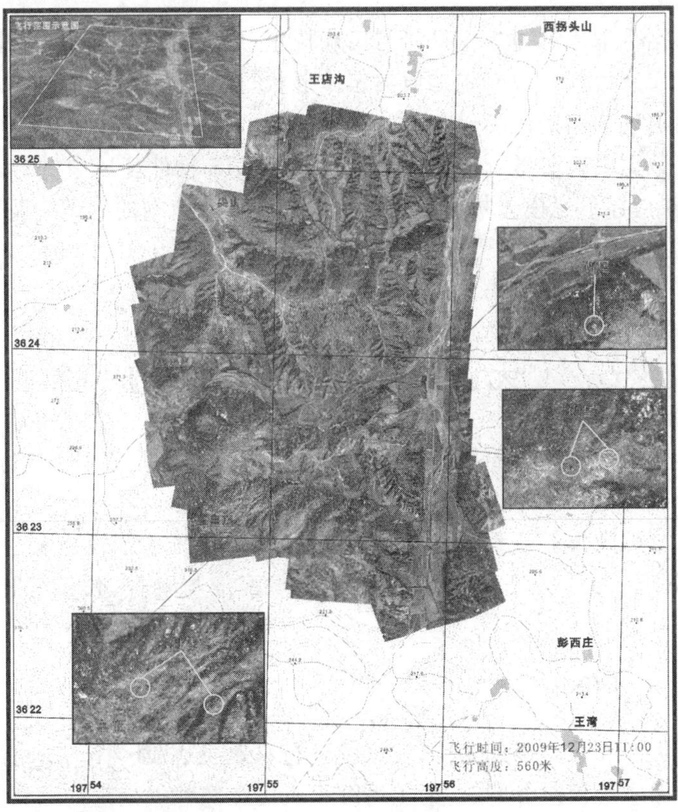

图 5-1　无人机应急影像

(二)无人机应急影像图的应用

无人机应急影像图为应对突发事件提供了一种快速测绘保障手段。突发事件应急准备与处置、灾情评估、灾后恢复重建是应急测绘保障中的核心与基础工作。下面介绍无人机应急影像图在灾害监测、灾害应急救援、灾情评估等方面的应用。

1. 灾害监测

中国地形与地质构造复杂,各种自然灾害成为影响社会稳定与经济发展的重要因素。无人机测绘获取的序列影像经过拼接和地理配准等处理,生成应急影像图以供地质灾害分布详细调查与发育条件判别应用;重复监测数据对比分析可以发现地质灾害隐患点的发展。尤其是地形特殊、人力调查难以进行的区域,无人机机动灵活的作业方式、云下飞行的优势会为灾害监测带来极大帮助。

2. 灾害应急救援

灾害发生时,对救援工作最重要的资料就是灾害现场第一手调查数据,及时对灾害发生情况、影响范围、受困人员与财产、交通畅通与潜在次生灾害的调查能够为高效救援提供合理的技术支持。地质灾害发生后专业人员现场调查易受次生灾害伤害,地面常规调查速度慢、精度低,限制了地质灾害救援对时效的高要求。

无人机测绘对起降条件要求低,灵活起飞,快速获取地影像面数据的特点为解决地质灾害救援中的矛盾提供了可能。无人机测绘可以实现数据实时传输,地面同步进行数据处理,在短时间内生成应急影像图,可在第一时间了解现场详情,为救援方案的制定提供帮助。

3. 灾害灾情评估

在灾害影像数据获取后通过影像拼接与精确校正,形成应急影像图,为地面灾情解译提供了丰富的数据源。遥感解译可以判别地质灾害体形状与位置、造成地面破坏的面积、地形的变化、植被的破坏、河道和道路的破坏、堰塞湖的形成、受威胁的对象与潜在次生灾害体,形成相应的解译结果图及数据的初步统计。灾情评估主要在 GIS 软件环境中进行,通过叠加地面经济社会数据,在专家指导下建模分析(如灾害体体积方量、堰塞湖的容积以及溃坝可能性、造成的直接经济损失、可能伤亡数据及受威胁的对象与潜在损害等),以上评估结果可为救援计划制定与防止次生灾害造成的二次伤亡提供指导。

§5.2 无人机正射影像图制作流程

无人机正射影像图制作指按照摄影测量测绘生产规范和作业流程生成标准分幅的数字正射影像图等测绘产品的过程。

参照数字摄影测量的作业流程,无人机正射影像图制作工作流程主要包括影像的质量评价(筛选)、影像预处理、几何校正、空中三角测量、图像配准与融合、数字正射影像图制作等步骤,具体流程如图 5-2 所示。

一、影像的质量评价

与传统的航天影像和航空影像相比,无人机飞行高度低、视野小,获取的影像存在像幅较小、数量多、部分影像质量较差等问题,为了后续无人机影像数据处理的顺利完成,必须先对无人机获取的影像进行质量评价,剔除不符合测绘成图规范的影像。

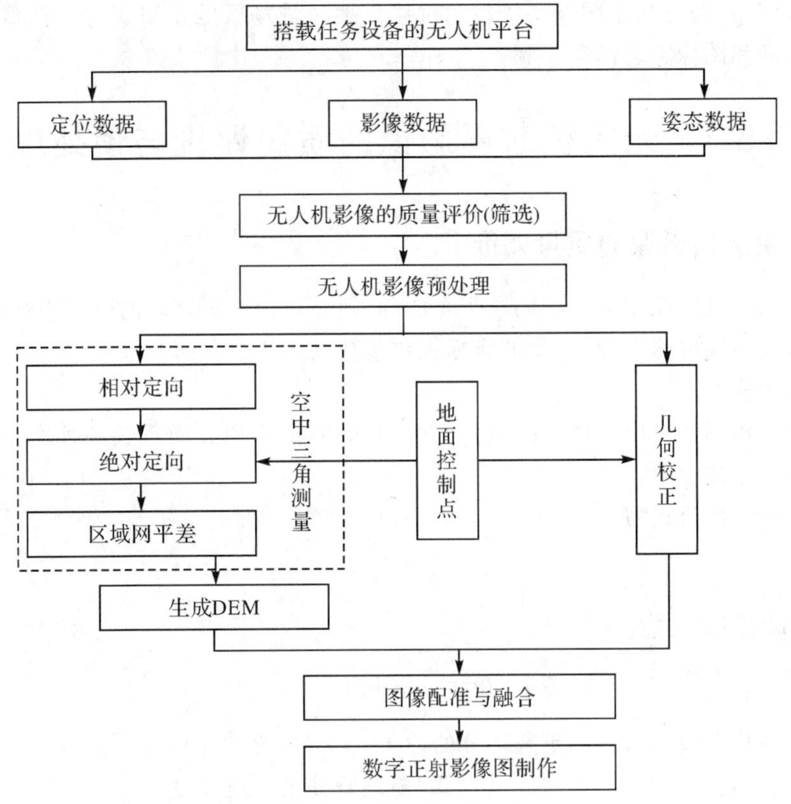

图 5-2　无人机测绘成图的工作流程

二、影像预处理

无人机航摄系统在获取航摄影像的过程中，由于受到地形起伏、大气散射、空气冷热不均等因素的影响，获取的原始图像存在噪声的干扰；此外，镜头畸变对影像质量的影响也不容忽视。为了避免图像噪声和镜头畸变的扩散传播，保证后续处理的质量，必须首先对影像进行预处理。影像预处理主要包括图像的滤波处理和镜头畸变校正。

三、几何校正

无人机航摄影像在获取过程中，由于无人飞行器的姿态、高度、速度以及地球自转等多种原因导致图像相对于地面目标发生了几何畸变，必须通过几何纠正处理对几何畸变进行误差校正。

四、空中三角测量

在已知少量地面控制点的基础上，通过量测重叠像片的像点坐标，依据立体像对的相对定向和绝对定向等摄影测量原理，运用数学方法解求像片加密控制点的坐标。

五、图像配准与融合

空三平差完成后，得到了比较精确的各影像外方位元素，根据这些定向元素，采用数字微分纠正的间接法，可以得到单张航摄像片的正射影像，由于无人飞行器飞行高度低，单张航摄像片的视场范围小，需要利用图像拼接技术拼接出大区域场景的正射影像。图像拼接过程主要包括图像配准和图像融合两个步骤。

§5.3　无人机航摄影像的质量评价与预处理

一、无人机航摄影像的质量评价

为了后续无人机影像数据处理的顺利完成，必须先对无人机获取的影像进行质量评价，剔除不符合测绘成图规范的影像，评价的指标主要包括以下几个方面。

(一)成像重叠度

成像重叠指相邻像片所摄地物的重叠区域，有航向重叠和旁向重叠两种类型。重叠度以像幅边长的百分比数表示。

航向重叠度计算公式为

$$P=\frac{l_x}{L_x}\times 100\% \tag{5-1}$$

旁向重叠度计算公式为

$$Q=\frac{l_y}{L_y}\times 100\% \tag{5-2}$$

式中，l_x、l_y 为像片上航向和旁向重叠部分的边长；L_x、L_y 为像片上像幅的边长。

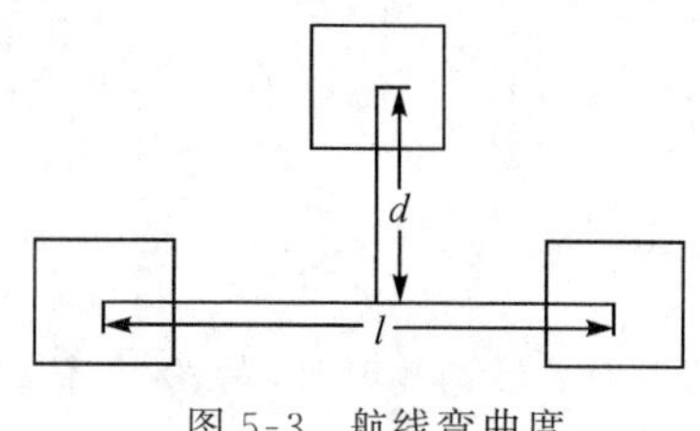

图 5-3　航线弯曲度

(二)航线弯曲度及航高差

航线弯曲度指航线两端影像像主点之间的连线 l 与偏离该直线最远的影像像主点到该直线垂直距离 d 的比值(见图 5-3)，即 $R=\frac{d}{l}\times 100\%$。航线弯曲度直接影响航向重叠度和旁向重叠度，如果弯曲度过大，则可能出现航拍漏洞。

航高差是反映无人机在空中拍摄时飞行姿态是否平稳的重要指标，如果航高差变化过大，说明其在空中的姿态不稳定，这时就要分析不稳定的原因，是风速太大还是无人机硬件故障造成的。同一航线上相邻像片的航高差不应大于 30 m，最大航高与最小航高之差不应大于 50 m，实际航高与设计航高之差不应大于 50 m。

(三)像片倾角

像片倾角指无人机相机主光轴与铅垂线的夹角。像片倾角一般不应大于 5°，最大不应超过 12°，出现超过 8°的像片数不应多于总像片数的 10%。特殊地区(如风向多变的山区)像片倾角一般不应大于 8°，最大不应超过 15°，出现超过 10°的像片数不应多于总数的 10%。

(四)像片旋角

像片旋角指相邻像片的主点连线与像幅沿航线方向的两框标连线之间的夹角，如图 5-4 所示。像片旋角应满足以下要求：

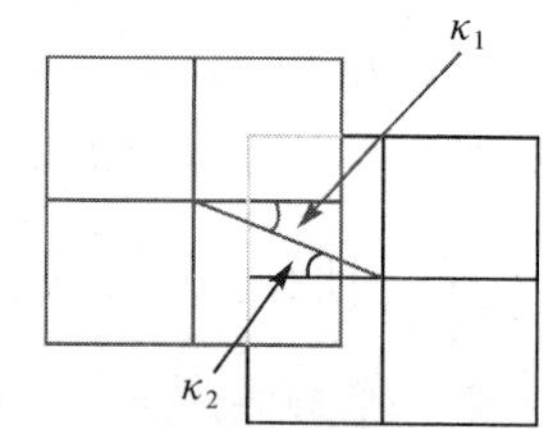

图 5-4　像片旋角

(1)像片旋角一般不大于 15°，在确保像片航向和旁向重叠度满足要求的前提下，个别最大旋角不超过 30°，在同一条航线上旋角超过 20°的像片数不应超过三幅，超过 15°旋角的像片数不得超过分区像片总数的 10%。

(2)像片倾角和像片旋角不应同时达到最大值。

二、无人机航摄影像的预处理

(一)滤波处理

对数字图像去除噪声的操作称为滤波处理。数字图像的噪声主要来源于图像的获取（图像的数字化）和传输过程。图像获取中的环境条件和传感元器件本身的质量均对图像传感器的工作情况产生影响。例如，使用 CCD 相机获取图像，光照程度和传感器温度是图像中产生大量噪声的主要因素；图像在传输过程中由于受传输信道的干扰而产生噪声污染。数字图像的噪声产生是一个随机过程，其主要形式有高斯噪声、椒盐噪声、泊松噪声、瑞利噪声等，滤波处理的主要方法有空域滤波和频域滤波。

1. 空域滤波

空域滤波是使用空域模板进行图像处理的方法，它直接对图像的像素进行处理，属于一种邻域操作(neighborhood operation)，空域模板本身被称为空域滤波器。空域滤波的原理是在待处理的图像中逐点地移动模板，将模板各元素值与模板下各自对应的像素值相乘，最后将模板输出的响应作为当前模板中心所处像素的灰度值。空域滤波可分为平滑滤波和锐化滤波。

(1)平滑滤波的主要作用是抑制噪声并保持边缘、模糊掉小物体，从数学形态上它又可分为线性滤波和非线性滤波。线性滤波器的缺点是造成图像的边缘模糊。常用的非线性滤波器是中值滤波器，中值滤波器的主要功能是使拥有不同灰度的点看起来更接近于它的邻近值，去除那些相对于其邻域像素更亮或者更暗的点，因此中值滤波器对处理脉冲噪声(椒盐噪声)效果非常好。但是，对于一些细节多，特别是点、线、尖顶等细节多的图像不宜采用该方法。

(2)锐化滤波的主要作用是强化图像细节，可分为基于一阶导数和基于二阶导数两类。常用的基于一阶导数锐化滤波器的算子有 Sobel 算子和 Roberts 算子；常用的基于二阶导数锐化滤波器的算子有 Laplacian 算子。图 5-5 是应用 Laplacian 算子进行锐化滤波的图像增强处理的示例。

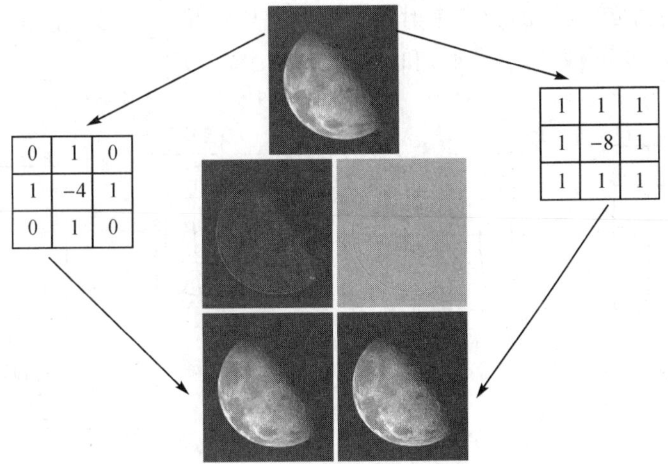

图 5-5　Laplacian 算子锐化滤波

2. 频域滤波

频域滤波是变换域滤波的一种，指将图像进行变换后（图像经过变换从时域变换到频域），在变换域中对图像的变换系数进行处理（滤波），处理完毕后再进行逆变换，获得滤波后的图像，图 5-6 为频域滤波的示例。频域滤波的主要优势是在频域中可以选择性地对频率进行处理，有目的地让某些频率通过，而把其他的阻止。目前使用最多的变换方法是傅里叶变换。由于计算机只能处理时域和频域都离散的信号，处理信号之前需要进行离散傅里叶变换（discrete Fourier transform，DFT），而图像在计算机中的存储形态是数学矩阵，其信号都是二维，所以最终进行数字图像滤波时，计算的是二维离散傅里叶变换。

(a) 原图像　　(b) 增强后

图 5-6　频域滤波进行图像增强

（二）镜头畸变校正

由于无人机有效载荷重量相对有人机较小，因此无人机搭载的航空摄影测量设备大多是非量测型相机，镜头存在着不同程度的畸变。镜头畸变实际上是光学透镜固有的透视失真的总称，它可使图像中的实际像点位置偏离理论值，破坏了物方点、投影中心和相应的像点之间的共线关系，即同名光线不再相交，造成了像点坐标产生位移，空间后方交会精度减低，最终影响空中三角测量的精度，制作的数字正射影像图也同样产生了变形。镜头畸变分为径向变形（如枕形变形）、偏心变形（如桶形变形）和切向变形（见图 5-7）。

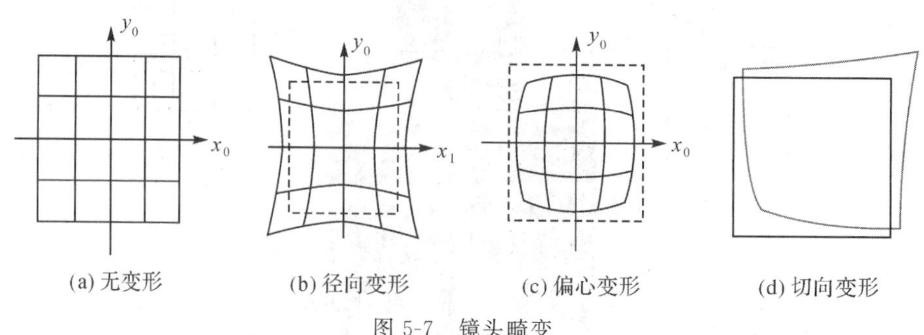

(a) 无变形　　(b) 径向变形　　(c) 偏心变形　　(d) 切向变形

图 5-7　镜头畸变

径向变形主要是由透镜的径向曲率误差造成像主点的径向偏移，且离中心越远，变形越大；偏心变形和切向变形源于装配误差，分别由遥感光学组件轴心不共线和 CCD 面阵排列误

差所造成的。三种变形共同导致了遥感数字图像的畸变，图像畸变校正的数学模型表示为

$$\left.\begin{aligned}\Delta x&=(x-x_0)(k_1r^2+k_2r^4)+p_1[r^2+2(x-x_0)^2]+2p_2(x-x_0)(y-y_0)+\\&\quad\alpha(x-x_0)+\beta(y-y_0)\\\Delta y&=(y-y_0)(k_1r^2+k_2r^4)+p_2[r^2+2(y-y_0)^2]+2p_1(x-x_0)(y-y_0)+\\&\quad\alpha(x-x_0)+\beta(y-y_0)\\r&=\sqrt{(x-x_0)^2+(y-y_0)^2}\end{aligned}\right\}\quad(5\text{-}3)$$

式中，Δx、Δy 为像点改正值；(x,y) 为像点坐标；(x_0,y_0) 为像主点坐标；r 为像点向径；k_1、k_2 为径向畸变系数；p_1、p_2 为切向畸变系数；α 为像素的非正方形比例因子；β 为 CCD 阵列排列非正交性的畸变系数。

校正镜头畸变的方法是：建立一个高精度检校场，检校场内的标志点坐标已知；用待检校数码相机对其拍摄，在照片上提取数个标志点的像点坐标；然后根据共线方程，将标志点的物方坐标经透视变换反算出控制点的理想图像坐标，设为无误差的图像坐标，然后代入图像畸变校正的模型公式(5-3)中，即可求出畸变改正参数，完成镜头畸变的校正。其中，建立高精度检校场是关键，检校场可分为二维（见图 5-8）和三维（见图 5-9）两种。检校场的控制点精度要求非常高，通常在亚毫米级，标靶、标杆等相关器件也是由膨胀系数极小的特殊合金材料制作。

图 5-8　二维检校场

图 5-9　三维检校场

§5.4　航摄像片的解析基础

航摄影像是航空摄影测量的原始资料。航摄像片解析就是用数学分析的方法，研究被摄景物在航摄像片上的成像规律，研究像片上影像与所摄物体之间的数学关系，从而建立像点与物点的坐标关系式。其目的是根据像片上的影像，采用解析方法或者图解的方式，获取被摄物体的空间坐标或地物的几何图形。

一、常用的坐标系统

1. 像平面坐标系 $o\text{-}xy$

像平面坐标系(photo coordinate system)是在像平面上用以表示像点位置的坐标系，是一种表示像点在像平面内位置的平面直角坐标系，通常是右手直角坐标系。像平面坐标系以像

主点为原点，以接近航线方向的框标连线为 x 轴，且取航摄飞行方向或其反方向为正方向，y 轴按右手直角坐标系确定，如图 5-10 所示。

2. 像空间坐标系 $S\text{-}xyz$

像空间坐标系(image space coordinate system)是一种主要用于表示像点位置的空间直角坐标系。它以投影中心为原点，x、y 轴与像平面坐标系平行，z 轴由右手规则确定，简称像空系。像空间坐标系是表示像点在像方空间位置的空间直角坐标系，如图 5-11 所示。

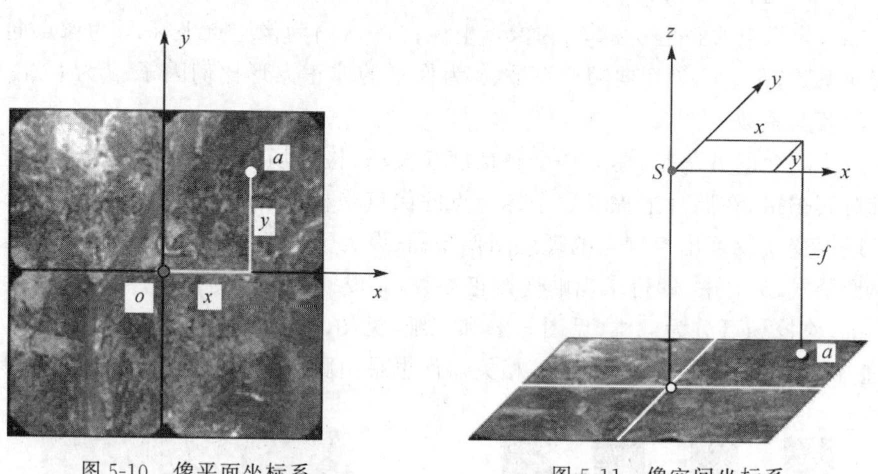

图 5-10 像平面坐标系　　图 5-11 像空间坐标系

3. 摄影测量坐标系 $S\text{-}XYZ$ 或 $D\text{-}XYZ$

摄影测量坐标系(photogrammetric coordinates system)是表示地面点的空间位置，也是可表示像点的空间位置的空间直角坐标系，是一种过渡坐标系，简称摄测系。它的原点通常选在某一摄站或某一地面控制点上，X 轴大体与航线方向或反方向一致，Y、Z 轴分别接近水平和铅垂。

4. 地面辅助坐标系 $S\text{-}XYZ$ 或 $D\text{-}XYZ$

地面辅助坐标系(object space coordinates system)是 Z 轴铅垂的摄测系，是过渡性的地面坐标系统，简称地辅系。摄影测量成果一般都在地面辅助坐标系中表示。

5. 大地坐标系 $O\text{-}X_GY_GZ_G$

大地坐标系(geodetic coordinates system)指高斯平面坐标和高程所组成的左手空间系，用于描述地面点的空间位置；摄影测量的成果最终转换到该坐标系中。

上面介绍的五种坐标系除像平面坐标系和大地坐标系外，其他三种都是过渡性质的坐标系。

二、点的坐标变换

点的坐标变换包括像点坐标的变换和地面点坐标的变换，变换的目的是把像点及其对应的地面点表示在同一个坐标系中，以便利用像点、投影中心和相应地面点三点共线的条件建立构像方程式。坐标变换中一个重要内容是点在像空系中的坐标与以摄站为原点的地辅系中的坐标之间的变换。这是同原点的两空间直角坐标系间的变换，这个变换依赖于一个旋转矩阵，使用这个矩阵可以实现像点和地面点在像空系和地辅系中的相互变换。

(一)旋转矩阵

设 $S\text{-}xyz$ 和 $S\text{-}XYZ$ 是同原点的像空系和地辅系，坐标轴不重合。两坐标系的坐标轴之间的夹角余弦(称为方向余弦)如表5-1所示。

表5-1　两坐标系的坐标轴之间的夹角余弦

坐标轴	x	y	z
X	a_1	a_2	a_3
Y	b_1	b_2	b_3
Z	c_1	c_2	c_3

表5-1中,a_i、b_i、c_i($i=1,2,3$)就是其所关联的坐标轴夹角的余弦,如c_2关联着y、Z轴,则

$$c_2=\cos(y,Z) \tag{5-4}$$

假设空间任一点a在两系中的坐标分别为(x,y,z)和(X,Y,Z)。则两坐标系之间的坐标变换关系表示为

$$\left.\begin{aligned} X&=a_1x+a_2y+a_3z\\ Y&=b_1x+b_2y+b_3z\\ Z&=c_1x+c_2y+c_3z\\ x&=a_1X+b_1Y+c_1Z\\ y&=a_2X+b_2Y+c_2Z\\ z&=a_3X+b_3Y+c_3Z \end{aligned}\right\} \tag{5-5}$$

用矩阵形式表达式(5-5)中的a_i、b_i、c_i($i=1,2,3$),可得出

$$\left.\begin{aligned} \begin{bmatrix} X\\ Y\\ Y \end{bmatrix}&=\boldsymbol{R}\begin{bmatrix} x\\ y\\ z \end{bmatrix}\\ \begin{bmatrix} x\\ y\\ z \end{bmatrix}&=\boldsymbol{R}^{\mathrm{T}}\begin{bmatrix} X\\ Y\\ Z \end{bmatrix} \end{aligned}\right\} \tag{5-6}$$

式中,$\boldsymbol{R}=\begin{bmatrix} a_1 & a_2 & a_3\\ b_1 & b_2 & b_3\\ c_1 & c_2 & c_3 \end{bmatrix}$,当$\boldsymbol{R}$是满秩矩阵时,由线性代数可知,式(5-6)可写成

$$\begin{bmatrix} x\\ y\\ z \end{bmatrix}=\boldsymbol{R}^{-1}\begin{bmatrix} X\\ Y\\ Z \end{bmatrix}$$

即

$$\boldsymbol{R}^{\mathrm{T}}=\boldsymbol{R}^{-1}$$

由$\boldsymbol{R}^{\mathrm{T}}\boldsymbol{R}=\boldsymbol{E}$,$\boldsymbol{E}$为单位矩阵,可得以下结论:①旋转矩阵是一个正交矩阵;②旋转矩阵每行或每列各元素的自乘之和为1,互乘之和为0;③给出三个独立的方向余弦就可以建立旋转矩阵。

(二)像点和地面点的坐标变换

1.像点的坐标变换

由像点在像空系中的坐标($x,y,-f$),求像点在地辅系中的坐标(X_a,Y_a,Z_a),称为像点的坐标变换,像点在地辅系中的坐标称为像点的变换坐标,显然像点的坐标变化依赖于像空系和地辅系之间的旋转矩阵$\boldsymbol{R}$,即

$$\begin{bmatrix} X \\ Y \\ Y \end{bmatrix} = \boldsymbol{R} \begin{bmatrix} x \\ y \\ z \end{bmatrix} \tag{5-7}$$

将像点坐标代入式(5-7),可得

$$\left.\begin{aligned} X_a &= a_1 x + a_2 y - a_3 f \\ Y_a &= b_1 x + b_2 y - b_3 f \\ Z_a &= c_1 x + c_2 y - c_3 f \end{aligned}\right\} \tag{5-8}$$

2. 地面点的坐标变换

由地面点在地辅系中的坐标(X,Y,Z),求地面点在像空系中的坐标(x_A, y_A, z_A),称为地面点的坐标变换,地面点在像空系中的坐标称为地面点的变换坐标。即

$$\begin{bmatrix} x \\ y \\ z \end{bmatrix} = \boldsymbol{R}^{\mathrm{T}} \begin{bmatrix} X \\ Y \\ Z \end{bmatrix} \tag{5-9}$$

将地面点坐标代入式(5-9),可得

$$\left.\begin{aligned} x_A &= a_1 X + b_1 Y + c_1 Z \\ y_A &= a_2 X + b_2 Y + c_2 Z \\ z_A &= a_3 X + b_3 Y + c_3 Z \end{aligned}\right\} \tag{5-10}$$

通过像点的坐标变换和地面点的坐标变换就可以把它们表示在同一个坐标系中,这对于建立共线方程是十分有利的。

三、中心投影的共线方程

(一)共线方程和构像方程式的定义

在摄影测量学中,表示摄影瞬间像点与相应的地面点之间的坐标关系的数学模型,称为构像方程式。为了对航摄像片进行解析处理,必须建立航空影像、地面目标和投影中心的数学模型。在理想情况下,像点、投影中心、物点位于同一条直线上,将以三点共线为基础建立起来的描述这三点共线的数学表达式,称为共线条件方程式。

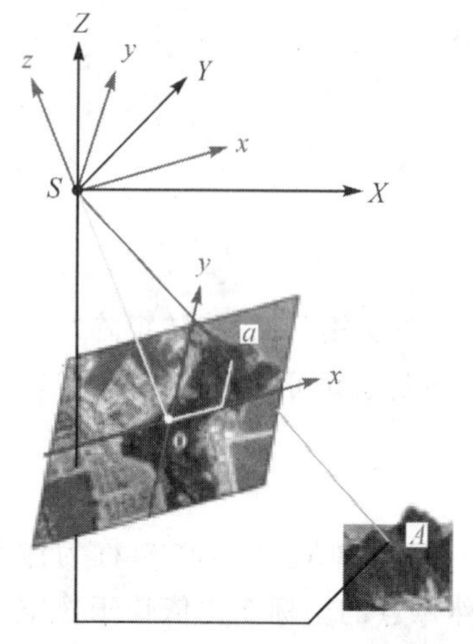

图 5-12 中心投影构像关系

(二)共线方程的推导

构像方程式的建立是以在摄影时地面点、投影中心以及相应的像点三点理想共线这一条件为基础的。当摄像机的镜头是一个无畸变的理想光组,能够保证出射光线与入射光线在同一直线上或平行;镜头两边光线通过的介质是相同的和均匀的,能够保证光线的直进,则共线条件方程便严格成立。按共线条件建立的各种数学模型,没有考虑实际情况与理想情况的差异,即不考虑误差,所以这种数学模型是“纯净”的。

图 5-12 中,S、a、A 三点共线,则在地辅系或像空系中线段 SA 和 Sa 构成了两个向量 $\boldsymbol{SA}$ 和 $\boldsymbol{Sa}$,由于两个向量有相同端点 S,且 S、a、A 三点共线,则向量 $\boldsymbol{SA}$ 和 $\boldsymbol{Sa}$ 满足

$$\boldsymbol{SA} = \lambda \boldsymbol{Sa} \tag{5-11}$$

式中,λ 为比例系数,是一非零常数。这是共线条件方程的一种表达式——向量表达式。

1. 用地面点坐标表示像点坐标的共线条件方程

在像空系中,共线条件的坐标表示为

$$\begin{bmatrix} x_A \\ y_A \\ z_A \end{bmatrix} = \lambda \begin{bmatrix} x \\ y \\ -f \end{bmatrix} \tag{5-12}$$

将式(5-10)带入式(5-12),通过解算可得

$$\left.\begin{aligned} x &= -f\frac{a_1X+b_1Y+c_1Z}{a_3X+b_3Y+c_3Z} \\ y &= -f\frac{a_2X+b_2Y+c_2Z}{a_3X+b_3Y+c_3Z} \end{aligned}\right\} \tag{5-13}$$

假设摄站在该坐标系中的坐标为(X_S,Y_S,Z_S),任意地面点 A 的坐标为(X,Y,Z)。则对于以 S 为原点,坐标轴向与 $D\text{-}XYZ$ 各轴相应平行的地辅系而言,地面点 A 的坐标为$(X-X_S,Y-Y_S,Z-Z_S)$,用它们分别取代式(5-13)中的(X,Y,Z)得

$$\left.\begin{aligned} x &= -f\frac{a_1(X-X_S)+b_1(Y-Y_S)+c_1(Z-Z_S)}{a_3(X-X_S)+b_3(Y-Y_S)+c_3(Z-Z_S)} \\ y &= -f\frac{a_2(X-X_S)+b_2(Y-Y_S)+c_2(Z-Z_S)}{a_3(X-X_S)+b_3(Y-Y_S)+c_3(Z-Z_S)} \end{aligned}\right\} \tag{5-14}$$

2. 用像点坐标表示地面点坐标的共线条件方程

在地辅系中,共线条件的坐标表示为

$$\begin{bmatrix} X \\ Y \\ Z \end{bmatrix} = \lambda \begin{bmatrix} X_a \\ Y_a \\ Z_a \end{bmatrix} \tag{5-15}$$

将式(5-8)带入式(5-15),通过解算可得

$$\left.\begin{aligned} X &= Z\frac{a_1x+a_2y-a_3f}{c_1x+c_2y-c_3f} \\ Y &= Z\frac{b_1x+b_2y-b_3f}{c_1x+c_2y-c_3f} \end{aligned}\right\} \tag{5-16}$$

假设摄站在该坐标系中的坐标为(X_S,Y_S,Z_S),任意地面点 A 的坐标为(X,Y,Z)。则对于以 S 为原点,坐标轴向与 $D\text{-}XYZ$ 各轴相应平行的地辅系而言,地面点 A 的坐标为$(X-X_S,Y-Y_S,Z-Z_S)$,用它们分别取代式(5-16)中的(X,Y,Z)得

$$\left.\begin{aligned} X-X_s &= (Z-Z_s)\frac{a_1x+a_2y-a_3f}{c_1x+c_2y-c_3f} \\ Y-Y_s &= (Z-Z_s)\frac{b_1x+b_2y-b_3f}{c_1x+c_2y-c_3f} \end{aligned}\right\} \tag{5-17}$$

3. 共线条件方程分析

(1)在已知像片主距 f 的情况下,如果还已知摄站坐标(X_S,Y_S,Z_S)以及旋转矩阵的九个元素,就可以得到某一地面点的像坐标(x,y)。由旋转矩阵的性质知道,旋转矩阵可由三个独立元素决定,所以,当给定地面点的坐标(X,Y,Z),求其对应的像坐标(x,y)时,需要六个独

立参数(主距 f 一般作为已知条件)。

(2)如果已知某一地面点对应的像坐标(x,y),求该地面点的坐标(X,Y,Z),显然是不可能的。即使在给定像片主距 f,已知上述六个独立参数的情况下,也只能得到两个比值 $\frac{X-X_S}{Z-Z_S}$,$\frac{Y-Y_S}{Z-Z_S}$。实际上这两个比值决定了投影光线的方向,如果增加一个已知条件,如已知地面点的 Z 坐标,则可以求出该点的坐标(X,Y)。

四、内外方位元素

航空摄影瞬间,摄影中心与像片在地面设定的空间坐标系中的位置与姿态的参数称为像片的方位元素。其中,表示摄影中心与像片之间相关位置的参数称为内方位元素,表示摄影中心和像片在地面坐标系中的位置和姿态参数称为外方位元素。

(一)内方位元素

投影中心对航摄像片的相对位置称为像片的内方位,确定内方位的独立参数称为内方位元素。

共线方程中的像点坐标(x,y)是像点在以像主点为原点的像平面坐标中的坐标,而实际上像点坐标量测多是在以像片中心点为原点的框标坐标系中进行的。在两种坐标系的同名坐标轴相互平行的情况下,两者之间的变换就在于原点的平移。而向像空系的变换则只是再加上像片主距 f,使之成为空间坐标就可以了。

由此可见,将像点的框标坐标系坐标(x',y')变换为像点的像空系坐标$(x,y,-f)$,只需要三个独立参数(x_0,y_0,f),如图 5-13 所示,(x_0,y_0)是像主点 o 在框标坐标系o'-$x'y'$中的坐标,框标坐标系与像平面坐标系之间的关系为

$$\left.\begin{aligned} x&=x'-x_0 \\ y&=y'-y_0 \end{aligned}\right\} \tag{5-18}$$

航摄像片的内方位元素主要用于像点的框标坐标系坐标向像空系坐标的变换,而在直观的几何形象上则用于确定摄影光束的形状。摄影光束由无数条摄影光线(投射线)组成,每条摄影光线在像空系中有一个确定的方向,这个方向可以用两个角度来表示,如图 5-14 所示,公式为

$$\left.\begin{aligned} \tan\varphi&=\frac{x}{y} \\ \tan\psi&=\frac{1}{f}\sqrt{x^2+y^2} \end{aligned}\right\} \tag{5-19}$$

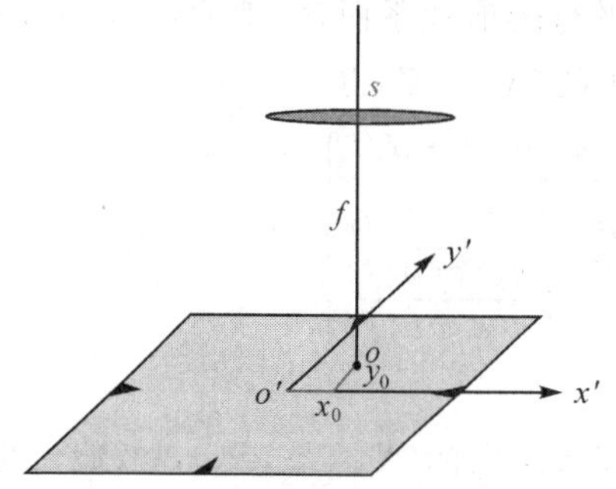

图 5-13 航摄像片的内方位元素

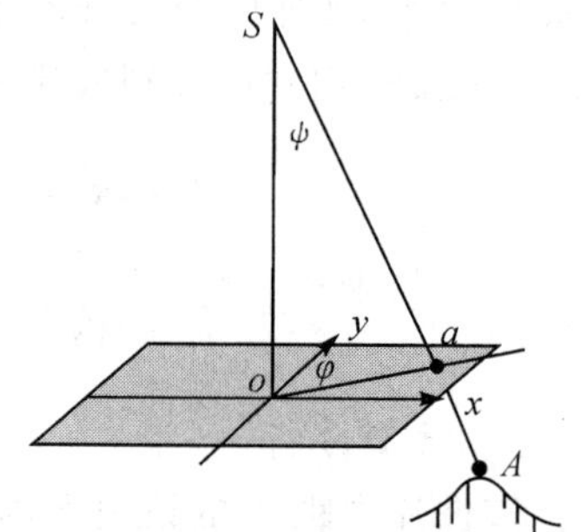

图 5-14 摄影光束的两个角度

在摄影测量作业中,确定摄影光线在像空系中的方向是一项重要内容,这项工作就由恢复航摄像片的内方位元素来实现。

(二)外方位元素

确定摄影时航摄像片连同其投影中心在地辅系中位置和方向的元素,称为航摄像片的外方位元素。由于航摄像片及其投影中心的方位可完全等价地由像空系的方位来代表,所以也可以说,确定像空系(或摄影光束)在地辅系中位置和方向的元素称为航摄像片的外方位元素。

像片的外方位元素有六个,其中三个是线元素,即像空系的原点 S 在地辅系中的坐标 (X_S, Y_S, Z_S);另外三个是角元素,用以确定像空系三轴在地辅系中的方向。在航空摄影测量中,外方位角元素有三种系统,这三种系统中定义的角元素反映出由地辅系到像辅系所循的不同旋转途径,下面分别加以介绍。

1. α_x-ω-κ 系统

在这个系统中像空系的方位是由地辅系经过以下三次旋转得到的。第一次旋转是绕 Y 轴旋转 α_x 角,第二次旋转是绕第一次旋转后的 X 轴旋转 ω 角,第三次旋转是绕第一、二次旋转后的 Z 轴旋转 κ 角。类似这样的后次旋转是在绕经过前次旋转而改变了空间方向的坐标轴进行的旋转,成为绕连动轴旋转,而各次旋转所绕的坐标轴顺序称为轴序。α_x-ω-κ 系统的角元素就是按 Y、X、Z 轴序的联动轴系统定义的,如图 5-15 所示。

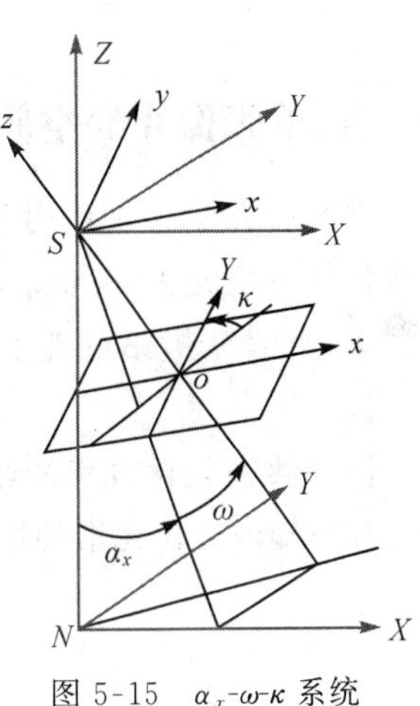

图 5-15　α_x-ω-κ 系统

三个角元素的定义如下:

(1)偏角 α_x。α_x 为主光轴在 XZ 坐标面内的投影与铅垂线的夹角。逆时针方向为正,从铅垂线起算。

(2)倾角 ω。ω 为主光轴与其在 XZ 坐标面内的投影的夹角。逆时针方向为正,从主光轴投影起算。

(3)旋角 κ。κ 为 Y 轴在像平面上的投影与像平面坐标系 y 轴的夹角。逆时针方向为正,从投影起算。

2. α_y-φ-κ' 系统

这个系统的外方位角元素是按照 X、Y、Z 轴序的联动轴系统定义的,像空系由地辅系先绕 X 轴旋转 α_y 角,再绕经第一次旋转之后的 Y 轴旋转 φ 角,最后绕两次旋转后的 Z 轴旋转 κ' 角而得到,如图 5-16 所示。

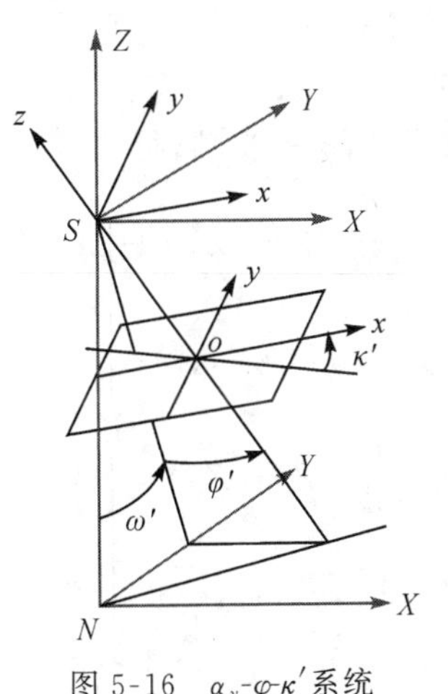

图 5-16　α_y-φ-κ' 系统

三个角元素的定义如下:

(1)倾角 α_y。α_y 为主光轴在 YZ 坐标面内的投影与铅垂线的夹角。逆时针方向为正,从铅垂线起算。

(2)偏角 φ。φ 为主光轴与其在 YZ 坐标面内的投影的夹角。逆时针方向为正,从主光轴投影起算。

(3)旋角 κ'。κ' 为 X 轴在像平面上的投影与像平面坐标系 x 轴的夹角。逆时针方向为正,从投影起算。

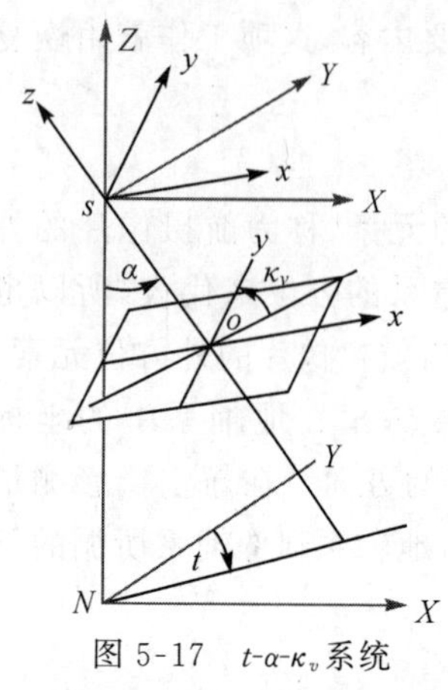

图 5-17 t-α-κ_v 系统

3. t-α-κ_v 系统

这个系统的外方位角元素是按照 Z、X、Z 轴序的联动轴系统定义的，像空系由地辅系先绕 Z 轴旋转 t 角，再绕经第一次旋转之后的 X 轴旋转 α 角，最后绕两次旋转后的 Z 轴旋转 κ_v 角而得到，如图 5-17 所示。

三个角元素的定义如下：

(1)主垂面方向角 t。t 为主垂面与 XY 坐标面的交线与 Y 轴的夹角。顺时针方向为正，从 Y 轴起算。

(2)倾斜角 α。α 为主光轴与铅垂线的夹角。恒为正。

(3)旋角 κ_v。κ_v 为像主纵线与像平面坐标系 y 轴之间的夹角。逆时针方向为正，从主纵线起算。

五、单张像片的空间后方交会

空间后方交会是利用单幅航摄像片上三个以上不在一条直线上的已知点按共线方程计算该像片外方位元素 φ、ω、κ 的方法，即由像片地面覆盖范围内的已知若干个控制点以及相应像点的坐标，解算摄站的坐标与影像的方位。这是摄影测量的一个基本问题，具体计算过程如下。

(一)共线条件方程的线性化

在已知内方位元素的情况下，共线条件方程表达式为

$$\left.\begin{aligned} x&=-f\frac{a_1(X-X_S)+b_1(Y-Y_S)+c_1(Z-Z_S)}{a_3(X-X_S)+b_3(Y-Y_S)+c_3(Z-Z_S)}\\ y&=-f\frac{a_2(X-X_S)+b_2(Y-Y_S)+c_2(Z-Z_S)}{a_3(X-X_S)+b_3(Y-Y_S)+c_3(Z-Z_S)}\end{aligned}\right\}\tag{5-20}$$

式(5-20)变换为

$$\left.\begin{aligned} F_x&=x+f\frac{a_1(X-X_S)+b_1(Y-Y_S)+c_1(Z-Z_S)}{a_3(X-X_S)+b_3(Y-Y_S)+c_3(Z-Z_S)}=0\\ F_y&=y+f\frac{a_2(X-X_S)+b_2(Y-Y_S)+c_2(Z-Z_S)}{a_3(X-X_S)+b_3(Y-Y_S)+c_3(Z-Z_S)}=0\end{aligned}\right\}\tag{5-21}$$

假设外方位元素的近似值为 X_S、Y_S、Z_S、φ、ω、κ。按泰勒级数展开，取一次项，得

$$\left.\begin{aligned} F_x(X_S,Y_S,Z_S,\varphi,\omega,\kappa)=&\frac{\partial F_x^0}{\partial X_S}(X_S-X_S^0)+\frac{\partial F_x^0}{\partial Y_S}(Y_S-Y_S^0)+\frac{\partial F_x^0}{\partial Z_S}(Z_S-Z_S^0)+\\ &\frac{\partial F_x^0}{\partial \varphi}(\varphi-\varphi^0)+\frac{\partial F_x^0}{\partial \omega}(\omega-\omega^0)+\frac{\partial F_x^0}{\partial \kappa}(\kappa-\kappa^0)+F_x(X_S^0,Y_S^0,Z_S^0,\varphi^0,\omega^0,\kappa^0)\\ F_y(X_S,Y_S,Z_S,\varphi,\omega,\kappa)=&\frac{\partial F_y^0}{\partial X_S}(X_S-X_S^0)+\frac{\partial F_y^0}{\partial Y_S}(Y_S-Y_S^0)+\frac{\partial F_y^0}{\partial Z_S}(Z_S-Z_S^0)+\\ &\frac{\partial F_y^0}{\partial \varphi}(\varphi-\varphi^0)+\frac{\partial F_y^0}{\partial \omega}(\omega-\omega^0)+\frac{\partial F_y^0}{\partial \kappa}(\kappa-\kappa^0)+F_y(X_S^0,Y_S^0,Z_S^0,\varphi^0,\omega^0,\kappa^0)\end{aligned}\right\}\tag{5-22}$$

式(5-22)可以写成

$$\left.\begin{aligned}F_x=\frac{\partial F_x^0}{\partial X_S}\mathrm{d}X_S+\frac{\partial F_x^0}{\partial Y_S}\mathrm{d}Y_S+\frac{\partial F_x^0}{\partial Z_S}\mathrm{d}Z_S+\frac{\partial F_x^0}{\partial \varphi}\mathrm{d}\varphi+\frac{\partial F_x^0}{\partial \omega}\mathrm{d}\omega+\frac{\partial F_x^0}{\partial \kappa}\mathrm{d}\kappa+F_x^0\\F_y=\frac{\partial F_y^0}{\partial X_S}\mathrm{d}X_S+\frac{\partial F_y^0}{\partial Y_S}\mathrm{d}Y_S+\frac{\partial F_y^0}{\partial Z_S}\mathrm{d}Z_S+\frac{\partial F_y^0}{\partial \varphi}\mathrm{d}\varphi+\frac{\partial F_y^0}{\partial \omega}\mathrm{d}\omega+\frac{\partial F_y^0}{\partial \kappa}\mathrm{d}\kappa+F_y^0\end{aligned}\right\}\tag{5-23}$$

由式(5-21)知,$F_x=0$,$F_y=0$,带入式(5-23),得

$$\left.\begin{aligned}\frac{\partial F_x^0}{\partial X_S}\mathrm{d}X_S+\frac{\partial F_x^0}{\partial Y_S}\mathrm{d}Y_S+\frac{\partial F_x^0}{\partial Z_S}\mathrm{d}Z_S+\frac{\partial F_x^0}{\partial \varphi}\mathrm{d}\varphi+\frac{\partial F_x^0}{\partial \omega}\mathrm{d}\omega+\frac{\partial F_x^0}{\partial \kappa}\mathrm{d}\kappa+F_x^0=0\\\frac{\partial F_y^0}{\partial X_S}\mathrm{d}X_S+\frac{\partial F_y^0}{\partial Y_S}\mathrm{d}Y_S+\frac{\partial F_y^0}{\partial Z_S}\mathrm{d}Z_S+\frac{\partial F_y^0}{\partial \varphi}\mathrm{d}\varphi+\frac{\partial F_y^0}{\partial \omega}\mathrm{d}\omega+\frac{\partial F_y^0}{\partial \kappa}\mathrm{d}\kappa+F_y^0=0\end{aligned}\right\}\tag{5-24}$$

求出偏导,带入式(5-24),整理得共线条件方程的线性化公式

$$\left.\begin{aligned}c_{11}\mathrm{d}X_S+c_{12}\mathrm{d}Y_S+c_{13}\mathrm{d}Z_S+c_{14}\mathrm{d}\alpha_x+c_{15}\mathrm{d}\omega+c_{16}\mathrm{d}\kappa-l_x=0\\c_{21}\mathrm{d}X_S+c_{22}\mathrm{d}Y_S+c_{23}\mathrm{d}Z_S+c_{24}\mathrm{d}\alpha_x+c_{25}\mathrm{d}\omega+c_{26}\mathrm{d}\kappa-l_y=0\end{aligned}\right\}\tag{5-25}$$

式中,系数 c_{ij} 为偏导数

$$\left.\begin{aligned}&\underset{2\times6}{\boldsymbol{C}_{ij}}=\begin{bmatrix}\dfrac{f}{\overline{Z}} & 0 & \dfrac{x}{\overline{Z}} & -\left(f+\dfrac{x^2}{f}\right) & -\dfrac{xy}{f} & y\\ 0 & \dfrac{f}{\overline{Z}} & \dfrac{y}{\overline{Z}} & -\dfrac{xy}{f} & -\left(f+\dfrac{y^2}{f}\right) & -x\end{bmatrix}\\&l_x=x-x_{计}\\&l_y=y-y_{计}\end{aligned}\right\}\tag{5-26}$$

而 $\overline{Z}$ 和 $x_{计}$、$y_{计}$ 分别按如下方法计算

$$\begin{bmatrix}\overline{X}\\\overline{Y}\\\overline{Z}\end{bmatrix}=\begin{bmatrix}a_1 & b_1 & c_1\\a_2 & b_2 & c_2\\a_3 & b_3 & c_3\end{bmatrix}\begin{bmatrix}X-X_S^0\\Y-Y_S^0\\Z-Z_S^0\end{bmatrix}$$

$$x_{计}=-f\,\frac{\overline{X}}{\overline{Z}}$$

$$y_{计}=-f\,\frac{\overline{Y}}{\overline{Z}}$$

(二)得到误差方程

利用共线条件方程的线性化公式(5-25),可以得到其对应的误差方程

$$\left.\begin{aligned}v_x=c_{11}\mathrm{d}X_S+c_{12}\mathrm{d}Y_S+c_{13}\mathrm{d}Z_S+c_{14}\mathrm{d}\varphi+c_{15}\mathrm{d}\omega+c_{16}\mathrm{d}\kappa-l_x\\v_y=c_{21}\mathrm{d}X_S+c_{22}\mathrm{d}Y_S+c_{23}\mathrm{d}Z_S+c_{24}\mathrm{d}\varphi+c_{25}\mathrm{d}\omega+c_{26}\mathrm{d}\kappa-l_y\end{aligned}\right\}\tag{5-27}$$

对于每个地面控制点,都可以按照式(5-24)列出两个方程式;只要有三个不在一条直线上的控制点,就可以列出六个方程式,联立解答这六个方程式,即可以求得航摄像片的六个外方位元素近似值的改正数。

(三)迭代求解

当控制点的数量多于三个时,则要按最小二乘法解算外方位元素近似值的最或然改正数。最小二乘法是在残差满足 $\boldsymbol{V}^{\mathrm{T}}\boldsymbol{P}\boldsymbol{V}$ 为最小的条件下,解算测量估值或参数估值并进行精度估算的方法。其中,$\boldsymbol{V}$ 为残差向量,$\boldsymbol{P}$ 为其权矩阵。最小二乘法是一种数学优化技术,通过最小化

误差的平方和寻找数据的最佳函数匹配。利用最小二乘法可以简便地求得未知的数据,并使得这些求得的数据与实际数据之间误差的平方和最小。这样便可以按照下式计算

$$\left.\begin{aligned}X_S^{k+1}&=X_S^k+\mathrm{d}X_S^{k+1}\\Y_S^{k+1}&=Y_S^k+\mathrm{d}Y_S^{k+1}\\Z_S^{k+1}&=Z_S^k+\mathrm{d}Z_S^{k+1}\\\varphi^{k+1}&=\varphi^k+\mathrm{d}\varphi^{k+1}\\\omega^{k+1}&=\omega^k+\mathrm{d}\omega^{k+1}\\\kappa^{k+1}&=\kappa^k+\mathrm{d}\kappa^{k+1}\end{aligned}\right\}\tag{5-28}$$

式中,k 为迭代次数。这是因为所用线性化共线条件方程是近似的,故需要有一个迭代过程,直到像片外方位元素的改正数都小于规定的限差为止。

§5.5 几何校正

无人机航摄影像在获取过程中,由于无人飞行器的姿态、高度、速度以及地球自转等多种原因导致图像相对于地面目标发生几何畸变,这种畸变表现为景物中目标物相对位置的坐标关系在图像中发生变化,像元相对于地面目标的实际位置发生挤压、扭曲、拉伸和偏移等,针对几何畸变进行的误差校正称为几何校正。

一、几何校正的方法

目前常用的航摄影像几何纠正方法,依据其使用的技术分类主要有:①基于野外地面控制点的方法;②基于地形图或正射影像同名点匹配的方法;③基于无人机飞行姿态参数的方法。根据其原理主要可分为多项式纠正法和共线方程纠正法两大类。

(一)多项式纠正法

多项式纠正法是航摄影像的几何纠正处理中最常用的一种方法,其原理清晰,计算简单,特别是对于地势平坦的地区具有很好的纠正精度。该方法的基本思想是,不考虑影像成像过程中的空间几何关系,直接对影像本身进行数学模拟。它把影像的总体变形看成是平移、缩放、旋转、仿射、偏扭、弯曲以及组合变换的综合效果,因而纠正前后影像相应点之间的坐标关系可以用一个适当的多项式描述。这种方法对各种传感器形成影像的纠正都是适用的,不仅能用于影像对地面的纠正,还可以用于不同类型影像之间的相互匹配。常用的多项式有一般多项式、勒让德多项式以及双变量分区插值多项式等。

设影像坐标为(u,v),相应像素的地面坐标为(x,y),则两者之间的多项式纠正公式可以表示为

$$\left.\begin{aligned}u&=a_{00}+a_{10}x+a_{01}y+a_{20}x^2+a_{11}xy+a_{02}y^2+a_{30}x^3+a_{21}x^2y+a_{12}xy^2+a_{03}y^3+\cdots\\v&=b_{00}+b_{10}x+b_{01}y+b_{20}x^2+b_{11}xy+b_{02}y^2+b_{30}x^3+b_{21}x^2y+b_{12}xy^2+b_{03}y^3+\cdots\end{aligned}\right\}\tag{5-29}$$

多项式的项数(即系数的个数)N 与其阶数 n 有固定的关系

$$N=\frac{(n+1)(n+2)}{2}\tag{5-30}$$

因此,反求 n 阶纠正多项式的系数至少需要 N 个控制点,包括其在影像和地面的坐标值。若

已知的控制点数大于 N,则可以利用最小二乘法原理求解多项式的系数。实践中,多项式的次数不宜太高,主要原因是高次多项式会产生振荡现象;需要的对应特征数量太多,如二次多项式需要至少六对相应特征点解算 12 个系数,三次多项式则需要至少 10 对相应特征点解算 20 个系数,运算量巨大。

(二)共线方程纠正法

通过研究被摄景物在航摄影像上的成像规律,即研究像片上影像与所摄物体之间的数学关系,可以建立像点与物点的坐标关系式,即共线方程。在这一过程中涉及两类坐标系之间的转换,这两类坐标系分别是用于描述像点位置的像方空间坐标系和用于描述物点位置的物方空间坐标系。

通常使用的共线方程纠正法建立在对成像时传感器位置和姿态准确掌握的基础上。共线方程参数的获得通常有两种途径:①利用一定数量的野外地面控制点,通过像片的空间后方交会解算得到;②由机载定姿定位系统在成像过程中同步记录,最常用的定姿定位系统是由惯性导航系统与 GPS 组成的。这种方法理论严密,同时考虑了地面高程的影响,因此纠正精度高,特别是地形起伏较大的地区和静态传感器影像的纠正具有一定的优势。但是该方法的应用,需要获得相应地区的地面高程信息。对于以无人飞行器为平台的动态航摄系统,由于在成像过程中,无人机平台始终处于运动之中,此时外方位元素在成像过程中的变化规律只能近似表达,这就使得共线方程法本身理论上的严密性难以保持,故在对平坦地区、动态航摄系统影像的纠正中,共线方程法相对于多项式法的纠正精度提高作用并不显著。

二、重采样

对航摄影像的几何畸变拟合后,整幅图像上的所有像元坐标都会被重新计算、重新定位,以达到几何校正的目的。被重新定位后的像元在原图像中的分布不再均匀,即输入图像中的行列号不全是整数。由此,需要根据输入图像上各像元在输入图像中的位置关系,对原图像进行一定规则的重采样,并对像素值进行插值计算,建立新的图像矩阵。

重采样有直接法和间接法两种,如图 5-18 所示。

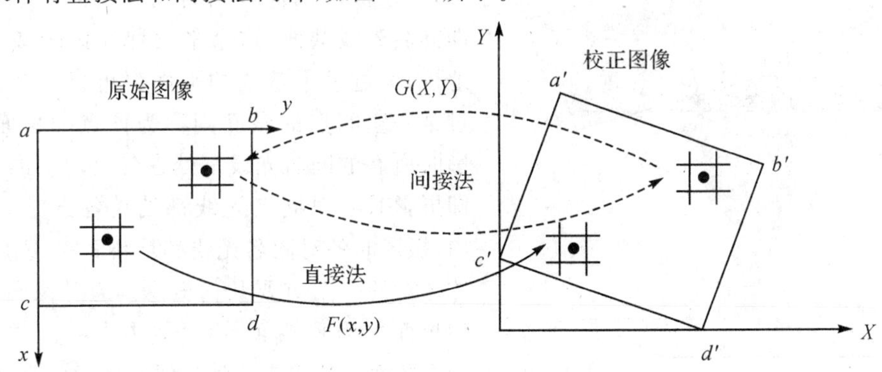

图 5-18　直接法和间接法

(1)直接法是从原始影像上的像元出发,按照变换公式求出校正后的影像上的像元坐标,然后将原始影像上该像元的灰度值赋予校正后影像上对应的像元。

(2)间接法是从校正后影像上像元坐标出发,按照逆向变换公式求出其原始影像上的像元坐标,然后将原始影像上的像元灰度值赋予校正后的影像上的像元。

无论是直接法还是间接法都要通过灰度内插法重新求得校正后像元的灰度值,利用像素周围多个像元的灰度值求解出该像素灰度值的过程称为灰度内插。

常用的图像灰度内插方法有：

(1)最邻近法。在待校正图像中，直接取距离原像素点最近的像素值作为重采样值。该方法简单、处理速度快，并保持原有的像素值不变。但最大可产生半个像元的位置偏移，使校正后的图像具有不连续性。

(2)双线性内插法。使用邻近四个点的像素值，按照其距内插点的距离赋予不同的权重，进行线性内插。该方法可使边缘受到平滑处理，具有平均化的滤波效果，但会破坏原有的像素值。

(3)双三次卷积法。需要使用内插点周围 16 个像素值，利用三次卷积函数进行内插。该方法对边缘有所增强，具有均衡化和清晰化的效果，但计算量较大。

§5.6 立体像对的相对定向-绝对定向解算

以单张像片解析为基础的摄影测量通常称为单像摄影测量或平面摄影测量，这种摄影测量不能解决空间目标的三维坐标测定问题，解决这一问题可依靠由不同摄影站摄取的、具有一定影像重叠的两张像片解析为基础的摄影测量。由不同摄影站摄取的、具有一定影像重叠的两张像片称为立体像对。以立体像对解析为基础的摄影测量称为双像摄影测量或立体摄影测量。立体摄影测量是以立体像对为基础，通过对立体像对的观察和量测确定所摄目标形状、大小、空间位置及性质的一门技术。

一、基本几何关系和术语

如图 5-19 所示，S_1和 S_2为两个摄站，角标 1 和 2 表示左、右。S_1、S_2的连线称为摄影基线，记做 B。空间点 A 的投射线 AS_1和 AS_2称为同名光线或相应光线，同名光线分别与两像面的交点 a_1、a_2称为同名像点或相应像点。显然，处于摄影位置时同名光线在同一个平面内，即同名光线共面，这个平面称为核面 W_A。广义地说，通过摄影基线的平面都可以称为核面，通过某一空间点的核面则称为该点的核面。在摄影时所有的同名光线都处在各自对应的核面内，即摄影时各对同名光线都处在各自对应的核面内，摄影时各对同名光线都是共面的，这是关于立体像对的一个重要几何概念。通过像底点n_1、n_2的核面称为垂核面，通过像主点o_1、o_2的核面称为主核面。基线或其延长线与像面的交点称为核点，图中 J_1、J_2分别是左、右像片上的核点。

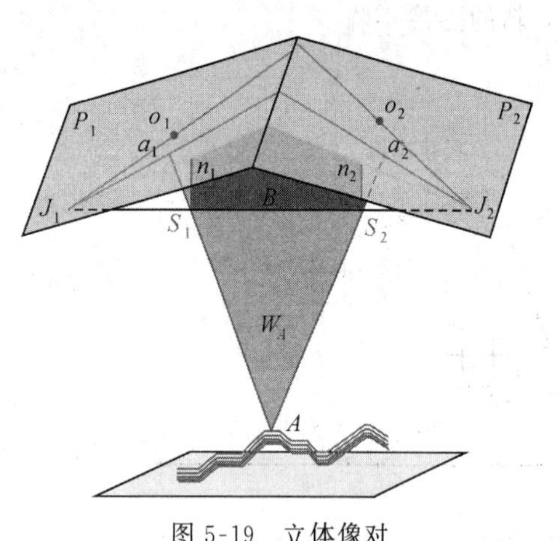

图 5-19 立体像对

利用立体像对的相应像点确定其所对应的空间点的三维坐标可以采用两种思路：一种是恢复立体像对两张像片的内、外方位元素，建立与实地方位、大小、形状等都完全一致的几何模型确定空间点的三维坐标；另一种是先恢复立体像对两张像片的内方位和相对方位元素，建立与实地形状相似的几何模型，然后通过恢复该几何模型与实地的方位和比例关系确定空间点的三维坐标，称为相对定向。

利用立体像对两张像片的内方位元素、相对方位元素(或外方位元素)和同名像点的像坐标解算相应模型点坐标(或物点坐标)的工作,称为空间前方交会。

当已知立体像对两张像片的内方位元素和相对方位元素时,便可以恢复立体像对两张像片的内方位和相对方位,其相应光线必在各自的核面内成对相交,所有交点的集合便形成了一个与实物相似的立体模型,而这些模型点的坐标便可以在一定的摄测系中计算出来。如果已知立体像对两张像片的内方位元素和外方位元素,便可以恢复立体像对两张像片的内方位和外方位,形成的立体模型和实物是完全吻合的,则这些物点的空间坐标便可以计算出来了。这两种计算利用的都是空间前方交会的知识。

二、相对定向

(一)相对定向的概念

确定立体像对中两张像片相对位置和姿态关系的参数,称为相对定向元素。相对定向的目的是恢复两张像片的相对位置和姿态,使同名光线对对相交,建立一个与被摄物体相似的几何模型,以确定模型点的三维坐标。

(二)共面条件方程

在恢复了像对的相对方位元素时,同名光线在各自的核面内对对相交,也就是说同名光线 S_1a_1、S_2a_2 和 S_2S_2 共面(见图 5-20)。从数学上表述构成这种几何模型的条件为所有同名光线与基线共面。

现在将同名投影光线 S_1a_1、S_2a_2 和摄影基线 S_2S_2 分别表示为向量 $\boldsymbol{B}$ 和向量 $\boldsymbol{R}_1$、$\boldsymbol{R}_2$,则这三个向量共面,根据向量共面的几何性质可知这三个向量的混合积为零。即有共面条件方程的向量表达式

$$\boldsymbol{B}\cdot(\boldsymbol{R}_1\times\boldsymbol{R}_2)=0 \tag{5-31}$$

共面条件方程会随着选择的坐标系的不同而呈现不同的表达形式,先分析连续像对系统的共面条件方程。

摄测系 $S_1\text{-}X_1Y_1Z_1$ 为左像空系,$S_2\text{-}X_2Y_2Z_2$ 为与左摄测系 $S_1\text{-}X_1Y_1Z_1$ 平行的右摄测系,如图 5-21 所示,假设 S_2 在摄测系 $S_1\text{-}X_1Y_1Z_1$ 中的坐标为(B_x,B_y,B_z),左同名像点 a_1 在摄测系 $S_1\text{-}X_1Y_1Z_1$ 中的坐标为(X_1,Y_1,Z_1),右同名像点 a_2 在摄测系 $S_2\text{-}X_2Y_2Z_2$ 中的坐标为(X_2,Y_2,Z_2),则向量 $\boldsymbol{B}$ 和向量 $\boldsymbol{R}_1$、$\boldsymbol{R}_2$ 在左像空系中的坐标分别为(B_x,B_y,B_z)、(X_1,Y_1,Z_1)和(X_2,Y_2,Z_2),于是连续像对的共面条件方程可表示为以下的解析形式

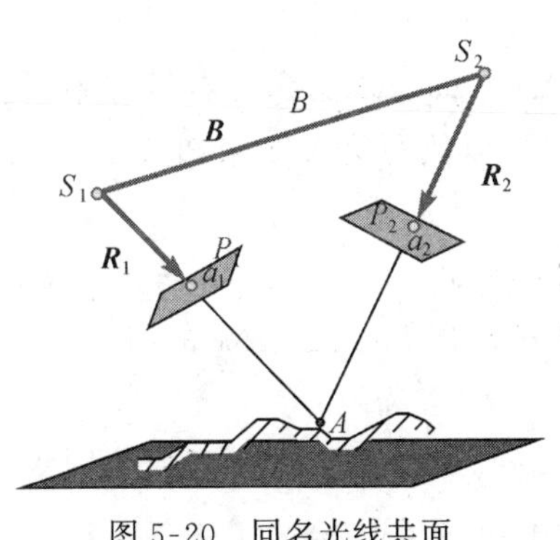

图 5-20　同名光线共面

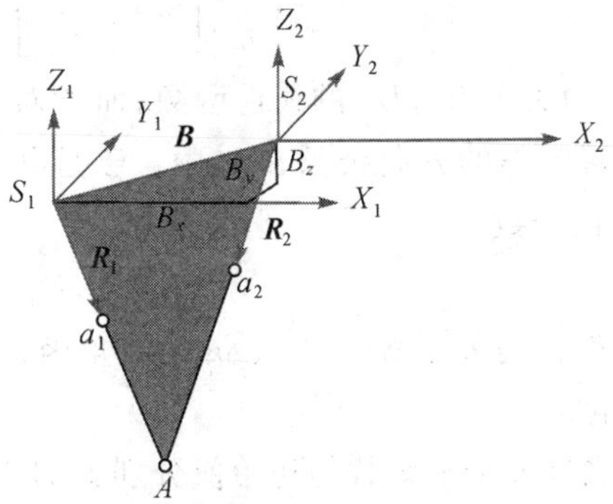

图 5-21　连续像对的共面条件

$$\begin{vmatrix} B_x & B_y & B_z \\ X_1 & Y_1 & Z_1 \\ X_2 & Y_2 & Z_2 \end{vmatrix}=0 \tag{5-32}$$

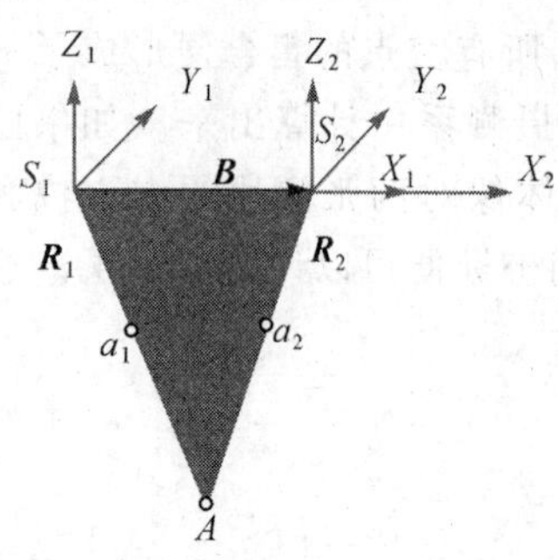

图 5-22 单独像对的共面条件

接下来推导单独像对系统的共面条件方程摄测系 S_1-$X_1Y_1Z_1$为基线系，S_2-$X_2Y_2Z_2$为与基线系 S_1-$X_1Y_1Z_1$平行的右摄测系，如图 5-22 所示，假设 S_2在摄测系 S_1-$X_1Y_1Z_1$中的坐标为$(B,0,0)$，左同名像点在摄测系 S_1-$X_1Y_1Z_1$中的坐标为(X_1,Y_1,Z_1)，右同名像点在摄测系 S_2-$X_2Y_2Z_2$中的坐标为(X_2,Y_2,Z_2)，则向量 $\boldsymbol{B}$ 和向量 $\boldsymbol{R}_1$、$\boldsymbol{R}_2$ 在基线系中的坐标分别为$(B,0,0)$、(X_1,Y_1,Z_1)和(X_2,Y_2,Z_2)，于是单独像对的共面条件方程可表示为以下的解析形式

$$\begin{vmatrix} B & 0 & 0 \\ X_1 & Y_1 & Z_1 \\ X_2 & Y_2 & Z_2 \end{vmatrix}=0 \tag{5-33}$$

分析连续像对的共面条件方程和单独像对的共面条件方程，对于相对方位元素而言都是非线性的，并且没有直接表达为相对方位元素的函数形式，为了便于解算相对方位元素，必须进行线性化。

(三)连续像对的相对定向方程

令

$$F=\begin{vmatrix} B_x & B_y & B_z \\ X_1 & Y_1 & Z_1 \\ X_2 & Y_2 & Z_2 \end{vmatrix}=0$$

摄测坐标

$$\begin{bmatrix} X_1 \\ Y_1 \\ Z_1 \end{bmatrix}=\begin{bmatrix} x_1 \\ y_1 \\ -f \end{bmatrix}$$

$$\begin{bmatrix} X_2 \\ Y_2 \\ Z_2 \end{bmatrix}=\boldsymbol{R}\begin{bmatrix} x_2 \\ y_2 \\ -f \end{bmatrix}=\begin{bmatrix} a_1 & a_2 & a_3 \\ b_1 & b_2 & b_3 \\ c_1 & c_2 & c_3 \end{bmatrix}\begin{bmatrix} x_2 \\ y_2 \\ -f \end{bmatrix}$$

式中，F 为关于 B_y、B_z 的线性函数，而相对方位元素 $\Delta\alpha_x$、$\Delta\omega$、$\Delta\kappa$ 隐含在右像空系对左像空系的旋转矩阵的方向余弦 $\boldsymbol{R}$ 之中。于是共面条件方程可以改写为关于未知数 B_y、B_z、$\Delta\alpha_x$、$\Delta\omega$、$\Delta\kappa$ 的函数

$$F(B_y,B_z,\Delta\alpha_x,\Delta\omega,\Delta\kappa)=0 \tag{5-34}$$

函数 F 是关于 $\Delta\alpha_x$、$\Delta\omega$、$\Delta\kappa$ 的三角函数，要想通过 F 求出 $\Delta\alpha_x$、$\Delta\omega$、$\Delta\kappa$ 的值，必须将 F 进行线性化。

假设这五个未知数的初始值分别为 B_y^0、B_z^0、$\Delta\alpha_x^0$、$\Delta\omega^0$、$\Delta\kappa^0$，相应的改正数分别为 $\mathrm{d}B_y=B_y-B_y^0$，$\mathrm{d}B_z=B_z-B_z^0$，$\mathrm{d}\Delta\alpha_x=\Delta\alpha_x-\Delta\alpha_x^0$，$\mathrm{d}\Delta\omega=\Delta\omega-\Delta\omega^0$，$\mathrm{d}\Delta\kappa=\Delta\kappa-\Delta\kappa^0$。

$(F)^0$ 为 F 在这五个未知数处的初值，所以将函数 F 在这几个初值处进行一阶泰勒级数

展开，得到线性化的共面条件表达式

$$F=(F)^0+\frac{\partial F}{\partial\Delta\alpha_x}\mathrm{d}\Delta\alpha_x+\frac{\partial F}{\partial\Delta\omega}\mathrm{d}\Delta\omega+\frac{\partial F}{\partial\Delta\kappa}\mathrm{d}\Delta\kappa+\frac{\partial F}{\partial B_y}\mathrm{d}B_y+\frac{\partial F}{\partial B_z}\mathrm{d}B_z=0 \tag{5-35}$$

要想求出未知数的改正数(新的未知数)，关键是求出函数 F 对这五个未知数的改正数。其中，函数 F 为

$$F=\begin{vmatrix} B_x & B_y & B_z \\ X_1 & Y_1 & Z_1 \\ X_2 & Y_2 & Z_2 \end{vmatrix}$$

B_y、B_z 与摄测坐标(X_1,Y_1,Z_1)和(X_2,Y_2,Z_2)没有关系，所以 F 是关于 B_y、B_z 的线性函数，于是 F 对 B_y、B_z 的偏导数很容易求出

$$\frac{\partial F}{\partial B_y}=\begin{vmatrix} 0 & 1 & 0 \\ X_1 & Y_1 & Z_1 \\ X_2 & Y_2 & Z_2 \end{vmatrix},\quad \frac{\partial F}{\partial B_z}=\begin{vmatrix} 0 & 0 & 1 \\ X_1 & Y_1 & Z_1 \\ X_2 & Y_2 & Z_2 \end{vmatrix}$$

接下来分析 F 对 $\Delta\alpha_x$、$\Delta\omega$、$\Delta\kappa$ 的偏导数，$\Delta\alpha_x$、$\Delta\omega$、$\Delta\kappa$ 隐含在摄测坐标(X_2,Y_2,Z_2)之中，所以

$$\frac{\partial F}{\partial\Delta\alpha_x}=\begin{vmatrix} B_x & B_y & B_z \\ X_1 & Y_1 & Z_1 \\ \frac{\partial X_2}{\partial\Delta\alpha_x} & \frac{\partial Y_2}{\partial\Delta\alpha_x} & \frac{\partial Z_2}{\partial\Delta\alpha_x} \end{vmatrix}$$

$$\frac{\partial F}{\partial\Delta\omega}=\begin{vmatrix} B_x & B_y & B_z \\ X_1 & Y_1 & Z_1 \\ \frac{\partial X_2}{\partial\Delta\omega} & \frac{\partial Y_2}{\partial\Delta\omega} & \frac{\partial Z_2}{\partial\Delta\omega} \end{vmatrix}$$

$$\frac{\partial F}{\partial\Delta\kappa}=\begin{vmatrix} B_x & B_y & B_z \\ X_1 & Y_1 & Z_1 \\ \frac{\partial X_2}{\partial\Delta\kappa} & \frac{\partial Y_2}{\partial\Delta\kappa} & \frac{\partial Z_2}{\partial\Delta\kappa} \end{vmatrix}$$

(X_2,Y_2,Z_2)的表达式为

$$\begin{bmatrix} X_2 \\ Y_2 \\ Z_2 \end{bmatrix}=\boldsymbol{R}\begin{bmatrix} x_2 \\ y_2 \\ -f \end{bmatrix}=\begin{bmatrix} a_1 & a_2 & a_3 \\ b_1 & b_2 & b_3 \\ c_1 & c_2 & c_3 \end{bmatrix}\begin{bmatrix} x_2 \\ y_2 \\ -f \end{bmatrix}$$

要求出(X_2,Y_2,Z_2)对 $\Delta\alpha_x$、$\Delta\omega$、$\Delta\kappa$ 的偏导数，主要是要求出旋转矩阵 $\boldsymbol{R}$ 对 $\Delta\alpha_x$、$\Delta\omega$、$\Delta\kappa$ 的偏导数，要求出 $\boldsymbol{R}$ 对 $\Delta\alpha_x$、$\Delta\omega$、$\Delta\kappa$ 的偏导数，又主要是求出 $\boldsymbol{R}$ 中的方向余弦对 $\Delta\alpha_x$、$\Delta\omega$、$\Delta\kappa$ 的偏导数

$$\begin{bmatrix} \frac{\partial X_2}{\partial\Delta\alpha_x} \\ \frac{\partial Y_2}{\partial\Delta\alpha_x} \\ \frac{\partial Y_2}{\partial\Delta\alpha_x} \end{bmatrix}=\begin{bmatrix} \frac{\partial a_1}{\partial\Delta\alpha_x} & \frac{\partial a_2}{\partial\Delta\alpha_x} & \frac{\partial a_3}{\partial\Delta\alpha_x} \\ \frac{\partial b_1}{\partial\Delta\alpha_x} & \frac{\partial b_2}{\partial\Delta\alpha_x} & \frac{\partial b_3}{\partial\Delta\alpha_x} \\ \frac{\partial c_1}{\partial\Delta\alpha_x} & \frac{\partial c_2}{\partial\Delta\alpha_x} & \frac{\partial c_3}{\partial\Delta\alpha_x} \end{bmatrix}\begin{bmatrix} x_2 \\ y_2 \\ -f \end{bmatrix}$$

下面给出这九个方向余弦与 $\Delta\alpha_x$、$\Delta\omega$、$\Delta\kappa$ 的关系

$$a_1=\cos\Delta\alpha_x\cos\Delta\kappa-\sin\Delta\alpha_x\sin\Delta\omega\sin\Delta\kappa$$
$$a_2=-\cos\Delta\alpha_x\sin\Delta\kappa-\sin\Delta\alpha_x\sin\Delta\omega\cos\Delta\kappa$$
$$a_3=-\sin\Delta\alpha_x\cos\Delta\omega$$
$$b_1=\cos\Delta\omega\cos\Delta\kappa$$
$$b_2=\cos\Delta\omega\cos\Delta\kappa$$
$$b_3=-\sin\Delta\omega$$
$$c_1=\sin\Delta\alpha_x\cos\Delta\kappa+\cos\Delta\alpha_x\sin\Delta\omega\sin\Delta\kappa$$
$$c_2=-\sin\Delta\alpha_x\sin\Delta\kappa+\cos\Delta\alpha_x\sin\Delta\omega\cos\Delta\kappa$$
$$c_3=\cos\Delta\alpha_x\cos\Delta\omega$$

于是得出九个方向余弦对 $\Delta\alpha_x$、$\Delta\omega$、$\Delta\kappa$ 的偏导数

$$\frac{\partial a_1}{\partial\Delta\alpha_x}=-c_1,\quad \frac{\partial b_1}{\partial\Delta\alpha_x}=0,\quad \frac{\partial c_1}{\partial\Delta\alpha_x}=a_1$$
$$\frac{\partial a_2}{\partial\Delta\alpha_x}=-c_2,\quad \frac{\partial b_2}{\partial\Delta\alpha_x}=0,\quad \frac{\partial c_2}{\partial\Delta\alpha_x}=a_2$$
$$\frac{\partial a_3}{\partial\Delta\alpha_x}=-c_3,\quad \frac{\partial b_3}{\partial\Delta\alpha_x}=0,\quad \frac{\partial c_3}{\partial\Delta\alpha_x}=a_3$$

将其代入(X_2,Y_2,Z_2)对 $\Delta\alpha_x$ 的偏导数之中

$$\begin{bmatrix}\dfrac{\partial X_2}{\partial\Delta\alpha_x}\\ \dfrac{\partial Y_2}{\partial\Delta\alpha_x}\\ \dfrac{\partial Y_2}{\partial\Delta\alpha_x}\end{bmatrix}=\begin{bmatrix}\dfrac{\partial a_1}{\partial\Delta\alpha_x} & \dfrac{\partial a_2}{\partial\Delta\alpha_x} & \dfrac{\partial a_3}{\partial\Delta\alpha_x}\\ \dfrac{\partial b_1}{\partial\Delta\alpha_x} & \dfrac{\partial b_2}{\partial\Delta\alpha_x} & \dfrac{\partial b_3}{\partial\Delta\alpha_x}\\ \dfrac{\partial c_1}{\partial\Delta\alpha_x} & \dfrac{\partial c_2}{\partial\Delta\alpha_x} & \dfrac{\partial c_3}{\partial\Delta\alpha_x}\end{bmatrix}\begin{bmatrix}x_2\\ y_2\\ -f\end{bmatrix}=\begin{bmatrix}-c_1 & -c_2 & -c_3\\ 0 & 0 & 0\\ a_1 & a_2 & a_3\end{bmatrix}\begin{bmatrix}x_2\\ y_2\\ -f\end{bmatrix}=\begin{bmatrix}-Z_2\\ 0\\ X_2\end{bmatrix}$$

得到

$$\frac{\partial F}{\partial\Delta\alpha_x}=\begin{vmatrix}B_x & B_y & B_z\\ X_1 & Y_1 & Z_1\\ \dfrac{\partial X_2}{\partial\Delta\alpha_x} & \dfrac{\partial Y_2}{\partial\Delta\alpha_x} & \dfrac{\partial Z_2}{\partial\Delta\alpha_x}\end{vmatrix}=\begin{vmatrix}B_x & B_y & B_z\\ X_1 & Y_1 & Z_1\\ -Z_2 & 0 & X_2\end{vmatrix}$$

同理可求得 F 对 $\Delta\omega$、$\Delta\kappa$ 的偏导数

$$\frac{\partial F}{\partial\Delta\omega}=\begin{vmatrix}B_x & B_y & B_z\\ X_1 & Y_1 & Z_1\\ -Y_2\sin\Delta\alpha_x & X_2\sin\Delta\alpha_x-Z_2\cos\Delta\alpha_x & Y_2\cos\Delta\alpha_x\end{vmatrix}$$

$$\frac{\partial F}{\partial\Delta\kappa}=\begin{vmatrix}B_x & B_y & B_z\\ X_1 & Y_1 & Z_1\\ -Y_2c_3+Z_2b_3 & X_2c_3-a_3Z_2 & -X_2b_3+Y_2a_3\end{vmatrix}$$

代入各个偏导数，求出 F 的线性化表达式

$$\begin{vmatrix}B_x & B_y & B_z\\ X_1 & Y_1 & Z_1\\ -Z_2 & 0 & X_2\end{vmatrix}\mathrm{d}\Delta\alpha_x+\begin{vmatrix}B_x & B_y & B_z\\ X_1 & Y_1 & Z_1\\ -Y_2\sin\Delta\alpha_x & X_2\sin\Delta\alpha_x-Z_2\cos\Delta\alpha_x & Y_2\cos\Delta\alpha_x\end{vmatrix}\mathrm{d}\Delta\omega+$$

$$\begin{vmatrix} B_x & B_y & B_z \\ X_1 & Y_1 & Z_1 \\ -Y_2c_3+Z_2b_3 & X_2c_3-a_3Z_2 & -X_2b_3+Y_2a_3 \end{vmatrix} \mathrm{d}\Delta\kappa+$$

$$\begin{vmatrix} 0 & 1 & 0 \\ X_1 & Y_1 & Z_1 \\ X_2 & Y_2 & Z_2 \end{vmatrix} \mathrm{d}B_y+\begin{vmatrix} 0 & 0 & 1 \\ X_1 & Y_1 & Z_1 \\ X_2 & Y_2 & Z_2 \end{vmatrix} \mathrm{d}B_z+\begin{vmatrix} B_x & B_y & B_z \\ X_1 & Y_1 & Z_1 \\ X_2 & Y_2 & Z_2 \end{vmatrix}=0$$

到这里 F 的线性化表达式的完整形式已经给出了，通过式(5-35)已经完全可以答解那五个未知数了。考虑到 $\Delta\alpha_x$、$\Delta\omega$、$\Delta\kappa$ 的值都接近于 0，上述的 F 的线性化表达式的完整形式可简化为

$$\mathrm{d}\Delta a_x+\begin{vmatrix} B_x & B_y & B_z \\ X_1 & Y_1 & Z_1 \\ 0 & -Z_2 & Y_2 \end{vmatrix} \mathrm{d}\Delta\omega+\begin{vmatrix} B_x & B_y & B_z \\ X_1 & Y_1 & Z_1 \\ -Y_2 & X_2 & 0 \end{vmatrix} \mathrm{d}\Delta\kappa+$$

$$\begin{vmatrix} 0 & 1 & 0 \\ X_1 & Y_1 & Z_1 \\ X_2 & Y_2 & Z_2 \end{vmatrix} \mathrm{d}B_y+\begin{vmatrix} 0 & 0 & 1 \\ X_1 & Y_1 & Z_1 \\ X_2 & Y_2 & Z_2 \end{vmatrix} \mathrm{d}B_z+\begin{vmatrix} B_x & B_y & B_z \\ X_1 & Y_1 & Z_1 \\ X_2 & Y_2 & Z_2 \end{vmatrix}=0 \tag{5-36}$$

在连续像对相对方位元素系统中(见图 5-23)

$$\frac{B_y}{B_x}=\tan\tau, \quad \frac{B_z}{B}=\sin\upsilon$$

于是

$$\mathrm{d}B_y=B_x\sec^2\tau\,\mathrm{d}\tau\approx B\,\mathrm{d}\tau$$
$$\mathrm{d}B_z=B\cos\upsilon\,\mathrm{d}\upsilon\approx B\,\mathrm{d}\upsilon$$

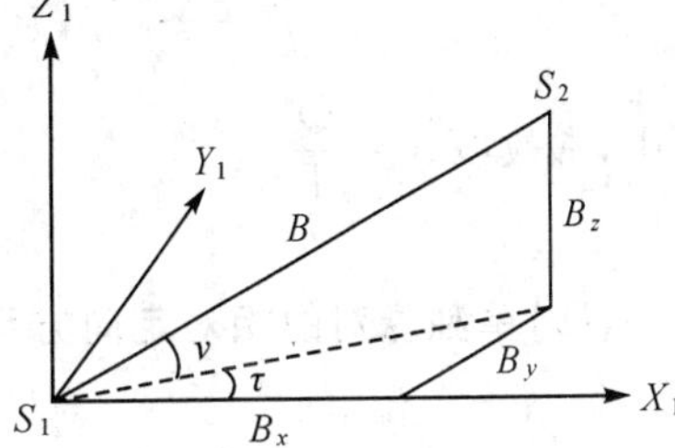

图 5-23　连续像对的相对方位元素

代入简化的共面条件方程线性化表达式，得到完全由相对方位元素的改正数表示的方程

$$\begin{vmatrix} B_x & B_y & B_z \\ X_1 & Y_1 & Z_1 \\ -Z_2 & 0 & X_2 \end{vmatrix} \mathrm{d}\Delta\alpha_x+\begin{vmatrix} B_x & B_y & B_z \\ X_1 & Y_1 & Z_1 \\ 0 & -Z_2 & Y_2 \end{vmatrix} \mathrm{d}\Delta\omega+\begin{vmatrix} B_x & B_y & B_z \\ X_1 & Y_1 & Z_1 \\ -Y_2 & X_2 & 0 \end{vmatrix} \mathrm{d}\Delta\kappa-$$

$$B\begin{vmatrix} X_1 & Z_1 \\ X_2 & Z_2 \end{vmatrix} \mathrm{d}\tau+B\begin{vmatrix} X_1 & Y_1 \\ X_2 & Y_2 \end{vmatrix} \mathrm{d}\upsilon+\begin{vmatrix} B_x & B_y & B_z \\ X_1 & Y_1 & Z_1 \\ X_2 & Y_2 & Z_2 \end{vmatrix}=0 \tag{5-37}$$

近似垂直投影条件下存在如下关系式

$$X_1=x_1, \quad Y_1=y_1, \quad Z_1=-f$$
$$X_2\approx x_2, \quad Y_2\approx y_2, \quad Z_2\approx -f$$
$$B_x\approx B, \quad B_y\approx 0, \quad B_z\approx 0$$

代入可得

$$x_2y_1B\,\mathrm{d}\Delta\alpha_x+(y_1y_2+f^2)B\,\mathrm{d}\Delta\omega-y_2fB\,\mathrm{d}\Delta\kappa+f(x_1-x_2)B\,\mathrm{d}\tau+$$

$$(x_1y_2-x_2y_1)B\,\mathrm{d}\upsilon+\begin{vmatrix} B_x & B_y & B_z \\ X_1 & Y_1 & Z_1 \\ X_2 & Y_2 & Z_2 \end{vmatrix}=0 \tag{5-38}$$

考虑到 $y_1\approx y_2$，$x_1-x_2=b$(像片基线)，式(5-38)左右两边同时除以 fb，可做进一步的简化

$$\frac{B}{b}\frac{x_2y_2}{f}\mathrm{d}\Delta\alpha_x+\frac{B}{b}\left(f+\frac{y_2^2}{f}\right)\mathrm{d}\Delta\omega+\frac{B}{b}x_2\mathrm{d}\Delta\kappa+B\mathrm{d}\tau+\frac{y_2}{f}B\mathrm{d}\upsilon-Q=0 \tag{5-39}$$

这个式子就是用像点坐标表示的共面条件方程一次项近似公式。式(5-39)中常数项

$$Q=\frac{\begin{vmatrix}B_x & B_y & B_z\\ X_1 & Y_1 & Z_1\\ X_2 & Y_2 & Z_2\end{vmatrix}}{\begin{vmatrix}X_1 & Z_1\\ X_2 & Z_2\end{vmatrix}}$$

若令 $N=\dfrac{B_xZ_2-B_zX_2}{X_1Z_2-X_2Z_1}$,$N'=\dfrac{B_xZ_1-B_zX_1}{X_1Z_2-X_2Z_1}$,则

$$Q=NY_1-N'Y_2-B_y$$

Q 即为模型点的上下视差。

将式(5-39)除以$\dfrac{B}{b}$,可得连续像对的相对定向方程

$$\frac{x_2y_2}{f}\mathrm{d}\Delta\alpha_x+\left(f+\frac{y_2{}^2}{f}\right)\mathrm{d}\Delta\omega+x_2\mathrm{d}\Delta\kappa+b\mathrm{d}\tau+\frac{y_2}{f}b\mathrm{d}\upsilon-q=0 \tag{5-40}$$

式中,常数项 $q=\dfrac{Q}{\frac{B}{b}}$。

(四)单独像对的相对定向方程

令

$$F=\begin{vmatrix}B_x & 0 & 0\\ X_1 & Y_1 & Z_1\\ X_2 & Y_2 & Z_2\end{vmatrix}=\begin{vmatrix}Y_1 & Z_1\\ Y_2 & Z_2\end{vmatrix}=0$$

摄测坐标

$$\begin{bmatrix}X_1\\ Y_1\\ Z_1\end{bmatrix}=\begin{bmatrix}a_1 & a_2 & a_3\\ b_1 & b_2 & b_3\\ c_1 & c_2 & c_3\end{bmatrix}\begin{bmatrix}x_1\\ y_1\\ -f\end{bmatrix}=\boldsymbol{R}\begin{bmatrix}x_1\\ y_1\\ -f\end{bmatrix}$$

$$\begin{bmatrix}X_2\\ Y_2\\ Z_2\end{bmatrix}=\begin{bmatrix}a'_1 & a'_2 & a'_3\\ b'_1 & b'_2 & b'_3\\ c'_1 & c'_2 & c'_3\end{bmatrix}\begin{bmatrix}x_2\\ y_2\\ -f\end{bmatrix}=\boldsymbol{R}'\begin{bmatrix}x_2\\ y_2\\ -f\end{bmatrix}$$

式中,$\boldsymbol{R}$ 为左像空系对基线系的旋转矩阵,由相对方位元素 τ_1、κ_1^0 组成;$\boldsymbol{R}'$ 为左像空系对基线系的旋转矩阵,由相对方位元素 ε、τ_2、κ_2^0 组成,于是函数 F 可以表示为关于未知数(τ_1,κ_1^0,ε,τ_2,κ_2^0)的函数

$$F(\tau_1,\kappa_1^0,\varepsilon,\tau_2,\kappa_2^0)=0 \tag{5-41}$$

由于 F 是关于未知数(τ_1,κ_1^0,ε,τ_2,κ_2^0)的非线性函数,要求出这五个相对方位元素,需对 F 进行线性化

$$\frac{\partial F^0}{\partial\tau_1}\mathrm{d}\tau_1+\frac{\partial F^0}{\partial\kappa_1}\mathrm{d}\kappa_1^0+\frac{\partial F^0}{\partial\varepsilon}\mathrm{d}\varepsilon+\frac{\partial F^0}{\partial\tau_2}\mathrm{d}\tau_2+\frac{\partial F^0}{\partial\kappa_2}\mathrm{d}\kappa_2^0+F^0=0 \tag{5-42}$$

F 对(τ_1,κ_1^0,ε,τ_2,κ_2^0)的偏导数的求解可以仿照连续像对相对定向方程的推导过程,这里

不再赘述，直接给出单独像对的相对定向方程

$$-\frac{x_1 y_1}{f}\mathrm{d}\tau_1+\frac{x_2 y_2}{f}\mathrm{d}\tau_2+\left(f+\frac{y_2^2}{f}\right)\mathrm{d}\varepsilon-x_1\mathrm{d}\kappa_1^0+x_2\mathrm{d}k_2^0-q=0 \tag{5-43}$$

(五)相对方位元素的解算

分析连续像对系统相对定向方程式(5-40)和单独像对系统的相对定向方程式(5-43)，可知：在立体像对上，每量测一对同名像点的像坐标，便可建立一个关于相对方位元素的求解方程，而两个方程都含有五个未知数，所以最少需要五对同名像点，但在实际操作中，为了提高精度，需要多余观测点，一般最少需要六对同名像点。相对定向方程是关于 y 的二次方程，所以在平行于 y 轴的同一直线上最多有三个相对定向点；相对定向方程又是关于 x 的线性方程，所以在平行于 x 轴的同一直线上最多有两个相对定向点。

德国摄影测量学家格鲁伯提出了一种相对定向点的配置方案，图 5-24 中的点 1～6 称为标准配置点，又称格鲁伯点。

图 5-24 中，1、2 两点选在立体像对左右两张像片的像主点附近，1、2、3、4 点构成一个矩形，5、6 点与 3、4 点对称。点的像空间坐标如表 5-2 所示。

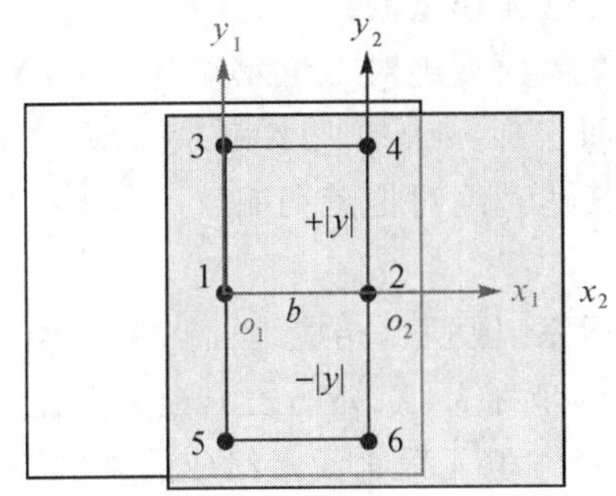

图 5-24　标准配置点

表 5-2　标准配置点的像空间坐标对应表

序号	坐标		
	x_1	x_2	y_1,y_2
1	0	$-b$	0
2	b	0	0
3	0	$-b$	$\lvert y \rvert$
4	b	0	$\lvert y \rvert$
5	0	$-b$	$-\lvert y \rvert$
6	b	0	$-\lvert y \rvert$

以连续像对相对定向为例，讨论相对方位元素的解算过程。

(1)读入原始数据$(x_1,y_1,x_2,y_2)_i$。

(2)确定相对方位元素的初始值

$$\Delta\alpha_x^0=\Delta\omega^0=\Delta\kappa^0=\tau^0=\upsilon^0=0$$

$$b=x_1-x_2$$

(3)构建旋转矩阵 $\boldsymbol{R}$，计算摄测坐标(X_1,Y_1,Z_1)，(X_2,Y_2,Z_2)

$$\begin{bmatrix}X_1\\Y_1\\Z_1\end{bmatrix}=\begin{bmatrix}x_1\\y_1\\-f\end{bmatrix}$$

$$\begin{bmatrix}X_2\\Y_2\\Z_2\end{bmatrix}=\boldsymbol{R}\begin{bmatrix}x_2\\y_2\\-f\end{bmatrix}=\begin{bmatrix}a_1&a_2&a_3\\b_1&b_2&b_3\\c_1&c_2&c_3\end{bmatrix}\begin{bmatrix}x_2\\y_2\\-f\end{bmatrix}$$

(4)组误差方程式

$$c_1\mathrm{d}\Delta\alpha_x+c_2\mathrm{d}\Delta\omega+c_3\mathrm{d}\Delta\kappa+c_4\mathrm{d}\tau+c_5\mathrm{d}\upsilon-L_i=v_i \tag{5-44}$$

(5)法化，答解法方程，求解相对方位元素改正数。

(6)计算相对方位元素

$$\Delta\alpha_x^{i+1}=\Delta\alpha_x^{i}+\mathrm{d}\Delta\alpha_x^{i+1}$$
$$\Delta\omega^{i+1}=\Delta\omega^{i}+\mathrm{d}\Delta\omega^{i+1}$$
$$\Delta\kappa^{i+1}=\Delta\kappa^{i}+\mathrm{d}\Delta\kappa^{i+1}$$
$$\tau^{i+1}=\tau^{i}+\mathrm{d}\tau^{i+1}$$
$$\upsilon^{i+1}=\upsilon^{i}+\mathrm{d}\upsilon^{i+1}$$

(7)判断改正数是否小于限差。若大于限差,回到第(3)步,重组误差方程式进行迭代计算;若小于限差,输出计算结果。

三、绝对定向

(一)绝对定向的概念

相对定向后建立的立体模型是相对于摄测系的,它在地面坐标系统中的方位是未知的,其比例尺也是任意的。如果要知道模型中某点相应的地面点的地面坐标,就必须对所建立的模型进行绝对定向,即要确定模型在地面坐标系中的正确方位及比例尺因子。将模型坐标转换为地面坐标,这样就能确定出加密点的地面坐标,这称为立体模型的绝对定向。

绝对定向是解算立体模型绝对方位元素的工作。立体模型绝对方位元素有七个:X_S、Y_S、Z_S、Φ、Ω、κ、λ。绝对定向的目的是恢复立体模型在地面坐标系中的大小和方位,方法是通过将相对定向建立的立体模型进行缩放、旋转和平移,使其达到绝对位置和缩放。

(二)基本原理

设 $S\text{-}XYZ$ 为模型坐标系,$O_T\text{-}X_TY_TZ_T$ 为地面坐标系,模型点相应地面点的地面坐标为 (X_T,Y_T,Z_T),模型点原点在地面坐标系 $O_T\text{-}X_TY_TZ_T$ 中的坐标为 (X_0,Y_0,Z_0),模型点在 $S\text{-}XYZ$ 中的坐标为 (X,Y,Z),λ 为模型比例尺因子,$\boldsymbol{M}$ 为由绝对方位元素角元素组成的旋转矩阵

$$\begin{bmatrix}X_T\\Y_T\\Z_T\end{bmatrix}=\lambda\boldsymbol{M}\begin{bmatrix}X\\Y\\Z\end{bmatrix}+\begin{bmatrix}X_0\\Y_0\\Z_0\end{bmatrix}=\lambda\begin{bmatrix}a_1&a_2&a_3\\a_2&b_2&b_3\\a_3&c_2&c_3\end{bmatrix}\begin{bmatrix}X\\Y\\Z\end{bmatrix}+\begin{bmatrix}X_0\\Y_0\\Z_0\end{bmatrix}\tag{5-45}$$

这在数学上称为三维空间的相似变换。用向量的符号可表示为

$$\boldsymbol{X}_T=\lambda\boldsymbol{M}\boldsymbol{X}+\boldsymbol{X}_0\tag{5-46}$$

上述空间相似变换中共包含七个参数:λ、X_0、Y_0、Z_0 及 $\boldsymbol{M}$ 中包含的三个独立参数(绝对方位元素的三个角元素)。

下面的问题就是如何确定出七个绝对方位元素,通常都是通过一定数量的控制点反求。但是由于式(5-45)所表达的相似变换是变换参数的非线性函数,为了适应最小二乘法平差运算,必须将式(5-45)线性化。线性化方法是:真值=近似值+改正数。

给定初值 λ^0,$\boldsymbol{X}_0=\begin{bmatrix}X_0^0\\Y_0^0\\Z_0^0\end{bmatrix}$,$\boldsymbol{M}^0\boldsymbol{X}$,其改正数为 $\mathrm{d}\lambda$,$\mathrm{d}X_0=\begin{pmatrix}\mathrm{d}X_0\\\mathrm{d}Y_0\\\mathrm{d}Z_0\end{pmatrix}$,$\mathrm{d}\boldsymbol{M}\cdot\boldsymbol{M}\boldsymbol{X}$。

设

$$\begin{bmatrix}U\\V\\W\end{bmatrix}=\boldsymbol{M}\begin{bmatrix}X\\Y\\Z\end{bmatrix}=\begin{bmatrix}1&-K&-\Phi\\K&1&-\Omega\\\Phi&\Omega&1\end{bmatrix}\begin{bmatrix}X\\Y\\Z\end{bmatrix}$$

$$\begin{bmatrix} dU \\ dV \\ dW \end{bmatrix} = \begin{bmatrix} 0 & -dK & -d\Phi \\ dK & 0 & -d\Omega \\ d\Phi & d\Omega & 0 \end{bmatrix} \begin{bmatrix} 1 & K & \Phi \\ -K & 1 & \Omega \\ -\Phi & -\Omega & 1 \end{bmatrix} \begin{bmatrix} U \\ V \\ W \end{bmatrix} =$$

$$\begin{bmatrix} 0 & -dK & -d\Phi \\ dK & 0 & -d\Omega \\ d\Phi & d\Omega & 0 \end{bmatrix} \left(\boldsymbol{E} + \begin{bmatrix} 0 & K & \Phi \\ -K & 0 & \Omega \\ -\Phi & -\Omega & 0 \end{bmatrix} \right) \begin{bmatrix} U \\ V \\ W \end{bmatrix} =$$

$$\begin{bmatrix} 0 & -dK & -d\Phi \\ dK & 0 & -d\Omega \\ d\Phi & d\Omega & 0 \end{bmatrix} \begin{bmatrix} U \\ V \\ W \end{bmatrix} (\text{舍去第二项}) = d\boldsymbol{M} \cdot \boldsymbol{M} \begin{bmatrix} X \\ Y \\ Z \end{bmatrix}$$

为书写方便，在不引起混淆的条件下，取消上面的上角标“0”，得到

$$\begin{aligned} \boldsymbol{X}_T = & (\lambda^0 + d\lambda)[\boldsymbol{M}^0 \boldsymbol{X} + d(\boldsymbol{MX})] + (\boldsymbol{X}_0^0 + d\boldsymbol{X}_0) = \\ & (\lambda + d\lambda)(\boldsymbol{E} + d\boldsymbol{M})\boldsymbol{MX} + (\boldsymbol{X}_0 + d\boldsymbol{X}_0) = \\ & \lambda \boldsymbol{MX} + \boldsymbol{X}_0 + d\lambda \boldsymbol{MX} + \lambda\, d\boldsymbol{MMX} + d\lambda\, d\boldsymbol{MMX} + d\boldsymbol{X}_0 = \\ & \boldsymbol{X}_T^0 + d\lambda \boldsymbol{MX} + \lambda\, d\boldsymbol{MMX} + d\lambda\, d\boldsymbol{MMX} + d\boldsymbol{X}_0 \end{aligned} \tag{5-47}$$

令 $\boldsymbol{X}_{tr} = \lambda \boldsymbol{MX} = \lambda \begin{bmatrix} a_1 & a_2 & a_3 \\ b_1 & b_2 & b_3 \\ c_1 & c_2 & c_3 \end{bmatrix} \begin{bmatrix} X \\ Y \\ Z \end{bmatrix}$，$\delta \boldsymbol{X} = \boldsymbol{X}_T - \boldsymbol{X}_T{}^0 = \begin{bmatrix} X_T \\ Y_T \\ Z_T \end{bmatrix} - \begin{bmatrix} X_T^0 \\ Y_T^0 \\ Z_T^0 \end{bmatrix}$，$d\lambda' = \frac{1}{\lambda} d\lambda$，则有

$$\delta \boldsymbol{X} = d\boldsymbol{X}_0 + d\lambda' \boldsymbol{X}_{tr} + d\boldsymbol{M} \cdot \boldsymbol{X}_{tr}$$

$$\begin{bmatrix} \delta X \\ \delta Y \\ \delta Z \end{bmatrix} = \begin{bmatrix} dX_0 \\ dY_0 \\ dZ_0 \end{bmatrix} + d\lambda' \begin{bmatrix} X_{tr} \\ Y_{tr} \\ Z_{tr} \end{bmatrix} + \begin{bmatrix} 0 & -dK & -d\Phi \\ dK & 0 & -d\Omega \\ d\Phi & d\Omega & 0 \end{bmatrix} \begin{bmatrix} X_{tr} \\ Y_{tr} \\ Z_{tr} \end{bmatrix} \tag{5-48}$$

可以写成

$$\begin{bmatrix} 1 & 0 & 0 & X_{tr} & 0 & -Z_{tr} & -Y_{tr} \\ 0 & 1 & 0 & Y_{tr} & -Z_{tr} & 0 & X_{tr} \\ 0 & 0 & 1 & Z_{tr} & Y_{tr} & X_{tr} & 0 \end{bmatrix} \begin{bmatrix} dX_0 \\ dY_0 \\ dZ_0 \\ d\lambda' \\ d\Omega \\ d\Phi \\ dK \end{bmatrix} = \begin{bmatrix} \delta X \\ \delta Y \\ \delta Z \end{bmatrix} \tag{5-49}$$

在近似垂直摄影情况下，各初值的选取：$\Phi^0 = \Omega^0 = K^0 = 0$。

λ^0 的初值可由两个已知的地面控制点间的实地距离与其相应的模型点的距离的比值确定，即

$$\lambda^0 = \frac{\sqrt{(X_{T1} - X_{T2})^2 + (Y_{T1} - Y_{T2})^2 + (Z_{T1} - Z_{T2})^2}}{\sqrt{(X_1 - X_2)^2 + (Y_1 - Y_2)^2 + (Z_1 - Z_2)^2}} \tag{5-50}$$

在使用空间相似变换进行模型连接时，需将下一个模型的比例尺归化到前一个已建好的模型上去。由于相邻模型的比例尺大体相当，此时可直接取 $\lambda^0 = 1$。

至于三个平移参数的初值 X_0、Y_0、Z_0，一般可将模型坐标系（或摄测坐标系）先移到某一已知控制点所对应的模型点上，此时该控制点的坐标（地面坐标）提供了相当精确的初值。

注意:初值的选取很重要,初值选的精确,可以加快收敛速度,减少计算量。此外,初值选得好,原始方程还可简化成下面更简单的形式。

因为 $\boldsymbol{X}_{tr}^{0}=\lambda^{0}\boldsymbol{M}^{0}\boldsymbol{X}=1\cdot\boldsymbol{E}\cdot\boldsymbol{X}=\boldsymbol{X}$,代入式(5-49),得

$$\begin{bmatrix}1&0&0&X&0&-Z&-Y\\0&1&0&Y&-Z&0&X\\0&0&1&Z&Y&X&0\end{bmatrix}\begin{bmatrix}\mathrm{d}X_0\\\mathrm{d}Y_0\\\mathrm{d}Z_0\\\mathrm{d}\lambda'\\\mathrm{d}\Omega\\\mathrm{d}\Phi\\\mathrm{d}K\end{bmatrix}=\begin{bmatrix}\delta X\\\delta Y\\\delta Z\end{bmatrix} \tag{5-51}$$

由线性化绝对定向方程式可以看出,给出一个平面高程控制点,便可由式(5-51)列出三个方程组。给出两个平面高程控制点(简称平高控制点)和一个高程控制点,便可列出七个方程式。联立解答这七个方程式,便可求解七个绝对方位元素的近似值的改正数。但是为了保证绝对定向的质量和提供检核数据,通常要有多余的地面控制点,通常是四个平高控制点,分布在立体模型的四个角隅,然后按最小二乘原理迭代求解。

为了简化法方程的解算,可以将摄测系的原点和地辅系的原点都移到用于绝对定向的几个控制点的几何重心。假设构成模型的物质是均匀的,即地面控制点是等精度的,重心点的模型坐标为

$$\dot{X}=\frac{1}{n}\sum X_i,\quad \dot{Y}=\frac{1}{n}\sum Y_i,\quad \dot{Z}=\frac{1}{n}\sum Z_i$$

式中,n 为控制点个数。

重心点的地辅系为

$$\dot{X}=\frac{1}{n}\sum X_{Ti},\quad \dot{Y}=\frac{1}{n}\sum Y_{Ti},\quad \dot{Z}=\frac{1}{n}\sum Z_{Ti}$$

这称为坐标的重心化。重心化坐标以后,模型点的模型坐标即变为重心化模型坐标,即为

$$\begin{bmatrix}\overline{X}\\\overline{Y}\\\overline{Z}\end{bmatrix}_j=\begin{bmatrix}X\\Y\\Z\end{bmatrix}_j-\begin{bmatrix}\dot{X}\\\dot{Y}\\\dot{Z}\end{bmatrix} \tag{5-52}$$

控制点的重心化地辅坐标为

$$\begin{bmatrix}\overline{X}_T\\\overline{Y}_T\\\overline{Z}_T\end{bmatrix}_j=\begin{bmatrix}X_T\\Y_T\\Z_T\end{bmatrix}_j-\begin{bmatrix}\dot{X}_T\\\dot{Y}_T\\\dot{Z}_T\end{bmatrix} \tag{5-53}$$

所以在重心化情况下,不再需要改正原点。因为定向点的重心化后已合理配赋。这样只剩下四个未知数,这是坐标重心化的一个明显优点。

因为 $[\overline{X}]=[\overline{Y}]=[\overline{Z}]=0$,$[\overline{X}_T]=[\overline{Y}_T]=[\overline{Z}_T]=0$,$[\delta X]=[\delta Y]=[\delta Z]=0$,证明

$$[\overline{X}_T]=\sum_{i=1}^{n}\overline{X}_T^i=\sum_{i=1}^{n}\left(X_T^i-\frac{1}{n}\sum_{i=1}^{n}X_T^i\right)=\sum_{i=1}^{n}X_T^i-n\cdot\frac{1}{n}\sum_{i=1}^{n}X_T^i=0$$

$$[\delta X]=[\overline{X}_T]-\lambda\boldsymbol{M}[\overline{X}]=0$$

在这种重心化坐标下，法方程变为非常简单的形式，此时，前四个未知数可以独立的求解

$$\mathrm{d}X_0=0$$
$$\mathrm{d}Y_0=0$$
$$\mathrm{d}Z_0=0$$
$$\mathrm{d}\lambda'=\frac{[\overline{X}\delta X+\overline{Y}\delta Y+\overline{Z}\delta Z]}{[\overline{X}^2+\overline{Y}^2+\overline{Z}^2]}$$

因此，空间相似变换的严密方程可写为

$$\begin{bmatrix}X_T\\Y_T\\Z_T\end{bmatrix}=\lambda\begin{bmatrix}a_1&a_2&a_3\\b_1&b_2&b_3\\c_1&c_2&c_3\end{bmatrix}\begin{bmatrix}\overline{X}\\\overline{Y}\\\overline{Z}\end{bmatrix}+\begin{bmatrix}\dot{X}_T\\\dot{Y}_T\\\dot{Z}_T\end{bmatrix}\tag{5-54}$$

(三)绝对定向的计算过程

(1)读入数据。包括各个控制点的地面坐标(X_T,Y_T,Z_T)及相应模型点的摄测坐标(即模型坐标)(X,Y,Z)；此外，还应读入所有加密点的模型坐标，以便在绝对定向完成后将它们变换成相对应的地面点的地面坐标。

(2)分别算控制点图形重心的摄影测量坐标和地面坐标。

(3)计算所有控制点和加密点的重心化摄影测量坐标；计算所有控制点的重心化地面坐标。

(4)确定绝对定向元素的初值。在近似垂直摄影的情况下，可取 $\Phi^0=\Omega^0=K^0=0$，在使用重心化坐标的情况下，$X_0=Y_0=Z_0\equiv0$，不必再求(即模型坐标系的原点，也就是几何重心，它在地面坐标系下的坐标，也就是过去所说的(X_0,Y_0,Z_0)，就是地面的几何重心原点坐标，所以平移量 $X_0=Y_0=Z_0$，恒为零)。而 λ^0 而则由两个相距最远的控制点间的实地距离与其相应模型点的距离之比来确定。

(5)由三个角元素 Φ、Ω、K 的近似值构成旋转矩阵 $\boldsymbol{M}$。

(6)因为在使用重心化坐标的条件下，$X_0^0=Y_0^0=Z_0^0\equiv0$，故应按式(5-55)逐点计算 δ_X、δ_Y 和 δ_Z

$$\begin{bmatrix}\delta_X\\\delta_Y\\\delta_Z\end{bmatrix}_i=\begin{bmatrix}\overline{X}_T\\\overline{Y}_T\\\overline{Z}_T\end{bmatrix}_i-\lambda\begin{bmatrix}a_1&a_2&a_3\\b_1&b_2&b_3\\c_1&c_2&c_3\end{bmatrix}\begin{bmatrix}\overline{X}\\\overline{Y}\\\overline{Z}\end{bmatrix}_i,\quad i=1,2,\cdots,n\tag{5-55}$$

(7)计算 $\mathrm{d}\lambda'$，并按式(5-56)计算改正后的比例尺因子

$$\lambda^{(k+1)}=\lambda^{(k)}(1+\mathrm{d}\lambda')\tag{5-56}$$

(8)组成并答解法方程，求出 $\mathrm{d}\Phi$、$\mathrm{d}\Omega$ 和 $\mathrm{d}K$。

(9)计算改正后的绝对定向元素

$$\Phi^{(k+1)}=\Phi^{(k)}+\mathrm{d}\Phi^{(k+1)}$$
$$\Omega^{(k+1)}=\Omega^{(k)}+\mathrm{d}\Omega^{(k+1)}$$
$$K^{(k+1)}=K^{(k)}+\mathrm{d}K^{(k+1)}$$

式中，k 为迭代次数。

(10)重复第(5)至(9)步，直到绝对定向元素的改正小于限差时为止。

(11)计算所有加密点的地面坐标

$$\begin{bmatrix} X_T \\ Y_T \\ Z_T \end{bmatrix}_j = \lambda \begin{bmatrix} a_1 & a_2 & a_3 \\ b_1 & b_2 & b_3 \\ c_1 & c_2 & c_3 \end{bmatrix} \begin{bmatrix} \overline{X} \\ \overline{Y} \\ \overline{Z} \end{bmatrix}_j + \begin{bmatrix} \dot{X}_T \\ \dot{Y}_T \\ \dot{Z}_T \end{bmatrix}, \quad j=1,2,\cdots,m$$

式中,m 为立体模型中加密点的个数。

§5.7 无人机影像的空中三角测量

空中三角测量主要是利用少量地面控制点,快速地解算影像的定向及地面点加密问题。这是一种依据摄影像片与所摄物体(如地面)之间存在的几何关系,利用少量的野外控制数据和像片上的观测数据,在室内测定像片的方位元素的作业方法。其基本过程是利用连续摄取的具有一定重叠的像片,建立同实地相应的航带模型或区域模型,从而获取待测点(俗称加密点)的平面坐标和高程。

空中三角测量可分为两大类:航带法空中三角测量和区域网空中三角测量(也称为区域网平差)。区域网空中三角测量又可分为航带法区域网空中三角测量、独立模型法区域网空中三角测量和光束法区域网空中三角测量。

一、航带法空中三角测量

航带法空中三角测量的研究对象是一条航带的模型,即首先要把许多立体像对所构成的单个模型连接成航带模型,然后把一个航带模型视为一个单元模型进行解析处理。由于在单个模型连成航带模型的过程中,各单个模型的偶然误差和残余的系统误差,将传递到下一个模型中,这些误差传递累积的结果,使航带模型产生扭曲变形,因此航带模型经绝对定向后,还需做模型的非线性改正,才能得到较为满意的结果,这就是航带法空中三角测量的基本思想。

航带法空中三角测量的主要工作流程为:

(1)像点坐标的量测和系统误差改正。

(2)像对的相对定向。

(3)模型连接及航带网的构成。

(4)航带模型的绝对定向。

(5)航带模型的非线性改正。

二、航带法区域网空中三角测量

上面介绍的单航带法空中三角测量是把一条航带作为独立的解算单元,求出待定点的地面坐标。航带法区域网空中三角测量则是以单航带作为基础,把几条航带或一个测区作为一个解算的整体,同时求得整个测区内全部待定点的坐标。其基本思想是通过相对定向和模型连接先建立自由航带网,以逐条航带为平差单元,单航带的摄影测量坐标为观测值,通过非线性多项式中变换参数的确定,使自由网纳入所要求的地面坐标系,并使公共点上差值的平方和为最小。

航带法区域网空中三角测量的主要工作流程为:

(1)建立自由比例尺的航带网。各航带分别进行模型的相对定向和模型连接,然后求出各航带模型中摄站点、控制点和待定点的摄影测量坐标。由于此时求得的摄影测量坐标在坐标系原点和模型比例尺方面都还是各自独立的,故称为自由比例尺的航带网。

(2)建立松散的区域网。为了将区域中各自由比例尺的航带网拼成松散的区域网,需要将自由比例尺的航带网逐条依次进行空间相似变换,即各航带网进行概略绝对定向。

(3)区域网整体平差。各航带网同时进行非线性改正,整体平差后求得待定地面点的坐标。

三、独立模型法区域网空中三角测量

为了避免误差累积,可以将单模型(或双模型)作为平差计算单元。一个个相互连接的单模型既可以构成一条航带网,也可以组成一个区域网,但构网过程中的误差却被限制在单个模型范围内,而不会发生传递累积,这样就可以克服航带法区域网空中三角测量的不足,有利于加密精度的提高。

独立模型法区域网空中三角测量的基本思想是:把一个单元模型(可以由一个立体像对或两个立体像对,甚至三个立体像对组成)视为刚体,利用各单元模型彼此间的公共点连成一个区域,在连接过程中,每个单元模型只能平移、缩放、旋转(因为它们是刚体),这样的要求只有通过单元模型的三维线性变换(空间相似变换)完成。在变换中要使模型间公共点的坐标尽可能一致,控制点的模型坐标应与其地面坐标尽可能一致(即它们的差值尽可能小),同时观测值改正数的平方和最小,按最小二乘法原理求得待定点的地面坐标。

独立模型法区域网空中三角测量的主要工作流程为:

(1)求出各单元模型中模型点的坐标,包括摄站点坐标。

(2)利用相邻模型之间的公共点和所在模型中的控制点,对每个模型各自进行空间相似变换,列出误差方程式及法方程式。

(3)建立全区域的改化法方程式,并按循环分块法求解,求得每个模型的七个参数。

(4)由已经求得的每个模型的七个参数,计算每个模型中待定点平差后的坐标。若为相邻模型的公共点,则取其平均值作为最后结果。

四、光束法区域网空中三角测量

光束法区域网空中三角测量也称为光线束区域网空中三角测量,是以一幅影像所组成的一束光线(影像)作为平差的基本单元,以中心投影的共线方程作为平差的基础方程。通过各光线束在空间的旋转和平移,使模型之间公共点的光线实现最佳的交会,并使整个区域最佳地纳入到已知的控制点坐标系统中去。这里的旋转相当于光线束的外方位角元素,而平移相当于摄站点的空间坐标。在具有多余观测的情况下,由于存在着像点坐标量测误差,所谓的相邻影像公共交会点坐标应相等,以及控制点的加密坐标与地面测量坐标应一致,均是在保证最小二乘误差最小意义下的一致。

光束法区域网空中三角测量的主要工作流程为:

(1)各影像外方位元素和地面点坐标近似值的确定。可以航带法区域网空中三角测量方法提供影像外方位元素和地面点坐标的近似值。

(2)从每幅影像上的控制点和待定点的像点坐标出发,按每条摄影光线的共线条件方程列出误差方程式。

(3)逐点法化建立改化法方程式。按循环分块的求解方法先求出其中的一类未知数,通常是先求得每幅影像的外方位元素。

(4)利用空间前方交会求得待定点的地面坐标,对于相邻影像公共交会点应取其均值作为最后结果。

五、三种区域网平差方法的比较

分析以上三种区域网空中三角测量平差方法的平差基本单元可以得知:航带法区域网平差是以每条航带作为平差单元,将单航带的摄影测量坐标视为观测值;独立模型法区域网平差则是以单元模型作为平差单元,将点的模型坐标作为观测值;而光束法区域网平差则以单张影像作为平差单元,将影像坐标量测值作为观测值。显然,只有影像坐标才是真正原始的、独立的观测值,而其他两种方法的观测值往往是相关而不独立的。

由于光束法区域网平差是以每张像片为单元且以像点坐标为原始观测值,由共线方程线性化建立全区域的统一误差方程式和法方程式,整体解求区域内每张像片的六个外方位元素和所有待求点的地面坐标,所以其理论最严密,精度最高,并且能最方便地顾及系统误差的影响和引入非摄影测量附加观测值,适合处理非常规摄影和非量测型相机的影像数据,考虑到无人机遥感影像的特点和缺陷,光束法区域网平差为无人机遥感影像空中三角测量处理的主要方法。

§5.8 图像配准与融合

空中三角测量平差完成后,得到了比较精确的各影像外方位元素,根据这些定向元素,采用数字微分纠正的间接法,可以得到单张航摄像片的正射影像,由于无人飞行器飞行高度低,单张航摄像片的视场范围小,需要利用图像拼接技术拼接出大区域场景的正射影像。

图像拼接(mosaics)技术就是将一组有重叠度的图像集合拼接成一个大幅面的无缝高分辨率图像,主要包括图像配准和图像融合两个关键环节。

目前,常用的图像拼接方法有基于区域的方法和基于特征的方法两种。基于区域的拼接方法利用的是图像的大部分灰度信息,而基于特征的方法则是通过提取图像中的点、边缘、轮廓等特征进行匹配。基于区域配准方法的缺陷十分明显:不能够处理诸如图像变形、光照、尺度变化等情况。无人机序列图像中相邻帧之间一般存在明显的几何变形,同时存在一定程度的光照、色彩等差异。用于匹配的特征主要有灰度特征、边缘特征和点特征,能够较好地适应图像变形、光照变化等情况,其中点特征已在图像拼接领域取得了很大成功,使全自动图像拼接成为现实,本节主要介绍基于特征点的图像自动拼接方法。

一、图像配准

基于特征点匹配的图像拼接算法中最困难的一个问题就是如何利用计算机自动建立两幅或多幅图像之间的匹配关系,即图像配准。图像配准通常分两步完成:首先是特征点提取,然后是特征点匹配。

(一)特征点的提取算法

目前特征点提取方法主要可以分为两类:一是先提取图像的边缘,然后寻找边缘弧度最大的点作为特征点,或者将边缘通过多项式拟合后再寻找线的弧度最大的点作为特征点;二是基于图像中物体表面的梯度或者弧度的特征点提取方法。Moravec、SUSAN、Foerstner、Harris 和 SIFT 等算法是在摄影测量和计算机视觉中应用最广泛的几种图像特征点提取算法。

1. Moravec 算法

Moravec 算法的基本思想是：以像素的四个主要方向上最小灰度方差表示该像素与邻近像素的灰度变化情况，即像素的兴趣值，然后在图像的局部选择具有最大兴趣值的点（灰度变化明显的点）作为特征点，具体算法如下。

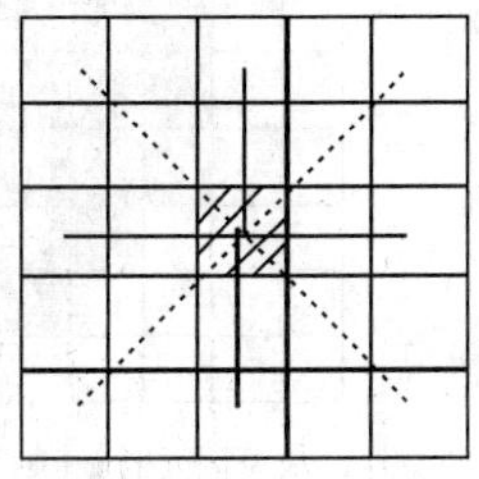

图 5-25　5×5 窗口

(1)计算各像素的兴趣值(interest value, IV)，如计算像素(c,r)的兴趣值，先在以像素(c,r)为中心的$n\times n$的图像窗口(如图 5-25 所示的 5×5 的窗口)中计算四个主要方向相邻像素灰度差的平方和

$$\left.\begin{aligned} V_1 &= \sum_{i=-k}^{k-1}(g_{c+i,r}-g_{c+i+1,r})^2 \\ V_2 &= \sum_{i=-k}^{k-1}(g_{c+i,r+i}-g_{c+i+1,r+i+1})^2 \\ V_3 &= \sum_{i=-k}^{k-1}(g_{c,r+i}-g_{c,r+i+1})^2 \\ V_4 &= \sum_{i=-k}^{k-1}(g_{c+i,r-i}-g_{c+i+1,r-i-1})^2 \end{aligned}\right\} \tag{5-57}$$

式中，$k=\mathrm{INT}(n/2)$，为 n 除以 2 后取整。取其中最小者为像素(c,r)的兴趣值

$$IV_{c,r}=\min\{V_1,V_2,V_3,V_4\} \tag{5-58}$$

(2)根据给定的阈值，选择兴趣值大于该阈值的点作为特征点的候选点。阈值的选择应以候选点中包括所需要的主要特征点，而又不含过多的非特征点为原则。

(3)在候选点中选取局部极大值点作为需要的特征点。在一定大小的窗口内(可不同于兴趣值计算窗口)，去掉所有不是最大兴趣值的候选点，只保留兴趣值的最大者，该像素即为一个特征点。

Moravec 角点提取方法是一个相对简单的算法，计算量很小，但是对噪声的影响十分敏感。

2. SUSAN 算法

SUSAN(smallest univalue segment assimilating nucleus)算法不需要对图像进行预处理，直接基于图像的灰度信息提取角点，抗噪声能力强，而 SUSAN 算法的缺点就是当图像的边缘模糊时，会产生虚假特征点。

SUSAN 算子是由英国牛津大学的 S.M.Smith 和 J.M.Brady 于 1995 年首先提出的，在中文文献中被翻译为“最小同值吸收核”，它具有以下特性：①对角点的提取比对边缘检测的效果更好，适用于基于特征点匹配的图像配准；②无需梯度运算，保证了算法的效率；③具有积分特性(在一个模板内计算 SUSAN 面积)，这样就使得 SUSAN 算法在抗噪和计算速度方面有较大的改进。

以下简单说明 SUSAN 算法的思想，如图 5-26 所示，用一个一定半径的圆形模板放置在图像上，如果模板上存在一个区域，使该区域上对应图像的每一个像素的灰度值与圆心的灰度值相同(或相近)，那么就定义该区域为核值相似区，即 USAN。其中圆形模板中央像素称为核，与核的灰度值相同的像素数目定义为模板的面积。图 5-27 给出了一幅在白色背景下有一个黑色矩形区域的简单图像上不同位置的四个圆形模板。

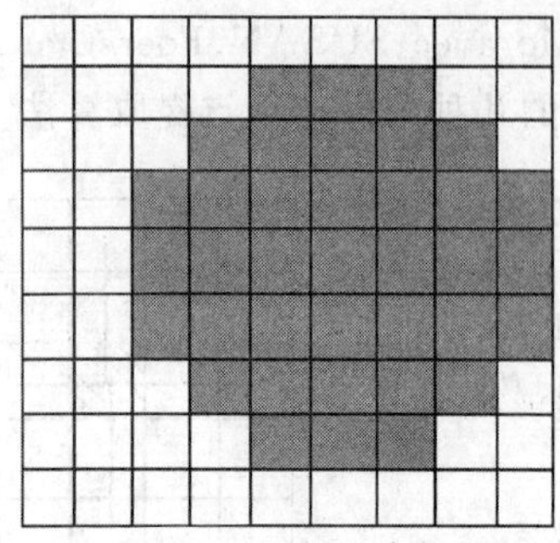

图 5-26 USAN 模板图

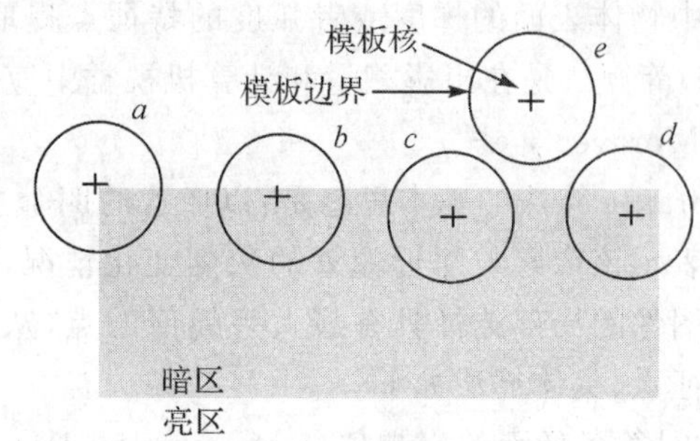

图 5-27 简单图像上不同位置的四个圆形模板

观察图中的各个模板，容易发现：

(1)当核位于平坦区域时(即模板 e)，USAN 面积最大。

(2)当核位于一条直线边缘附近时(即模板 b, c, d)，USAN 面积减少。

(3)当核恰好位于角点上时(即模板 a)，USAN 面积很小。

总之，USAN 模板运算后得到的是 USAN 面积，USAN 面积越小，表明当前点是特征点的可能性越大，也即输出图像增强了特征点，而且对于二维特征(如角点)的增强程度要大于对一维特征(直线边缘)的增强。因此将这种算法称为 SUSAN(smallest univalue segment assimilating nucleus)算法。

3. Foerstner 算法

Foerstner 算法计算每个像素点的两个兴趣值，综合考虑这两个兴趣值确定特征候选点。Foerstner 算法可以给出特征点的类型描述，重复性和定位性能也较好，是摄影测量中应用广泛的一种方法。该算法通过计算各像素的 Roberts 算子梯度值和以像素 (c, r) 为中心的一个窗口(如 5×5)的灰度协方差矩阵，在影像中寻找具有尽可能小的接近圆的误差椭圆的点作为特征点。

其步骤为：

(1)计算各像素的 Robert 梯度

$$\left.\begin{aligned} g_u &= \frac{\partial g}{\partial_u} = g_{i+1,j+1} - g_{i,j} \\ g_v &= \frac{\partial g}{\partial_v} = g_{i,j+1} - g_{i+1,j} \end{aligned}\right\} \tag{5-59}$$

(2)计算 $l \times l$(如 5×5 或更大)窗口中灰度的协方差矩阵

$$\boldsymbol{Q} = \boldsymbol{N}^{-1} = \begin{bmatrix} \sum g_u^2 & \sum g_u g_v \\ \sum g_u g_v & \sum g_v^2 \end{bmatrix} \tag{5-60}$$

其中，

$$\sum g_u^2 = \sum_{i=c-k}^{c+k-1} \sum_{j=r-k}^{r+k+1} (g_{i+1,j+1} - g_{i,j})^2$$

$$\sum g_v^2 = \sum_{i=c-k}^{c+k-1} \sum_{j=r-k}^{r+k+1} (g_{i,j+1} - g_{i+1,j})^2$$

$$\sum g_u g_v = \sum_{i=c-k}^{c+k-1} \sum_{j=r-k}^{r+k+1} (g_{i+1,j+1} - g_{i,j})(g_{i,j+1} - g_{i+1,j})$$

$$k = \mathrm{INT}(1/2)$$

(3)计算兴趣值 q 与 w

$$q=\frac{4\mathrm{Det}\boldsymbol{N}}{(\mathrm{tr}\boldsymbol{N})^2}$$

$$w=\frac{1}{\mathrm{tr}\boldsymbol{Q}}=\frac{\mathrm{Det}\boldsymbol{N}}{\mathrm{tr}\boldsymbol{N}}$$

其中,Det$\boldsymbol{N}$ 代表矩阵 $\boldsymbol{N}$ 的行列式,tr$\boldsymbol{N}$ 为矩阵 $\boldsymbol{N}$ 的迹。可以证明,q 是像素 (c,r) 对应的误差椭圆的圆度

$$q=1-\frac{(a^2-b^2)^2}{(a^2+b^2)^2} \tag{5-61}$$

其中,a 与 b 为椭圆的长、短半轴。如果 a、b 中任一为零,则 $q=0$,表明该点可能位于边缘上;如果 $a=b$,则 $q=1$,表明为一个圆,w 为该像元的权。

(4)确定待选点。如果兴趣值大于给定的阈值,则该像元为待选点。阈值为经验值,可参考下列值

$$T_q=0.5\sim0.7$$

$$T_w=\begin{cases} f\bar{\omega}, & f=0.5\sim1.5 \\ c\omega_c, & c=5 \end{cases}$$

其中,$\bar{w}$ 为权平均值;w_c 为权的中值。当 $q>T_q$ 且 $w>T_w$ 时,该像元为待选点。

(5)选取极值点。以权值 w 为依据,选择极值点,即在一个适当窗口中选择 w 最大的待选点,去掉其余的点。

4. Harris 算法

Harris 算法是一种经典的特征点提取算法,在计算机视觉中应用较多,特点是速度较快,但对噪声很敏感,随着尺度因子参数不同,图像角点提取效果差别较大。

Harris 算子是 C.Harris 和 M.J.Stephens 在 1988 年提出的一种特征点提取算子。他们在 Moravec 算子的基础上进行了改进,形成了 Harris 角点检测算法。它与 Moravec 算子的主要不同在于用一阶偏导描述亮度变化,这种算子受信号处理中自相关函数的启发,给出与自相关函数相联系的矩阵 $\boldsymbol{M}$。$\boldsymbol{M}$ 矩阵的特征值是自相关函数的一阶曲率,如果两个曲率值都高,那么就认为该点是特征点。

Harris 算子的优点如下:①计算简单,Harris 算子中只用到灰度的一阶差分以及滤波,操作简单,整个过程的自动化程度高;②提取的点特征均匀而且合理,Harris 算子对图像中的每个点都计算其特征值,然后在邻域中选取最优点,实验表明,在纹理信息丰富的区域,Harris 算子可以提取出大量有用的特征点,而在纹理信息少的区域,提取的特征点则较少;③可以定量地提取特征点,Harris 算子最后一步是对所有的局部极值进行排序,所以可以根据需要提取一定数量的最优点;④Harris 算子在计算时用到了图像数据的一阶导数,具有各向同性,因此对图像旋转、亮度变化、视角变化和噪声的影响具有较好的鲁棒性,已经证明了 Harris 算子在存在图像旋转、灰度变化、噪声影响和视点变化的时候是一种较稳定的特征点提取算子。

(1)Harris 算子的原理。

Moravec 由于只考虑了四个方向上的灰度变化,所以是各向异性的。而 Harris 定义了任意方向上的自相关值——一组方形区域窗口中图像灰度误差的总和

$$E(u,v)=\sum_{x,y}w(x,y)\left[I(x+u,y+v)-I(x,y)\right]^2 \tag{5-62}$$

式中，$w(x,y)$为影像局部窗口限制，当像素位于该窗口内时，$w(x,y)$值为1，反之，$w(x,y)$值为0。式(5-62)二阶泰勒级数展开式可以近似为

$$E(u,v)\cong[u \quad v]\boldsymbol{M}\begin{bmatrix}u\\v\end{bmatrix} \tag{5-63}$$

式中，$\boldsymbol{M}$是2×2的对称矩阵

$$\boldsymbol{M}=\begin{bmatrix}A & C\\C & B\end{bmatrix}=\mathrm{e}^{-\frac{x2+y2}{2\delta 2}}\otimes\begin{bmatrix}I_x^2 & I_xI_y\\I_xI_y & I_y^2\end{bmatrix} \tag{5-64}$$

式中，I_x、I_y分别为图像x、y方向的梯度值，$w(x,y)$为高斯滤波器。设λ_1和λ_2是矩阵的两个特征值，则λ_1、λ_2可表示局部自相关函数的曲率。由于各向同性，因此$\boldsymbol{M}$保持了旋转不变性。通过对矩阵$\boldsymbol{M}$的两个特征值分析，可以得出以下三种情况：①如果两个特征值都很小，意味着窗口所处区域灰度变化很小，近似为常量，任意方向的移动，函数E都发生很小的改变，如图5-28(b)所示；②如果一个特征值很大，而另一个特征值很小，意味着窗口所处区域灰度值呈现为屋脊状，如边缘，此时，沿着边缘方向移动E的变化很小，而垂直边缘移动E的变化较大，如图5-28(c)所示；③如果两个特征值均很大，表明窗口所处区域灰度值呈现为尖峰状，例如角点，此时，沿着任意方向移动E的变化都急剧增大，如图5-28(d)所示。

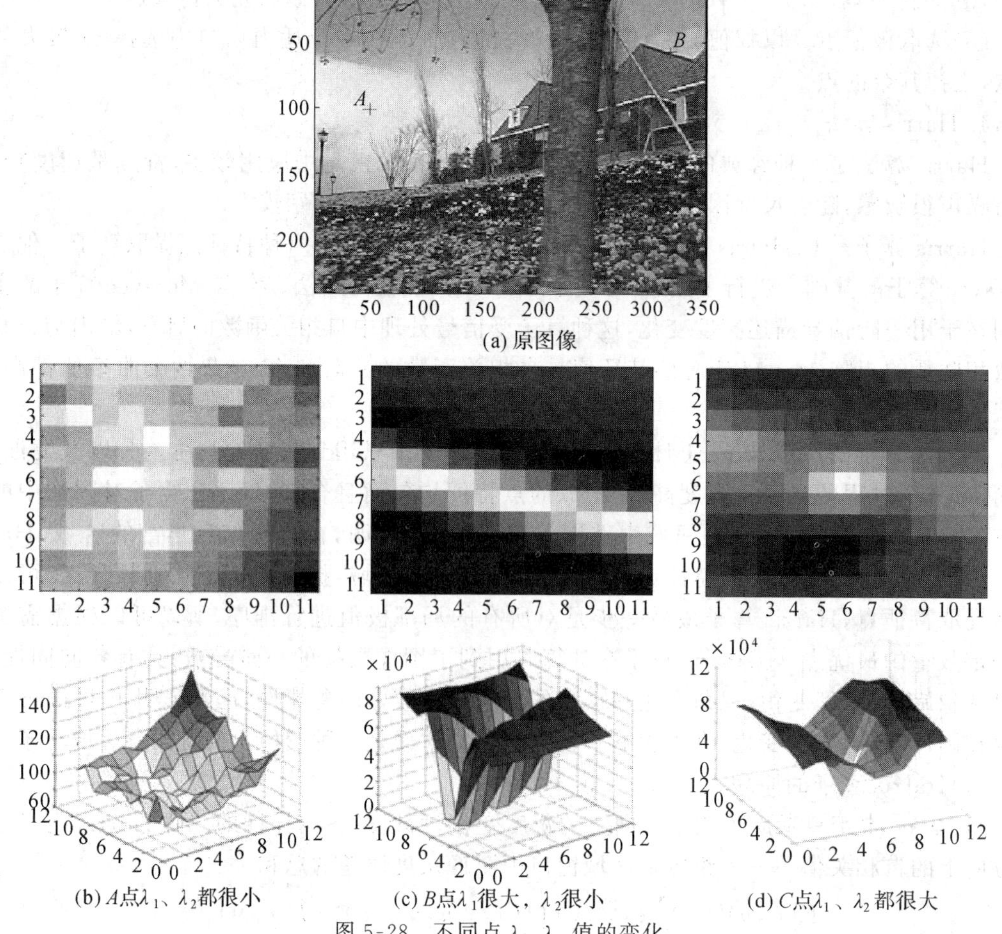

图5-28 不同点λ_1、λ_2值的变化

(2)Harris 角点的检测。

矩阵特征值的求解过程运算量大，为了提高 Harris 角点检测的效率，实际计算时并不直接计算特征值，而是根据矩阵对角线元素和行列式之间的关系进行判断。

Harris 角点检测算法的步骤大致如下：

首先，计算图像亮度 $I(x,y)$ 在点 (x,y) 处的梯度

$$\left.\begin{aligned} X &= I \otimes [-1 \quad 0 \quad 1] = \frac{\partial I}{\partial x} \\ Y &= I \otimes [-1 \quad 0 \quad 1]^{\mathrm{T}} = \frac{\partial I}{\partial y} \end{aligned}\right\} \tag{5-65}$$

然后，构造自相关矩阵

$$\left.\begin{aligned} A &= X^2 \otimes w \\ B &= Y^2 \otimes w \\ C &= (XY) \otimes w \end{aligned}\right\} \tag{5-66}$$

式中，$\otimes$ 表示卷积算子；$w = \exp \frac{-(x^2+y^2)}{2\delta^2}$ 是高斯窗平滑函数。由式(5-64)得到对称矩阵 $\boldsymbol{M} = \begin{bmatrix} A & C \\ C & B \end{bmatrix}$，它是一个二阶实对称矩阵，必然存在两个特征值 λ_1 和 λ_2。

最后，提取特征点：如果特征值 λ_1 和 λ_2 是极大值时，点 (x,y) 是一个特征点。即行列式和矩阵 $\boldsymbol{M}$ 的对角线元素和满足

$$R = \det(\boldsymbol{M}) - k(\mathrm{tr}(\boldsymbol{M}))^2 \tag{5-67}$$

式中，k 是参数，通常 $k = 0.04 \sim 0.06$。

(3)Harris 算子的性能分析。

——旋转不变性。根据式(5-62)的定义，可知 Harris 检测器是各向同性的，当图像旋转时，角点的检测不受影响。

——光强差异的鲁棒性。由式(5-67)可知，角点的检测是当 R 值大于一定的阈值 T 时得到的，所以光强的差异对角点检测的影响有限。

——尺度变化敏感。Harris 角点检测器不具有尺度不变性，例如图 5-29 中左边的点是一个正确的角点，当图像尺度变化后因为平滑的作用，重新检测时将被认为是一个边缘上的点。

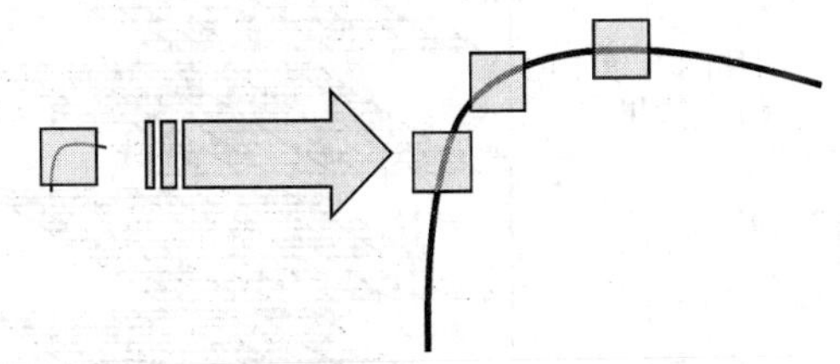

图 5-29　Harris 角点检测器对于尺度变化敏感

总之，Harris 角点检测算法是一种比较有效的特征点检测方法。其检测效率高，并且在小尺度变化时有较高的重复度，因此在图像配准和图像拼接中经常采用这种算法提取特征点。

5. SIFT 算法

尺度不变特征变换(scale invariant feature transform，SIFT)算法是 Lowe 在 2004 年总结了现有的基于不变量技术的特征检测方法后，提出的一种基于尺度空间的图像局部特征描述算子。该方法包括基于高斯差分尺度空间的特征点提取和特征点的描述与匹配两部分。

特征点提取分为三步：

(1)建立高斯差分(difference of Gaussian,DOG)尺度空间。

高斯核函数 $G(x,y,\sigma)=\frac{1}{2\pi\sigma^2}e^{\frac{-(x2+y2)}{2\sigma2}}$,$(x,y)$为图像平面中的坐标,$\sigma$ 为尺度参数。令 $I(x,y)$表示一张图像,则图像的尺度空间可以表示为 $L(x,y,\sigma)=G(x,y,\sigma)\otimes I(x,y)$,即图像与高斯核函数的卷积。Lowe 总结 Lindeberg 和 Mikolajczyk 的研究成果,得出 $\sigma^2\ \nabla^2 G$ 中的最大最小点可以提取出尺度空间中最稳定的特征点。由热传导方程 $\frac{\partial G}{\partial \sigma}=\sigma\nabla^2 G$,利用相邻尺度 $k\sigma$ 和 σ 的差分算子逼近 $\frac{\partial G}{\partial \sigma}$,可得到

$$\sigma\ \nabla^2 G=\frac{\partial G}{\partial \sigma}=\frac{G(x,y,k\sigma)-G(x,y,\sigma)}{k\sigma-\sigma} \tag{5-68}$$

由此可得

$$D(x,y,\sigma)=(G(x,y,k\sigma)-G(x,y,\sigma))\otimes I(x,y)=L(x,y,k\sigma)-L(x,y,\sigma) \tag{5-69}$$

$$G(x,y,k\sigma)-G(x,y,\sigma)\approx(k-1)\sigma^2\ \nabla^2 G \tag{5-70}$$

图 5-30 描述了高斯差分空间的建立过程。

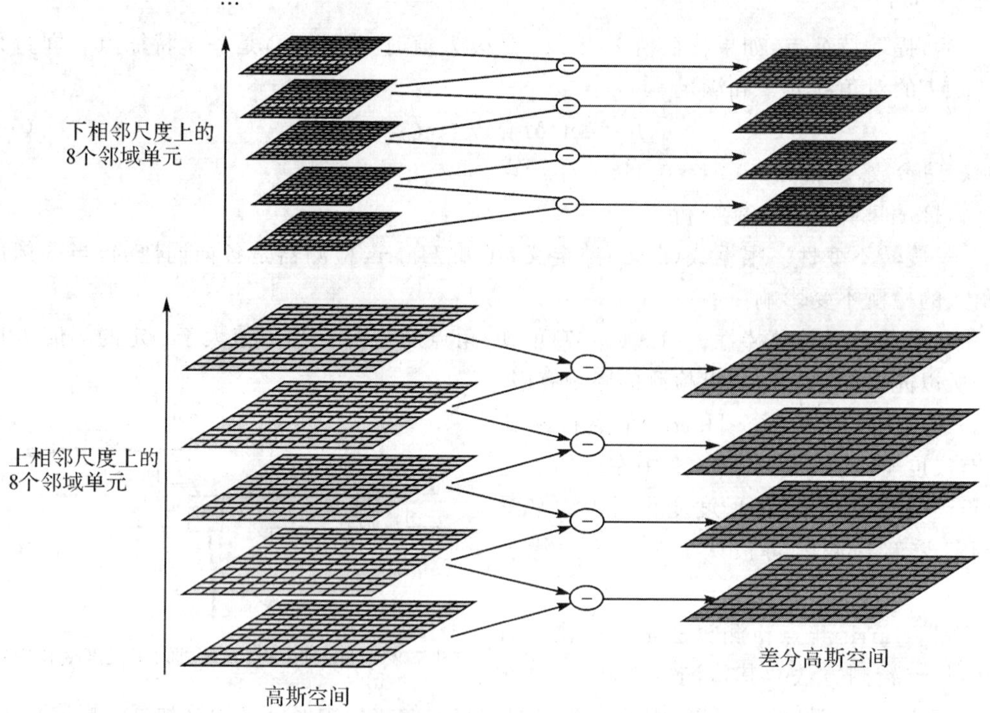

图 5-30 尺度空间

(2)极值点提取。

为了检测图像高斯差分空间的局部极大值和极小值,每一个采样点与当前图片中八个邻点和上下两个相邻尺度中各九个邻点总共 26 个像素相比较,如图 5-31 所示,极值点是比所有这些邻点大或者小的点。

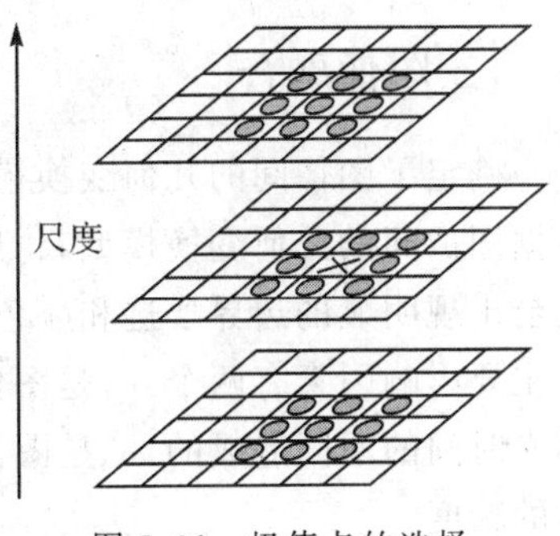

图5-31　极值点的选择

(3)边缘像素剔除。

高斯差分函数在图像边缘也会产生很强的响应,因此必须去除图像中检测出的边缘像素点。Lowe 采用和 Harris 相似的方法,在极值点位置计算 Hessian 矩阵

$$\boldsymbol{D}=\begin{bmatrix} I_x^2 & I_xI_y \\ I_xI_y & I_y^2 \end{bmatrix} \tag{5-71}$$

当两个特征值相当时为特征点,否则为边缘点。

总之,特征点的提取方法有很多,目前研究也比较成熟。对特定问题选择合适的特征点提取方法,或者是多种方法组合使用,以达到一定的要求。

(二)特征点匹配

特征点匹配是在提取出的特征点集之间建立一个对应关系,常利用特征自身的属性描述,结合特征所在区域的灰度以及特征之间的几何拓扑关系确立特征点间的对应。常用的特征匹配的方法有空间相关、描述符、松弛方法、金字塔算法等。

(1)空间相关的方法。基于空间相关的方法通常应用在检测的特征点是模糊的或邻域本身有扭曲的情况。利用参考图像和待配准图像的特征点集之间的距离和特征点集的空间分布情况进行匹配计算。

(2)描述符的方法。利用对图像变换恒定的描述符进行特征点的匹配计算。描述符需满足几个条件:①不变性,参考图像和待配准图像的特征几何集合的描述符必须是一致的;②唯一性,两个不同的特征集合应该拥有不同的描述符;③稳定性,一个特征集合的描述符在未知方式下的轻微变形应该与原始特征集合的描述符很接近;④独立性,如果特征几何的描述符是一个向量,它的元素应该是相互独立的。参考图像和待配准图像之间有着相似性的不变描述符是成对出现的。描述符一般根据特征集合的性质以及图像的集合来选择。最简单的特征描述符是图像像素值函数,通过计算特征集合附近区域的相关性得到相应的特征集合的匹配程度。还有利用相关系数设定几何变形的相似性的方法,图像之间的旋转被来自光照方向的估计补偿,然后进行由粗到精的相关性匹配。封闭区域也可以作为特征描述符,原则上来说,任何不变和可以分辨的描述符都可以应用于边界匹配。

(3)松弛方法。有很多匹配算法是基于松弛方法的,例如"一致标记问题"(consistent labelling problem,CLP)。对参考图像和待配准图像中的特征点进行标记,在对参考图像和待配准图像的特征集合进行标记的时候应该保持一致。这种方法用一种规定了特征对应值属性的几何变换代替了特征集合,可以解决移位的图像,对局部图像的扭曲变形也可以使用。将经典的松弛方法进行延伸,把角落的特征点描述包括进去,利用角落的尖锐性、对比性和斜面,可以解决平移和旋转在图像中造成的扭曲。

(4)金字塔算法。在特征集合匹配的计算中,图像尺寸较大会使算法的计算量很大,金字塔算法可以有效减少计算量。金字塔算法使用子窗口代替参考图像中对应窗口,先使待配准图像和参考图像在较低分辨率下进行匹配计算(使用高斯金字塔,简单平均法或小波变换系数等),然后在最小误差估计的基础上去匹配更高分辨率的图像,逐渐提高对应的匹配精度。多分辨的方法有效降低了搜索空间,节省了必要的计算时间,但是在粗匹配中出现的错误匹配会导致匹配的最终失败。

二、图像融合

确定了图像间的几何变换模型之后，接着就是将这些图像拼接成大范围的影像。若是只根据图像间的几何变换模型，将所有图像经过简单的投影叠加起来，那么在图像拼接线附近，就会出现明显的边界痕迹和颜色差异，严重影响了合成图像整体的视觉效果。造成这种情况的主要影响因素有两个：一是图像色彩亮度的差异，主要是由图像采集环境的不同和相机镜头曝光时间的不同造成的；二是图像配准的精度，匹配精度和几何模型的变换都影响了图像配准时的精度。

图像融合就是要解决以上问题，它可以解决图像间的曝光差异问题，消除或减少图像在拼接线附近的配准误差，最终实现图像重叠区域的平滑过渡。按信息表征层次的不同，图像融合可以分为像素级融合、特征级融合和决策级融合。无人机正射影像图中，一般不需要进行过高层面的图像融合，主要工作集中在基础层面上的像素级，可以在图像重采样的过程中完成，所以本节研究内容只涉及像素级融合。

像素级融合指直接对获取的各幅图像的像素点进行信息综合的过程，融合算法主要有 IHS 变换法、小波变换法、主成分分析(principal component analysis，PCA)法和 Brovey 变换法。

(一)IHS 变换法

在图像处理中常用的颜色坐标系有两种：一种是由红(R)、绿(G)和蓝(B)三原色构成的 RGB 彩色空间；另一种是由亮度(I)、色调(H)及饱和度(S)三个变量构成的 IHS 彩色空间。IHS 变换就是 RGB 空间与 IHS 空间之间的变换，从 RGB 空间到 IHS 空间的变换称为 IHS 反变换。

从遥感的角度讲，由多光谱三个波段构成的 RGB 分量经 IHS 变换后，可以将图像的亮度、色调、饱和度进行分离。其中，亮度分量 I 与地物表面粗糙度相对应，代表地物的空间几何特征；色调分量 H 代表地物的主要频谱特征；饱和度分量 S 表征色彩的纯度。IHS 变换的公式为

$$\left.\begin{aligned} I&=\frac{R+G+B}{3} \\ H&=\frac{G-B}{3I-3B} \\ S&=\frac{I-B}{I} \end{aligned}\right\} \tag{5-72}$$

式中，$0<H<1$。IHS 反变换公式为

$$\left.\begin{aligned} R&=I(1+2S-3SH) \\ G&=I(1-S+3SH) \\ B&=I(1-S) \end{aligned}\right\} \tag{5-73}$$

基于 IHS 变换的遥感图像融合基本步骤为：

(1)将多光谱图像进行 IHS 变换，得到亮度(I)、色调(H)和饱和度(S)图像。

(2)将变换后得到 I 分量用全色波段图像(I')替换。

(3)将 I'、H、S 进行 IHS 反变换，生成融合图像。

虽然融合后图像清晰度提高了，但光谱信息损失严重，即产生颜色失真。如果融合图像的

应用以光谱分析为主，则不太适合选择本方法。

（二）小波变换法

小波变换具有变焦性、信息保持性和小波基选择的灵活性等优点。经小波变换可将图像分解为一些具有不同空间分辨率、频率特性和方向特性的子图像。通过高、低双频滤波器，小波变换能够将图像信号分解为低频图像和高频细节（纹理）图像，同时又不失原图像所包含的信息。因而适用于以非线性的对数映射方式融合不同类型的图像数据，使融合后的图像既保留原高分辨率遥感图像的结构信息，又融合了多光谱图像丰富的光谱信息，提高图像的解译能力和分类精度。

基于小波变换的遥感图像融合基本步骤如下：

（1）对配准后的多光谱和全色波段图像分别进行小波正变换，获得各自的低频图像和细节、纹理图像。

（2）用小波变换后的多光谱图像的低频成分代替全色波段图像的低频成分。

（3）用替换后的多光谱图像的低频成分与全色波段图像的高频成分进行小波逆变换得到融合结果图像。

小波变换克服了传统傅里叶变换在将时域信号转换为频域信号后时域信息丢失的不足，提供了时域局部分析与细化的能力，可以揭示其他信号分析方法所丢失的数据信息，还能在没有明显损失的情况下对信号进行压缩和消噪。但它在图像融合中有两个缺点：一是容易产生较为明显的分块效应；二是直接用低分辨率图像的低频部分去替换高分辨率图像的低频部分，在一定程度上损失了高分辨率图像的细节信息。

（三）主成分分析法

主成分分析（principal component analysis，PCA）又称为 K-L 变换，是统计学中分析数据的一种有效的方法。其基本思想是根据样本点在多维模式空间的位置分布，以样本点在空间中变化较大的方向，即方差较大的方向，作为判别矢量实现各种数据处理过程。主成分分析对图像编辑、图像数据压缩、图像增强、变化检测、多时相维数和图像融合等均十分有效。

基于主成分分析的遥感图像融合基本步骤如下：

（1）对配准后的多光谱图像进行主成分分析，提取第一主成分 PC1。

（2）将全色波段图像拉伸到 PC1 的方差和均值。

（3）用拉伸后的全色波段图像代替 PC1，进行逆主成分分析，得到融合后图像。

基于主成分分析的图像融合在保持图像的清晰度方面有优势，光谱信息损失比 IHS 方法稍好。后续应用若需要图像有更好的光谱特性时，主成分分析法是较 IHS 变换更好的选择。

（四）Brovey 变换法

Brovey 变换是基于色度的一种颜色变换，并且比 RGB 到 IHS 的变换更简单。如果需要，Brovey 变换也可应用于单个波段。它建立在如下亮度调节的基础上

$$\left.\begin{aligned} Red_{\text{Brovey}} &= \frac{R \times P}{I} \\ Green_{\text{Brovey}} &= \frac{G \times P}{I} \\ Blue_{\text{Brovey}} &= \frac{B \times P}{I} \end{aligned}\right\} \tag{5-74}$$

式中，$I=\dfrac{R+G+B}{3}$；R、G、B 为多光谱图像的红、绿、蓝波段；P 是已经配准好的更高空间分辨率的数据。

Brovey 变换可用来融合具有不同空间特征和光谱特征的图像。但是，如果亮度替换（或调节）图像（即全色波段）的光谱范围与三个空间分辨率较低波段的光谱范围不同，那么 RGB 到 Brovey 变换可能引起色彩畸变。Brovey 变换是为了从视觉上提高图像直方图低端和高端的对比度而提出的，即提供阴影、水和高反射区（如城区的对比）。所以，如果原始图像中的辐射信息较为重要需要保留时，就不能使用 Brovey 变换。但是，对于生成直方图中低高端具有较高对比度的 RGB 图像以及生成视觉效果满意的图像而言，这是个不错的方法。

§5.9 应急快速成图

本节主要介绍在没有布设地面控制点和机上没有高精度位置姿态测量系统的情况下，如何将无人机获取的序列影像直接经过快速拼接技术处理成图，然后经纠正处理后与地形图进行融合，快速生成无人机应急影像图。

一、无人机应急影像图的制作流程

无人机应急影像图的制作流程如图 5-32 所示。

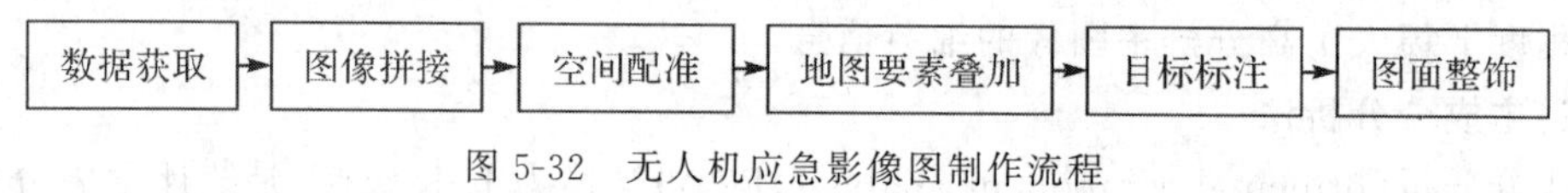

图 5-32 无人机应急影像图制作流程

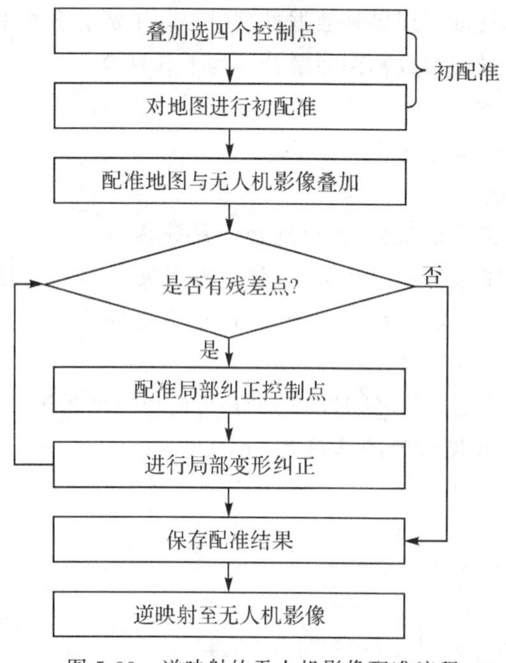

图 5-33 逆映射的无人机影像配准流程

图像拼接技术将在后续章节详细介绍。无人机影像的空间配准多采用数字微分纠正的方法，虽然数字微分纠正具有较高的几何精度，但必须首先生成该影像范围的数字地面高程模型，因而在缺乏数字地面高程的情况下，航空影像的纠正将变得复杂和困难。为了解决这一问题，有效的途径是利用地形图提供的地形信息。本章提出了一种将无人机影像配准至地形图的新方法，由于地形图是建立在大地坐标系下的，因此纠正的无人机影像也将是正射的。为了将无人机影像准确地纠正至地形图上，本章使用了图形与图像叠加显示的技术，即通过将地形图一矩形区与影像进行匹配来选择控制点的方法，这一方法不仅加快了选择控制点的速度，更重要的是避免了人工量算的错误，具体步骤如图 5-33 所示。

二、基于改进 SIFT 的无人机影像自动拼接技术

§ 5.8 讨论的影像配准和融合的对象是经过空中三角测量平差等处理生成的正射影像图，本节研究的无人机影像自动拼接技术的对象是原始的未经处理的无人机序列影像。

评价一种影像自动拼接技术的优劣要综合考虑其拼接的速度和准确度。本章提出了一种兼顾速度和准确度的基于特征点的自动拼接方法。

由 § 5.8 内容可知 Moravec、SUSAN、Foerstner、Harris 和 SIFT 等算法是目前应用最广泛的几种图像特征点提取算法。其中，SIFT 方法是目前公认最好的基于特征点的方法，其优点在于尺度不变性，但用一般的 SIFT 方法提取的特征点数量大、描述特征点的特征向量维数多(128 维)，这将导致运算量大，处理时间过长。Harris 算法是一种经典的特征点提取算法，其特点是速度较快，但对噪声很敏感，随着尺度因子参数不同，图像角点提取效果差别较大。

基于上述分析发现，SIFT 方法和 Harris 算法的优缺点有互补性，因此提出了一种基于改进 SIFT 的无人机影像自动拼接方法，具体实现过程如下：首先对待拼接图像进行预处理；然后提取 Harris 特征点、计算特征点的特征半径和 SIFT 特征向量，并利用主成分分析法降低特征向量的维数；接着采用最临近(nearest neighbor，NN)方法进行特征匹配，利用 BBF(best bin first)算法搜索特征的最邻近以提高匹配速度，利用 PROSAC(progressive sample consensus)算法提纯特征点匹配对并精确计算运动模型参数，实现了图像的自动配准；最后采用匀色处理消除光度差异，较好地实现了无人机序列图像的无缝拼接，算法流程图如图 5-34 所示。

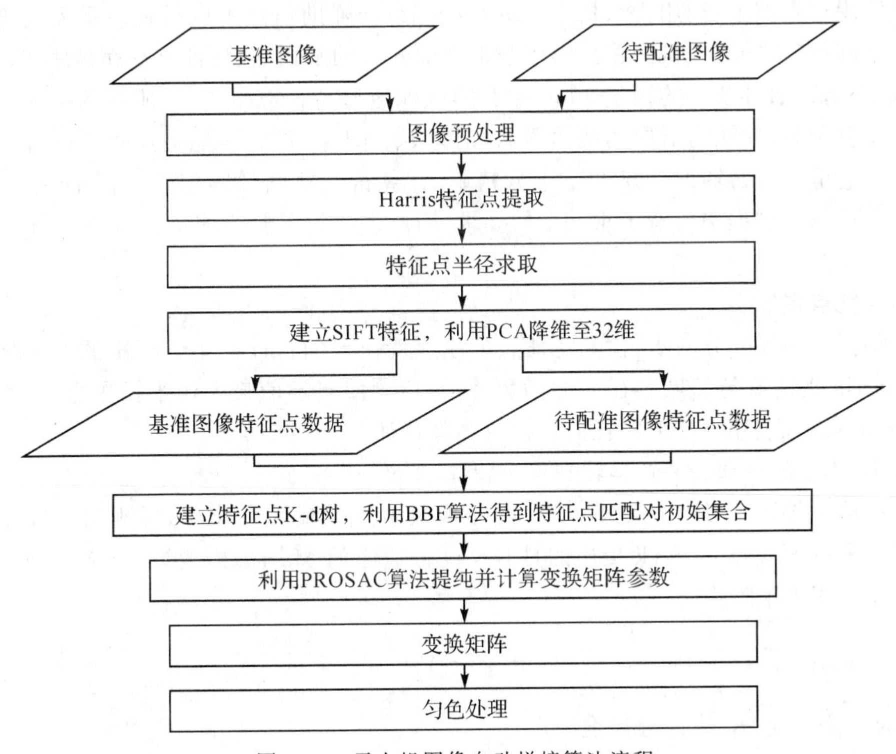

图 5-34　无人机图像自动拼接算法流程

(一)无人机影像数据特点分析

无人机搭载的相机一般为定焦的非量测型普通数码相机,在获取影像的同时,会同步记录该影像对应的经纬度坐标,以及飞行速度、高度和方向角信息(主要是GPS提供),部分无人机为了保证成像质量,配置了稳定平台或IMU(可以提供相机成像时的横滚角和俯仰角信息)。由于无人机载荷重量以及成本限制,装载的导航GPS精度一般只有10 m左右,同时辅助数据记录的角信息精度只有几度,精度较低。无人机飞行之前,一般会设计规划飞行航线(包括任务航线),但实际的飞行轨迹并不规则,受风力和导航系统精度等因素的影响,飞行轨迹一般会偏离原来规划的航线,同时飞行过程不能保证姿态稳定,倾斜较大。对于拍摄的地区,可以通过公开的DEM数据获得该区域对应的精度在30 m左右的地形高程数据。为了确保飞行过程不漏拍,无人机影像重叠率一般较高,航向重叠一般超过60%,旁向重叠超过20%,一次飞行任务获取的影像张数较多,一般以百计,部分大区域的应用会拍摄获取上千张影像。

对无人机序列影像数据特点进行总结,可以发现序列影像数据具有以下几个特点:①在大部分应用中,机载的相机为定焦镜头,其焦距值固定;②有一些精度不高的地理位置信息;③有精度不高的姿态辅助信息,误差一般在5°以上;④有粗略的地形高程数据;⑤保证了较高的重叠率(包括航向重叠和旁向重叠)。

(二)图像预处理

利用无人机平台的辅助信息,包括低精度的位置、姿态信息以及已知的粗略地形高程数据,可以获得粗略的图像匹配集合

$$S=\{\langle i,j\rangle \mid i,j=1,2,\cdots,m\} \tag{5-75}$$

具体实现过程如下:利用无人机平台的GPS/IMU辅助信息可以得到每张无人机图像近似的投影矩阵,将这些无人机图像投影到与地平面平行的平面,且保证该平面是所获取的地形高程最低(小)值(通过公开的精度30 m左右的全球地形高程数据得到)所在的平面。只要两幅投影图像有重叠,就认为对应的两幅图像(记为i、j图像)具有匹配关系,并将$\langle i,j\rangle$加入集合S。虽然这里所用的辅助信息并不十分精确,计算得到的图像匹配关系仅是一个粗略值。然而由于在计算的过程中放宽了重叠度的要求,因此真实的图像匹配集合S'是该图像匹配集合S的一个子集。

(三)特征点提取

图像特征点的提取分两步:检测特征点和建立特征点的特征向量。采用的方法是利用特征点的Harris兴趣值与邻域半径r的函数关系,检测使兴趣值最大的半径作为特征半径,然后结合Harris特征点和SIFT特征向量提取图像特征。

1. 提取Harris特征点并计算特征点的特征半径

Harris检测算子不具有尺度不变性,当图像尺度发生较大变化时,检测到的特征点有可能不相同。采用K.Mikolajczyk提出的具有尺度自适应的Harris检测算子,定义具有尺度自适应的梯度自相关矩阵为

$$\boldsymbol{\mu}(x,\sigma_1,\sigma_D)=\begin{bmatrix}\mu_{11} & \mu_{12}\\ \mu_{21} & \mu_{22}\end{bmatrix}=\sigma_D^2 g(\sigma_1)\begin{bmatrix}L_x^2(x,\sigma_D) & L_xL_y(x,\sigma_D)\\ L_xL_y(x,\sigma_D) & L_y^2(x,\sigma_D)\end{bmatrix} \tag{5-76}$$

式中,σ_1为积分尺度;σ_D为差分尺度。

该矩阵描述了特征点X局部邻域的图像梯度分布情况。L_x、L_y分别代表函数L在x、y方向上的偏导数。实现中取$\sigma_1=\xi^n\sigma_0$,$\xi=1.4$,为两幅连续图像的尺度差;$\sigma_d=s\sigma_n$为高斯滤

波；$s=0.7$；$\sigma_0=1.2$；$n=0,1,2,3$。

兴趣值 T 是检测 Harris 特征点的依据，由此得到以 T 作为检测特征半径的依据，因此检测特征半径的原理是对每一个特征点 X 求使得 T 最大的邻域半径 r_{max}，以 r_{max} 作为特征点的特征半径，用来计算特征向量。

2. 计算 SIFT 特征向量

SIFT 特征向量分两步得到：确定特征点主方向和计算特征向量。确定特征点主方向是为了保证特征向量的旋转不变性，以该主方向为基准来建立特征向量。

对图像 $I(X)$ 每个像素点 X，其梯度值 $m(X)$ 和方向 $\theta(X)$ 的计算公式为

$$m(X)=\{[I(x+1,y)-(x-1,y)]^2+[I(x,y+1)-(x,y-1)]^2\}^{\frac{1}{2}} \tag{5-77}$$

$$\theta(X)=\arctan\frac{I(x,y+1)-(x,y-1)}{I(x+1,y)-(x-1,y)} \tag{5-78}$$

对邻域内所有像素的梯度方向进行直方图统计，直方图的范围是 $0\sim2\pi$，以 $\frac{\pi}{4}$ 为间隔，直方图峰值对应的角度则为该关键点处邻域梯度的主方向，即作为该关键点的方向，图 5-35 给出梯度直方图的一个例子。在梯度方向直方图中，若出现另一个相当于主峰值 80% 能量的峰值时，则将这个方向作为该关键点的辅方向。所以，一个关键点可能会具有多个方向（一个主方向，一个以上辅方向），这样可以为匹配提供更强的鲁棒性。

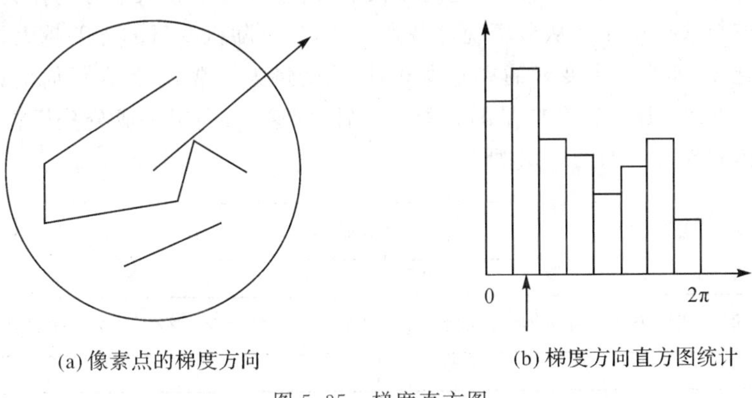

(a) 像素点的梯度方向　　(b) 梯度方向直方图统计

图 5-35　梯度直方图

根据特征点的位置、尺度和主方向，确定图 5-36(a)所示的 N^2 个正方形区域，特征向量由 N^2 个梯度直方图构成。为得到旋转不变性，将像素点的坐标和梯度方向都投影到该特征点的主方向上。为避免在窗口位置处小的改变使特征向量发生较大改变，利用一个具有参数 $\sigma=\frac{r}{2}$ 的高斯权重函数为每个样本特征点梯度值赋一个权重。为减少光线变化时的影响，特征点特征向量被标准化为单位长度，最终的特征向量由这些直方图连接而成。

SIFT 特征向量的具体计算方法：对任意一个关键点，以关键点为中心取 16×16 像素大小的邻域，如图 5-36(a)所示，黑色的圆环代表方差为 $\sigma=\frac{r}{2}$ 高斯加权函数，强化中心区域信息，提高算法对几何变形的适应性。然后再将其划分为 4×4 共 16 个子区域，分别对每个子区域计算梯度方向直方图，即可形成四个种子区域，因此，一个关键点邻域划分为 4×4 个子区域的

联合梯度信息，这样对于一个关键点就可以最终形成 4×4×8=128 维的向量，该向量就是 SIFT 特征向量。

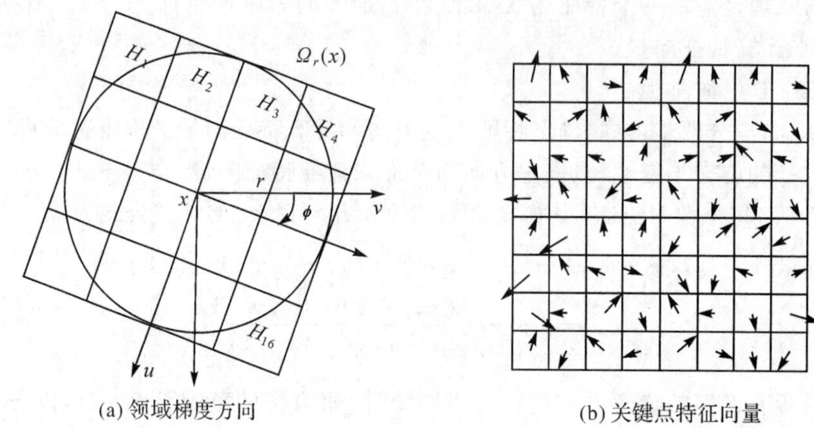

(a) 领域梯度方向　　(b) 关键点特征向量

图 5-36　特征向量的建立

3. 利用主成分分析算法降维特征向量

主成分分析是统计学中分析数据的一种有效的方法。其基本思想是根据样本点在多维模式空间的位置分布，以样本点在空间中变化较大的方向，即方差较大的方向作为判别矢量实现数据的特征提取与数据压缩。从概率统计观点可知，一个随机变量的方差越大，该随机变量所包含的信息就越多，如当一个变量的方差为 0 时，该变量为一常数，不含任何信息。

为了减少 128 维 SIFT 特征向量的维数，提高匹配速度，利用主成分分析将向量的维数降低至 36 维，具体实现方法如图 5-37 所示。

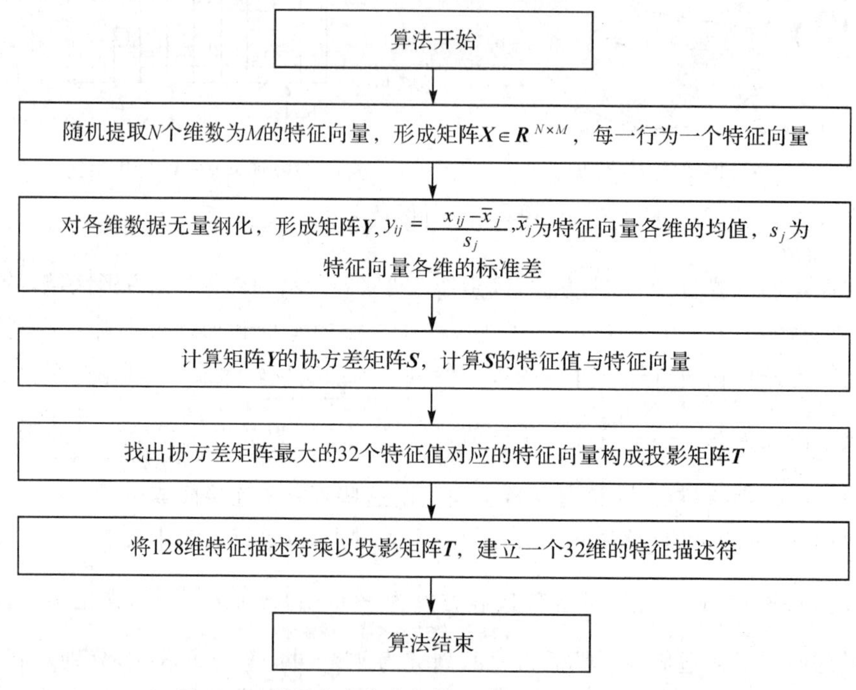

图 5-37　利用主成分分析算法降维特征向量的流程

(四)特征匹配

如何找到特征点的最近邻和次邻近是特征匹配算法的关键。寻找最邻近实质上是数据结构领域的一个查找问题,要提高查找的效率,最好的办法是先对节点集合进行排序。

BBF 算法通过查找最邻近和次邻近来提高匹配的速度,能很好地适用于高维向量匹配。BBF 算法是对 K-d 树算法的改进,它在 K-d 树的搜索策略上做了合适的改进。K-d 树的查找方法,类似于二叉排序数的查找过程。二叉排序树的查找过程如下:首先将给定节点的关键字与根节点的关键字进行比较,若相等,则查找成功;否则将根据给定点与根节点的关键字之间的大小关系,分别在左子树或右子树上继续进行查找。对于 K-d 树来说,这只需要次关键字比较,其数据结构决定了能够减少查询量。BBF 算法采用一种近似的最邻近算法,通过限制 K-d 树中被检查的叶子节点数,对查找的节点设一个最大数目 E_{max},认为当查找到这个数目的节点时的最邻近为近似结果,从而缩短搜索时间。另外,考虑已存储节点与被查询节点的关系,按已存储节点与被查询节点距离递增的顺序来搜索节点。

为减少误匹配,加入特征点互匹配约束条件,认为一对匹配的特征点必须满足互为最邻近的条件。采取如下思路求取特征点匹配对:首先建立每幅图像特征的 K-d 树,然后对配准图像的每一个特征点,利用 BBF 搜索算法在基准图像特征点 K-d 树中找到它的最邻近和次邻近,并计算出它与这两个特征点之间距离的比值 $Ratio$,如果 $Ratio$ 小于设定的阈值,认为该特征点与其最邻近的特征点是一对候选的匹配点;然后对这个最邻近的特征点,在待配准图像的 K-d 树中,查找它的最邻近和次邻近,并计算出它们之间距离的比值 $Ratio$,如果 $Ratio$ 满足条件,才确定它们是一对匹配的特征点。

(五)特征匹配对提纯及运动模型求解

上述过程得到的特征点匹配对集合中往往存在很多错误的匹配对,称为外点(outliers),引起这一问题的原因有以下几点:

(1)后续图像中有的特征点可能位于非重合区域,或者由于图像背景模糊或特征点漏检等原因,使得很多特征点在基准图像中没有正确的匹配。

(2)图像上存在大量的相似区域。

(3)由于降维引起的特征向量的高度独特性降低。

为了尽量剔除外点,本章采用 PROSAC 算法进行特征点匹配对提纯,在剔除错误的特征匹配对的同时精确计算运动模型参数。PROSAC 算法是 RANSAC(random sample concensus)算法的改进。RANSAC 算法是随机抽取样本,没有考虑到个体之间的差异性,但实际情况下个体之间存在好坏的差异——有的个体是内点的概率高,有的个体是内点的概率低。可以根据某种评判标准先对个体进行排序,在随机抽取样本的过程中先抽取更可能生成稳定模型的样本,这就是 PROSAC 提纯算法的思想,用特征点匹配对的相似程度作为排序的评判标准。

经过预处理的系列图像间只存在微小的角度旋转和比例缩放,可以采用二维运动参数模型表示图像间的关系。其理论基础是六参数的仿射变换,即

$$\begin{bmatrix} x' \\ y' \end{bmatrix} = \boldsymbol{R} \begin{bmatrix} x \\ y \end{bmatrix} + \begin{bmatrix} \Delta x \\ \Delta y \end{bmatrix} \tag{5-79}$$

式中,$\boldsymbol{R}$ 为旋转矩阵;Δx 和 Δy 为水平偏移量和垂直偏移量。通过三对点就解出 $\boldsymbol{R}$、Δx 和 Δy,但这些点必须是表示图像间相关性的特征点。式(5-79)可变为

$$\begin{bmatrix} x' \\ y' \end{bmatrix} = K \begin{bmatrix} \cos\theta & \sin\theta \\ -\sin\theta & \cos\theta \end{bmatrix} \begin{bmatrix} x-\Delta x \\ y-\Delta y \end{bmatrix} \tag{5-80}$$

式中,K 为尺度因子;θ 为旋转角;Δx 和 Δy 为水平偏移量和垂直偏移量。当 θ 角很小的情况下,式(5-80)可简化为

$$\begin{bmatrix} x' \\ y' \end{bmatrix} = \begin{bmatrix} K & \beta \\ -\beta & K \end{bmatrix} \begin{bmatrix} x-\Delta x \\ y-\Delta y \end{bmatrix} \tag{5-81}$$

显然,只需要两组匹配点就可以解 K、β,即

$$\left.\begin{aligned} Kx_1 - K\Delta x + \beta y_1 - \beta\Delta y = x'_1 \\ Ky_1 - K\Delta y - \beta x_1 - \beta\Delta x = y'_1 \\ Kx_2 - K\Delta x + \beta y_2 - \beta\Delta y = x'_2 \\ Ky_2 - K\Delta y - \beta x_2 + \beta\Delta x = y'_2 \end{aligned}\right\} \tag{5-82}$$

解方程(5-82)得

$$\begin{bmatrix} K \\ \beta \end{bmatrix} = \begin{bmatrix} x_1 - x_2 & y_1 - y_2 \\ y_1 - y_2 & x_2 - x_1 \end{bmatrix}^{-1} \begin{bmatrix} x'_1 \\ y'_1 \end{bmatrix} \tag{5-83}$$

进而

$$\begin{bmatrix} \Delta x \\ \Delta y \end{bmatrix} = \begin{bmatrix} x_1 \\ y_1 \end{bmatrix} - \begin{bmatrix} K & \beta \\ -\beta & K \end{bmatrix}^{-1} \begin{bmatrix} x'_1 \\ y'_1 \end{bmatrix} \tag{5-84}$$

通过 PROSAC 算法提纯一组特征点对序列后,使用最小二乘法解出方程参数,从而获得图像的近似匹配位置。

(六)匀色处理

由于拍摄时采样角度和光照强度的不同,相邻图像重叠区域会出现明暗强度及变形程度的差异,这就需要进行匀色处理。采用光度对准的方法将较大的光度差异调整到较小范围内;然后搜索重合区域内的最佳缝合线;最后采用加权平均的方法消除细微光度差异,实现了图像的无缝拼接。

三、无人机应急影像图制作规范

无人机序列影像经过拼接后,没有定位信息,不能充分利用无人机影像的信息。无人机遥感一般属于低空遥感,具有机动性、灵活性、时效性和分辨率高等特点,同时存在着不能得到或不能精确得到影像的外方位元素($\varphi,\omega,\kappa,X,Y,Z$)和普通相机的畸变差参数的问题,无法依照传统航空摄影测量的方法进行空中三角解算,制作数字正射影像图,成为大比例尺地图数据获取与更新的手段。但如果无人机所拍摄的影像不经过处理或只经过简单拼接处理,那就存在变形大、定位精度差、可用信息少等缺点,不能充分发挥无人机低空遥感的作用。

无人机遥感和地形图都有自身的特点和局限性,倘若将它们结合起来,相互取长补短,便可以发挥各自的优势、弥补各自的不足,有可能更全面地反映地面目标,提供更强的信息解译能力和更可靠的分析结果。所以可以考虑将无人机获取的序列影像经过拼接和纠正处理后与地形图融合在一起,形成一种特殊的影像图产品,这种产品不需要工序复杂、耗时长的空中三角解算,既可以充分利用影像图的直观、形象的丰富信息和现势性,又利用了地形图的数学基础和地理要素。本书将这种影像图产品称为无人机应急影像图。

(一)基本原则

通常,应急影像图是在纸上印刷成图的,所以,在确定和规划总体设计的各项内容时,必须要了解纸张和印刷的有关规格的规定,使设计的图幅位置和内容在印刷和纸张上得到合理的安排,并尽量节省人力和物力,降低成本,缩短出图的周期,保证影像图具有必要的精度,以及适合于影像图用途的内容和美学效果。

(二)底图规范

1. 底图内容的选择与确定

影响底图内容确定的因素很多,但起决定作用的因素主要有:应急影像图的用途和制图区域的特点。

应急影像图的用途决定着影像图的主题,影像图的主题直接影响着底图内容要素的选取。与影像图主题相关的底图内容要素可以选择,关系密切的底图要素还可以加粗或选择鲜亮颜色重点突出显示;没有关系或关系不大的底图要素可以舍去不显示。

制图区域的地理特点也直接影响着底图内容的选择和确定。例如湿润地区和干旱地区对于底图中水系要素的选取标准就不一样。

2. 底图比例尺的选择与确定

底图比例尺的选择受到遥感影像的分辨率、影像图的用途、制图区域的范围(大小和形状)和既定的影像图幅面(或纸张规格)的影响。在这些因素中,遥感影像的分辨率和影像图的用途是影响底图比例尺确定的主要因素,而制图主区的范围和纸张的幅面规格,是具体确定比例尺的不可忽视的基本条件,这些因素互为制约关系。如设计某区域的影像图时,限定了纸张的面积,则制图主区的范围大,比例尺就小,反之比例尺就大;如果制图主区的形状和大小已定,则纸张的面积大,比例尺可选择大些,反之,比例尺应选小些。

确定底图比例尺时,还应特别注意:①在各种因素制约下,确定的比例尺应尽量大,以求表达更多的底图内容;②充分利用纸张的有效面积,确定合理的比例尺,不要把过多的面积用在装饰上,或者裁切掉过多的纸边造成浪费。

(三)影像规范

应该根据地理现象和操纵尺度选择最佳分辨率的遥感影像数据。选择合适的空间分辨率,必须研究像幅表达内容的特性。许多环境科学家在多空间和时间尺度下给出了不同应用领域中的遥感数据空间分辨率的最佳选择。影像地面分辨率的选择应结合影像图用途,在确保成图精度的前提下,本着有利于缩短成图周期、降低成本、提高测绘综合效益的原则进行。

(四)注记规范

注记除了遵循地图注记设计的一般规范外,还需要根据应急影像图主题内容突出标注某些要素的注记。注记标注需要确定五个要素,即注记的字体、字号、字色、字隔和字列。

1. 字体

字体指应急影像图上注记的体裁。汉字字体繁多,地图上经常使用的有宋体及其变形体(左斜宋体)、等线体及其变形体(耸肩等线体、扁等线体、长等线体)、仿宋体,还有隶体、魏碑体及美术宋体、美术等线体。

宋体字由于横细竖粗的特点,在地形图上常用于较小居民地的注记,其变形体左斜宋体则用来注记各种水系名称。

等线体中的粗等线体粗壮醒目,常用作图名和大居民地的注记;中等线体笔划匀称,是图面上较大居民地注记的重要字体;细等线体清秀明快,可以印刷得很小,常用于最小居民地和各种说明注记,是地图上最小注记的基本字体。耸肩等线体用于山脉名称注记,长等线体用于山峰、山隘名称注记,扁等线体用于区域名称注记,长等线体和扁等线体更多的用于图名、标题和图外注记。

2. 字号

字号指应急影像图注记字的大小。字号在一定程度上反映被注对象的重要性和数量等级。等级越高的地物,其注记就越大;反之,则小。

制作应急影像图时,注记的字号要根据用途和使用方式确定。注记的字号可以按照相排字机提供的 20 种字号尺寸(7～62 级)进行选择。在照相排字机上,字号和级数的关系大致为:字号=(级数-1)×0.25,单位为 mm,注记字号指字的长边,如 7 级为 7×0.25=1.75 mm,即字的长边边长为 1.75 mm。

3. 字色

字色指注记所用的颜色。字色与字体类似,主要用于加强要素之间的类别差异。水系一般用蓝色注记,地貌用棕色注记,即与所表示要素的用色一致。一般来说,人们对应急影像图注记的感受能力取决于注记及其背景之间的视觉对比度。因此,应急影像图上的注记或者为浅色背景上的深色(黑色),或者为深色背景上的浅色(如白色)。

4. 字距

字距指注记中字与字的间隔距离。应急影像图上凡注记点状地物(如居民点等)都是使用小间隔注记;注记线状物(如河流、道路等)则采用较大字距沿线状物注出,当线状物很长时尚需分段重复注记;注记面状物体时,常根据其所注面积而变更其字距,所注图形较大时,应分区重复注记。

5. 字列

字列指同一注记的排列方式。汉字注记的排列方式有四种:水平字列、垂直字列、雁行字列和屈曲字列。水平字列、垂直字列和雁行字列的字向总是指向北方(或图廓上方)。水平字列的注记线平行上下内图廓线,注记从左至右排列;垂直字列的注记线垂直于上下内图廓线,注记从上到下排列;雁行字列的注记线很灵活。屈曲字列的字向依注记线而改变,字向与注记线垂直或平行。

(五)标注规范

标注可以分为遥感图像内标注和遥感图像外标注。遥感图像内的标注其字色要注意与遥感图像的色彩区分,遥感图像外的标注基本遵循注记规范,但一般来说标注会比同级别的注记的字号要大,字色要更鲜艳。

(六)图面配置规范

图面配置就是确立图名、图例、比例尺、图廓、附图、附表、文字说明等图面要素的范围大小及图上位置。影响图面配置的因素主要有:影像图的主题、用途、艺术性要求、出版条件(如输出纸张规格、印刷机的最大印刷幅面)。

1. 图名

图名即应急影像图的名称。图名的含义应当明确、肯定,一般包含两个方面的内容,即制图区域和类型。

图名可以横排,也可以竖排。横排时,如果图名放在图廓外,一般排在北图廓外的正中位置;若放在图廓内,则一般多放置在右上角或左上角的空白处。竖排时,图名通常排在图廓内的左上角或右上角。

排在图廓内的图名又可以分为有框的和无框的。有框的图名指将图名文字框定在一个范围内,这时框线与字的间隔一般要保留半个字的高度。无框图名指将图名直接嵌入到影像图内容的背景之中,不加框线。

图名的字号和字体设计是整饰工作的任务。分幅应急影像图的图名一般用较小的等线体;挂图的图名最常用宋体和黑体,而且多采用扁体字。有时还需要对字的形式进行必要的装饰和艺术加工。图名的字号视选择的字体而定,黑度大的尺寸可以小一些,黑度小的尺寸可以大一些,但一般都不应超过图廓边长的 6%。近年来,随着数字制图技术和屏幕底图的不断发展,图名字体使用彩色的情况已相当普遍,这在很大程度上提高了影像图的艺术表现力。

2. 图廓

图廓分为内图廓和外图廓。内图廓通常采用细实线,外图廓的种类则比较多,分幅图上一般只设计一条粗线,挂图上则多设计带有各种图案的花边,图案的内容可以与影像图内容相关,也可以是纯粹的装饰性的图案。花边的跨度视其本身的黑度而定,一般取图廓边长的 1%～1.5%。内外图廓间要留有配置经纬度注记的位置,一般取图廓边长的 0.2%～1%。

3. 附图、图表和文字说明

应急影像图多需要配置一定数量的附图、图例、图表和文字说明等。

(1)附图。图面上的附图通常包括:①位置图,说明该图的制图区域在更大范围内的位置示意图;②重点区域(目标)扩大图,图里的重点区域(目标),需要用较大的比例尺详细表达;③飞行路线示意图,无人机航拍的路线在更大范围内的示意图。

(2)图表和文字说明。为了给读者读图提供方便,有些应急影像图可以增加一些补充性的统计图表。对于影像图获取的无人机型号、时间、高度等需要用文字加以说明。

附图和图表文字的数量不宜过多,以免充塞图面,而且配置时要保持视觉上的平衡,不要都集中在一起。

(七)整饰规范

应急影像图的整饰指为了使影像图内容主次分明、协调美观和清晰易懂而采取的加工修饰工作。它是影像图表现形式和表示方法的总称,是应急影像图设计中艺术设计(图面美化)的重要内容。

整饰的对象和内容一般包括:图面符号和色彩,线划、注记风格的设计,图面规划及图廓装饰,图幅编排等。

在整饰应急影像图时一般应注意以下几个问题:

(1)注意符号大小与色彩在视觉感受上的影响。

(2)注意影像图与矢量底图的色彩协调。

(3)大面积填色时使用浅淡的颜色,小图斑使用较深的颜色。

(4)注记的大小与排列方式需经反复试验确定。

(5)外图廓的整饰应采用复式线划或彩色花纹花边。

思考题

1. 无人机航摄影像的质量评价标准有哪些？
2. 无人机航摄影像预处理主要包括哪些步骤？
3. 什么叫内方位元素？内方位元素有哪几个？
4. 什么叫外方位元素？外方位元素有哪几个？
5. 什么是共线方程？试推导其数学表达式。
6. 什么是几何校正？其主要方法有哪些？
7. 什么是重采样？其主要方法有哪些？
8. 什么是连续像对的相对定向？
9. 什么是绝对定向？
10. 空中三角测量的任务是什么？
11. 空中三角测量的平差方法有哪些？
12. 图像融合的方法主要有哪些？
13. 简述无人机测绘成图技术的应用。
14. 什么是无人机应急影像图？
15. 简述无人机应急影像图的制作流程。
16. 无人机应急影像图制作的基本原则是什么？
17. 简述无人机应急影像图的应用。

第 6 章　基于无人机序列影像的目标定位与跟踪技术

目前无人机遥感测绘系统大多搭载数字相机和视频摄像机作为遥感传感器。数字相机可在地面遥控拍照或设定程序自动拍照，视频摄像机可连续地摄取地面目标的动态视频数据，两者获取的遥感影像数据均可认为是序列图像。广义地讲，在时间和空间上相关的图像均可称为序列图像。这里特指数字相机获取的相邻图像和对视频流进行离散采样获得的图像序列，序列中相邻图像之间有较大的重叠。

将无人机序列图像用于地理信息遥感与目标定位，有三个方面的优势：一是实时获取与实时传输，反映地理信息和目标的最新状态；二是以较高的空间分辨率对目标进行“凝视”，从而实现对小目标的遥感与监测；三是以图像序列的方式进行多角度的观察，通过多帧图像之间的信息融合消除地理信息认知和目标识别的歧义。

序列图像具有跟踪运动目标的先天优势。可以对无人机序列图像中的运动目标进行自动检测、动态跟踪与快速定位，并分析目标的运动状态，进而预测目标的运动趋势。其结果既可用于目标的运动分析，也可反馈到飞行控制系统，以调整飞行平台的位置和传感器云台的姿态，实施下一步的目标跟踪与定位。

§6.1　概　述

一、基本概念

目前，测绘型无人机的任务设备主要有光学照相机、电视摄像机、红外成像仪、激光测距仪以及合成孔径雷达等。尽管各类任务设备的工作机理和工作方式不同，但其获得的目标信息均包含了目标的性质、状态以及地理位置等，而位置信息的精确程度不仅与任务设备的测量精度和工作环境有关，在很大程度上也取决于无人机的飞行状态和系统对无人机的定位精度。此外，在任务设备的测量精度和无人机位置精度一定的情况下，采用空间立体定位的方法也可在很大程度上提高无人机目标定位的能力。

基于无人机序列影像的目标定位技术就是基于摄影测量、图像处理和信息处理等技术，通过对无人机序列影像以及与影像相关的遥测数据的处理与分析，提取目标精确三维坐标的过程。

运动目标跟踪技术在现代军事和民用中均占有非常重要的地位，提供可靠而准确的高质量目标信息始终是目标跟踪技术的主要任务。运动目标跟踪技术一般是基于对序列图像的处理，力图从复杂的背景中识别出目标，并对目标的运动规律加以预测，实现对目标的连续、准确的跟踪，主要涉及图像数据的预处理、目标检测、图像分割、特征提取、运动分析和目标跟踪等。其中，图像分割、特征提取和目标跟踪算法是目标跟踪的关键。

对序列图像中的运动目标进行检测与跟踪是序列图像处理研究中的热点。以往的研究多集中于视频监控、交通管理等领域的应用，从空中对地面的运动目标的跟踪涉及较少。同时，由于缺乏有效的序列图像定位手段，难以给出运动目标的位置信息，而这恰好是运动目标跟踪中亟须解决的问题。本章主要研究在无人机序列图像定位框架下，对移动背景（相对于静止背景）条件下的运动目标进行检测、跟踪和定位，目标定位的结果既可给出运动目标的准确位置信息，同时也可结合基础地理空间，用于对目标地面运动状态的预估，从而更加稳定地锁定跟踪目标。

二、应用

（一）在地理空间信息服务中的应用

现代地理空间信息服务对遥感测绘技术提出了更高的要求，不但要求提供地域范围更为宽广的地理空间信息数据，而且要求实时地提供更为详细、准确、可靠的信息。显然，任何单一的数据源都不能满足需求。空间信息获取的基本手段是依靠遥感卫星、高空有人机、无人机和各种地面遥感设备组成的全方位的遥感网络。对于动态目标的实时遥感和监测，最有效的遥感手段是无人机和无人飞艇。它们的共同特征是能够灵活地调整飞行路线，对动态目标进行持续的监测，并且能将所获取的数据实时地传回地面控制中心。实时获取的动态数据对于动态地理信息的快速获取具有重要的意义，汶川特大地震发生后，无人机发挥了其快速灵活的优势，及时获取了灾区的遥感影像，为指挥救援和灾害评估提供了现势地理信息数据。

全方位遥感网络所获取的多源空间数据共同反映了空间的地理信息。但是，直观地认知地理信息需要在地理空间信息获取的统一框架下对这些数据进行集成处理，形成动态地理空间信息集成应用体系。

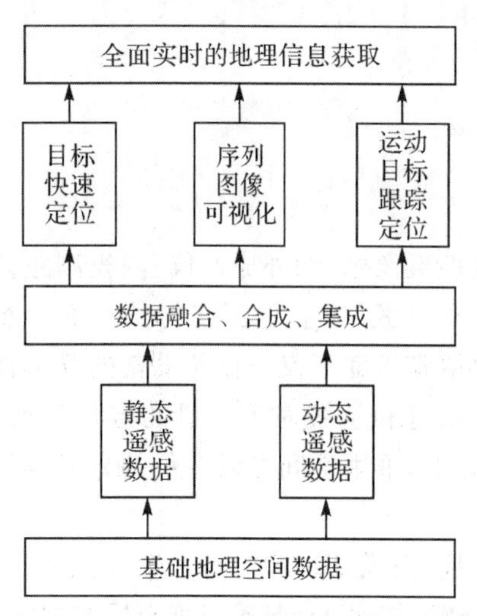

图 6-1　动态地理空间信息集成应用框架

在地理信息快速获取这一主题下，将多源遥感数据分为静态数据和实时获取的动态数据两种类型有助于问题的讨论。也就是说，将遥感数据看作两类，一类是经过处理的遥感图像，另一类则是实时获取的动态数据即序列图像。这两类数据在基础地理空间数据的统一支持下共同完成全面实时的地理空间信息获取，如图 6-1 所示。其中基础地理空间数据为系列比例尺数字地图、数字正射影像、DEM 等测绘数据产品。

在地理信息快速获取的统一框架下，动态数据的集成应用离不开基础地理空间数据和（或）静态遥感数据的支持。为表述方便，下文将基础地理空间数据和静态遥感数据统称为基础地理空间数据。这种支持既包括基础地理空间数据在序列图像定位中的基准作用，也包括动态数据与基础地理空间数据的融合、合成与集成，以便将动态序列图像置于一个更大的地理信息库中进行分析，进而完成全面实时的地理信息获取。动态地理空间信息获取包括序列图像中的目标定位，序列图像与基础地理空间数据融合以实现现势地理信息的可视化，对运动目标进行跟踪与定位等。

（二）其他方面的应用

对无人机序列图像中的目标进行定位与跟踪在军事、工业和科学研究方面都具有重要的意义，在许多方面有着重要的应用。在安全领域，使用目标跟踪的数字视频监视系统已开始取代传统的模拟监视系统。数字监视系统可扩展性好，自动化程度高。在军事领域，已用于战场侦察，巡航导弹制导，对地攻击直升机和主战坦克火力控制系统。在民用领域也得到大量的应用，如智能交通管理、机动车检测等。

§6.2　目标定位

定姿定位系统可以动态快速地给出反映载体运动的运动参数，据此可以连续测量成像时传感器的位置和姿态，为无人飞机序列影像中的目标实时定位提供了可行的现实解决方案。由于成本所限，无人机上大多安装低成本、低精度的导航定位系统。基于此类导航定位系统进行序列影像目标直接定位，无法得到高精度的定位结果。目前，利用无人机序列影像进行目标定位的方法主要有四种：

(1)传统的基于遥感图像的摄影测量目标定位。这种方法主要是利用立体像对建立几何模型，从而确定目标点的三维坐标。由于无人机搭载的成像设备的视场相对较小，利用具有场景重叠的序列图像组成的立体像对时，其基高比太小而无法保证光线的交会精度，所以传统的摄影测量目标立体定位方法不适用于无人机序列影像移动目标定位。

(2)基于图像匹配模式的非实时定位。这种方法主要利用可获取的多源图像资源，在建立预先基准图像的条件下，将经过数字化处理和几何纠正的无人机序列影像与预先基准图像进行高精度匹配，进而实现对所关心目标的精确定位。该方法具有目标定位精度高、可多点同时定位等优点，但非实时的工作方式制约了其应用范围。

(3)基于无人机遥测数据的实时定位。这种方法直接将无人机对目标定位瞬间的位置信息、姿态信息，以及多轴任务平台的转角信息、测距信息等输入定位解算模型，从而可快速解算出目标坐标。该方法因具有实时性好的突出优点，被无人机目标定位系统广泛采用。然而，在利用任务设备对地面目标进行跟踪和定位时，无人机的位置和姿态误差、多轴任务平台的转角和测距误差等，都不可避免地影响目标定位精度，因此，目标定位精度较第二种方法低。

(4)基于空间交会的目标定位。这种方法本质上是第三种方法的一种拓展。在无人机执行任务过程中，发现感兴趣的目标后，进入跟踪状态，同时激光测距设备连续发射激光测量其到目标的距离，采集跟踪后的飞行遥测数据和图像数据，这些遥测数据包括无人机三个姿态角、任务平台的两个角度、成像任务设备焦距、无人机的位置和距离。之后将遥测数据进行综合，构建空间多个位置对地面同一目标的交会模式，利用交会模型进行平差计算以实现目标定位。多点空间交会解算过程对误差具有较好的“剔除”和“抑制”作用，从而能够达到较高的定位精度。显然，这种方法是建立在对目标实现锁定跟踪的基础之上的。

以上四种目标定位方法都存在着一定的局限性，为此，本章提出一种低精度 GPS/INS 导航系统和基础地理空间数据联合支持的序列图像实时定位方法。

一、基于飞行参数和传感器成像参数的序列影像实时定位

低精度 GPS/INS 导航系统和基础地理空间数据联合支持下的序列图像实时定位方法技术框架如图 6-2 所示，首先利用 GPS/INS 参数对序列图像进行概略定位，完成序列图像与基

础地理空间数据的概略对应，同时规划基础地理空间数据的尺度。然后在改化后的基础地理空间数据中提取目标特征，提取的特征经过传感器投影变换（利用 GPS/INS 参数）后在序列图像上建立目标特征缓冲区，在缓冲区中搜索与基础地理空间数据相匹配的特征，得到的对应特征作为序列图像定位的控制特征。若提取的控制特征数量足够多，就可用匹配特征进行空间后方交会；若控制特征的数量不足以完成空间后方交会，则用于修正 GPS/INS 导航系统的误差。

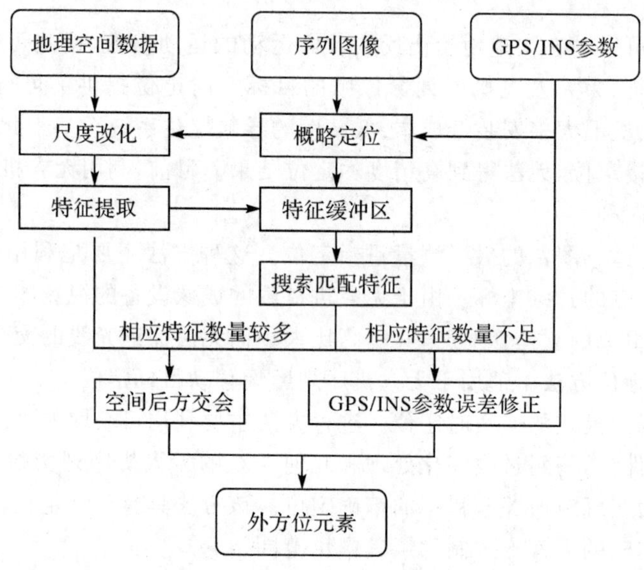

图 6-2 序列图像实时定位框架

该框架的核心是基于无人机飞行参数和传感器成像参数的影像实时定位算法。由共线条件方程

$$\left.\begin{aligned} X-X_S=(Z-Z_S)\frac{a_1(x-x_0)+a_2(y-y_0)-a_3f}{c_1(x-x_0)+c_2(y-y_0)-c_3f} \\ Y-Y_S=(Z-Z_S)\frac{b_1(x-x_0)+b_2(y-y_0)-b_3f}{c_1(x-x_0)+c_2(y-y_0)-c_3f} \end{aligned}\right\} \tag{6-1}$$

可知，若已知地面点 $A(X,Y)$ 的高程 Z 和影像的内方位元素，即可由无人机飞行参数和传感器成像参数获得的影像外方位元素解算像点 $a(x,y)$ 所对应的地面点 A 的平面坐标 (X,Y)。这一条件在平坦地区能够得到满足；当地形起伏时，可先估算该点的粗略高程，然后在 DEM 的支持下，通过一个迭代过程确定地面点 A 的三维坐标 (X,Y,Z)。DEM 支持下的影像实时定位迭代算法如下：

(1)估算待求点 $A(X,Y)$ 的初始高程 Z_0。在近似垂直摄影条件下，取 DEM 中摄站平面坐标 (X_S,Y_S) 处的高程内插值；否则，取该地区的平均高程。

(2)将 Z_0 代入式(6-1)，解算 A 点平面坐标 $(X,Y)_i$。

(3)在 DEM 中内插 A 处的高程 Z_i。

(4)将 Z_i 代入式(6-1)，重新解算 A 点平面坐标 $(X,Y)_{i+1}$。

(5)重复第(3)、(4)步，直到前后两次平面点位较差小于规定的限差，即 $\|(X,Y)_{i+1}-$

$(X,Y)_i \| \leqslant \delta$ 时为止。

通常在地形连续变化和近似垂直摄影条件下，此算法是有效的。

二、实时影像定位误差分析

分析表明，上述影像实时定位结果的精度受以下 10 个参数的精度的共同影响：

(1) x_0、y_0、f 为影像内方位元素，由摄影机鉴定结果给出。

(2) X_S、Y_S、Z_S、φ、ω、κ 为摄影机外方位元素，由摄影平台定位系统和传感器姿态测量系统参数得出。

(3) Z 为 (X,Y) 处的理论高程，依据 DEM 由迭代过程计算得到。

(一)误差传递公式的一般形式

为分析内外方位元素的误差对目标定位点位精度的影响，从摄影测量的角度推导各个因子对目标点定位的误差传递公式

$$\begin{bmatrix} \bar{x} \\ \bar{y} \\ \bar{z} \end{bmatrix} = \begin{bmatrix} a_1 & a_2 & a_3 \\ b_1 & b_2 & b_3 \\ c_1 & c_2 & c_3 \end{bmatrix} \begin{bmatrix} x-x_0 \\ y-y_0 \\ -f \end{bmatrix} = \boldsymbol{R} \begin{bmatrix} x-x_0 \\ y-y_0 \\ -f \end{bmatrix} \tag{6-2}$$

式中，$\boldsymbol{R}$ 为旋转矩阵，是 φ(偏角)、ω(倾角)和 κ(旋角)的函数，所以 $[\bar{x}\quad \bar{y}\quad \bar{z}]^{\mathrm{T}}$ 是 $(x,y,\varphi,\omega,\kappa,x_0,y_0,f)$ 的函数。

则式(6-1)可写为

$$\left.\begin{aligned} X &= (Z-Z_S)\frac{\bar{x}}{\bar{z}} + X_S \\ Y &= (Z-Z_S)\frac{\bar{y}}{\bar{z}} + Y_S \end{aligned}\right\} \tag{6-3}$$

对于目标定位来说，式中 X、Y 是待求值；x_0、y_0、f 为影像内方位元素，由相机鉴定结果给出；X_S、Y_S、Z_S、φ、ω、κ 为摄影机外方位元素，由摄影平台定位系统和姿态测量系统记录；Z 为 (X,Y) 处的理论高程，由迭代过程中 DEM 内插得到。显然，X、Y 的精度由以上 10 个参数的精确度共同决定，下面探讨这 10 个参数的误差对最终的定位结果有何影响。

为此，首先对式(6-3)求全微分，得

$$\left.\begin{aligned} \mathrm{d}X = {} & \frac{\partial X}{\partial Z}\mathrm{d}Z + \frac{\partial X}{\partial X_S}\mathrm{d}X_S + \frac{\partial X}{\partial Z_S}\mathrm{d}Z_S + \frac{\partial X}{\partial \varphi}\mathrm{d}\varphi + \frac{\partial X}{\partial \omega}\mathrm{d}\omega + \frac{\partial X}{\partial \kappa}\mathrm{d}\kappa + \frac{\partial X}{\partial x_0}\mathrm{d}x_0 + {} \\ & \frac{\partial X}{\partial y_0}\mathrm{d}y_0 + \frac{\partial X}{\partial f}\mathrm{d}f \\ \mathrm{d}Y = {} & \frac{\partial Y}{\partial Z}\mathrm{d}Z + \frac{\partial Y}{\partial Y_S}\mathrm{d}Y_S + \frac{\partial Y}{\partial Z_S}\mathrm{d}Z_S + \frac{\partial Y}{\partial \varphi}\mathrm{d}\varphi + \frac{\partial Y}{\partial \omega}\mathrm{d}\omega + \frac{\partial Y}{\partial \kappa}\mathrm{d}\kappa + \frac{\partial Y}{\partial x_0}\mathrm{d}x_0 + {} \\ & \frac{\partial Y}{\partial y_0}\mathrm{d}y_0 + \frac{\partial Y}{\partial f}\mathrm{d}f \end{aligned}\right\} \tag{6-4}$$

式中各偏微分按式(6-3)计算，分别为

$$
\left.
\begin{aligned}
&\frac{\partial X}{\partial Z}=\frac{\bar{x}}{\bar{z}}\\
&\frac{\partial X}{\partial X_S}=1\\
&\frac{\partial X}{\partial Z_S}=-\frac{\bar{x}}{\bar{z}}\\
&\frac{\partial X}{\partial \varphi}=H\left(1+\frac{\bar{x}^2}{\bar{z}^2}\right)\\
&\frac{\partial X}{\partial \omega}=H\left(\frac{\bar{y}}{\bar{z}}\sin\varphi+\frac{\bar{x}\,\bar{y}}{\bar{z}^2}\cos\varphi\right)\\
&\frac{\partial X}{\partial \kappa}=H\left[\frac{(a_1\bar{z}-c_1\bar{x})(y-y_0)-(a_2\bar{z}-c_2\bar{x})(x-x_0)}{\bar{z}^2}\right]\\
&\frac{\partial X}{\partial x_0}=H\left(\frac{a_1}{\bar{z}}-\frac{c_1\bar{x}}{\bar{z}^2}\right)\\
&\frac{\partial X}{\partial y_0}=H\left(\frac{a_2}{\bar{z}}-\frac{c_2\bar{x}}{\bar{z}^2}\right)\\
&\frac{\partial X}{\partial f}=H\left(\frac{a_3}{\bar{z}}-\frac{c_3\bar{x}}{\bar{z}^2}\right)\\
&\frac{\partial Y}{\partial Z}=\frac{\bar{y}}{\bar{z}}\\
&\frac{\partial Y}{\partial Y_S}=1\\
&\frac{\partial Y}{\partial Z_S}=-\frac{\bar{y}}{\bar{z}}\\
&\frac{\partial Y}{\partial \varphi}=H\left(\frac{\bar{x}\,\bar{y}}{\bar{z}^2}\right)\\
&\frac{\partial Y}{\partial \omega}=H\left(-\frac{\bar{x}}{\bar{z}}\sin\varphi+\frac{\bar{y}^2+\bar{z}^2}{\bar{z}^2}\cos\varphi\right)\\
&\frac{\partial Y}{\partial \kappa}=H\left[\frac{(b_1\bar{z}-c_1\bar{y})(y-y_0)-(b_2\bar{z}-c_2\bar{y})(x-x_0)}{\bar{z}^2}\right]\\
&\frac{\partial Y}{\partial x_0}=H\left(\frac{b_1}{\bar{z}}-\frac{c_1\bar{y}}{\bar{z}^2}\right)\\
&\frac{\partial Y}{\partial y_0}=H\left(\frac{b_2}{\bar{z}}-\frac{c_2\bar{y}}{\bar{z}^2}\right)\\
&\frac{\partial Y}{\partial f}=H\left(\frac{b_3}{\bar{z}}-\frac{c_3\bar{y}}{\bar{z}^2}\right)
\end{aligned}
\right\} \tag{6-5}
$$

式中，$H=-(Z-Z_S)$为航高。

在式(6-5)的计算中，用到了旋转矩阵的性质和矩阵求导理论，如

$$\frac{\partial\begin{bmatrix}\bar{x}\\\bar{y}\\\bar{z}\end{bmatrix}}{\partial\varphi}=\frac{\partial\boldsymbol{R}_\varphi}{\partial\varphi}\boldsymbol{R}_\omega\boldsymbol{R}_\kappa\begin{bmatrix}x-x_0\\y-y_0\\-f\end{bmatrix}=\left(\frac{\partial\boldsymbol{R}_\varphi}{\partial\varphi}\boldsymbol{R}_\varphi^{-1}\right)\boldsymbol{R}\begin{bmatrix}x-x_0\\y-y_0\\-f\end{bmatrix}=$$

$$\begin{bmatrix}0&0&-1\\0&0&0\\+1&0&0\end{bmatrix}\begin{bmatrix}a_1&a_2&a_3\\b_1&b_2&b_3\\c_1&c_2&c_3\end{bmatrix}\begin{bmatrix}x-x_0\\y-y_0\\-f\end{bmatrix}=\begin{bmatrix}-\bar{z}\\0\\\bar{x}\end{bmatrix}\tag{6-6}$$

式中，$\frac{\partial\boldsymbol{R}_\varphi}{\partial\varphi}\boldsymbol{R}_\varphi^{-1}=\begin{bmatrix}-\sin\varphi&0&-\cos\varphi\\0&0&0\\\cos\varphi&0&-\sin\varphi\end{bmatrix}\begin{bmatrix}\cos\varphi&0&\sin\varphi\\0&1&0\\-\sin\varphi&0&\cos\varphi\end{bmatrix}=\begin{bmatrix}0&0&-1\\0&0&0\\+1&0&0\end{bmatrix}$。

通常情况下，式(6-5)、式(6-6)中的 10 个参数误差都很小，将其中的微分代之以相应的增量——真误差，同时认为各个参数误差对定位结果的影响相互独立，则由误差传播定律，X、Y的中误差形式为

$$\left.\begin{aligned}m_X^2&=\sum_{i=1}^{9}\left(\frac{\partial X}{\partial t_i}\right)_0^2 m_i^2\\m_Y^2&=\sum_{i=1}^{9}\left(\frac{\partial Y}{\partial t_i}\right)_0^2 m_i^2\end{aligned}\right\}\tag{6-7}$$

式中，t_i 为以上影响定位精度的 10 个参数，m_i 分别为它们的误差。各偏导数的表达式以式(6-5)和式(6-6)给出。需要说明的是，对于 DEM 支持下的影像实时定位迭代算法，若迭代收敛，只需考虑最后一次迭代计算的误差即可得到最终的定位误差。

(二)近似垂直成像条件下的误差传递公式

式(6-5)和式(6-6)是误差传递公式的严密形式，实际使用很不方便。实践中多采用近似垂直摄影，作为简化，考虑摄像机近似垂直对地成像时的影像实时定位精度。此时 $\varphi=\omega=\kappa\approx0$(实践中 κ 值不是小值时，可先旋转地面坐标系统 O-XYZ 使得$\kappa\approx0$，计算完成后再反转目标点坐标)，旋转矩阵 $\boldsymbol{R}$ 接近单位阵 $\boldsymbol{E}$；通常，摄像机的内方位元素 x_0、y_0 远小于像点坐标 x、y，式(6-2)可简化为

$$\begin{bmatrix}\bar{x}\\\bar{y}\\\bar{z}\end{bmatrix}=\begin{bmatrix}a_1&a_2&a_3\\b_1&b_2&b_3\\c_1&c_2&c_3\end{bmatrix}\begin{bmatrix}x-x_0\\y-y_0\\-f\end{bmatrix}=\begin{bmatrix}x\\y\\-f\end{bmatrix}\tag{6-8}$$

代入式(6-5)和式(6-6)，各偏导数简化为

$$\left.\begin{aligned}
\frac{\partial X}{\partial Z}&=-\frac{x}{f}\\
\frac{\partial X}{\partial X_S}&=1\\
\frac{\partial X}{\partial Z_S}&=\frac{x}{f}\\
\frac{\partial X}{\partial \varphi}&=H\left(1+\frac{x^2}{f^2}\right)\\
\frac{\partial X}{\partial \omega}&=H\left(\frac{xy}{f^2}\right)\\
\frac{\partial X}{\partial \kappa}&=-H\ \frac{y}{f}\\
\frac{\partial X}{\partial x_0}&=-\frac{H}{f}\\
\frac{\partial X}{\partial y_0}&=0\\
\frac{\partial X}{\partial f}&=-H\left(\frac{x}{f^2}\right)
\end{aligned}\right\} \tag{6-9}$$

$$\left.\begin{aligned}
\frac{\partial Y}{\partial Z}&=-\frac{y}{f}\\
\frac{\partial Y}{\partial Y_S}&=1\\
\frac{\partial Y}{\partial Z_S}&=\frac{y}{f}\\
\frac{\partial Y}{\partial \varphi}&=H\left(\frac{xy}{f^2}\right)\\
\frac{\partial Y}{\partial \omega}&=H\left(1+\frac{y^2}{f^2}\right)\\
\frac{\partial Y}{\partial \kappa}&=-H\ \frac{x}{f}\\
\frac{\partial Y}{\partial x_0}&=0\\
\frac{\partial Y}{\partial y_0}&=-\frac{H}{f}\\
\frac{\partial Y}{\partial f}&=-H\left(\frac{y}{f^2}\right)
\end{aligned}\right\} \tag{6-10}$$

三、定位精度改进方案

在不依赖地理空间数据的前提下，为进一步提高定位精度，需要在优化系统配置、提高系统参数精度的基础上进行：①摄像机的改进和检校；②提高平台的姿态参数；③提高平台的GPS位置参数频率。

在分析目标定位系统方案设计的基础上，提出优于 20 m 的精度改进方案和优于 30 m 的精度改进方案的建议，并分别分析其预期的目标定位精度。

(一)原始定位系统硬件方案设计

1. 摄像机子系统

摄像机子系统采用的摄像机是普通的商用数码摄像机，未经内方位元素标定，不能实时输出焦距值，甚至难以确定诸如像元数和像元尺寸等基本参数。严格来说，这种摄像机并不能满足目标定位的需求。

2. 平台姿态参数测量和传输子系统

平台姿态参数测量和传输子系统采用摄像机与飞机机体刚性连接的方式，取机体导航数据中的姿态参数作为摄像机的姿态角。其主要误差来源于两个方面：一是导航数据中的姿态参数本身的误差，为 2°～3°；二是未考虑摄像机与机体之间的安装夹角。那么总的误差低于 2°～3°。

其次，视频数据采集频率为每秒 25 帧，而飞行姿态参数的采样频率为每秒 5～6 帧，要获取某一帧视频图像所对应的姿态参数，还需要在姿态参数序列中按时间内插，这也是实际获取的姿态参数的一个误差源。

另外，视频图像和姿态参数是两个通道分别传输的，且姿态参数相比视频数据存在延时。接收后要按接收时间将视频图像和姿态参数对应起来，参数延时误差也造成了姿态误差。

3. 平台位置参数测量和传输子系统

平台位置参数测量和传输子系统采用商用 GPS 接收机测量机体的平面位置，气压计测高仪测量机体高度，用于无人机的飞行控制，同时也作为摄像机的中心位置。与姿态参数类似，误差主要来源于两个方面：一是 GPS 和气压计测高仪本身的误差，为 20～30 m；二是未考虑摄像机与位置测量装置之间的偏移。

其次，GPS 位置参数的采样频率为每秒 1～2 帧，要获取某一帧视频图像所对应的 GPS 参数，还需要在 GPS 参数序列中按时间内插。

最后，GPS 参数与姿态参数在同一个通道传输，也就是说，与视频图像传输相比，存在 200 ms 的延时。

(二)优于 20 m 的精度改进方案

1. 摄像机的改进和检校参数

为提高定位精度，需采用经过严格检校和标定的量测型面阵 CCD 摄像机。具体需求如下：

(1)所需参数：CCD 有效像元数；像元尺寸(水平、垂直)；像主点坐标(x_0，y_0)；摄像时实时输出焦距 f。

(2)摄像机检校：CCD 本身的不规则和镜头畸变引起的像点移位小于 2 像素。

(3)内方位元素标定：像主点坐标(x_0，y_0)的测量误差小于 1 像素。

(4)焦距输出：摄像时实时的焦距输出精度优于 3%。

2. 平台姿态参数

为提高定位精度，需提高摄像机摄像时的姿态精度。具体方案为：

(1)摄像机安装：改进摄像机与姿态测量装置安装方案，使摄像机与姿态测量装置之间的安装夹角为 0°，这样姿态测量装置直接测量摄像机(而不是机体)的姿态。

(2)提高姿态测量精度：俯仰角、横滚角测量精度优于 0.3°；偏航角测量精度优于 0.5°～0.6°。

(3)提高姿态参数采样频率：与视频图像采集频率一致。

3. 平台 GPS 位置参数

与姿态参数类似，为提高定位精度，需提高摄像机摄像时的 GPS 位置精度。具体方案为：

（1）摄像机安装：将 GPS 安装在尽量靠近摄像机的中心位置，使得 GPS 直接测量摄像机（而不是机体）的位置。

（2）提高 GPS 测量精度：水平位置精度优于 10 m；垂直位置精度优于 20 m。

（3）提高 GPS 采样频率：与视频图像采集频率一致。

（4）同一通道传输视频图像、姿态参数和 GPS 数据。

（三）优于 30 m 的精度改进方案

1. 摄像机的改进和检校参数

为达到 30 m 的定位精度，需采用经过检校和标定的量测型面阵 CCD 摄像机。具体需求如下：

（1）所需参数：CCD 有效像元数；像元尺寸（水平、垂直）；像主点坐标（x_0，y_0）；摄像时实时输出焦距 f。

（2）摄像机检校：CCD 本身的不规则和镜头畸变所引起的像点移位小于 5 像素。

（3）内方位元素标定：像主点坐标（x_0，y_0）的测量误差小于 3 像素。

（4）焦距输出：摄像时实时的焦距输出精度优于 5%。

2. 平台姿态参数

为达到 30 m 的定位精度，需适当提高摄像机摄像时的姿态精度。具体方案为：

（1）摄像机安装：改进摄像机与姿态测量装置安装方案，使得摄像机与姿态测量装置之间的夹角为 0°。

（2）提高姿态测量精度：俯仰角、横滚角测量精度优于 0.5°；偏航角测量精度优于 1°。

（3）姿态参数采样频率：飞行姿态参数的采样频率提高到每秒 10～12 帧。

（4）数据传输：可以采用目前的数据传输通道，即模拟用模拟通道传输视频流，用数字通道传输姿态参数；参数延时误差 20 ms 以内。

3. 平台 GPS 位置参数

与姿态参数类似，要达到 30 m 的定位精度，需适当提高摄像机摄像时的 GPS 位置精度。具体方案为：

（1）摄像机安装：将 GPS 安装在尽量靠近摄像机的中心位置，使得 GPS 直接测量摄像机（而不是机体）的位置。

（2）提高 GPS 测量精度：水平位置精度优于 10 m；垂直位置精度优于 20 m。

（3）提高 GPS 采样频率：GPS 参数的采样频率提高到每秒 5 帧。

（4）数据传输：可以采用目前的数据传输通道，即用模拟通道传输视频流，用数字通道传输 GPS 参数；参数延时误差 20 ms 以内。

§6.3 运动目标检测

运动目标检测是将序列影像中的运动目标影像区域同背景影像区域区分开来，是实现运动目标跟踪的基础。运动目标检测可划分为两种情况条件：静止背景条件下的目标检测和运动背景条件下的目标检测。

一、基本思想

在视频影像中运动目标与背景的根本差异在于两者所对应的像素的运动属性不同，因此利用运动图像分割可以实现对运动目标的检测。在图像处理中图像分割是重要的应用之一，所谓图像分割是根据属性一致原则(常用的属性有色彩、灰度和纹理等)将图像中的像素划分为不同的区域，以此为基础，如果在运动图像中结合像素的运动属性，依据相同的原理，便可以对运动图像进行分割。

二、基于静止背景建模的目标检测

视频影像处理中的静止背景指由于摄像机与所摄场景之间不发生相对运动，所以影像中的背景部分不发生明显的变化，近似于静止。与运动背景相比，静止背景条件下的视频影像处理应用更加易于实现。

(一)帧间差分方法

如果两帧影像中的背景完全相同，那么检测运动目标最简单的办法就是将两幅影像做“差分”运算。差分后的影像中大部分的背景和小部分的目标由于灰度没有发生明显的变化而被减掉，这种方法可以大致确定目标在影像中位置。通过进一步的处理，可以将目标检测出来。

这种方法的缺点也比较明显，可能会产生一些问题。例如图 6-3(a)中，场景范围内一辆处于停止状态的车辆，进行差分前可被视作影像中的背景，但是在处理过程中车辆发生了移动，成了运动的目标，那么帧差分后在原车辆停放的位置，原属背景的影像区域将留下一个“空洞”。即使在整个观测处理过程中，车辆一直处于运动状态，如图 6-3(b)所示，检测到的目标也并不完整，通常只会检测出目标的边缘轮廓，因为目标的内部影像区域经过差分也同时被抵消掉了。

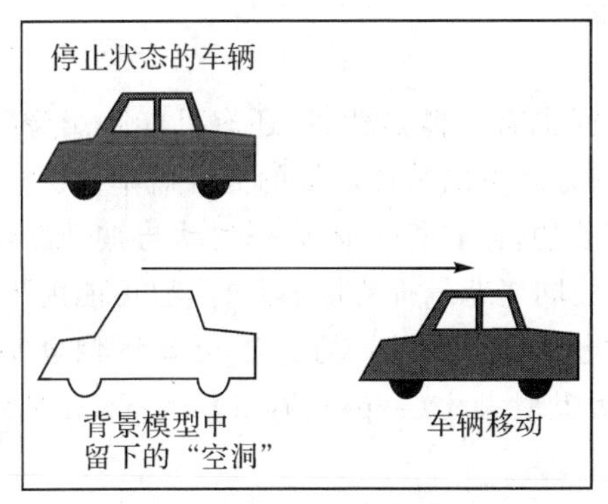

(a) 帧间差分方法中的“空洞”

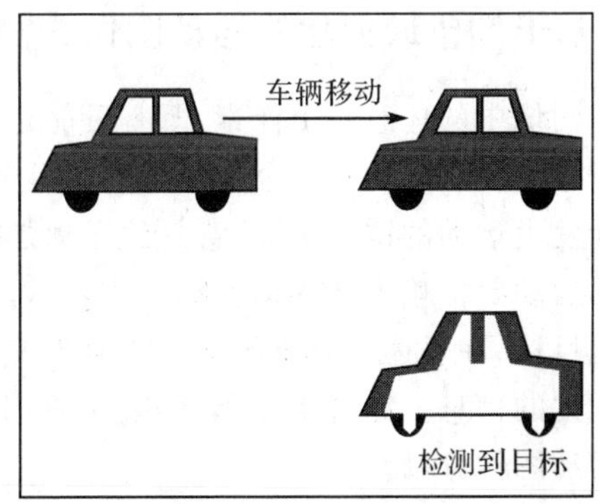

(b) 帧间差分方法中目标内部区域被抵消

图 6-3　帧间差分方法及其缺陷

(二)背景建模方法

对于静止背景，背景建模方法是一种较为有效的方法。下面给出一种混合的运动目标检测算法，这种方法将自适应背景抑制技术和三帧差分算法结合在一起。

设$I_n(x)$表示 n 时刻、影像中 x 处像素的亮度值(灰度影像为灰度值，24 位彩色影像为 RGB 三个通道的值)。三帧差分规则认为：如果当前帧影像与前帧影像比较以及当前帧影像

与隔帧影像比较都发生了明显的变化，那么便认为 x 处像素发生了运动。用公式表示该判断条件为

$$\left.\begin{aligned}|I_n(x)-I_{n-1}(x)|>T_n(x)\\|I_n(x)-I_{n-2}(x)|>T_n(x)\end{aligned}\right\} \tag{6-11}$$

式中，$T_n(x)$为由对 x 处的明显亮度变化统计得到阈值。

正如图 6-3(b)所示，目标内部前后灰度一致的像素经过差分并不能包含在“运动”像素集之中。但是，如果将运动像素聚类于一个闭合的区域，即可通过自适应背景抑制提取出绑定框区域 R 内所有的运动像素，从而将目标内部的像素填满。

如果设$B_n(x)$表示 n 时刻、x 处的背景亮度值，$B_n(x)$是通过对 n 时刻之前 x 处灰度值的统计，即通过背景建模得到的，阈值 $T_n(x)$也是同样方法获得。如果此时此处的影像亮度值$I_n(x)$与背景模型$B_n(x)$有明显不同，即认定其属于目标的内部像素集 b_n，则有

$$b_n=\{|I_n(x)-B_n(x)|>T_n(x),x\in R\} \tag{6-12}$$

由于背景$B_n(x)$和阈值$T_n(x)$是通过对亮度值的统计获得的，因此这两个值随着时间不断更新。背景的初始值设为第一帧影像的亮度值$B_0(x)=I_0(x)$，初始化阈值$T_0(x)$设为非零的先定值。则背景和阈值按下式进行刷新

$$\left.\begin{aligned}B_{n+1}(x)&=\begin{cases}\alpha B_n(x)+(1-\alpha)I_n(x), & x\text{ 是非运动像素}\\B_n(x), & x\text{ 是运动像素}\end{cases}\\T_{n+1}(x)&=\begin{cases}\alpha T_n(x)+(1-\alpha)(5\times|I_n(x)-B_n(x)|), & x\text{ 是非运动像素}\\T_n(x), & x\text{ 是运动像素}\end{cases}\end{aligned}\right\} \tag{6-13}$$

式中，α 为设定背景和阈值更新频度的常量。可以注意到只有当 x 是“非运动”像素时各值才会得到更新。背景值$B_n(x)$近似于时间上的亮度平均值，而阈值$T_n(x)$近似于 5 倍时间上的亮度标准差。这两个值可以通过无限脉冲响应(infinite impulse response，IIR)滤波计算得出。

三、基于期望最大化的运动图像分割

对于图像中的任意一个像素，既有可能是目标也有可能是背景，还有可能是影像噪声，究竟其属于哪一类可归因于一个概率问题。具体的方法可以采用加权的混合概率模型描述。背景和目标发生运动的诱因不同，背景的运动是被动的，而目标的运动是主动与被动的结合，所以不同的运动要依赖不同的模型和参数表示，即便同属背景抑或同属目标，也可能由于景深或分属不同目标，在表述上有所区别。类似于矢量电子地图中“层”的概念，运动图像也使用层表示不同类别的信息。结合混合概率模型，采用期望最大化(expectation-maximum，EM)方法可进行运动图像分割。

(一)混合概率基本模型

对于图像分割的应用，图像中的像素属于非完备数据，因为它不仅包含亮度、位置等“可视”数据，还包括类别属性这样的“隐藏”数据，只有综合了可视数据和隐藏数据的数据才能称为完备数据。考虑到之后可能进行迭代运算，对未知的参数的估计通常采用贝叶斯后验估计。

混合概率模型要表达的概念是对于数据集中采集的样本可能由不同的模型生成，因此对于某一样本数据，不能够使用单一的概率密度函数反映生成它的概率，而是采用不同概率密度函数的加权混合形式。

设$\boldsymbol{c}_i$ 为完备数据集 C 中的一个向量，未知的模型参数或者其他待估计数据向量为 $\boldsymbol{r}$。如

果 $\boldsymbol{r}$ 中包含有 g 个分量：$\boldsymbol{r}=(r_1,r_2,\cdots,r_g)$，并且向量$\boldsymbol{c}_i$ 可由 $\boldsymbol{r}$ 中的某个或某些分量生成的概率对应于一定的权重 ω_n，$2\leqslant n\leqslant g$，那么有混合概率模型（这里假设权重向量 $\boldsymbol{\omega}$ 中的分量与 $\boldsymbol{r}$ 中的分量是逐一对应的）

$$p(\boldsymbol{c}_i \mid \boldsymbol{r})=\sum_{n=1}^{g}\omega_n p_n(\boldsymbol{c}_i \mid \boldsymbol{r}_n) \tag{6-14}$$

式中，$p(\boldsymbol{c}_i|\boldsymbol{r})$为生成$c_i$ 的概率密度函数；$p_n(\boldsymbol{c}_i|\boldsymbol{r}_n)$为对应于 $\boldsymbol{r}_n$ 分量的概率密度函数，通常为高斯函数。

进一步，对于整个数据集 C 的似然概率密度函数有

$$\prod_{i=1}^{k} p(\boldsymbol{c}_i \mid \boldsymbol{r})=\prod_{i=1}^{k}\left[\sum_{n=1}^{g}\omega_n p_n(\boldsymbol{c}_i \mid \boldsymbol{r}_n)\right] \tag{6-15}$$

式中，k 为对数据集 C 的观测采样数。

由式(6-15)进一步得到的对数似然函数有

$$L_c(\boldsymbol{c},\boldsymbol{r})=\log\left[\prod_{i=1}^{k} p(\boldsymbol{c}_i \mid \boldsymbol{r})\right]=\sum_{i=1}^{k}\log[p(\boldsymbol{c}_i \mid \boldsymbol{r})] \tag{6-16}$$

采用极大似然估计法，可计算出的 $\boldsymbol{r}$ 极大似然估计值 $\hat{\boldsymbol{r}}$。

(二)EM 方法

EM 方法模型使用的是完备数据，而可供利用的数据往往属于非完备数据，即只包含可视数据。非完备数据与完备数据之间存在着映射关系，映射代表的正是两者间的信息缺失，即隐藏数据。

EM 方法的基本思想是利用期望值代替隐藏数据，在指定非完备数据和模型参数的条件下，对给定的值做适当调整，进而计算隐藏数据。将得出的隐藏数据期望值代入完备数据的似然函数，通过似然函数的极大化估计模型参数的值。期望阶段和最大化阶段交替迭代直到所有未知数据收敛。

设与完备数据集 C 对应的非完备数据集为 V，混合概率模型中的权重 ω 为未知的隐藏数据，因为其代表了数据的类属性。对于 C 和 V 中的数据项则有 $\boldsymbol{c}=[v\ \ \omega]$。基于上述的 EM 方法的基本思想，给出 EM 算法的具体步骤，设前 s 步迭代得到了r^s，将通过下列程序得到r^{s+1}。

(1)E 步骤。使用非完备数据及模型参数的当前值计算完备数据的期望值；已知 v，计算 ω 的期望值 $\hat{\omega}^s$。

(2)M 步骤。使用由 E 步骤得到完备数据的期望值，极大化完备数据对于模型参数 r 的对数似然函数

$$r^{s+1}=\arg\max_{rs} L_c(\hat{c}^s,r)=\arg\max_{rs} L_c([v\ \ \hat{\omega}^s],r)$$

在整个迭代的过程中，非完备数据的对数似然函数是分阶段增长的，那么 r 会逐步收敛到对数似然函数的某局部极大值，但是并不能保证收敛到正确的极值。

(三)基于 EM 方法的运动图像分割

如果进行了视频影像序列的配准和镶嵌，那么大部分的背景运动位移参数(即仿射变换参数)已知。基于这点考虑，并且假设图像只分为背景层和目标层，首先给出混合概率模型

$$p(B_t|B_{t-1}^s,I_t,I_{t-1}^s,\boldsymbol{u}_t)=w^b p_b(B_t|I_t,I_t^s,\boldsymbol{u}_t)+w^o p_o(B_t|B_{t-1}^s,I_t,I_{t-1}^s,\boldsymbol{u}_t) \tag{6-17}$$

式中，B 表示影像背景层；I 为影像强度；向量 $\boldsymbol{u}=(u^h,u^v)$为影像光流(像素位移，包括横纵两个方向)；上标 s 表示该值为稳定配准后值，下标 t 和 $t-1$ 为影像帧时间戳；w^b 和 w^o 分别为背

景层和目标层的概率权重，两者之和为1；p_b 和 p_o 分别表示背景层和目标层的概率密度函数。

由条件概率法则有

$$p_b(B_t|I_t,I_t^s,\boldsymbol{u}_t)=p(B_t|I_t)\cdot p(I_t|I_{t-1}^s,\boldsymbol{u}_t) \tag{6-18}$$

和

$$p_o(B_t|B_{t-1}^s,I_t,I_{t-1}^s,\boldsymbol{u}_t)=p(B_t|B_{t-1}^s,\boldsymbol{u}_t)\cdot p(I_t|I_{t-1}^s,\boldsymbol{u}_t) \tag{6-19}$$

考虑到$\boldsymbol{u}_t$ 在时间和空间上的相关性，进一步引入两个条件概率密度函数：时间上的 $p(u_t|u_{t-1})$ 和空间上的 $p[u_t|u_t(\mathrm{adj})]$，$u_t(\mathrm{adj})$为与所计算像素横纵邻接像素的影像光流。

综合上述，结合使用拉格朗日乘数法，给出对数似然函数为

$$\begin{aligned}L(B_t,\boldsymbol{u}_t)=&\log p(B_t|B_{t-1}^s,I_t,I_{t-1}^s,\boldsymbol{u}_t)+\log p(\boldsymbol{u}_t|\boldsymbol{u}_{t-1})+\\&\log p[\boldsymbol{u}_t|\boldsymbol{u}_t(\mathrm{adj})]+\lambda(1-w^b-w^o)\end{aligned} \tag{6-20}$$

求局部极值则有

$$q^b\frac{\partial}{\partial B_t}[\log p(B_t|I_t)]+q^o\frac{\partial}{\partial B_t}[\log p(B_t|B_{t-1}^s,\boldsymbol{u}_t)]=0 \tag{6-21}$$

和

$$\begin{aligned}&(q^b+q^o)\frac{\partial}{\partial\boldsymbol{u}_t}[\log p(I_t|I_{t-1}^s,\boldsymbol{u}_t)]+\frac{\partial}{\partial\boldsymbol{u}_t}[\log p(\boldsymbol{u}_t|\boldsymbol{u}_{t-1})]+\\&\frac{\partial}{\partial\boldsymbol{u}_t}\{\log p[\boldsymbol{u}_t|\boldsymbol{u}_t(\mathrm{adj})]\}=0\end{aligned} \tag{6-22}$$

式中，偏导系数 q^b、q^o 分别为

$$q^b=\frac{w^b\cdot p(B_t|I_t)\cdot p(I_t|I_{t-1}^s,\boldsymbol{u}_t)}{p(B_t|B_{t-1}^s,I_t,I_{t-1}^s,\boldsymbol{u}_t)} \tag{6-23}$$

和

$$q^o=\frac{w^o\cdot p(B_t|B_{t-1}^s,\boldsymbol{u}_t)\cdot p(I_t|I_{t-1}^s,\boldsymbol{u}_t)}{p(B_t|B_{t-1}^s,I_t,I_{t-1}^s,\boldsymbol{u}_t)} \tag{6-24}$$

利用已知的先验数据，在E步骤中估计 q^b 和 q^o 的期望值；根据式(6-21)和式(6-22)，在M步骤中计算背景层模型 B 和影像光流$\boldsymbol{u}_t$ 的最优极值，进一步更新式(6-17)中的权重 w^b 和 w^o。不加证明地给出迭代公式

$$\begin{aligned}\boldsymbol{u}_t^{n+1}=&\boldsymbol{u}_t^n-(q^b+q^o)\varphi(I_t-I_{t-1}^s(d),\delta_{II},\beta_{II})-\varphi(\boldsymbol{u}_t-\boldsymbol{u}_{t-1},\delta_{\mathrm{tm}},\beta_{\mathrm{tm}})-\\&\sum_{\mu\in adj}\varphi(\boldsymbol{u}_t-\boldsymbol{u}_t(\mu),\delta_{\mathrm{sp}},\beta_{\mathrm{sp}})\end{aligned} \tag{6-25}$$

$$B_t^{n+1}=B_t^n-q^b\varphi(B_t-I_t,\delta_{\mathrm{IB}},\beta_{\mathrm{IB}})-q^o\varphi(B_t-B_{t-1}^s(d),\delta_{\mathrm{BB}},\beta_{\mathrm{BB}}) \tag{6-26}$$

式(6-25)和式(6-26)中的 d 表示像素在前帧影像中的坐标位置，可以通过当前坐标和影像光流获得，函数 φ 为以3级 t 分布负对数形式表示的误差函数的导数

$$\varphi(x,\delta,\beta)=\beta\frac{-4x}{\delta^2+x^2} \tag{6-27}$$

式(6-25)和式(6-26)中的参数 δ、β 为根据影像相似、背景模型和时空运动先验信息给定的常数。式(6-25)中右边的第一项表明不管是对于背景层还是目标层，光流具有一定的持续性，其他两项表明在时间和空间上相邻像素的运动具有相似性；式(6-26)中的各项表明只有在必要的情况下，背景层模型才会发生改变，而这主要取决于背景层和目标层的权重。

背景层和目标层权重将按下式进行更新

$$w_{t+1}^{b}=\gamma_1 w_t^b+\gamma_2 q^b+\gamma_3[1-\rho(\boldsymbol{u}_t)] \tag{6-28}$$

$$w_{t+1}^{o}=\gamma_1 w_t^o+\gamma_2 q^o+\gamma_3 \cdot \rho(\boldsymbol{u}_t) \tag{6-29}$$

式中，$\rho(\boldsymbol{u}_t)=\exp(\|\boldsymbol{u}_t\|,\delta_{mp})$，$\delta_{mp}$ 为配准后计算影像光流得到的运动先验变量，系数 γ_1、γ_2 和 γ_3 可根据情况具体设定。权重的初始值 $w_0^b=w_0^o=0.5$。

影像稳定配准后，对所有像素的影像光流进行统计，假设目标层的影像光流大于背景层的影像光流，依据式(6-28)和式(6-29)计算得到权重，逐步迭代，直至收敛即可实现对运动图像的分割，检测出其中的运动目标。在视频影像预处理中计算得到的仿射变换参数可作为初始值代入分割运算。

四、基于图论的运动图像分割

基于图论的运动图像分割方法较之基于 EM 的分割方法而言鲁棒性更强。基于图论的方法属于聚类方法的一种，其特点在于聚类的过程中利用了图的一些属性。运动图像的分割方法可看作是静态图像分割的扩展，本章以图论的一些基本原理为基础，具体分析一种基于归一化切分(normalized cut，Ncut)的运动图像分割方法。

(一)图论基本概念和原理

(1)图由一个顶点集和一个边集组成，记作 $G=\{V,E\}$，其中每条边将不同的顶点连接在一起，且至多只能有一条连接了某一对顶点的边，即 $E\subset V\times V$。

(2)无向图是边没有方向性的图，即边(c,d)和边(d,c)没有区别的图。

(3)加权图是边具有权重值的图。

(4)连通图是图中每个顶点均具有通向其他各顶点路径的图。

(5)每个图都可以由一些独立的连通子图组成，即 $G=\{V_1\cup V_2\cdots V_n,E_1\cup E_2\cdots E_n\}$，其中，所有的子图$\{V_i,E_i\}$均是连通的，且不存在连接集合$V_i$ 和集合V_j 的中元素的边集 E，其中 $i=j$。

一个加权图可以用一个方阵进行表示，图中的每个顶点对应矩阵中的行列下标，矩阵中的元素对应图中的边，矩阵中(i,j)元素赋予的值为对应边的权重值。如果图为无向图，则(i,j)和(j,i)等同，表示图的方形矩阵为对称矩阵。这种表示方式使得利用矩阵运算解决图问题成为可能。

(二)基于归一化切分的图分割

基于图论的聚类方法通常是将需要聚类的元素同图中的顶点逐一对应，顶点可以任意连接，建立图的边，元素某种属性的相似程度即以边的权重表示。由于图可以划分为独立的连通子图，那么按照子图内边的权重大于连接子图的边的权重的原则，对图进行分割，即实现了对元素的聚类。

已知一个加权图 $G=\{V,E\}$，可以将其划分成两个不相连接的子图点集 A 和 B，即 $A\cup B=V$，$A\cap B=\varnothing$。划分是通过移除连接两个子图的边来实现的，两个子图之间的相异程度可通过计算移除边的权重之和来表示，在图论中，可以将这个权重和称为切分(cut)。如果设 $w(c,d)$ 为边(c,d)的权重，则

$$cut(A,B)=\sum_{u\in A,v\in B} w(u,v) \tag{6-30}$$

图 6-4(d)给出了对(a)图的切分，将原图切分为 A、B，分别以空心圆和带圆点空心圆表

示，(d)图中虚线为切分边。对图最优化的二分就是有最小的切分值。

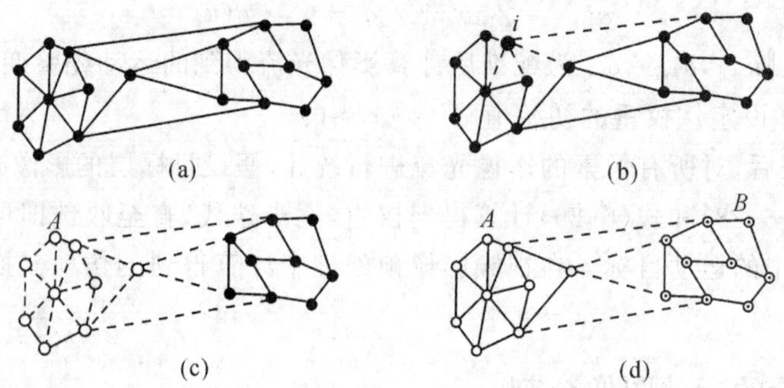

图 6-4 图归一化切分的相关概念

单纯的切分不能保证最优的分割结果，因为其主要计算的是子图连接边的权重，这个过程极有可能受到少数离群孤立点的干扰，因此，即便能最小化连接边的权重之和，也不能表明所分各子图内的权重和最大。基于这点考虑，给出一种更为合理的划分测度——归一化切分

$$Ncut(A,B)=\frac{cut(A,B)}{assoc(A,V)}+\frac{cut(A,B)}{assoc(B,V)} \tag{6-31}$$

式中，$assoc(A,V)$如图 6-4 中的虚线所示，为子图点集 A 中顶点到图中所有顶点的连接之和，也可以理解为图内有一个顶点在 A 中的所有边的权重和，称为接合(association)

$$assoc(A,V)=\sum_{u\in A,t\in V} w(u,t) \tag{6-32}$$

与归一化切分类似，对于给定图的划分 A 和 B，进一步定义归一化接合(Nassoc)为

$$Nassoc(A,B)=\frac{assoc(A,A)}{assoc(A,V)}+\frac{assoc(B,B)}{assoc(B,V)} \tag{6-33}$$

式中，$assoc(A,A)$和 $assoc(B,B)$分别 A、B 内所有边的权重和。

归一化切分和归一化接合分别定义了子图点集间的区别和子图点集内的联系，以其为判决条件，便能实现对图的最优化分割。这两者之间也是密切相关的

$$\begin{aligned}Ncut(A,B)&=\frac{cut(A,B)}{assoc(A,V)}+\frac{cut(A,B)}{assoc(B,V)}=\\&\frac{assoc(A,V)-assoc(A,A)}{assoc(A,V)}+\frac{assoc(B,V)-assoc(B,B)}{assoc(B,V)}=\\&2-\left(\frac{assoc(A,A)}{assoc(A,V)}+\frac{assoc(B,B)}{assoc(B,V)}\right)=2-Nassoc(A,B)\end{aligned} \tag{6-34}$$

式(6-34)说明作为判决条件，归一化切分的最小化和归一化接合的最大化是同时满足的。

既然可以通过矩阵运算解决图问题，那么寻求最优的图分割可以通过下述过程实现。对于划分为 A、B 两个子集的 V，设 $d(i)=\sum_j w(i,j)$ 表示所有与顶点 i 连接的边的权重之和，如图 6-4(b) 所示。设 N 维标识向量 $\mathbf{y}$，$N=|V|$，有

$$y_i=\begin{cases}1, & \text{顶点 } i\in A\\ -b, & \text{顶点 } i\notin A, b>0 \text{ 且 } b=\dfrac{\sum_{y_i>0}d_i}{\sum_i^N d_i-\sum_{y_i>0}d_i}\end{cases} \tag{6-35}$$

进一步假设以 d 为对角元素的 $N\times N$ 对角矩阵 $\boldsymbol{D}$，以及 $N\times N$ 对称矩阵 $\boldsymbol{W}$，矩阵元素 $W(i,j)=w(i,j)$，经过推导，可以得出这样的结论

$$\min Ncut(A,B)=\min Ncut(\boldsymbol{y})=\min_y \frac{\boldsymbol{y}^{\mathrm{T}}(\boldsymbol{D}-\boldsymbol{W})\boldsymbol{y}}{\boldsymbol{y}^{\mathrm{T}}\boldsymbol{D}\boldsymbol{y}} \tag{6-36}$$

在条件公式(6-36)和 $\boldsymbol{y}^{\mathrm{T}}\boldsymbol{D}\boldsymbol{l}=0$($\boldsymbol{l}$ 为 $N\times 1$ 维单位向量)的约束下，最优的分割即是寻找能够使式(6-36)最小化的向量 $\boldsymbol{y}$。但是正如式(6-35)中所给出的，由于向量 $\boldsymbol{y}$ 的各分量为离散值，而且受到计算速度的限制，自然也不可能通过穷尽搜索求解，因此，作为一种可行的办法是计算使式(6-36)最小的实数向量 $\boldsymbol{y}$，进而通过设定阈值判定与 $\boldsymbol{y}$ 中分量对应的顶点分属哪类子集。

实数向量 $\boldsymbol{y}$ 可通过下述方程求解得到

$$(\boldsymbol{D}-\boldsymbol{W})\boldsymbol{y}=\lambda\boldsymbol{D}\boldsymbol{y} \tag{6-37}$$

将式(6-37)进一步转化

$$\boldsymbol{D}^{-\frac{1}{2}}(\boldsymbol{D}-\boldsymbol{W})\boldsymbol{D}^{-\frac{1}{2}}\boldsymbol{z}=\lambda\boldsymbol{z} \tag{6-38}$$

式中，$\boldsymbol{z}=\boldsymbol{D}^{\frac{1}{2}}\boldsymbol{y}$。与式(6-38)最小的特征值 0 对应的特征向量为$\boldsymbol{z}_0=\boldsymbol{D}^{\frac{1}{2}}\boldsymbol{l}$，考虑到将 V 二分为 A 和 B，因此具体求解时选择与第二小的特征值对应的特征向量。

整个过程可以用下面的算法进行描述：

(1)建立加权图 $G=\{V,E\}$。根据顶点间的相似测度设置连接顶点的边的权。

(2)求解方程$(\boldsymbol{D}-\boldsymbol{W})\boldsymbol{y}=\lambda\boldsymbol{D}\boldsymbol{y}$。以最小的特征值求其特征向量。

(3)对图进行二分。利用第二小的特征值对应的特征向量将图分割为两个部分。

(4)判断递归。判断当前的划分结果是否需要进一步细分，如果需要，对已分割的部分重新进行分割。

上述算法中，以计算特征向量递归切分的方式逐步细化，取代了简单的阈值设定，以达到较为理想的分割结果。

(三)基于图归一化切分的运动图像分割

图归一化切分提供了一种理想的聚类方法，并且给出了完整的计算过程。在利用图归一化切分方法的分类实践中，解决问题的关键在于加权图的构建，即确定何种元素作为图的顶点，选择元素的哪种相似测度作为图中边的权重。较之其他方法，利用图论方法解决图像问题具有一定的优势，因为图与图像有着一种天然紧密的联系，使分析更加直观，便于理解。

在根据运动图像序列建立的加权图中，以每帧影像中的像素作为图的顶点。设 x_i 表示对应于加权图中顶点 i 的像素坐标，$I_t(x_i)$表示 t 时刻以 x_i 为中心的影像窗口，如果在 $t+1$ 时刻像素发生了位移 $\mathrm{d}x$，则有与 $I_t(x_i)$对应的窗口 $I_{t+1}(x_i+\mathrm{d}x)$，给出如下两个窗口之间的相似测度

$$S_i(\mathrm{d}x)=\exp\left\{\frac{-\sum\limits_{w}[I_t(x_i+s)-I_{t+1}(x_i+\mathrm{d}x+s)]^2}{\delta_{\mathrm{ssd}}^2}\right\} \tag{6-39}$$

式中，二维实数变量 s 为窗口内的搜索变量；δ_{ssd}根据情况具体指定。

如果根据偏移量 $\mathrm{d}x$ 对 $S_i(\mathrm{d}x)$进行归一化处理，则有

$$P_i(\mathrm{d}x)=\frac{S_i(\mathrm{d}x)}{\sum\limits_{\mathrm{d}x}S_i(\mathrm{d}x)} \tag{6-40}$$

式中，$P_i(\mathrm{d}x)$即为对应于顶点 i 的运动剖面，反映图像的运动在每个像素上的概率分布情况。

运动图像序列对应加权图中顶点间的权重反映了所对应像素运动剖面之间的相似程度，

两个顶点 i 和 j 之间的运动剖面的相似测度可以定义为

$$aff(i,j)=1-\sum_{\mathrm{d}x}P_i(\mathrm{d}x)P_j(\mathrm{d}x) \tag{6-41}$$

进一步给出顶点间的权重定义为

$$w_{ij}=\exp\frac{-aff(i,j)}{\delta_m^2} \tag{6-42}$$

至此,加权图的构建就完成了。随后便可以根据前述的图归一化切分方法对运动图像序列进行分割。

如果计算与运动图像序列中所有像素对应的加权图,运算的数据量将是巨大的,因此必须对图像序列进行次采样。通过对影像帧的次采样减小了可供建立的图顶点数量。另外,开辟时空窗口(spatiotemporal window),如图 6-5 所示窗口的尺寸在时间上为 k 帧,空间上为 h 像素,即在构建加权图时,只需考虑连接位于时空窗口内,且相互之间权值非零的顶点。根据影像的质量、内容及应用的要求可以设定不同的采样分辨率和时空窗口尺寸。

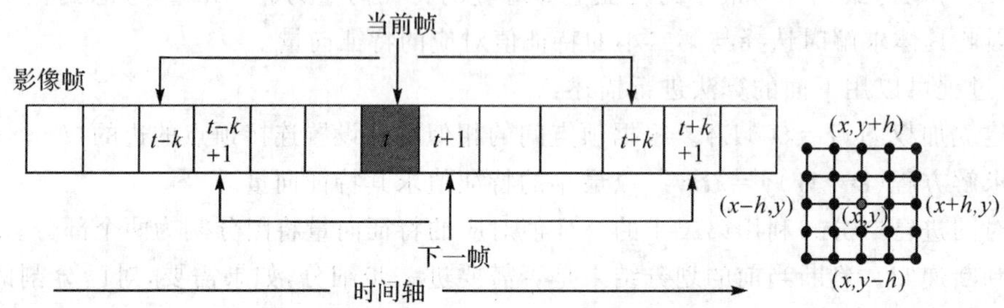

图 6-5 运动图像序列次采样的时空窗口

图 6-5 中的时间窗口表明通常选取前后共 $2k+1$ 帧影像构建加权图,其目的在于期望利用多帧影像信息的高度相关来优化分割,但是同时这也影响了运算的效率。由于窗口的尺寸是固定的,且相邻影像帧的分割所使用的影像帧高度重叠,如图 6-5 所示,所以可以考虑利用前帧影像的计算结果作为本帧影像计算的预测值。式(6-36)至式(6-38)给出了归一化切分求解的基本原理,为了方便表示,将式(6-38)改写为

$$\boldsymbol{A}\boldsymbol{z}=\lambda\boldsymbol{z} \tag{6-43}$$

式中,$\boldsymbol{A}=\boldsymbol{D}^{-\frac{1}{2}}(\boldsymbol{D}-\boldsymbol{W})\boldsymbol{D}^{-\frac{1}{2}}$。设 $\boldsymbol{A}^t$ 为由第 $t-k$ 帧到 $t+k$ 帧的影像序列获得,对应于第 t 帧影像的矩阵,$\boldsymbol{A}^t$ 可以分解成如下子矩阵表述形式

$$\boldsymbol{A}^t=\begin{bmatrix}\boldsymbol{A}_{(t-k)(t-k)} & \boldsymbol{A}_{(t-k)(t-k+1)} & 0 & 0\\ \boldsymbol{A}_{(t-k+1)(t-k)} & \boldsymbol{A}_{(t-k+1)(t-k+1)} & \vdots & \vdots\\ \vdots & \vdots & \cdots & \boldsymbol{A}_{(t+k-1)(t+k)}\\ 0 & 0 & \boldsymbol{A}_{(t+k)(t+k-1)} & \boldsymbol{A}_{(t+k)(t+k)}\end{bmatrix} \tag{6-44}$$

其中,每个子矩阵 $\boldsymbol{A}_{ij}$ 表明了第 i 帧中顶点与第 j 帧中顶点之间的连接关系,对于 $\boldsymbol{A}^t$ 对应的解向量 $\boldsymbol{z}^t$ 也可做同样的分解

$$\boldsymbol{z}^t=\begin{bmatrix}\boldsymbol{z}_{t-k}^t\\ \boldsymbol{z}_{t-k+1}^t\\ \vdots\\ \boldsymbol{z}_{t+k}^t\end{bmatrix} \tag{6-45}$$

则对应于第 $t+1$ 帧的矩阵 $\boldsymbol{A}^{t+1}$ 与 $\boldsymbol{A}^{t}$ 的联系可以表示为

$$\boldsymbol{A}^{t+1}=\begin{bmatrix}\boldsymbol{A}_{(t-k+1)(t-k+1)} & \boldsymbol{A}_{(t-k+1)(t-k+2)} & 0 & 0\\ \boldsymbol{A}_{(t-k+2)(t-k+1)} & \boldsymbol{A}_{(t-k+2)(t-k+2)} & \vdots & \vdots\\ \vdots & \vdots & \cdots & \boldsymbol{A}_{(t+k)(t+k+1)}\\ 0 & 0 & \boldsymbol{A}_{(t+k+1)(t+k)} & \boldsymbol{A}_{(t+k)(t+k)}\end{bmatrix}=\begin{bmatrix} \multicolumn{2}{c}{\boldsymbol{A}^{t}(2:2k+1,2:2k+1)} & \begin{matrix}0\\ \vdots\end{matrix} & \begin{matrix}0\\ \vdots\end{matrix}\\ \vdots & \vdots & \cdots & \boldsymbol{A}_{(t+k)(t+k+1)}\\ 0 & 0 & \boldsymbol{A}_{(t+k+1)(t+k)} & \boldsymbol{A}_{(t+k)(t+k)}\end{bmatrix} \tag{6-46}$$

对应于 $\boldsymbol{A}^{t+1}$ 的特征向量 $\boldsymbol{z}^{t+1}$ 为

$$\boldsymbol{z}^{t+1}=\begin{bmatrix}\boldsymbol{z}_{t-k+1}^{t+1}\\ \boldsymbol{z}_{t-k+2}^{t+1}\\ \vdots\\ \boldsymbol{z}_{t+k+1}^{t+1}\end{bmatrix} \tag{6-47}$$

如果在 $t+1$ 时刻影像中的场景没有发生明显的变化，则用以计算 $\boldsymbol{z}^{t+1}$ 的前 $2k$ 帧影像相对不变，那么可以考虑利用上述的相关联系给出 $\boldsymbol{z}^{t+1}$ 的预计值 $\boldsymbol{z}_{\mathrm{gu}}^{t+1}$，$\boldsymbol{z}_{\mathrm{gu}}^{t+1}=\boldsymbol{A}^{t+1}\boldsymbol{z}$，其中 $\boldsymbol{z}=[\boldsymbol{z}_{t-k+1}^{t}\ \cdots\ \boldsymbol{z}_{t+k}^{t}\ \ 0]^{\mathrm{T}}$。将 $\boldsymbol{z}_{\mathrm{gu}}^{t+1}$ 代入相应的算法就可以提高计算求解的速度。实践应用中，可以对配准差分后的影像进行分割，选择没有抵消掉残留的影像区域开辟窗口构建加权图，可进一步减小计算量。

图 6-6 给出了对一段视频影像中同一目标三个不同时刻的检测结果，可以看到基本检测出了作为目标的运动车辆的影像区域。

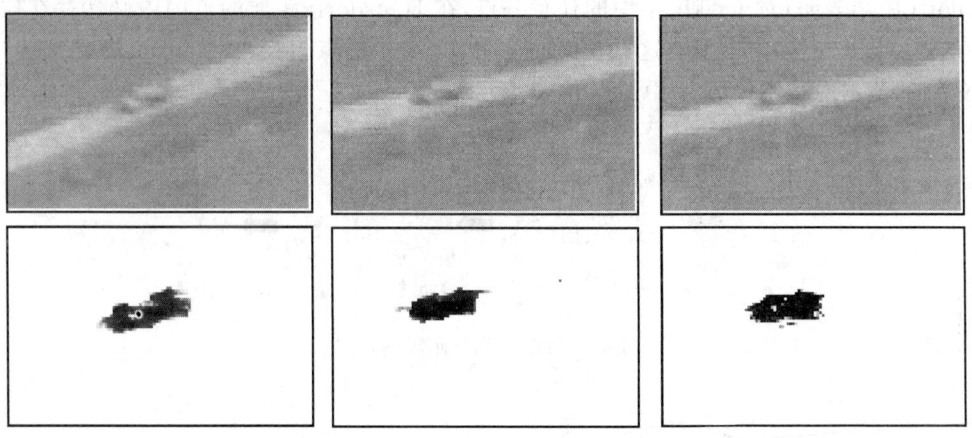

图 6-6　基于 EM 方法运动图像分割的目标检测结果

§6.4　运动目标跟踪

一、基本思想

目标检测方法的计算复杂度较高，所以对于数据量庞大的视频影像数据或者运动图像序列，期望完全依赖运动检测实现对目标长时间的突显及锁定是不切实际的。目标检测注重的是方法的精度，即能够准确地将目标从背景中分离出来，而目标跟踪更偏向于算法的性能，即实现快速的处理，当然也需要具有较高的准确性。一种较为合理同时也被广泛采用的思路是：在跟踪处理应用的开始或者处理过程中的某些特定时段进行运动目标检测，提取出运动目标的特征属性信息，建立目标模型，采用与特征属性相适应的处理方法（通常为相似性匹配方法）进行目标跟踪。

二、基于 Hausdorff 距离的图像目标匹配定位方法

运动目标的跟踪是一个连续的过程，假设在某一时刻检测出了运动目标，并构建了针对目标形状纹理特征的影像模型，随着时间的推移，视频影像中的目标形状多数情况下必然发生变化（这种变化可能是由于目标受到遮挡或摄像机视角的变化等造成的），那么自然就会因为目标模型的固定和目标的逐渐变化使随后的匹配发生偏差，从而出现跟踪丢失的现象。因此必须采用一种稳健的模板测度克服上述影响。实践证明，Hausdorff（豪斯多夫）距离是一种较为有效的、针对目标形状纹理特征的测度。

（一）Hausdorff 距离概念和原理

Hausdorff 距离描述了一种两个点集之间的距离。如图 6-7 所示，空间内存在两个点集 $A=\{a_1,a_2\}$ 和 $B=\{b_1,b_2,b_3\}$，A 中的点 a_1 到 B 中的三个点 b_1、b_2 和 b_3 分别对应三个两点间的距离 d_{11}、d_{12} 和 d_{13}，经过比较，最短距离为 d_{11}，同理对于 a_2 点到 B 中所有点的距离为 d_{21}、d_{22} 和 d_{23}，最短距离为 d_{23}，再将两组的最短距离进行比较得到其中较大的距离 d_{11}、d_{11} 即为点集 A 与点集 B 之间的 Hausdorff 距离，定义如下

$$h(A,B)=\max_{a\in A}\min_{b\in B}\|a-b\| \tag{6-48}$$

式中，$h(A,B)$ 代表了 A、B 之间的 Hausdorff 距离，对于大多数应用一般选择 L2 范数计算 h。Hausdorff 距离表明：对于点集 A 中的任意一点，在 Hausdorff 距离的范围内必然存在属于点集 B 的点。图 6-8(a) 给出了对这点含义的说明，以 A 中的点为圆心，Hausdorff 距离为半径，所做的圆的范围内必然包含 B 中的点。

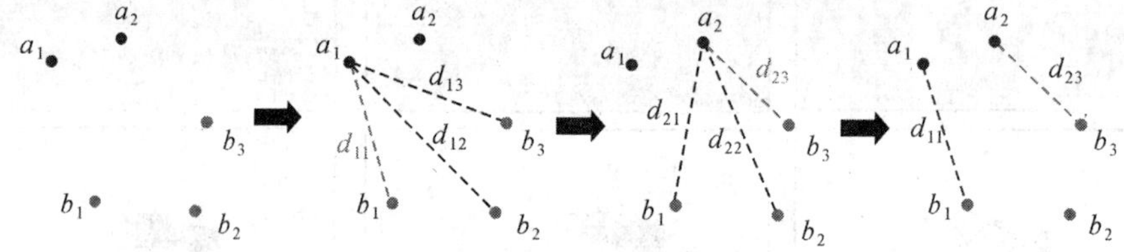

图 6-7 Hausdorff 距离的定义

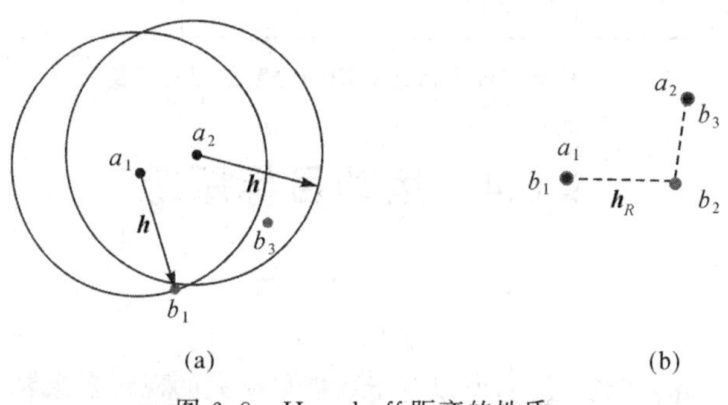

图 6-8 Hausdorff 距离的性质

$h(A,B)$作为测度说明了点集 A 与点集 B 在空间分布上的相似程度。例如，若 $h(A,B)=0$，那么 A 中所有的点必然直接叠加到 B 中的点之上（点的位置重合）。从对 Hausdorff 距离的定义中可以看出 h 是不对称的，或者说 h 是有方向性的，即绝大多数情况下 $h(A,B)\neq h(B,A)$。如图 6-8(b)所示，$h(A,B)=0$ 而 $h(B,A)=h_R$。通常不对称性是极大极小函数的性质之一，基于这点考虑，进一步给出更通用的定义，无向 Hausdorff 距离（undirected Hausdorff distance）

$$H(A,B)=\max[h(A,B),h(B,A)] \tag{6-49}$$

式中，$h(A,B)$称为前向距离（forward distance），$h(B,A)$称为反向距离（reverse distance）。

Hausdorff 距离和无向 Hausdorff 距离也具有一定的缺陷，因为其容易受到孤立的离群点的影响。例如，点集 A 和 B 很相近，但 A 中存在一个孤立的点远离 B 中所有的点，从而使 H 和 h 的值变得很大，出现误判。所以实践中一般采用改进模型，称为局部有向 Hausdorff 距离（partial directed Hausdorff distance）和局部无向 Hausdorff 距离（partial undirected Hausdorff distance），分别为

$$h^f(A,B)=\underset{a\in A}{f^{\text{th}}}\min_{b\in B}\|a-b\| \tag{6-50}$$

和

$$H^{f_F f_R}(A,B)=\max[h^{f_F}(A,B),h^{f_R}(B,A)] \tag{6-51}$$

式中，$f^{\text{th}}_{a\in A}\,g(a)$表示关于点集 A 的 $g(a)$的第 f 分位数，$0\leqslant f\leqslant 1$。分位数是概率统计中的概念，这里给出一个示例，对于二维向量 $\boldsymbol{x}=\begin{bmatrix}2 & 4 & 6\\ 3 & 5 & 7\end{bmatrix}^{\mathrm{T}}$，对应的第 0、0.25、0.5、0.75 和 1 的分位值为 $g(x)0=[2\ \ 3]$，$g(x)0.25=[2.5\ \ 3.5]$，$g(x)0.5=[4\ \ 5]$，$g(x)0.75=[5.5\ \ 6.5]$和 $g(x)1=[6\ \ 7]$。因此利用局部 Hausdorff 距离可以克服对离群点的敏感。注意式(6-51)的局部无向 Hausdorff 距离中前向距离和反向距离分别采用了不同的 f 值，分别标识为 f_F 和 f_R，作为相应的控制变量。

（二）基于 Hausdorff 距离的视频影像目标匹配定位

在基于 Hausdorff 距离的数字影像应用中，点集通常使用一些特征检测算子获得。例如 Canny 边缘检测算子，该算子能够较好地描述目标的轮廓，而对处理后的影像进行二值化，那么边缘所包含的像素便作为用来计算的点集。

先对式(5-50)和式(5-51)进行改写，成为

$$h^f(M,I)=\underset{m\in M}{f^{\text{th}}}\min_{i\in I}\|m-i\| \tag{6-52}$$

和

$$H^{f_F f_R}(M,I)=\max[h^{f_F}(M,I),h^{f_R}(I,M)] \tag{6-53}$$

式中，M 表示期望在影像中匹配定位的目标模型点集，I 表示包含有目标的影像点集。一般的匹配采用与模型大小一致的模板框（窗口），处理时只针对位于框内的影像部分，所以这里补充定义框反向 Hausdorff 距离（box-reverse Hausdorff distance）为

$$h_{\text{box}}(I,M)=\max_{\substack{(i_x,i_y)\in I\\ x_{\min}\leqslant i_x\leqslant x_{\max}\\ y_{\min}\leqslant i_y\leqslant y_{\max}}}\min_{m\in M}\|(i_x,i_y)-m\| \tag{6-54}$$

与之相对的自然就有 $h^{f_R}_{\text{box}}(I,M)$。

考虑到目标在影像中可能会有多个位置，或者以某种方式发生了变形，所以不是直接将目

标模型作用于影像，而是测度仿射变换后的模型与影像之间的 Hausdorff 距离。由于可能存在多个与模型相似的变形后的目标，因此给出了两种匹配定位的具体模式：任意匹配和最优匹配。方法中最主要的问题不仅在于搜索与模型匹配的目标的位置，还需要确定仿射变换的参数，而且似乎后者起到的作用更大一些。任意匹配模式中可能存在多个匹配，与之相对应需要多组仿射变换参数。变换参数是通过在一个称为变换空间(transformation space)的参数空间中搜索得到，具体的搜索方法采用了多分辨率的单元分解(cell decomposition)，一个单元是空间中的一个直线轴对准区域，搜索从粗分辨率的包含所有可能变换的单元列表开始，以判决条件取舍每个单元，对于被保留下的单元缩减其大小同时保证各个单元的尺寸一致，即细化分辨率，当单元的尺寸足够小时终止算法。上述只是对考虑到仿射变形的 Hausdorff 距离测度以及单元分解方法的概略描述，其中提到的判决条件主要根据针对局部 Hausdorff 距离定义的阈值和 f_F，f_R 值设定，因此可以看到对于基于无向 Hausdorff 距离的应用来说，控制变量 f_F 和 f_R 是非常关键的参数，同样的道理也适用于有向距离的 f 值。

较之静态影像，视频影像帧之间的高度相关提供了简化方法的可能。视频影像中目标的变形可能是由下列因素引起的：获取数据的传感器与目标之间的相对位置发生明显的改变，使得观察的视角发生变化，反映到影像上就是目标发生变形；目标在运动的过程中发生突然的变化，如突然改变运动方向，也会使影像中的目标发生变形；在运动过程中目标被其他物体所遮挡，如公路上行驶的车辆被两旁的树木遮挡，同样会使目标产生较为严重的变形。Hausdorff 距离测度的优点在于它作用的是经过处理的由影像边缘像素组成的松散点集，这在某种程度上就已经消除了部分变形的影像。另外，可以通过对目标模型的更新来保持模型对目标变形的适应。综合对视频影像和目标变形的分析，下面给出一种主要面向视频影像的 Hausdorff 距离匹配测度，其中以单纯的平移替代仿射变换。

在式(6-52)中，如果 f 增加，则 $h^f(M,I)$将是非减小，同样的如果 $h^f(M,I)$增加，f 将是非减小的。这里为 $h^f(M,I)$设定一个阈值 d_{th}，即 $h^f(M,I)\leqslant d_{th}$，分位数 f 表明了 M 中 f 的点(注：因为 f 是一个分数，分位数 f 同时表示点集中所占比率为 f 的子集，这也是“局部”的含义)以 $h^f(M,I)$距离与 I 中的点接近。对于 $h^f(M,I)\leqslant d_{th}$，如果能够使 f 尽可能的大，而同时 d_{th} 又尽可能的小，那么便实现了匹配。

设 $M\oplus t$ 表示将目标模型点集 M 移动到影像平面中 $t=(t_x,t_y)$，代入式(6-52)和式(6-53)则有

$$h^f(M\oplus t,I)=\underset{m+t\in M\oplus t}{f^{th}}\ \min_{i\in I}\|(m+t)-i\| \tag{6-55}$$

和

$$H^{f_F f_R}(M\oplus t,I)=\max[h^{f_F}(M\oplus t,I),h^{f_R}(I,M\oplus t)] \tag{6-56}$$

另外，在实践中使用的是 $h_{box}^{f_R}(I,M)$，以之代替 $h^{f_R}(I,M)$，则式(6-56)改为

$$H^{f_F f_R}(M\oplus t,I)=\max[h^{f_F}(M\oplus t,I),h_{box}^{f_R}(I,M\oplus t)] \tag{6-57}$$

式(6-57)即为无向 Hausdorff 距离匹配测度。其中，前向距离 $h^{f_F}(M\oplus t,I)$为匹配测度，而框反向距离 $h_{box}^{f_R}(I,M\oplus t)$为验证测度。前向距离表明了将 M 移动到 $t=(t_x,t_y)$与影像 I 的相近程度，具体匹配时可使用数学形态学方法，设置关于 $h^{f_F}(M\oplus t,I)$的阈值 d_{th} 以及关于 f_F 的阈值 f_{th}，以 d_{th} 为半径对 I 进行膨胀运算得到 I_{dil}，然后对 $M\oplus t$ 和 I_{dil} 进行与运算，将与运算的结果与 M 进行比较得到比值 f_P，如果 $f_P>f_F$，则认为满足测度。前向距离得到只是假设匹配，进而以框反向距离验证假设匹配结果的优劣。

三、基于卡尔曼滤波的运动目标跟踪

卡尔曼(Kalman)滤波是时间序列分析方面的经典方法,同时其具体模型卡尔曼滤波器也是一套易于实现的实时最优递推滤波算法。卡尔曼滤波方法是状态空间(state space)方法中的一种。相对于信号而言,状态这个概念更加灵活和广泛。因此,在系统中进行与信号有关的估计问题时,经常以状态或状态的分量取代信号作为处理运算对象。状态空间方法的基本特征是:利用状态方程描述动态系统,使用观测方程获得对状态的观测信息;将状态视为抽象的状态空间中的"点",进而利用在 Hilbert 空间中定义的投影理论解决状态的最优估计问题。状态空间方法的基本特征自然概括了卡尔曼滤波方法的主要特点。在运动图像的分析中,卡尔曼滤波器作为估计运动参数的主要技术手段,得到了广泛的使用,以之为基础,针对不同应用的特点,还衍生出许多新的改进形式。

(一)卡尔曼滤波基本原理

卡尔曼滤波是一种递推的状态空间方法,因此在求解时它不是直接地去寻找状态的解析解,而是利用前一状态的估计值和当前状态的观测值共同作用估计当前状态的值(对于时变系统,状态是关于时间的变量),以这样的方式依次递推求取状态的每一个估计值。从对卡尔曼滤波求解方式的描述中可以看到,状态的每一个估计值利用到了之前所有的状态观测值。另外,根据前后状态之间的相关关系,卡尔曼滤波利用状态方程描述状态的转移过程。

描述离散时变线性系统的状态方程和观测方程是

$$\boldsymbol{x}_{t+1}=\boldsymbol{\Gamma}\boldsymbol{x}_t+\boldsymbol{B}\boldsymbol{u}_t+\boldsymbol{\omega}_t \tag{6-58}$$

和

$$\boldsymbol{y}_t=\boldsymbol{M}\boldsymbol{x}_t+\boldsymbol{\upsilon}_t \tag{6-59}$$

式(6-58)为状态方程,而式(6-59)为观测方程。其中,状态变量 $\boldsymbol{x}$ 为 n 维向量,观测变量 $\boldsymbol{y}$ 为 m 维向量,描述了前后状态之间联系的 $n\times n$ 矩阵 $\boldsymbol{\Gamma}$ 称为系统矩阵,而确定状态变量与观测变量之间关系的 $m\times n$ 矩阵 $\boldsymbol{M}$ 称为观测矩阵,$\boldsymbol{u}$ 为 p 维系统输入,$\boldsymbol{B}$ 为与 u 相对应的 $m\times n$ 阶系数矩阵,白噪声 $\boldsymbol{\omega}$、$\boldsymbol{\upsilon}$ 分别称为过程噪声和量测噪声,两者均属于零均值的正态分布,协方差矩阵分别为 $\boldsymbol{Q}$ 和 $\boldsymbol{R}$,下标 $t+1$ 和 t 为对应的时刻。

卡尔曼滤波需要解决的基本问题就是在 t 时刻已知观测变量 $\boldsymbol{y}_t$ 的条件下求解状态变量 $\boldsymbol{x}_t$ 的线性最小方差估计值 $\hat{\boldsymbol{x}}_t$。最小方差须满足下列指标

$$\boldsymbol{\Sigma}=\boldsymbol{E}[(\boldsymbol{x}-\hat{\boldsymbol{x}})^{\mathrm{T}}(\boldsymbol{x}-\hat{\boldsymbol{x}})] \tag{6-60}$$

式中,$\boldsymbol{E}[\cdot]$为数学期望,满足上述条件的 $\hat{\boldsymbol{x}}$ 即为最优估计。

卡尔曼滤波器所包含的滤波方程组是由投影方法推导出的。式(6-60)中的线性最小方差估计值 $\hat{\boldsymbol{x}}$ 可以由下式唯一给出

$$\hat{\boldsymbol{x}}=\boldsymbol{E}(\boldsymbol{x})+\boldsymbol{P}_{xy}\boldsymbol{P}_{yy}^{-1}[\boldsymbol{y}-\boldsymbol{E}(\boldsymbol{y})] \tag{6-61}$$

式中,$\boldsymbol{P}_{xy}=\boldsymbol{E}\{[\boldsymbol{x}-\boldsymbol{E}(\boldsymbol{x})][\boldsymbol{y}-\boldsymbol{E}(\boldsymbol{y})]^{\mathrm{T}}\}$,$\boldsymbol{P}_{yy}=\boldsymbol{E}\{[\boldsymbol{y}-\boldsymbol{E}(\boldsymbol{y})][\boldsymbol{y}-\boldsymbol{E}(\boldsymbol{y})]^{\mathrm{T}}\}$。

进一步,给出 $\hat{\boldsymbol{x}}$ 的性质如下:

(1)$\hat{\boldsymbol{x}}$ 是关于 $\boldsymbol{y}$ 的线性函数。

(2)无偏性,$\boldsymbol{E}(\hat{\boldsymbol{x}})=\boldsymbol{E}(\boldsymbol{x})$。

(3)正交性,$\boldsymbol{E}[(\boldsymbol{x}-\hat{\boldsymbol{x}})\boldsymbol{y}^{\mathrm{T}}]=0$,则$(\boldsymbol{x}-\hat{\boldsymbol{x}})$与 $\boldsymbol{y}$ 是不相关的随机变量。

因为$(\boldsymbol{x}-\hat{\boldsymbol{x}})\perp \boldsymbol{y}$，所以称$\hat{\boldsymbol{x}}$为$\boldsymbol{x}$在$\boldsymbol{y}$上的投影，记为$\hat{\boldsymbol{x}}=\boldsymbol{proj}(\boldsymbol{x}|\boldsymbol{y})$。若定义$\boldsymbol{L}(\boldsymbol{y})=\{\boldsymbol{z}|\boldsymbol{z}=\boldsymbol{A}\boldsymbol{y}+\boldsymbol{b}\}$为由$\boldsymbol{y}$张成的线性流形，则有性质(4)。

(4)对于任意$\boldsymbol{z}\in \boldsymbol{L}(\boldsymbol{y})$，有$(\boldsymbol{x}-\hat{\boldsymbol{x}})\perp \boldsymbol{z}$，特别是有$(\boldsymbol{x}-\hat{\boldsymbol{x}})\perp \hat{\boldsymbol{x}}$。

如果以$\boldsymbol{y}_1,\boldsymbol{y}_2,\cdots,\boldsymbol{y}_k$合成的$km$维随机变量，则由其张成的线性流形为

$$\boldsymbol{L}(\boldsymbol{y}_1,\boldsymbol{y}_2\cdots,\boldsymbol{y}_k)=\{\boldsymbol{y}\mid \boldsymbol{y}=\sum_{i=1}^{k}\boldsymbol{A}_i\boldsymbol{y}_i+\boldsymbol{b},\boldsymbol{A}_i\in \boldsymbol{R}^{n\times m},\boldsymbol{b}\in \boldsymbol{R}^n\} \tag{6-62}$$

进而将$\boldsymbol{x}$在 Hilbert 空间$\boldsymbol{L}(\boldsymbol{y}_1,\boldsymbol{y}_2,\cdots,\boldsymbol{y}_k)$上的投影记作为

$$\hat{\boldsymbol{x}}=\boldsymbol{proj}(\boldsymbol{x}|\boldsymbol{y}_1,\boldsymbol{y}_2,\cdots,\boldsymbol{y}_k) \tag{6-63}$$

(5)设n维随机变量x，m维随机变量$\boldsymbol{y}$和p维随机变量$\boldsymbol{z}$，则对于任意$\boldsymbol{A}\in \boldsymbol{R}^{m\times n}$，$\boldsymbol{B}\in \boldsymbol{R}^{p\times n}$有

$$\boldsymbol{proj}(\boldsymbol{A}\boldsymbol{x}+\boldsymbol{B}\boldsymbol{z}|\boldsymbol{y})=\boldsymbol{A}\boldsymbol{proj}(\boldsymbol{x}|\boldsymbol{y})+\boldsymbol{B}\boldsymbol{proj}(\boldsymbol{z}|\boldsymbol{y}) \tag{6-64}$$

(6)设n维随机变量$\boldsymbol{x},\boldsymbol{y}_1,\boldsymbol{y}_2,\cdots,\boldsymbol{y}_k$均为互不相关的零均值$m$维随机变量，那么有

$$\boldsymbol{proj}(\boldsymbol{x}\mid \boldsymbol{y}_1,\boldsymbol{y}_2,\cdots,\boldsymbol{y}_k)=\sum_{i=1}^{k}\boldsymbol{proj}(\boldsymbol{x}\mid \boldsymbol{y}_i)-(k-1)\boldsymbol{E}(\boldsymbol{x}) \tag{6-65}$$

此外，结合上述的性质定义新息序列为

$$\boldsymbol{\varepsilon}_k=\boldsymbol{y}_k-\boldsymbol{proj}(\boldsymbol{y}_k|\boldsymbol{y}_1,\boldsymbol{y}_2\cdots,\boldsymbol{y}_k),k=1,2,\cdots \tag{6-66}$$

式中，$\boldsymbol{y}_1,\boldsymbol{y}_2,\cdots,\boldsymbol{y}_k$是具有有限均值和方差的$m$维随机变量序列，同时规定$\varepsilon_1=y_1-E(y_1)$。

综合投影的定义和性质以及新息序列的定义，得到针对状态方程和观测方程的递推投影公式

$$\boldsymbol{proj}(\boldsymbol{x}|\boldsymbol{y}_1,\boldsymbol{y}_2,\cdots,\boldsymbol{y}_k)=\boldsymbol{proj}(\boldsymbol{x}|\boldsymbol{y}_1,\boldsymbol{y}_2,\cdots,\boldsymbol{y}_{k-1})+\boldsymbol{E}[\boldsymbol{x}\,\boldsymbol{\varepsilon}_k^{\mathrm{T}}][\boldsymbol{E}(\boldsymbol{\varepsilon}_k\,\boldsymbol{\varepsilon}_k^{\mathrm{T}})]^{-1}\boldsymbol{\varepsilon}_k \tag{6-67}$$

根据式(6-67)推导出卡尔曼滤波方程组即卡尔曼滤波器如下

$$\hat{\boldsymbol{x}}_{t+1}=\hat{\boldsymbol{x}}_{\bar{t}+1}+\boldsymbol{K}_{t+1}\boldsymbol{\varepsilon}_{t+1} \tag{6-68}$$

$$\hat{\boldsymbol{x}}_{\bar{t}+1}=\boldsymbol{\Gamma}\hat{\boldsymbol{x}}_t+\boldsymbol{B}\boldsymbol{u}_t \tag{6-69}$$

$$\boldsymbol{\varepsilon}_{t+1}=\boldsymbol{y}_{t+1}-\boldsymbol{M}\hat{\boldsymbol{x}}_{\bar{t}+1} \tag{6-70}$$

$$\boldsymbol{K}_{t+1}=\boldsymbol{P}_{\bar{t}+1}\boldsymbol{M}^{\mathrm{T}}[\boldsymbol{M}\,\boldsymbol{P}_{\bar{t}+1}\boldsymbol{M}^{\mathrm{T}}+\boldsymbol{R}]^{-1} \tag{6-71}$$

$$\boldsymbol{P}_{t+1}=[\boldsymbol{I}-\boldsymbol{K}_{t+1}\boldsymbol{M}]\boldsymbol{P}_{\bar{t}+1} \tag{6-72}$$

$$\boldsymbol{P}_{\bar{t}+1}=\boldsymbol{\Gamma}\,\boldsymbol{P}_t\,\boldsymbol{\Gamma}^{\mathrm{T}}+\boldsymbol{B}\boldsymbol{Q}\,\boldsymbol{B}^{\mathrm{T}} \tag{6-73}$$

$$\hat{\boldsymbol{x}}_0=\boldsymbol{\mu},\boldsymbol{P}_0=\boldsymbol{P}_0 \tag{6-74}$$

该方程组中，$\boldsymbol{K}_{t+1}$为卡尔曼增益矩阵；$\boldsymbol{P}_{\bar{t}+1}$为预报误差协方差矩阵；$\boldsymbol{P}_{t+1}$为滤波误差协方差矩阵；$\hat{\boldsymbol{x}}_{t+1}=\boldsymbol{proj}(\boldsymbol{x}_{t+1}|\boldsymbol{y}_1,\boldsymbol{y}_2,\cdots,\boldsymbol{y}_{k+1})$，$\hat{\boldsymbol{x}}_{\bar{t}+1}=\boldsymbol{proj}(\boldsymbol{x}_{t+1}|\boldsymbol{y}_1,\boldsymbol{y}_2,\cdots,\boldsymbol{y}_k)$，通过增益矩阵$\boldsymbol{K}_{t+1}$与新息$\boldsymbol{\varepsilon}_{t+1}$更新$\hat{\boldsymbol{x}}_{\bar{t}+1}$得到$\hat{\boldsymbol{x}}_{t+1}$，$\hat{\boldsymbol{x}}_{\bar{t}+1}$由前一估计值和系统输入组成，观测值$\boldsymbol{y}_{t+1}$与$\hat{\boldsymbol{x}}_{\bar{t}+1}$之间的差异又形成新的新息(这也是新息的含义所在)，增益矩阵$\boldsymbol{K}_{t+1}$依赖于预报误差矩阵，两者共同作用进一步推出滤波误差矩阵，而滤波误差矩阵又将决定随后的预报误差矩阵，在已知估计值及滤波误差协方差矩阵初始值的条件下，便形成了一个完整的递推过程。

卡尔曼滤波器是时变滤波器的一种，它的时变性主要通过增益矩阵的时变体现。如果状态所在的空间是定常的，且当时间趋近于无限大时，增益矩阵趋近于常数矩阵，将这个常数矩阵称为增益矩阵的稳态值，以之取代卡尔曼滤波器中增益矩阵，并且仅保留式(6-68)、式(6-69)和式(6-70)三式，便得到一个简化的次优卡尔曼滤波器。

(二)卡尔曼滤波器应用于运动目标跟踪

如果将视频影像进行离散化就得到了一组按一定时间间隔采样的影像序列，而由于卡尔曼滤波器的处理效果好，加之其递推求解的特性，特别适合解决时间序列方面的问题，所以卡尔曼滤波器在视频影像数据处理方面得到了广泛应用。具体对于运动目标跟踪的问题，卡尔曼滤波器处理方法可以选择对影像背景模型进行处理，也可以对目标的运动状态进行估计。

在应用中，首先需要考虑的问题是使用目标的哪一种或哪些属性作为滤波处理的状态变量，可以选择目标的运动属性，也可以使用背景以及其他的属性信息。描述物体运动状态的最基本的两个变量是物体所在位置和运动速度，如果物体是处在加速运动中，那么还将包括运动的加速度。这里便以目标的位置向量 $\boldsymbol{p}$、运动速度向量 $\boldsymbol{v}$ 和加速度向量 $\boldsymbol{a}$ 三者组成状态变量 $\boldsymbol{x}$，为了简化模型，设加速度恒定，则状态变量的三个分量按时间间隔 Δt 的更新式为 $\boldsymbol{p}_{t+1}=\boldsymbol{p}_t+(\Delta t)\boldsymbol{v}_t$，$\boldsymbol{v}_{i+1}=\boldsymbol{v}_i+(\Delta t)\boldsymbol{a}_i$ 及 $\boldsymbol{a}_{i+1}=\boldsymbol{a}_i$，在不考虑系统输入 u 的条件下，有状态方程

$$\boldsymbol{x}_{t+1}=\boldsymbol{\Gamma}\boldsymbol{x}_t+\boldsymbol{\omega}_t \tag{6-75}$$

其中，

$$\boldsymbol{x}_t=\begin{bmatrix}\boldsymbol{p}_t\\ \boldsymbol{v}_t\\ \boldsymbol{a}_t\end{bmatrix} \tag{6-76}$$

而

$$\boldsymbol{\Gamma}=\begin{bmatrix}\boldsymbol{I}^n & (\Delta t)\boldsymbol{I}^n & 0\\ 0 & \boldsymbol{I}^n & (\Delta t)\boldsymbol{I}^n\\ 0 & 0 & \boldsymbol{I}^n\end{bmatrix} \tag{6-77}$$

式中，$\boldsymbol{I}^n$ 为 n 阶单位阵，n 值通常为 2。对于系统来说唯一的观测值只有目标的位置，则有观测值为 $\boldsymbol{y}_t=\boldsymbol{p}_m$，$\boldsymbol{p}_t^m$ 为随机噪声干扰下的目标位置观测值，则有观测方程

$$\boldsymbol{y}_t=\boldsymbol{M}\boldsymbol{x}_t+\boldsymbol{\upsilon}_t \tag{6-78}$$

其中，

$$\boldsymbol{M}=[\boldsymbol{I}^n\quad 0\quad 0] \tag{6-79}$$

式(6-75)与式(6-78)中的 $\boldsymbol{\omega}$ 和 $\boldsymbol{\upsilon}$ 定义同前，分别为过程噪声和量测噪声，对应协方差矩阵 $\boldsymbol{Q}$ 和 $\boldsymbol{R}$。利用卡尔曼滤波器求解两个方程时，可将更改后的卡尔曼滤波方程组划分为两部分方程组：预测方程组和修正方程组。其中式(6-69)和式(6-73)为预测方程，式(6-68)、式(6-71)及式(6-72)组成修正方程组。若已知 $\hat{\boldsymbol{x}}_0$ 和 $\boldsymbol{P}_0$，给出下列基于卡尔曼滤波的更新算法：

(1)目标运动状态模型。

状态方程为

$$\boldsymbol{x}_{t+1}=\boldsymbol{\Gamma}\boldsymbol{x}_t+\boldsymbol{\omega}_t$$

观测方程为

$$\boldsymbol{y}_t=\boldsymbol{M}\boldsymbol{x}_t+\boldsymbol{\upsilon}_t$$

(2)给出初始值 $\hat{\boldsymbol{x}}_0$ 和 $\boldsymbol{P}_0$。

(3)更新公式。

预测方程组为

$$\hat{\boldsymbol{x}}_{\bar{t}+1}=\boldsymbol{\Gamma}\hat{\boldsymbol{x}}_t$$

$$\boldsymbol{P}_{\bar{t}+1}=\boldsymbol{\Gamma}\boldsymbol{P}_t\boldsymbol{\Gamma}^{\mathrm{T}}+\boldsymbol{B}\boldsymbol{Q}\boldsymbol{B}^{\mathrm{T}}$$

修正方程组为

$$\boldsymbol{K}_{t+1}=\boldsymbol{P}_{t+1}^{-}\boldsymbol{M}^{\mathrm{T}}[\boldsymbol{M}\boldsymbol{P}_{t+1}^{-}\boldsymbol{M}^{\mathrm{T}}+\boldsymbol{R}]^{-1}$$

$$\hat{\boldsymbol{x}}_{t+1}=\hat{\boldsymbol{x}}_{t+1}^{-}+\boldsymbol{K}_{t+1}\boldsymbol{\varepsilon}_{t+1}\quad \boldsymbol{P}_{t+1}=[\boldsymbol{I}-\boldsymbol{K}_{t+1}\boldsymbol{M}]\boldsymbol{P}_{t+1}^{-}$$

算法中的初始值 $\hat{\boldsymbol{x}}_0$、$\boldsymbol{P}_0$ 可以通过前期的统计得到。在实施卡尔曼滤波跟踪前的几帧及跟踪后的初始几帧中检测目标，并通过匹配方法准确定位目标，统计目标位置的这些历史数据，能够给出状态变量的初始值，滤波误差协方差可初步给定一个经验值，以此代入滤波方程组。在滤波开始后的初始几帧中监视其输出的结果并与准确结果进行比较，以确定是否需要重新给定初始值，重复上述过程直到跟踪滤波器达到稳定的状态。可以看出在实践中，卡尔曼滤波器还需要与其他方法共同作用以实现跟踪。由于卡尔曼滤波器是一种很程式化的算法，因此在具体确定状态变量、观测值以及需要给定的初始值后，整个运算过程是基本类似的。

四、基于均值偏移的运动目标跟踪

均值偏移(mean shift)实际上是一种沿概率密度的梯度方向搜索概率密度最大值的方法，同时也是一种有效的统计迭代算法。基于均值偏移的运动目标跟踪方法的实质也是一种基于目标建模的匹配定位跟踪方法，建模和匹配均是在影像的某个特征空间(通常为色彩空间或灰度空间)中进行，并利用相应的相似测度搜索最佳的匹配结果。

(一)均值偏移的基本原理

图 6-9 给出了对均值偏移概念的直观解释(彩图见封二)。图中给出了一个空间中的随机点阵(以灰色点表示)，期望通过利用图中蓝色的兴趣区域窗口搜索到点阵中最密集的区域(蓝色十字标示其中心)。首先计算处于兴趣窗口内所有点的质心所在位置(以橘黄色十字标示)，从窗口中心 I_c 向窗口内点阵质心 M_c 所做的矢量 $\boldsymbol{MS}_v$ 即被称为均值偏移矢量。沿该矢量移动兴趣窗口使其中心与质心重合。重复上述操作，则最终当方法收敛时，窗口中心的所在便是点阵最密集的位置。如果点阵符合某种概率分布，那么点阵最密集的区域，同样也是概率密度函数的峰值所在。由于不知道点阵符合哪种分布，或者说其概率密度函数的参数未知，因此均值偏移相当于无参数的概率密度梯度估计。

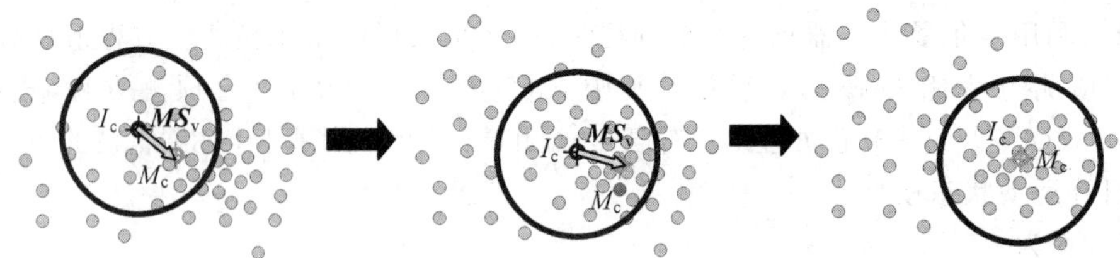

图 6-9 均值偏移的概念

如果有数据样本集 $X=\{x_1,x_2,\cdots,x_n\}$ 服从某个概率密度函数为 $p(\boldsymbol{x})$ 的分布，那么在 $\boldsymbol{x}$ 处对于概率密度函数 $p(\boldsymbol{x})$ 的估计 $\hat{p}(\boldsymbol{x})$ 可以写作

$$\hat{p}(\boldsymbol{x})=\frac{1}{n}\sum_{i=1}^{n}K(\boldsymbol{x}-x_i)\tag{6-80}$$

式中，$\boldsymbol{K}(\boldsymbol{x})$ 称为核(kernel)函数或者窗口函数，以此将概率密度估计转化为核密度估计。核函数通常具有如下这样几个性质：

(1) 归一性，$\int_{R^d} K(\boldsymbol{x})\mathrm{d}\boldsymbol{x}=1$。

(2) 对称性，$\int_{R^d} xK(\boldsymbol{x})\mathrm{d}\boldsymbol{x}=0$。

(3) 指数权衰减，$\lim\limits_{\|x\|\to\infty}\|x\|^d\boldsymbol{K}(\boldsymbol{x})=0$。

(4) $\int_{R^d}\boldsymbol{x}\boldsymbol{x}^{\mathrm{T}}K(\boldsymbol{x})\mathrm{d}\boldsymbol{x}=cI$。

其中，c 为常数，d 表示了空间的维数，具有这样四种性质的函数均可作为核函数，在实际应用中通常使用高维核函数和径向对称核函数，分别为

$$K(\boldsymbol{x})=c\prod_{i=1}^{d}k(x_i) \tag{6-81}$$

和

$$K(\boldsymbol{x})=ck(\|\boldsymbol{x}\|) \tag{6-82}$$

式中，c 为常量；核函数 $K(\boldsymbol{x})$ 在每一维均是相同的。这里进一步给出几种常用的核函数：

(1)标准核函数

$$K_{\mathrm{N}}(\boldsymbol{x})=c\cdot\exp\left(-\frac{1}{2}\|\boldsymbol{x}\|^2\right) \tag{6-83}$$

(2)一致核函数

$$K_{\mathrm{U}}(\boldsymbol{x})=\begin{cases}c, & \|\boldsymbol{x}\|\leqslant 1\\ 0, & \text{其他}\end{cases} \tag{6-84}$$

(3)Epanechnikov 核函数

$$K_{\mathrm{E}}(\boldsymbol{x})=\begin{cases}c(1-\|\boldsymbol{x}\|^2), & \|\boldsymbol{x}\|\leqslant 1\\ 0, & \text{其他}\end{cases} \tag{6-85}$$

对于均值偏移方法而言，需要估计的是概率密度函数的梯度，而不是概率密度函数本身，根据线性空间关系有密度梯度的估计等于密度梯度的估计，由式(6-80)推得

$$\nabla\hat{p}(\boldsymbol{x})=\frac{1}{n}\sum_{i=1}^{n}\nabla K(\boldsymbol{x}-x_i) \tag{6-86}$$

采用如下形式的核函数

$$K(\boldsymbol{x}-x_i)=c\cdot k\left(\left\|\frac{\boldsymbol{x}-x_i}{h}\right\|^2\right) \tag{6-87}$$

式中，h 为窗口尺寸，也可称为窗口带宽，令 $g(\boldsymbol{x})=-k'(\boldsymbol{x})$，将式(6-87)代入式(6-86)有

$$\nabla\hat{p}(\boldsymbol{x})=\frac{c}{n}\sum_{i=1}^{n}\nabla k\left(\left\|\frac{\boldsymbol{x}-x_i}{h}\right\|^2\right)=\frac{c}{n}\left[\sum_{i=1}^{n}g\left(\left\|\frac{\boldsymbol{x}-x_i}{h}\right\|^2\right)\right]\cdot\left[\frac{\sum_{i=1}^{n}x_i g\left(\left\|\frac{\boldsymbol{x}-x_i}{h}\right\|^2\right)}{\sum_{i=1}^{n}g\left(\left\|\frac{\boldsymbol{x}-x_i}{h}\right\|^2\right)}-\boldsymbol{x}\right] \tag{6-88}$$

式中，$\frac{c}{n}\left[\sum_{i=1}^{n}g\left(\left\|\frac{\boldsymbol{x}-x_i}{h}\right\|^2\right)\right]$ 是一个新的核密度估计函数，当核窗口的中心位于 $\boldsymbol{x}$ 时，

$\dfrac{\sum_{i=1}^{n} x_i g\left(\left\|\dfrac{\boldsymbol{x}-x_i}{h}\right\|^2\right)}{\sum_{i=1}^{n} g\left(\left\|\dfrac{\boldsymbol{x}-x_i}{h}\right\|^2\right)}$ 即为窗口内样本的质心。根据前面对均值偏移的解释，由此得到均值偏移向量

$$\boldsymbol{m}(\boldsymbol{x})=\frac{\sum_{i=1}^{n} x_i g\left(\left\|\dfrac{\boldsymbol{x}-x_i}{h}\right\|^2\right)}{\sum_{i=1}^{n} g\left(\left\|\dfrac{\boldsymbol{x}-x_i}{h}\right\|^2\right)}-\boldsymbol{x} \tag{6-89}$$

(二)基于均值偏移的运动目标跟踪

利用均值偏移方法进行目标跟踪的前提是建立利于方法使用的目标模型和相似测度函数。通常运动目标包含有许多特征，而基于均值偏移的目标跟踪方法主要针对运动目标的颜色特征。在参考影像帧中建立目标的模型窗口，根据窗口内的影像确定并量化颜色特征空间，以 $q^t=\{q_1^t,\cdots,q_j^t,\cdots,q_m^t\}$ 表示量化后的结果，其中 m 为量化后的等级，q_i 为对应等级 i 的色度特征值。在随后的影像帧中设置跟踪窗口，同样量化颜色特征空间为 $q^c(y)=\{q_1^c(y),\cdots,q_j^c(y),\cdots,q_m^c(y)\}$，其中 y 为跟踪窗口的中心坐标(模型窗口的中心坐标设为 0)。那么基于颜色特征的相似测度可以表示为 $f_{\text{color}}(y)=f[q^t,q^c(y)]$。考虑颜色特征空间的特性，这个相似测度函数可采用 Bhattacharyya 系数作为具体的表述形式，Bhattacharyya 系数介于 0 和 1 之间，完全一致时为 1，设 $q^{t'}=\left\{\sqrt{q_1^t},\cdots,\sqrt{q_j^t},\cdots,\sqrt{q_m^t}\right\}$，$q^{c'}(y)=\left\{\sqrt{q_1^c(y)},\cdots,\sqrt{q_j^c(y)},\cdots,\sqrt{q_m^c(y)}\right\}$，则有

$$f_{\text{color}}(y)=\sum_{j=1}^{m}\sqrt{q_j^t q_j^c(y)} \tag{6-90}$$

式中，特征空间量化后的等级表示了颜色特征的分类结果，对于窗口中每一个像素必然可以对应到其中一个分类继而索引到一个等级，将这种对应关系用函数 d 表示，即对于窗口中坐标为$\boldsymbol{x}_i$ 的第 i 个像素有 $j=d(x_i)$。又因为每个等级对应的色度特征值通过统计得到，则每个色度特征值必然有其所服从的概率密度函数，而概率密度函数又可以用核函数进行估计，那么便有

$$q_j^t=C\sum_{d(\boldsymbol{x}_i)=j}k(\|\boldsymbol{x}_i\|^2) \tag{6-91}$$

和

$$q_j^c(y)=C_h\sum_{d(\boldsymbol{x}_i)=j}k\left(\left\|\frac{y-x_i}{h}\right\|^2\right) \tag{6-92}$$

式中，C 和 C_h 为归一化系数；q_i^t 和 $q_i^c(y)$此时表示的是色度特征的概率密度估计；其他符号同前定义。对于式(6-90)，由于窗口中心设为 0，所以有如上的核函数形式。注意式(6-92)中的窗口尺寸 h，说明跟踪窗口的大小是可以改变的。两式共同说明了对于一种色度特征值，窗口中每个像素对其的贡献(即所占的权重)。

式(6-90)给出的相似测度函数并不是线性形式，所以用泰勒级数展开的近似形式将其线性化为

$$f_{\text{color}}(y)\approx\frac{1}{2}\sum_{j=1}^{m}\sqrt{q_j^t q_j^c(y_0)}+\frac{1}{2}\sum_{j=1}^{m}q_j^c(y)\sqrt{\frac{q_j^t}{q_j^c(y_0)}} \tag{6-93}$$

式中，y_0 为跟踪窗口的初始中心坐标(此处的坐标为与模型窗口中心对应的坐标，即不同影像中的相同位置，处理时通常以与模型窗口对应的位置作为搜索的初始位置)。右边第一项 $\frac{1}{2}\sum_{j=1}^{m}\sqrt{q_j^t q_j^c(y_0)}$ 与 y 不相关，可以忽略不计，而第二项中的 $\sqrt{\frac{q_j^t}{q_j(y_0)}}$ 则可设为权重值 w，结合式(6-92)有

$$K_{\text{color}}(y-x_i)=\frac{C_h}{2}\sum_{i=1}^{n}w_i k\left(\left\|\frac{y-x_i}{h}\right\|^2\right) \tag{6-94}$$

式(6-94)为所给出的相似测度的核函数形式。利用在原理中介绍的均值偏移方法，通过迭代搜索其最大值即可实现匹配定位。利用式(6-88)和式(6-94)，可以得到推得下一次迭代中跟踪窗口中心的初始位置 y_1 为

$$y_1=\frac{\sum_{i=1}^{n}x_i w_i g\left(\left\|\frac{y_0-x_i}{h}\right\|^2\right)}{\sum_{i=1}^{n}w_i g\left(\left\|\frac{y_0-x_i}{h}\right\|^2\right)} \tag{6-95}$$

当 y_{t+1} 与 y_t 之差小于一定阈值，算法收敛时即实现匹配定位。

基于均值偏移的运动目标跟踪方法的优点在于一旦目标模型窗口确定，得到核函数便不再需要其他参数输入，以核函数形式给出的相似测度鲁棒性较强。同时较之其他方法，实现匹配快速，更适合对实时性要求较高的应用。图 6-10 给出了对机载视频数据中运动目标的跟踪结果。跟踪效果较为稳定良好。

图 6-10　机载航空视频影像数据的目标跟踪结果

思考题

1.将无人机序列图像用于地理信息遥感与目标定位有哪些优势？

2.简述基于无人机飞行参数和传感器成像参数的序列影像实时定位的方法。

3.运动目标检测技术的基本思想是什么？

4.运动目标跟踪技术的基本思想是什么？

第7章　基于无人机影像的三维重建

目前对无人机影像的应用多为二维成像的直接判读、识别。从无人机序列图像获取地面三维信息是无人机图像应用的新层次，对这些无人机平台普通相机的序列图像进行处理，从中获得目标的三维信息将使无人机测绘系统提供的数据产品拥有更丰富的含义。

§7.1　概　述

随着无人机技术和数字成像技术的发展，无人机机载成像设备已经可以获得地物目标、地形地貌等场景的序列图像。无人机序列图像是飞行过程中无人机在不同视角与位置下对地面场景的连续成像，序列图像具有时间上的连续性和成像区域的重叠性的特点。无人机序列图像由于时间、空间的信息互补性，采用相关的计算机视觉的理论和技术，可以开发适用于无人机序列图像的三维快速重建算法。

以三维重建为目的，无人机平台的遥感序列成像具有以下几个方面的优势：

(1)机动灵活、简单可靠。升空准备时间短，可以快速到达预定遥感区域。

(2)成像控制性能优异。可按预定飞行航线自主飞行、拍摄，通过控制航迹可以实现同一地区不同角度、不同高度拍摄成像。

(3)成像分辨率高。无人机通过携带的数码成像设备，或者采用低空飞行状态成像，可以获取影像的较高空间分辨率的成像。

(4)成本低。拍摄只需要普通的数码设备，甚至不需要POS设备，系统的存放、维护方便，可免去调机和停机等费用，尤其适合小区域范围的遥感任务。

一、三维重建的概念

基于计算机视觉的三维重建(简称三维重建)是从图像信息出发，计算三维物体的位置、形状等几何信息的过程。图像上每一点的位置与空间物体表面相应点的几何位置有关，这些位置的相互关系，由相机(包括摄像机)成像几何模型决定。自从Marr的视觉理论框架建立以来，三维重建理论和技术得到了长足的发展，迄今为止，三维重建自身已经建立起一套比较完善的技术体系。

无人机任务飞行过程中一般采用重叠度较高的扫描任务航线，实现在不同视角下对重要目标或区域进行连续成像，可以理解为使用相机(或摄像机)从不同的方位和视角对某个场景拍摄照片，根据计算机视觉中的一个分支问题“从相机运动中恢复场景结构”，从拍摄的多视点图像中可以恢复场景的三维结构，也就是实现三维重建。应用基于计算机视觉的三维场景重建技术对无人机序列影像进行三维快速重建，在实现直接从三维空间的角度理解和表达现实世界中地形和地物的同时，保证了速度，更好地体现了无人机测绘的时效性，增强了无人机测绘的可视化效果。

需要说明的是，基于数字摄影测量的三维重建与计算机视觉的三维重建的理论基础是一致的，二者都是针孔成像原理的具体应用。但由于各自学科的历史、研究内容和侧重点的不同，在具体的诸多方面又存在着差异，主要表现在三个方面：

(1)出发点不同导致基本参数物理意义的差异：摄影测量中的外部定向是确定影像在空间相对于物体的位置与方位(将物体先平移再旋转)，而计算机视觉则是物体相对于影像的位置与方位来描述问题(将摄像机先旋转再平移)。

(2)由于两者不同的出发点导致基本公式的差异：摄影测量中最为基本的公式是共线方程，而视觉测量中最为基本的公式是用齐次坐标表示的投影方程。

(3)由于基本公式的差异导致处理流程和数学处理算法的不同：摄影测量源于测绘学科，基于非线性迭代的最小二乘法平差求解贯穿于数字摄影测量的全过程，而计算机视觉强调矩阵分解，总是设法将非线性问题转换为线性问题，尽可能避免求解非线性方程以提高重建的速度。

二、三维重建的应用

随着成像技术和计算机技术的不断发展，通过序列二维图像进行三维重建认知三维世界的应用需求也与日俱增。无人机平台可以获取关于目标场景大量的序列图像，通过序列图像的三维信息解析，可以获得准确的目标位置、形貌、三维结构等信息，对于现代战争以及遥感测绘都具有重要意义。从最初的机器人视觉导航到目前日益流行的计算机三维游戏、视频特技、互联网虚拟漫游、电子商务、虚拟现实等应用，如何更逼真、简便地获得真实世界的三维模型，促使计算机视觉研究者们不断地完善现有的方法以及提出新的算法。

在军事方面，通过无人机机载序列图像三维重建技术，获取战场高精度的三维地形地貌是取得战争胜利的重要情报保障；根据三维重建实现目标识别与定位，也是高技术条件下打赢“坐标战”的重要前提。

在民用方面，通过无人机对地序列成像实现三维地形测绘已是遥感技术非常重要的手段，并成为某些特定条件下不可替代的测绘新手段。与传统的数字摄影测量需要严格的标定和复杂的过程不同，无人机成像具有成本低、使用灵活、作业周期短等特点，基于序列图像的三维重建技术通过对二维序列成像的分析，利用序列图像自身的内在约束，可以自动化实现场景目标的三维测量。这一技术在 CAD 逆向工程、现场测量、三维城市重建等方面具有十分重要和广阔的应用前景。

§7.2　三维重建的基本流程

从无人机在多个视点拍摄的图像中恢复场景的三维结构，也就是实现三维重建。近年来多视图重建问题的理论基础已经趋于完善，国内外的多所大学也纷纷开始开设“多视图几何学”课程。

传统的从摄像机运动中恢复场景算法继承摄影测量学(photogrammetry)理论，要求使用精确标定的摄像机并确定摄像机的位置和角度，在摄像机内外方位元素均已知的情况下通过三角测量法(triangulation)恢复场景的三维结构。重建流程如图 7-1 所示，可分为如下五个步骤：

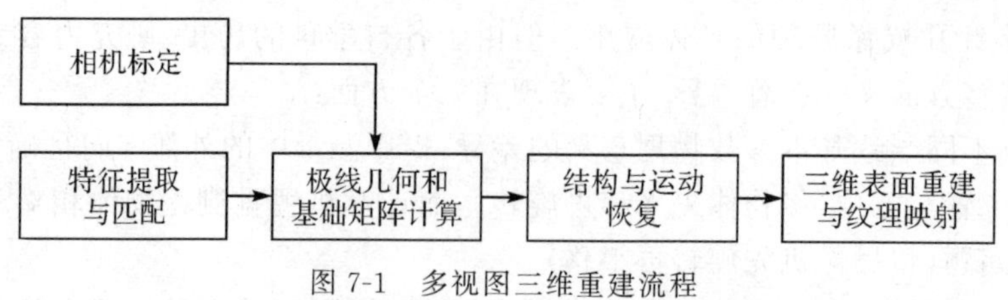

图 7-1 多视图三维重建流程

(1)相机标定(camera calibration)。通过事先拍摄的特定图案的图像,并通过最优计算获得相机的内参数矩阵,畸变参数等。

(2)特征的提取与匹配(feature extraction and matching)。从场景的多幅视图中提取特征点,并在视图间匹配,这些匹配点的依赖关系是实现重建的基础。现有绝大部分的研究都以点作为图元(primitive),直线也可以作为一种补充。

(3)极线几何和基础矩阵计算(epipolar geometry and the fundamental matrix computation)。通过特征提取和匹配得到的特征点对,并通过极线几何约束计算得到基础矩阵;利用相机内部参数矩阵得到本征矩阵,对本征矩阵进行分解就可得到两幅图像所对应的相机旋转和平移矩阵。

(4)结构和运动恢复(structure and motion recovery)。利用图像对应相机的旋转平移矩阵和特征点对,通过三角化的方法就能得到特征点所对应实际物体的三维坐标。获得初始点云之后,可以通过图像的特征点对与初始点云计算后续图像序列的位姿,并增量式地重建点云。

(5)表面密集深度估计(dense surface estimation)。由于场景重建是基于图像特征的,上面步骤输出的实际上是一个稀疏的三维模型,这个稀疏的模型已经初具三维效果,但若要取得更好的可视化效果,需要对场景物体表面进行密集深度估计,恢复出密集的三维结构。

无人机飞行过程中成像的内外方位元素一般不能精确得到(高精度的定姿定位装备价格昂贵且重量大,不适合无人机载荷),所以本章研究的是对于标定过的无组织多视图序列图像,采用上述重建流程,实现高质量高鲁棒性的自动化多视图重建,在不依赖人机交互的条件下恢复出摄像机的运动轨迹和场景的三维度量结构。

§7.3 成像模型与相机标定

在图像测量过程以及机器视觉应用中,为确定空间物体表面某点的三维几何位置与其在图像中对应点之间的相互关系,必须建立相机成像的几何模型,这些几何模型参数就是相机参数。在大多数条件下这些参数必须通过实验与计算才能得到,这个求解参数的过程称为摄像机标定(或相机标定)。无论是在图像测量或者机器视觉应用中,相机参数的标定都是非常关键的环节,标定结果的好坏会直接影响到三维重建的质量。

摄像机标定的主要目的是进行三维重建,使计算机具有通过二维图像认知三维空间图像的能力,这也是计算机视觉的最主要发展方向之一。摄像机本身作为一种三维空间和二维空间的转换介质,其两者间的转换关系就是由摄像机的参数确定的。换句话说,摄像机标定就是要建立起摄像机像素位置与空间点位置的关系,它根据已知的摄像机模型,根据对应点对的其他已知关系,求解摄像机参数,从而算出空间坐标。

一、三维重建中的坐标系定义

在计算机视觉系统中，存在以下四种坐标系(见图 7-2)：

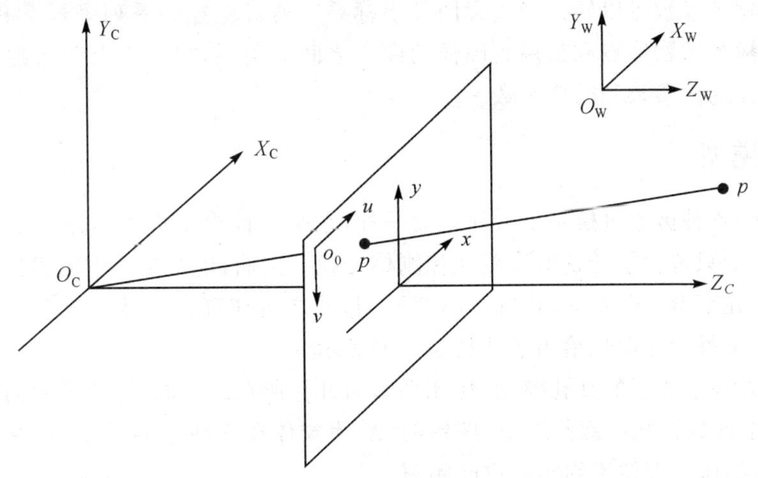

图 7-2　四种坐标系间的相互关系

(1)像素坐标系。表示三维空间中的点在图像平面上的投影，坐标系原点在图像平面的左上角，u 轴平行于图像平面，方向水平向右；v 轴垂直于图像平面，方向向下。其坐标用(u，v)表示，含义是该点在图像平面上的像素数组中的列数(u)和行数(v)。

(2)图像坐标系。不同于像素坐标系只是表示像素位置，而不具有任何实际物理意义，图像坐标系是具有物理单位(如 mm)的平面坐标系。坐标系原点为图像平面的中心，x 轴与像素坐标系中的 u 轴平行，方向相同；y 轴与 v 轴平行，方向相反。

(3)相机坐标系。以摄像机的光心为坐标系原点，X_C 轴和 Y_C 轴分别平行于图像坐标系中的 x 轴和 y 轴，方向相同。

(4)世界坐标系，也称绝对坐标系。用于表示物体在三维场景中的绝对坐标。

在下述标定过程中坐标系转换可用如图 7-3 所示的流程图概述。

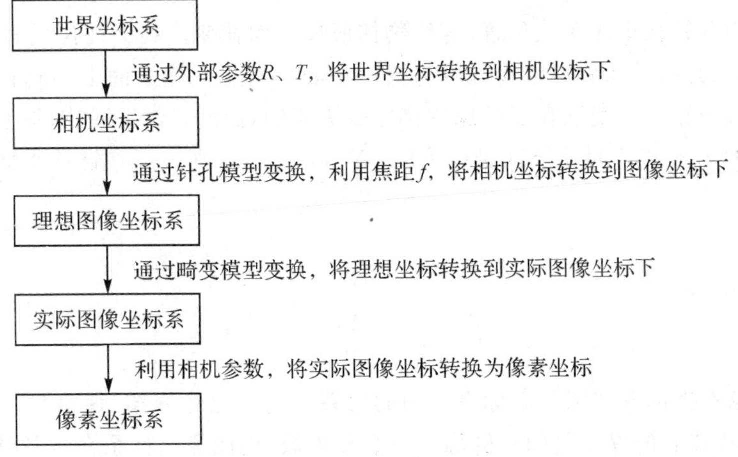

图 7-3　标定过程中坐标系转换流程

标定过程中，假设已知一个三维空间点 P，通过外参数 R 和 T，能够将三维点转换到相机坐标系下。根据后面介绍的针孔成像模型，并利用焦距 f 可以得到理想图像坐标系下的像点。由于通常使用的相机镜头存在畸变，根据畸变模型和参数可以转换到实际图像坐标系。最后根据相机物理参数可以转换到实际图像坐标系。通过上述一系列坐标系转化，可以建立起三维世界坐标系的物体点和拍摄到图像的像点之间的关系，根据这个关系建立标定模型就可以计算出相机的内参数和畸变参数。

二、成像模型

针孔模型是各种摄像机模型中最简单的一种，它是假设摄像机不考虑畸变因素时的一个线性模型，实际上只包含了透视射影变换和刚体变换。然而，现实生活中的摄像机都是存在畸变的，在符合针孔模型的前提下，再加入畸变模型，使之更加符合实际。图 7-4 不仅显示了坐标系间的关系，从另一方面也给出了针孔模型的表示。

如图 7-4 为一个理想的针孔模型，针孔平面为针孔所在的平面，图片平面为物体的成像平面。f 为图像平面到针孔平面的距离，即焦距；X 为物体在空间中的长度；x 为成像平面上物体的长度；Z 为物体离摄像机的实际空间距离。

由几何关系可得世界坐标系与相机坐标系在 x 轴方向上的关系为

$$x=-f\frac{X}{Z} \tag{7-1}$$

在这个针孔模型的基础上，将其转换为另外一种等价形式(见图 7-5)。

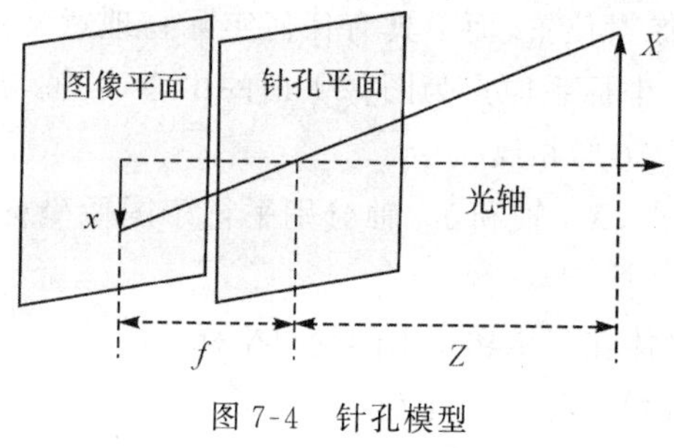

图 7-4 针孔模型

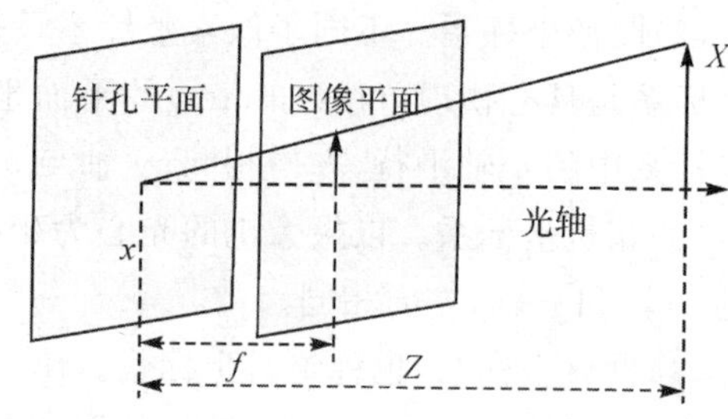

图 7-5 变换形式后的针孔模型

将图像平面和针孔平面交换位置，这样物体所成的像就变换到了针孔平面的右侧，倒立的像也变换为正立的像，针孔就可以被理解为投影中心。新的图像平面上的物体大小与原图像平面上的物体大小相同。差别在于图像由倒立变为正向，因此，式(7-1)中的负号就被去掉了。若空间中一点 P 在相机坐标系下的坐标为$P_C(X_C,Y_C,Z_C)$，则该点在针孔平面上的物理坐标(x,y)可表示为

$$\left.\begin{aligned} x&=f\frac{X_C}{Z_C} \\ y&=f\frac{Y_C}{Z_C} \end{aligned}\right\} \tag{7-2}$$

现在给出像素坐标系和图像坐标系之间的关系。前面已经介绍，像素坐标系是不具有物理意义的坐标系，代表的仅仅是图片的像素行数和列数；而图像坐标系在其基础上增加了物理意义，尽管两者表示的方式有差异，但目标相同，都是表示图像平面上某点的位置。

如图 7-5 中所示，假设在图像坐标系 $X\text{-}O_1\text{-}Y$ 中，点 p 的坐标为(x,y)，若每个像素在 x 方向和 y 方向上的物理尺寸用 $\mathrm{d}x$ 和 $\mathrm{d}y$ 表示，则可以得到该点 p 的像素坐标系坐标(u,v)为

$$\left.\begin{aligned} u&=\frac{x}{\mathrm{d}x} \\ v&=\frac{y}{\mathrm{d}y} \end{aligned}\right\} \tag{7-3}$$

考虑到像素坐标系和物理坐标系的坐标原点位置不同，所以把图像坐标系的原点O_0在像素坐标系中的坐标表示为(u_0,v_0)，则点 p 在像素坐标系中的坐标可表示为

$$\left.\begin{aligned} u&=\frac{x}{\mathrm{d}x}+u_0 \\ v&=\frac{y}{\mathrm{d}y}+v_0 \end{aligned}\right\} \tag{7-4}$$

用矩阵形式可表示为

$$\begin{bmatrix} u \\ v \\ 1 \end{bmatrix}=\begin{bmatrix} \frac{1}{\mathrm{d}x} & 0 & u_0 \\ 0 & \frac{1}{\mathrm{d}y} & v_0 \\ 0 & 0 & 1 \end{bmatrix}\begin{bmatrix} x \\ y \\ 1 \end{bmatrix} \tag{7-5}$$

式中，$[u \quad v \quad 1]^{\mathrm{T}}$ 为像素坐标的齐次表达式，$[x \quad y \quad 1]^{\mathrm{T}}$ 为物理坐标的齐次表达式。

将世界坐标系和相机坐标系的关系式(7-2)代入式(7-4)中可得

$$\left.\begin{aligned} u&=\frac{f}{\mathrm{d}x}\frac{X_{\mathrm{C}}}{Z_{\mathrm{C}}}+u_0 \\ v&=\frac{f}{\mathrm{d}y}\frac{Y_{\mathrm{C}}}{Z_{\mathrm{C}}}+v_0 \end{aligned}\right\} \tag{7-6}$$

用矩阵形式可表示为

$$Z_{\mathrm{C}}\begin{bmatrix} u \\ v \\ 1 \end{bmatrix}=\begin{bmatrix} \frac{f}{\mathrm{d}x} & 0 & u_0 \\ 0 & \frac{f}{\mathrm{d}y} & v_0 \\ 0 & 0 & 1 \end{bmatrix}\begin{bmatrix} \frac{X_{\mathrm{C}}}{Z_{\mathrm{C}}} \\ \frac{Y_{\mathrm{C}}}{Z_{\mathrm{C}}} \\ 1 \end{bmatrix}=\begin{bmatrix} \frac{f}{\mathrm{d}x} & 0 & u_0 \\ 0 & \frac{f}{\mathrm{d}y} & v_0 \\ 0 & 0 & 1 \end{bmatrix}\begin{bmatrix} X_{\mathrm{C}} \\ Y_{\mathrm{C}} \\ Z_{\mathrm{C}} \end{bmatrix} \tag{7-7}$$

最后，给出相机坐标系$O_{\mathrm{C}}\text{-}X_{\mathrm{C}}Y_{\mathrm{C}}Z_{\mathrm{C}}$和世界坐标系$O_{\mathrm{W}}\text{-}X_{\mathrm{W}}Y_{\mathrm{W}}Z_{\mathrm{W}}$的关系。如图 7-2 中所示，可以人为选择一个基准作为世界坐标系，空间中某点 P 在世界坐标系和相机坐标系中的坐标可分别表示为$\boldsymbol{P}_{\mathrm{W}}=[x_{\mathrm{W}} \quad y_{\mathrm{W}} \quad z_{\mathrm{W}}]^{\mathrm{T}}$ 和$\boldsymbol{P}_{\mathrm{C}}=[x_{\mathrm{C}} \quad y_{\mathrm{C}} \quad z_{\mathrm{C}}]^{\mathrm{T}}$。对于一个特定的物体，可以在相机坐标系上用旋转和平移描述物体的相对位置，这里，可以将世界坐标系看成该物体，用旋转和平移描述其相对于相机坐标系的位置。

在三维空间中，旋转可以分解为绕三个轴的二维旋转，若依次绕 x、y、z 三个轴旋转的角度分别为δ、φ、θ，则绕三个轴的旋转可依次表示为

$$\boldsymbol{R}_x(\delta)=\begin{bmatrix} 1 & 0 & 0 \\ 0 & \cos\delta & \sin\delta \\ 0 & -\sin\delta & \cos\delta \end{bmatrix} \tag{7-8}$$

$$\boldsymbol{R}_y(\varphi)=\begin{bmatrix}\cos\varphi & 0 & -\sin\varphi\\ 0 & 1 & 0\\ \sin\varphi & 0 & \cos\varphi\end{bmatrix} \tag{7-9}$$

$$\boldsymbol{R}_z(\theta)=\begin{bmatrix}\cos\theta & \sin\theta & 0\\ -\sin\theta & \cos\theta & 0\\ 0 & 0 & 1\end{bmatrix} \tag{7-10}$$

总的旋转矩阵 $\boldsymbol{R}$ 为三个方向上的旋转矩阵的乘积，即

$$\boldsymbol{R}=\boldsymbol{R}_x(\delta)\boldsymbol{R}_y(\varphi)\boldsymbol{R}_z(\theta) \tag{7-11}$$

平移向量 $\boldsymbol{T}$ 是用来表示世界坐标系的原点与相机坐标系的原点间的偏移。由以上可知，空间中一点 P 的坐标从世界坐标系转换到相机坐标系下可表示为

$$P_c=\boldsymbol{R}\,\boldsymbol{P}_{\mathrm{W}}+\boldsymbol{T}=[\boldsymbol{R}\quad\boldsymbol{T}]\begin{bmatrix}X_{\mathrm{W}}\\ Y_{\mathrm{W}}\\ Z_{\mathrm{W}}\\ 1\end{bmatrix} \tag{7-12}$$

将式(7-12)代入式(7-7)中，可得像素坐标系和世界坐标系之间的关系为

$$Z_{\mathrm{C}}\begin{bmatrix}u\\ v\\ 1\end{bmatrix}=\begin{bmatrix}f_x & 0 & u_0\\ 0 & f_y & v_0\\ 0 & 0 & 1\end{bmatrix}\begin{bmatrix}X_{\mathrm{C}}\\ Y_{\mathrm{C}}\\ Z_{\mathrm{C}}\end{bmatrix}=\boldsymbol{K}\,[\boldsymbol{R}\quad\boldsymbol{T}]\begin{bmatrix}X_{\mathrm{W}}\\ Y_{\mathrm{W}}\\ Z_{\mathrm{W}}\\ 1\end{bmatrix} \tag{7-13}$$

式中，$f_x=\dfrac{f}{\mathrm{d}x}$，$f_y=\dfrac{f}{\mathrm{d}y}$，简单的将其称为焦距，但是能发现 X 轴方向的焦距和 Y 轴方向的焦距不同，这是因为由低价的成像传感器得到的单个像素是矩形而非正方形的。而在相机标定的过程中可直接获得 f_x 和 f_y 的值，而不需要拆开摄像机测量单个像素的物理尺寸 $\mathrm{d}x$ 和 $\mathrm{d}y$；$\boldsymbol{K}=\begin{bmatrix}f_x & 0 & u_0\\ 0 & f_y & v_0\\ 0 & 0 & 1\end{bmatrix}$，称为摄像机的内参数矩阵，更一般地，$\boldsymbol{K}=\begin{bmatrix}f_x & s & u_0\\ 0 & f_y & v_0\\ 0 & 0 & 1\end{bmatrix}$，$s$ 为扭矩参数，$s\neq0$ 表明像素元素产生扭曲，使得 X 轴和 Y 轴不垂直，显然这种情况不太可能发生，因此，在标定的时候默认 $s=0$。

三、畸变模型

对于理想的针孔模型，只有很少的光线通过针孔，这就会使得因曝光不足而导致图像的拍摄时间长；而对于需要快速成像的摄像机来说，为了让足够的光线聚焦到投影点上，就需要利用透镜。但是透镜的引入无可避免地会导致成像图片的畸变。因此，在针孔模型的基础上添加了畸变模型，使经过畸变矫正的图片更真实。透镜的畸变主要有两种：径向畸变(见图 7-6)和切向畸变(见图 7-8)。

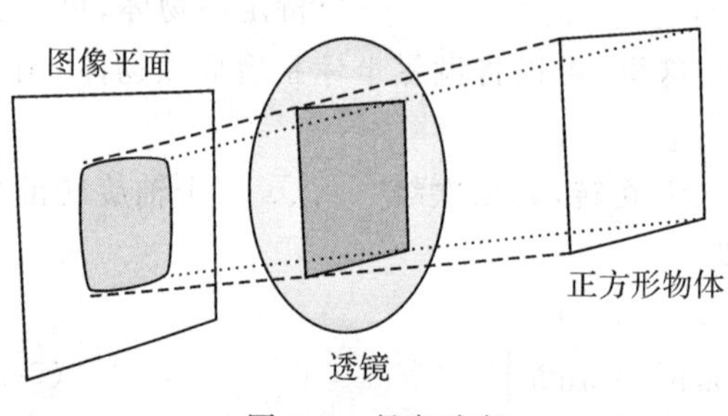

图 7-6　径向畸变

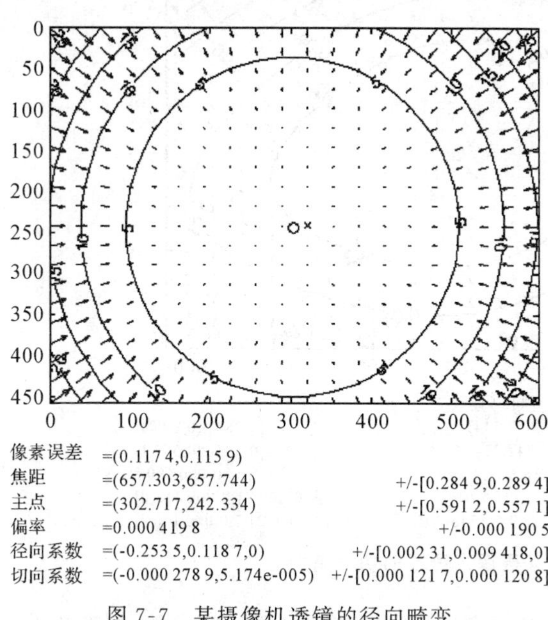

图 7-7　某摄像机透镜的径向畸变

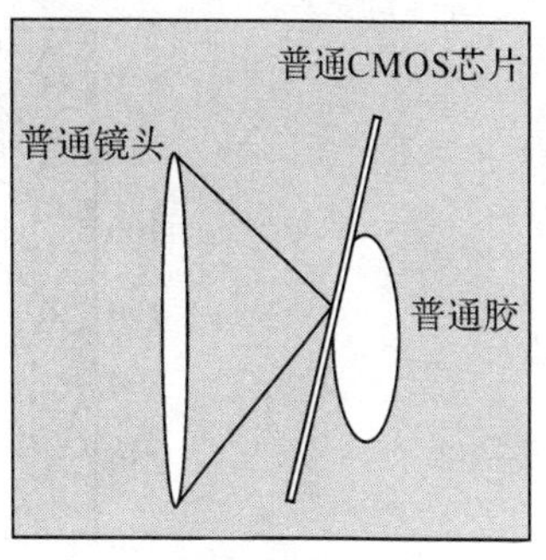

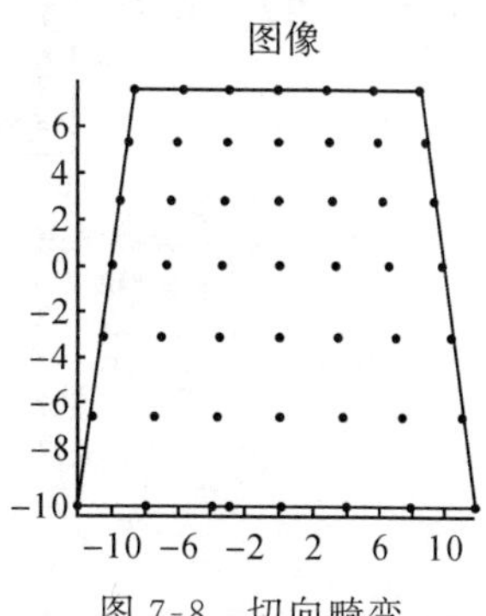

图 7-8　切向畸变

对于径向畸变而言，它来自于透镜的形状，它是关于摄像头主光轴对称的。物体通过透镜成像，光线离透镜的中心越远，图像弯曲越严重。图 7-7 显示了某个摄像机透镜的径向畸变，箭头表示径向畸变图像上外部矩形网格的偏移。定义成像的中心畸变为 0。像素点 (u,v) 到图像中心（图像原点）的距离 r 可以表示为

$$r=\sqrt{u^2+v^2} \tag{7-14}$$

将这种畸变用 $r=0$ 位置附近的泰勒级数展开，并用前几项对其进行描述，其通用的表达形式为

$$f(r)=a_0+a_1r+a_2r^2+\cdots \tag{7-15}$$

由于 $r=0$ 时，畸变 $f(r)=0$，所以 $a_0=0$；又由于该畸变函数是关于 r 径向对称的，所以含 r 的畸次幂的项都为零，故径向畸变可描述为

$$\left.\begin{aligned}\Delta x_{\text{radial}}&=u(k_1r^2+k_2r^4+k_3r^6)\\ \Delta y_{\text{radial}}&=v(k_1r^2+k_2r^4+k_3r^6)\end{aligned}\right\} \tag{7-16}$$

式中，Δx_{radial}、Δy_{radial} 是径向畸变的偏移量；k_1、k_2、k_3 为径向畸变的参数。

对于切向畸变，它来自于摄像机的组装过程。切向畸变是传感器安装到相机上时透镜和图像平面没有平行导致的。图 7-9 为某摄像机透镜的切向畸变图，箭头显示切向畸变图像上外部矩形网格的偏移。切向畸变偏移量可以表示为

$$\left.\begin{aligned}\Delta x_{\text{tangential}}&=2p_1uv+p_2(r^2+2x^2)\\ \Delta y_{\text{tangential}}&=p_1(r^2+2y^2)+2p_2uv\end{aligned}\right\} \tag{7-17}$$

式中，$\Delta x_{\text{tangential}}$、$\Delta y_{\text{tangential}}$ 为切向畸变的偏移量；p_1、p_2 为切向畸变的参数。

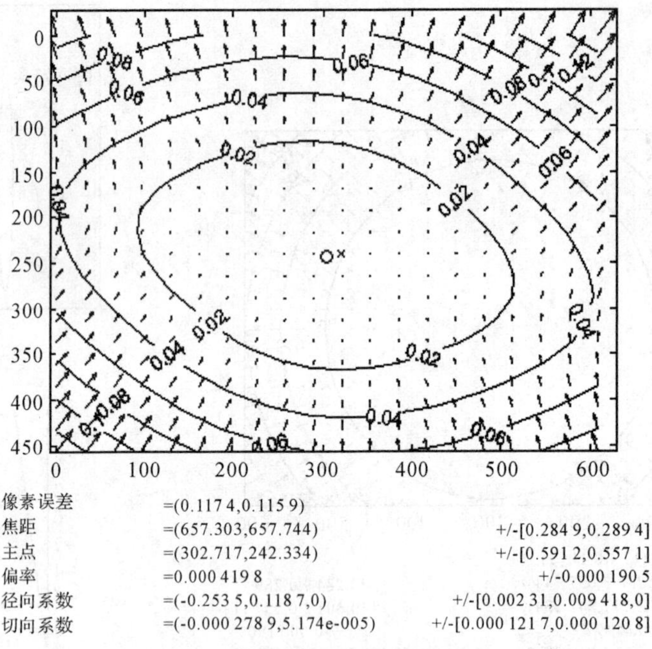

图 7-9　某摄像机透镜的切向畸变

同时，由上述模型的介绍，可以得出摄像机标定过程需要获得的摄像机参数，如表 7-1 所示。

表 7-1　待标定参数列表

参数类型	参数名称	参数表示
外部参数	旋转矩阵	$\boldsymbol{R}=\begin{bmatrix} r_1 & r_2 & r_3 \\ r_4 & r_5 & r_6 \\ r_7 & r_8 & r_9 \end{bmatrix}$
	平移矩阵	$\boldsymbol{T}=\begin{bmatrix} t_1 \\ t_2 \\ t_3 \end{bmatrix}$
内部参数	焦距	$\boldsymbol{f}=[f_x \quad f_y]$
	主点	$\boldsymbol{c}=[u_0 \quad v_0]$
畸变参数	径向畸变	k_1, k_2
	切向畸变	p_1, p_2

四、相机标定原理

摄像机的标定方法有传统标定、自标定和主动标定三类。传统标定又可称为强标定，它需要标定板，计算较复杂，但精度高；自标定又称为弱标定，无须标定板，但需要建立图像间的对应关系，精度不高，鲁棒性也不够强；主动标定的方法则需要已知摄像机的运动。

传统的标定算法又可细分为线性标定法、非线性标定法以及两步标定法。其中线性标定法指直接线性变换（direct linear trans formation，DLT）法。该法是 Abdel-Aziz 和 Karsra 提出的，这个方法通过求解线性方程组获得摄像机的参数，但是它没有考虑摄像机的畸变，对噪声也十分敏感。非线性的方法较线性方法更精确，但是该方法需要良好的初始估计，这样才能保证迭代过程的稳定性。而两步标定法中平面模板标定法利用二维平面标定板，任意变换角度拍摄图像，第一步在不考虑畸变的情况下获得内参初始值，第二步是在已求得的这些参数为初始值的情况下进行非线性计算，反复迭代计算直至参数收敛。

传统的相机标定过程中，需要相机拍摄一系列的特定图案的图像，这些特定图案的平板称为标定模板(calibration target)。通过相机拍摄带有固定间距图案阵列平板，经过标定算法的计算，可以得出相机的几何模型，从而得到高精度的测量和重建结果。图7-10显示了常用的两种标定板，其中一种是棋盘标定板，由黑白间隔的等尺寸的正方形构成；另一种是等间距实心圆阵列所组成的标定板。

(a) 常用的棋盘标定板

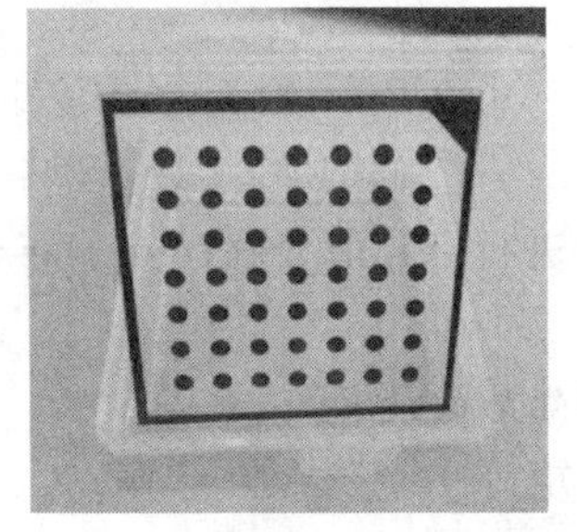

(b) 等间距实心圆阵列图案标定板

图7-10　标定板

1. 摄像头参数初始值的获取

若已知标定板上棋盘的特征点在空间中的坐标为$\widetilde{Q}=[X\quad Y\quad Z]^{\mathrm{T}}$，由摄像头成像后，对应的点在像素坐标系中的坐标为$\widetilde{\boldsymbol{q}}=[u\quad v]^{\mathrm{T}}$，将$\widetilde{Q}$和$\widetilde{\boldsymbol{q}}$用齐次形式可表示为$\boldsymbol{Q}=[X\quad Y\quad Z\quad 1]^{\mathrm{T}}$和$\boldsymbol{q}=[u\quad v\quad 1]^{\mathrm{T}}$，则由式(7-13)可知两者间的关系为

$$s\boldsymbol{q}=\boldsymbol{K}[\boldsymbol{R}\quad \boldsymbol{T}]\boldsymbol{Q} \tag{7-18}$$

式中，s为尺度因子；$\boldsymbol{K}$为内参矩阵；$\boldsymbol{R}$和$\boldsymbol{T}$则分别代表世界坐标系相对于摄像机坐标系的旋转和平移，称为外参矩阵。

假设人为地选择标定板在世界坐标系中的Z轴坐标为0，即将世界坐标系建在标定板上，同时，将旋转矩阵$\boldsymbol{R}$表示为$\boldsymbol{R}=[\boldsymbol{r}_1\quad \boldsymbol{r}_2\quad \boldsymbol{r}_3]$的形式，其中$\boldsymbol{r}_1$、$\boldsymbol{r}_2$、$\boldsymbol{r}_3$分别为矩阵$\boldsymbol{R}$的列向量，则式(7-18)可表示为

$$s\begin{bmatrix}u\\v\\1\end{bmatrix}=\boldsymbol{K}\,[\boldsymbol{r}_1\quad \boldsymbol{r}_2\quad \boldsymbol{r}_3\quad \boldsymbol{T}]\begin{bmatrix}X\\Y\\0\\1\end{bmatrix}=\boldsymbol{K}\,[\boldsymbol{r}_1\quad \boldsymbol{r}_2\quad \boldsymbol{t}]\begin{bmatrix}X\\Y\\1\end{bmatrix} \tag{7-19}$$

由于$Z=0$，因此$\widetilde{Q}$和$\boldsymbol{Q}$的坐标变为$\widetilde{Q}=[X\quad Y]^{\mathrm{T}}$，$\boldsymbol{Q}=[X\quad Y\quad 1]^{\mathrm{T}}$，则点$\boldsymbol{Q}$和它图像上的对应点$\boldsymbol{q}$的关系可以用这样一个单应性矩阵$\boldsymbol{H}$表示

$$s\boldsymbol{q}=\boldsymbol{H}\boldsymbol{Q} \tag{7-20}$$

其中，

$$\boldsymbol{H}=\mu\boldsymbol{K}\,[\boldsymbol{r}_1\quad \boldsymbol{r}_2\quad \boldsymbol{t}] \tag{7-21}$$

换句话说$\boldsymbol{H}$是一个仅相差一个尺度因子的3×3的单应性矩阵。

将单应性矩阵 $\boldsymbol{H}$ 表示为行向量的形式 $\boldsymbol{H}=[\bar{\boldsymbol{h}}_1^{\mathrm{T}}\ \ \bar{\boldsymbol{h}}_2^{\mathrm{T}}\ \ \bar{\boldsymbol{h}}_3^{\mathrm{T}}]^{\mathrm{T}}$，由式(7-20)可以知道，$\boldsymbol{q}$ 和 $\boldsymbol{HQ}$ 的方向相同，大小相差一个尺度因子，因此可知两者的叉乘为 0，即

$$\boldsymbol{q}\times\boldsymbol{HQ}=\begin{bmatrix}u\\v\\1\end{bmatrix}\times\begin{bmatrix}\bar{\boldsymbol{h}}_1^{\mathrm{T}}\boldsymbol{Q}\\\bar{\boldsymbol{h}}_2^{\mathrm{T}}\boldsymbol{Q}\\\bar{\boldsymbol{h}}_3^{\mathrm{T}}\boldsymbol{Q}\end{bmatrix}=\begin{bmatrix}0&-\boldsymbol{Q}^{\mathrm{T}}&v\boldsymbol{Q}^{\mathrm{T}}\\\boldsymbol{Q}^{\mathrm{T}}&0&-u\boldsymbol{Q}^{\mathrm{T}}\\-v\boldsymbol{Q}^{\mathrm{T}}&u\boldsymbol{Q}^{\mathrm{T}}&0\end{bmatrix}\tag{7-22}$$

观察式(7-22)可知，该行列式的三行不独立，将第一行和第二行做相应的变换可得第三行，因此该式可变换为

$$\boldsymbol{q}\times\boldsymbol{HQ}=\begin{bmatrix}\boldsymbol{Q}^{\mathrm{T}}&0&-u\boldsymbol{Q}^{\mathrm{T}}\\0&\boldsymbol{Q}^{\mathrm{T}}&-v\boldsymbol{Q}^{\mathrm{T}}\end{bmatrix}\boldsymbol{H}\tag{7-23}$$

式中，左侧为 2×9 的矩阵，用 $\boldsymbol{L}$ 表示该矩阵，则若给定 n 组对应点，左侧就变为 $2n\times9$ 的矩阵

$$\boldsymbol{LH}=0\tag{7-24}$$

对矩阵 $\boldsymbol{L}$ 进行奇异值分解(singular value decomposition，SVD)，从而获得单应性矩阵 $\boldsymbol{H}$ 的初始值。

2. 单应性矩阵的计算

将单应性矩阵 $\boldsymbol{H}$ 写成 $\boldsymbol{H}=[\boldsymbol{h}_1\ \ \boldsymbol{h}_2\ \ \boldsymbol{h}_3]$，其中，$\boldsymbol{h}_1$、$\boldsymbol{h}_2$、$\boldsymbol{h}_3$ 分别为矩阵 $\boldsymbol{H}$ 的列向量，则式(7-21)可写成

$$[\boldsymbol{h}_1\ \ \boldsymbol{h}_2\ \ \boldsymbol{h}_3]=\mu\boldsymbol{K}[\boldsymbol{r}_1\ \ \boldsymbol{r}_2\ \ \boldsymbol{t}]\tag{7-25}$$

即

$$\left.\begin{aligned}\boldsymbol{h}_1&=\mu\boldsymbol{K}\boldsymbol{r}_1\\\boldsymbol{h}_2&=\mu\boldsymbol{K}\boldsymbol{r}_2\\\boldsymbol{t}&=\mu\boldsymbol{K}\boldsymbol{r}_3\end{aligned}\right\}\tag{7-26}$$

式中，μ 为尺度因子。

已知旋转矩阵的三个列向量两两正交，且为单位向量，则可以得到下面的约束条件

$$\left.\begin{aligned}\boldsymbol{r}_1^{\mathrm{T}}\boldsymbol{r}_2&=0\\\boldsymbol{r}_1^{\mathrm{T}}\boldsymbol{r}_1&=\boldsymbol{r}_2^{\mathrm{T}}\boldsymbol{r}_2\end{aligned}\right\}\tag{7-27}$$

将式(7-26)代入式(7-27)可得两个求取内参的约束关系

$$\left.\begin{aligned}\boldsymbol{h}_1^{\mathrm{T}}\boldsymbol{K}^{-\mathrm{T}}\boldsymbol{K}^{-1}\boldsymbol{h}_2&=0\\\boldsymbol{h}_1^{\mathrm{T}}\boldsymbol{K}^{-\mathrm{T}}\boldsymbol{K}^{-1}\boldsymbol{h}_1&=\boldsymbol{h}_2^{\mathrm{T}}\boldsymbol{K}^{-\mathrm{T}}\boldsymbol{K}^{-1}\boldsymbol{h}_2\end{aligned}\right\}\tag{7-28}$$

点 $\boldsymbol{Q}$ 投影所得的图像坐标 $\boldsymbol{q}'$ 的坐标为

$$\boldsymbol{q}'=\frac{1}{\bar{\boldsymbol{h}}_1\boldsymbol{Q}}\begin{bmatrix}\bar{\boldsymbol{h}}_1&\boldsymbol{Q}\\\bar{\boldsymbol{h}}_2&\boldsymbol{Q}\end{bmatrix}\tag{7-29}$$

重投影误差为

$$\sum\nolimits_i\|(\boldsymbol{q}-\boldsymbol{q}')^{\mathrm{T}}\boldsymbol{\Lambda}_q^{-1}(\boldsymbol{q}-\boldsymbol{q}')\|\tag{7-30}$$

式中，$\boldsymbol{\Lambda}_q=\sigma^2\boldsymbol{I}$ 为协方差矩阵，$\boldsymbol{I}$ 为单位阵，根据图片中的实际像素坐标 $\boldsymbol{q}$ 和利用所求的参数计算所得的像素坐标 $\boldsymbol{q}'$ 之间的误差，即重投影误差，利用 Levenberg-Marquardt 法，对其最小化，可求得单应性矩阵 $\boldsymbol{H}$。

3. 摄像机内参的求解

在获得了单应性矩阵 $\boldsymbol{H}$ 的值后，便可以通过该矩阵求得摄像机的内参数矩阵。

令矩阵 $\boldsymbol{B}=\boldsymbol{K}^{-\mathrm{T}}\boldsymbol{K}^{-1}$，将内参矩阵 $\boldsymbol{K}$ 的表达式代入，可得

$$\boldsymbol{B}=\begin{bmatrix} B_{11} & B_{12} & B_{13} \\ B_{21} & B_{22} & B_{23} \\ B_{31} & B_{32} & B_{33} \end{bmatrix}=\begin{bmatrix} \frac{1}{f_x^2} & 0 & -\frac{u_0}{f_x^2} \\ 0 & \frac{1}{f_y^2} & -\frac{v_0}{f_y^2} \\ -\frac{u_0}{f_x^2} & -\frac{v_0}{f_y^2} & \frac{u_0^2}{f_x^2}+\frac{v_0^2}{f_y^2}+1 \end{bmatrix} \tag{7-31}$$

由矩阵 $\boldsymbol{B}$ 的表达式可以看出，$\boldsymbol{B}$ 其实是一个对称矩阵，因此，定义一个六维的向量 $\boldsymbol{b}$ 包含上述元素

$$\boldsymbol{b}=[B_{11} \quad B_{12} \quad B_{22} \quad B_{13} \quad B_{23} \quad B_{33}] \tag{7-32}$$

则式(7-28)可以用 $\boldsymbol{h}_i^{\mathrm{T}}\boldsymbol{B}\boldsymbol{h}_j$ 表示，且有

$$\boldsymbol{h}_i^{\mathrm{T}}\boldsymbol{B}\boldsymbol{h}_j=\boldsymbol{v}_{ij}^{\mathrm{T}}\boldsymbol{b} \tag{7-33}$$

式中，$\boldsymbol{v}_{ij}=[h_{i1}h_{j1} \quad h_{i1}h_{j2}+h_{i2}h_{j1} \quad h_{i2}h_{j2} \quad h_{i3}h_{j1}+h_{i1}h_{j3} \quad h_{i3}h_{j2}+h_{i3}h_{j2} \quad h_{i3}h_{j3}]^{\mathrm{T}}$。这样，式(7-28)的两个约束可表示为

$$\begin{bmatrix} \boldsymbol{v}_{ij}^{\mathrm{T}} \\ (\boldsymbol{v}_{11}+\boldsymbol{v}_{22})^{\mathrm{T}} \end{bmatrix}\boldsymbol{b}=0 \tag{7-34}$$

式(7-34)表示，每一幅图片对应一个这样的等式，那么当存在 n 幅图片时，就会得到 n 组上述方程，将其组合起来写成矩阵形式则可以得到一个 $2n\times 6$ 的矩阵，用 $\boldsymbol{V}$ 表示该矩阵

$$\boldsymbol{V}\boldsymbol{b}=0 \tag{7-35}$$

同样地，对 $\boldsymbol{V}$ 进行奇异值分解，其最小特征值对应的特征向量即为向量 $\boldsymbol{b}$。根据矩阵定义的形式，就可以推算出摄像机的内参

$$\left.\begin{aligned} v_0&=\frac{B_{12}B_{13}-B_{11}B_{23}}{B_{11}B_{22}-B_{12}^2} \\ \mu&=\frac{B_{33}-[B_{13}^2+v_0(B_{12}B_{13}-B_{11}B_{23})]}{B_{11}^2} \\ k_x&=\sqrt{\frac{\mu}{B_{11}}} \\ k_y&=\sqrt{\frac{\mu B_{11}}{B_{11}B_{22}-B_{12}^2}} \\ u_0&=-\frac{B_{13}k_x^2}{\mu} \end{aligned}\right\} \tag{7-36}$$

4. 摄像机外参数的求解

在内参数已知的前提下，根据式(7-21)的关系，可求出摄像机的外参数

$$\left.\begin{aligned} \boldsymbol{\mu}&=\frac{1}{\|\boldsymbol{K}^{-1}\boldsymbol{h}_1\|}=\frac{1}{\|\boldsymbol{K}^{-1}\boldsymbol{h}_2\|} \\ \boldsymbol{r}_1&=\boldsymbol{\mu}\boldsymbol{K}^{-1}\boldsymbol{h}_1 \\ \boldsymbol{r}_2&=\boldsymbol{\mu}\boldsymbol{K}^{-1}\boldsymbol{h}_2 \\ \boldsymbol{r}_3&=\boldsymbol{r}_1\times\boldsymbol{r}_2 \\ \boldsymbol{t}&=\boldsymbol{\mu}\boldsymbol{K}^{-1}\boldsymbol{h}_3 \end{aligned}\right\} \tag{7-37}$$

5. 摄像机畸变参数的求解

在上述求解中，没有考虑摄像头畸变的作用，在这一部分利用已经求出的摄像机内参和外参加入畸变模型。假设图像物理坐标(x,y)为空间中某点对应的实际坐标，$(\bar{x},\bar{y})$为理想的(不存在畸变的)坐标。那么根据式(7-16)和式(7-17)表示的径向畸变和切向畸变可知

$$\left.\begin{aligned} x-\bar{x}=x[k_1(x^2+y^2)+k_2(x^2+y^2)^2+k_3(x^2+y^2)^3+2p_1xy+ \\ p_2((x^2+y^2)^2+2x^2)] \\ y-\bar{y}=y[k_1(x^2+y^2)+k_2(x^2+y^2)^2+k_3(x^2+y^2)^3+2p_2xy+ \\ p_1((x^2+y^2)^2+2x^2)] \end{aligned}\right\} \tag{7-38}$$

假设像素坐标(u,v)为空间中某点对应的实际坐标，$(\bar{u},\bar{v})$为理想的(不存在畸变的)坐标，(u_0,v_0)为图像中心坐标。一般地，仅考虑到四阶的畸变，即$k_3=0$，将式(7-6)代入式(7-38)有

$$\left.\begin{aligned} u-\bar{u}=(\bar{u}-u_0)[k_1(x^2+y^2)+k_2(x^2+y^2)^2+2p_1xy+p_2((x^2+y^2)^2+2x^2)] \\ v-\bar{v}=(\bar{v}-v_0)[k_1(x^2+y^2)+k_2(x^2+y^2)^2+2p_2xy+p_1((x^2+y^2)^2+2x^2)] \end{aligned}\right\} \tag{7-39}$$

将式(7-39)写成矩阵形式

$$\begin{bmatrix} (\bar{u}-u_0)(x^2+y^2) & (\bar{u}-u_0)(x^2+y^2)^2 & 2(\bar{u}-u_0)xy & (\bar{u}-u_0)(r^4+2x^2) \\ (\bar{v}-v_0)(x^2+y^2) & (\bar{v}-v_0)(x^2+y^2)^2 & (\bar{v}-v_0)(r^4+2y^2) & 2(\bar{v}-v_0)xy \end{bmatrix}\begin{bmatrix} k_1 \\ k_2 \\ p_1 \\ p_2 \end{bmatrix}=$$

$$\begin{bmatrix} u-\bar{u} \\ v-\bar{v} \end{bmatrix} \tag{7-40}$$

将式(7-40)表示为$\boldsymbol{Dk}=\boldsymbol{\Delta}$，$\boldsymbol{k}=[k_1\ \ k_2]^{\mathrm{T}}$，则利用最小二乘法可求得畸变系数

$$\boldsymbol{k}=\boldsymbol{D}^{\mathrm{T}}\boldsymbol{D}^{-1}\boldsymbol{D}^{\mathrm{T}}\boldsymbol{\Delta} \tag{7-41}$$

获得畸变系数后，再次利用最小化重投影误差的方式，通过最小化式(7-42)优化摄像机的内参数和外参数，反复迭代直至收敛

$$F=\sum_{i=1}^{n}\sum_{j=1}^{m}\|\boldsymbol{q}_{ij}-\boldsymbol{q}'_{ij}(\boldsymbol{K},\boldsymbol{k}_1,\boldsymbol{k}_2,\boldsymbol{p}_1,\boldsymbol{p}_2,\boldsymbol{R},\boldsymbol{T})\| \tag{7-42}$$

§7.4 极线几何和基础矩阵

本节讲述由两幅图像以及其对应的特征点，计算拍摄这两幅图像所对应的相机矩阵，以及相对位置和姿态，为后续的三维点云重建提供初始的位姿。三维空间的一点$\boldsymbol{X}$在第一幅图像的影像是$\boldsymbol{x}=\boldsymbol{PX}$，在第二幅图像是$\boldsymbol{x}'=\boldsymbol{P}'\boldsymbol{X}$，像点$\boldsymbol{x}$与$\boldsymbol{x}'$对应，因为它们是同一个三维空间点的像，通过它们的关系得到：①给定第一幅图像的像点$\boldsymbol{x}$，它怎么约束第二幅图像对应点$\boldsymbol{x}'$的位置；②给定一些对应点集$\{x_i\leftrightarrow x'_i, i=1,2,\cdots,n\}$，对应这两幅图像的相机矩阵$\boldsymbol{P}$和$\boldsymbol{P}'$是什么。

极线几何是两幅图像之间内在的摄影几何，它独立于景物结构，只依赖于摄像机的内参数和相对姿态。基本矩阵$\boldsymbol{F}$集中了这个内在几何的精华，它是一个秩为2的3×3矩阵，如果一个三维空间点$\boldsymbol{X}$在第一、第二视图中的像分别为$\boldsymbol{x}$、$\boldsymbol{x}'$，则这两个图像点满足关系$\boldsymbol{x}'^{\mathrm{T}}\boldsymbol{Fx}=0$。

一、极线几何

本质上，两幅视图之间的极线几何是图像平面与基线（基线是连接两摄像机中心的直线）为轴的平面束的交的几何。如图 7-11 所示，在相机 1 图像中的点 $\boldsymbol{x}$ 所对应的三维空间点 $\boldsymbol{X}$，其像点在相机 2 图像上位于 $\boldsymbol{x}$ 所定义的极线上，该极线是相机 2 图像平面和由 C_1、C_2 和 $\boldsymbol{X}$ 所构成的平面相交所构成。极线不一定位于图线内部，也有可能在可见区域的外部。

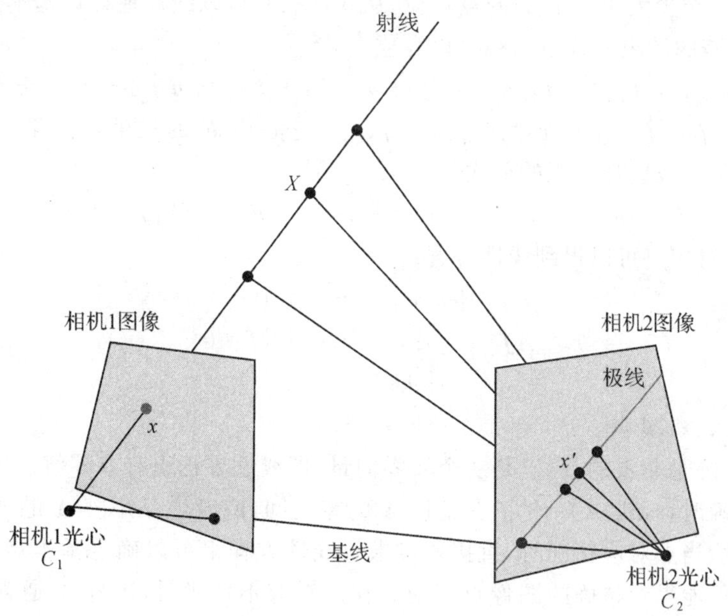

图 7-11　极线几何及其相关定义

二、基本矩阵 F

基本矩阵是极线几何的代数表示，下面从一个点与它的极线之间的映射关系推导基本矩阵，然后详细说明这个矩阵的性质。设两幅图像所对应的内参矩阵分别为$\boldsymbol{K}_1$、$\boldsymbol{K}_2$，那么投影的方程为

$$\lambda_1 \boldsymbol{x} = \boldsymbol{K}_1 [\boldsymbol{I}, 0] \boldsymbol{X} \tag{7-43}$$

$$\lambda_2 \boldsymbol{x}' = \boldsymbol{K}_2 [\boldsymbol{R}, \boldsymbol{t}] \boldsymbol{X} \tag{7-44}$$

这里假设相机 1 位于世界坐标系的原点，并且与方向与世界坐标系一致，相机 2 图像的旋转矩阵为 $\boldsymbol{R}$，平移为 t。通过推导可以得出

$$\boldsymbol{x}'^{\mathrm{T}} \boldsymbol{K}_2^{-\mathrm{T}} \boldsymbol{E} \boldsymbol{K}_1^{-1} \boldsymbol{x} = 0 \tag{7-45}$$

或

$$\boldsymbol{x}'^{\mathrm{T}} \boldsymbol{F} \boldsymbol{x} = 0 \tag{7-46}$$

式中，$\boldsymbol{F} = \boldsymbol{K}_2^{-\mathrm{T}} \boldsymbol{E} \boldsymbol{K}_1^{-1}$称为基本矩阵，其维度是 3×3，秩是 2，自由度是 7。

如果得到了两幅图像的基本矩阵 $\boldsymbol{F}$，和相对应的相机内参$\boldsymbol{K}_1$、$\boldsymbol{K}_2$，那么本征矩阵 $\boldsymbol{E}$ 可以通过下式获得

$$\boldsymbol{E} = \boldsymbol{K}_2^{\mathrm{T}} \boldsymbol{F} \boldsymbol{K}_1 \tag{7-47}$$

通过相机标定获得相机内参$\boldsymbol{K}_1$、$\boldsymbol{K}_2$，就能使用式(7-47)得到本征矩阵，然后通过对本征矩阵的分解，就可以得到相机的旋转、平移矩阵。使用分解得到的旋转、平移就可重建出两幅图像对应像点的三维坐标。

下面说明如何从一些对应点对求出基本矩阵。给定点对应 $\boldsymbol{x}=[u \quad v \quad 1]$，$\boldsymbol{x}'=[u' \quad v' \quad 1]^{\mathrm{T}}$，基本矩阵 $\boldsymbol{F}$ 满足下述方程

$$\boldsymbol{x}'^{\mathrm{T}}\boldsymbol{F}\boldsymbol{x}=0 \tag{7-48}$$

给定充分多(至少大于等于 8)的点对应，从式(7-48)可以线性地计算基本矩阵 $\boldsymbol{F}$。令$\boldsymbol{F}=[f_{ij}]$，则基本矩阵的约束方程(7-48)可以写成

$$u'uf_{11}+u'vf_{12}+u'f_{13}+v'uf_{21}+v'vf_{22}+v'f_{23}+uf_{31}+vf_{32}+f_{33}=0 \tag{7-49}$$

记 $\boldsymbol{f}=[f_{11} \quad f_{12} \quad f_{13} \quad f_{21} \quad f_{22} \quad f_{23} \quad f_{31} \quad f_{32} \quad f_{33}]^{\mathrm{T}}$，它是由 $\boldsymbol{F}$ 的三个行向量构成的九维列向量，则上述方程可写成向量内积的形式

$$[uu' \quad u'v \quad u' \quad v'u \quad v'v \quad v' \quad u \quad v \quad 1]\boldsymbol{f}=0 \tag{7-50}$$

这样，给定 N 个对应点可以得到线性方程组

$$\boldsymbol{A}\boldsymbol{f}=\begin{bmatrix} u'_1u_1 & \cdots & 1 \\ \vdots & \ddots & \vdots \\ u'_Nu_N & \cdots & 1 \end{bmatrix}\boldsymbol{f}=0 \tag{7-51}$$

式中，$\boldsymbol{A}$ 是一个 $N\times 9$ 矩阵。

由于基本矩阵是非零的，所以是一个非零向量，即线性方程组有非零解。因此在一般情况下，当点对应精确时，$\mathrm{rank}(\boldsymbol{A})=8$，$\boldsymbol{f}$ 是矩阵 $\boldsymbol{A}$ 的零空间，或者说是矩阵 $\boldsymbol{A}$ 的零特征值对应的特征向量。因此，当点对应精确时，直接通过求解线性方程组可以确定基本矩阵 $\boldsymbol{F}$。然而，在实际情况中，不可能得到精确的图像点对应。在点对应不精确时，矩阵 $\boldsymbol{A}$ 通常是一个秩 9 的矩阵(这里点对应数大于 8，因为当点对应数等于 8 时，$\boldsymbol{A}$ 是一个 8×9 矩阵。不论点对应是否有误差，$\boldsymbol{A}$ 的秩总等于 8)，这样方程组只有零解。在实际情况中，不能直接通过求解线性方程组来确定基本矩阵，而是求在约束条件 $\|\boldsymbol{f}\|=1$ 下方程组(7-49)的最小二乘解，即求解下述问题

$$\left.\begin{aligned} &\min\|\boldsymbol{A}\boldsymbol{f}\| \\ &\text{subject to } \|\boldsymbol{f}\|=1 \end{aligned}\right\} \tag{7-52}$$

式(7-49)的解是 $\boldsymbol{A}$ 的最小奇异值的右奇异向量。令 $\boldsymbol{A}$ 的奇异值分解为$\boldsymbol{A}=\boldsymbol{U}\boldsymbol{D}\boldsymbol{V}^{\mathrm{T}}$，则式(7-52)的解是 $\boldsymbol{V}$ 的最后一个列向量，即$\boldsymbol{f}=\boldsymbol{v}_9$，于是由$\boldsymbol{f}=\boldsymbol{v}_9$可构造矩阵 $\boldsymbol{F}$。

三、本征矩阵 E

由前可知，本征矩阵的分解能够获得相机间的位姿关系，因此在三维重建中扮演了非常重要的作用。此处为了简化推导，假设第一个相机位于世界坐标系的原点，并且方向与世界坐标系一致，第二幅图像的旋转矩阵为 $\boldsymbol{R}$，平移为 $\boldsymbol{t}$。更进一步假设两个相机都做了正规化，即$\boldsymbol{K}_1=\boldsymbol{K}_2=\boldsymbol{I}$，那么可以得到

$$\lambda_1\boldsymbol{x}=[\boldsymbol{I},0]\boldsymbol{X} \tag{7-53}$$

$$\lambda_2\boldsymbol{x}'=[\boldsymbol{R},\boldsymbol{t}]\boldsymbol{X} \tag{7-54}$$

式中，$\boldsymbol{x}$ 是第一幅图像的像点，$\boldsymbol{x}'$是第二幅图像的像点，$\boldsymbol{X}$ 是三维坐标点。展开、化简可以得到

$$\lambda_1\boldsymbol{x}=\boldsymbol{X} \tag{7-55}$$

$$\lambda_2 \boldsymbol{x}' = \boldsymbol{R}\boldsymbol{X} + \boldsymbol{t} \tag{7-56}$$

将式(7-55)代入式(7-56)可得

$$\lambda_2 \boldsymbol{x}' = \lambda_1 \boldsymbol{R}\boldsymbol{x} + \boldsymbol{t} \tag{7-57}$$

上述约束关系表示了两幅图像的像点间的约束关系，并且此约束关系由参数 $\boldsymbol{R}$、$\boldsymbol{t}$ 来决定。接下来推导出包含极线约束的公式，首先将上式两边同叉乘位移 t，即

$$\lambda_2 \boldsymbol{t} \times \boldsymbol{x}' = \lambda_1 \boldsymbol{t} \times \boldsymbol{R}\boldsymbol{x} \tag{7-58}$$

对式(7-58)两边同点乘 $\boldsymbol{x}'$，可以得到

$$\boldsymbol{x}'^{\mathrm{T}} \boldsymbol{t} \times \boldsymbol{R}\boldsymbol{x} = 0 \tag{7-59}$$

同时尺度因子λ_1、λ_2可以通过除以这两项消除掉。可以注意到 $\boldsymbol{t}$ 的叉乘可以转换成与秩为 2 的反对称矩阵的相乘，即

$$\boldsymbol{t}_{\times} = \begin{bmatrix} 0 & -t_z & -t_y \\ t_z & 0 & -t_x \\ -t_y & t_x & 0 \end{bmatrix} \tag{7-60}$$

因此式(7-59)可以写成

$$\boldsymbol{x}'^{\mathrm{T}} \boldsymbol{E}\boldsymbol{x} = 0 \tag{7-61}$$

式中，$\boldsymbol{E} = \boldsymbol{t}_{\times}\boldsymbol{R}$ 是本征矩阵，式(7-61)简洁地表述了对应像点 $\boldsymbol{x}$ 和$\boldsymbol{x}'$之间的约束关系。本征矩阵的维度是 3×3，并且秩为 2，因此有 $\det[\boldsymbol{E}]=0$。第一、二特征值为单位 1，最后一个为 0。本征矩阵由相机间的旋转、平移决定，每个都由三个参数决定，另外由于坐标使用齐次坐标方式，尺度做相同的变化并不影响其特性，因此本征矩阵的自由度是 5。接下来考查本征矩阵和极线之间的关系，$\boldsymbol{l}_1 = \boldsymbol{x}'^{\mathrm{T}}\boldsymbol{E}$ 是一个 1×3 向量，并且$\boldsymbol{l}_1 \boldsymbol{x} = 0$，$\boldsymbol{l}_1 = \boldsymbol{x}'^{\mathrm{T}}\boldsymbol{E}$ 是图像 1 的极线，同理可得$\boldsymbol{l}_2 = \boldsymbol{x}^{\mathrm{T}}\boldsymbol{E}^{\mathrm{T}}$。

通过对本征矩阵的分解能够获得旋转和平移，因此可以通过矩阵分解的方式获得旋转和平移。为了分解本征矩阵 $\boldsymbol{E}$，定义一个矩阵 $\boldsymbol{W}$ 为

$$\boldsymbol{W} = \begin{bmatrix} 0 & -1 & 0 \\ 1 & 0 & 0 \\ 0 & 0 & 1 \end{bmatrix} \tag{7-62}$$

对本征矩阵做奇异值分解(**SVD**)$\boldsymbol{E} = \boldsymbol{U}\boldsymbol{S}\boldsymbol{V}^{\mathrm{T}}$，可得

$$\boldsymbol{t}_{\times} = \boldsymbol{U}\boldsymbol{S}\boldsymbol{W}\boldsymbol{U}^{\mathrm{T}} \tag{7-63}$$

$$\boldsymbol{R} = \boldsymbol{U}\boldsymbol{W}^{-1}\boldsymbol{V}^{\mathrm{T}} \tag{7-64}$$

§7.5　结构与运动恢复

通过上述的基本矩阵 $\boldsymbol{F}$ 和本征矩阵 $\boldsymbol{E}$ 的求取，并对 $\boldsymbol{E}$ 进行分解可以得到相机的旋转 $\boldsymbol{R}$ 和平移 $\boldsymbol{t}$，因此可以得到相机矩阵 $\boldsymbol{P}$ 和 $\boldsymbol{P}'$，本节说明如何通过相机矩阵和像点恢复三维点的坐标，如何通过三维坐标点和与之对应的图像特征点对计算后续图像的相机矩阵，从而实现三维重建与相机位姿估计。

首先考虑如何通过已知相机矩阵 $\boldsymbol{P}$ 和 $\boldsymbol{P}'$，图像的特征点对，重建特征点所对应的目标的三维坐标。一般情况下由测量图像点对反向投影射线构成的简单三角形法不适用，因为像点位置误差的存在，导致这两条射线往往不相交，因此有必要为三维空间点估计求出一个最佳

解。一个最佳解需要定义并最小化一个适当的代价函数，这个问题在仿射和射影重构中特别重要，因为它们不存在物体空间意义上的度量信息，希望寻找一种在空间射影变换下不变的三角形法。因为被测量点 $\boldsymbol{x}$ 和 $\boldsymbol{x}'$ 有误差，所以从点反向投影的射线不共面，如图 7-12 所示，这意味着不存在一个点 $\boldsymbol{X}$ 准确地满足 $\boldsymbol{x}=\boldsymbol{PX}$，$\boldsymbol{x}'=\boldsymbol{P}'\boldsymbol{X}$。并且图像点不满足极线几何约束 $\boldsymbol{x}'^{\mathrm{T}}\boldsymbol{F}\boldsymbol{x}=0$，这两种说法是等价的，因为对应于一对匹配点 $\boldsymbol{x}$ 和 $\boldsymbol{x}'$ 的射线在空间中相交的充分必要条件是这两点满足极线几何。

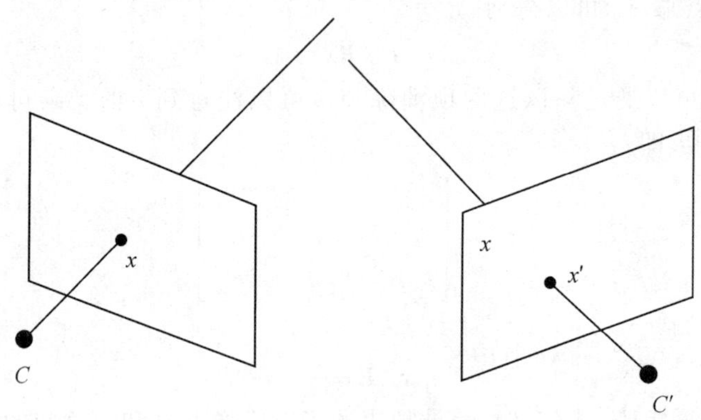

图 7-12 反向投影射线不共面

为解决上述问题，有一种方法是线性三角法，在每一幅图像上分别有测量 $\boldsymbol{x}=\boldsymbol{PX}$，$\boldsymbol{x}'=\boldsymbol{P}'\boldsymbol{X}$，且这些方程可以组合成 $\boldsymbol{AX}=0$ 的形式，它是关于 $\boldsymbol{X}$ 的线性方程。首先通过叉乘消去齐次纯量因子，使每一个图像点给出三个方程，其中两个是线性独立的。对第一幅图像有 $\boldsymbol{x}_{\times}(\boldsymbol{PX})=0$，并把它展开得到

$$\boldsymbol{x}(\boldsymbol{P}^{3\mathrm{T}}\boldsymbol{X})-(\boldsymbol{P}^{1\mathrm{T}}\boldsymbol{X})=0 \tag{7-65}$$

$$\boldsymbol{y}(\boldsymbol{P}^{3\mathrm{T}}\boldsymbol{X})-(\boldsymbol{P}^{2\mathrm{T}}\boldsymbol{X})=0 \tag{7-66}$$

$$\boldsymbol{x}(\boldsymbol{P}^{2\mathrm{T}}\boldsymbol{X})-\boldsymbol{y}(\boldsymbol{P}^{1\mathrm{T}}\boldsymbol{X})=0 \tag{7-67}$$

式中，$\boldsymbol{P}^{i\mathrm{T}}$ 是 $\boldsymbol{P}$ 的行，这些方程关于 $\boldsymbol{X}$ 的分量是线性的。可以组成如 $\boldsymbol{AX}=0$ 的方程，其中

$$\boldsymbol{A}=\begin{bmatrix} \boldsymbol{x}\boldsymbol{P}^{3\mathrm{T}} & -\boldsymbol{P}^{1\mathrm{T}} \\ \boldsymbol{y}\boldsymbol{P}^{3\mathrm{T}} & -\boldsymbol{P}^{2\mathrm{T}} \\ \boldsymbol{x}'\boldsymbol{P}'^{3\mathrm{T}} & -\boldsymbol{P}'^{1\mathrm{T}} \\ \boldsymbol{y}'\boldsymbol{P}'^{3\mathrm{T}} & -\boldsymbol{P}'^{2\mathrm{T}} \end{bmatrix} \tag{7-68}$$

这里从每一个像点提取两个方程，总共给出四个齐次未知量的四个方程，这是一个冗余方程组，因为解在相差一个尺度因子的意义下被确定，该方程可以使用最小二乘的方法求解得出三维点的坐标。其中，(x,y) 是第一幅图像的特征点的正规化后的坐标，(x',y') 是第二幅图像对应的特征点的正规化后的坐标，P 和 P' 是两幅图像所对应的相机坐标。

至此，通过两幅图像的特征点对，通过对本征矩阵的分解得到的相机矩阵能够重建出两幅中特征点的三维坐标，后续的图像序列也可以通过上述方法进行重建。然而，通过对本征矩阵分解得到的相机矩阵存在较大的误差，因此需要考虑鲁棒性更高的方法计算后续图像的相机矩阵。由相机成像模型可以得到 $\boldsymbol{x}=\boldsymbol{PX}$，因此可以通过已重建的初始三维点云和对应点对计算后续图像序列的相机矩阵，如图 7-13 所示。

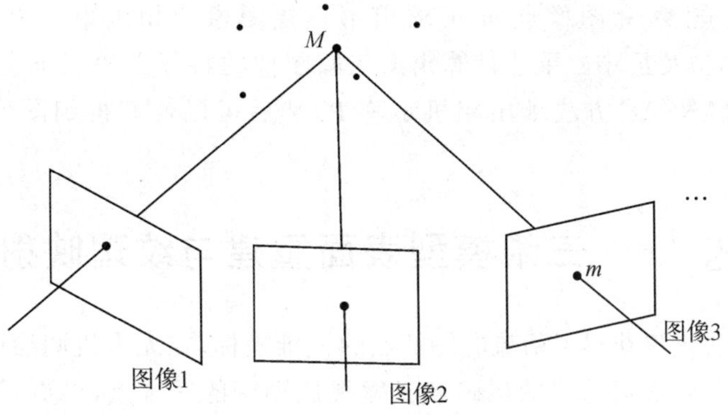

图 7-13　后续图像帧的重建

对于初始结构中已重建的某一个三维点 $\boldsymbol{M}=[X\quad Y\quad Z\quad T]^{\mathrm{T}}$，若在新增图像中有投影点 $\boldsymbol{m}=[x\quad y\quad w]^{\mathrm{T}}$ 与 $\boldsymbol{M}$ 对应，那么它们和相机矩阵 $\boldsymbol{P}$ 有如下等式成立

$$\boldsymbol{m}=\boldsymbol{P}\boldsymbol{M} \tag{7-69}$$

将 $[\boldsymbol{m}]_x$ 左乘式(7-69)两侧可以得到

$$[\boldsymbol{m}]_x\boldsymbol{P}\boldsymbol{M}=0 \tag{7-70}$$

式中，

$$\boldsymbol{P}\boldsymbol{M}=\begin{pmatrix}\boldsymbol{P}_1^{\mathrm{T}}\boldsymbol{M}\\ \boldsymbol{P}_2^{\mathrm{T}}\boldsymbol{M}\\ \boldsymbol{P}_3^{\mathrm{T}}\boldsymbol{M}\end{pmatrix} \tag{7-71}$$

式中，$\boldsymbol{P}_1$、$\boldsymbol{P}_2$、$\boldsymbol{P}_3$ 分别为 $\boldsymbol{P}$ 的三个行向量的转置。将 $\boldsymbol{m}$ 带入式(7-71)并展开可以得到

$$[\boldsymbol{m}]_x\boldsymbol{P}\boldsymbol{M}=\begin{bmatrix}y\boldsymbol{P}_3^{\mathrm{T}}\boldsymbol{M}-w\boldsymbol{P}_2^{\mathrm{T}}\boldsymbol{M}\\ w\boldsymbol{P}_1^{\mathrm{T}}\boldsymbol{M}-x\boldsymbol{P}_3^{\mathrm{T}}\boldsymbol{M}\\ x\boldsymbol{P}_2^{\mathrm{T}}\boldsymbol{M}-y\boldsymbol{P}_1^{\mathrm{T}}\boldsymbol{M}\end{bmatrix}=0 \tag{7-72}$$

即

$$\begin{bmatrix}0^{\mathrm{T}} & -w\boldsymbol{M}^{\mathrm{T}} & y\boldsymbol{M}^{\mathrm{T}}\\ w\boldsymbol{M}^{\mathrm{T}} & 0^{\mathrm{T}} & -x\boldsymbol{M}^{\mathrm{T}}\\ -y\boldsymbol{M}^{\mathrm{T}} & x\boldsymbol{M}^{\mathrm{T}} & 0^{\mathrm{T}}\end{bmatrix}\begin{bmatrix}\boldsymbol{P}_1\\ \boldsymbol{P}_2\\ \boldsymbol{P}_3\end{bmatrix}=0 \tag{7-73}$$

其中，0^{T} 为三维零向量。这样一对对应的三维点 $\boldsymbol{M}$ 和图像点 $\boldsymbol{m}$，可以得到三个方程，但是其中任何一个方程都可以由另外两个线性表示，因此令式(7-73)左侧的矩阵为 $\boldsymbol{A}$，有下式成立

$$x\boldsymbol{A}_1+y\boldsymbol{A}_2+w\boldsymbol{A}_3=0 \tag{7-74}$$

式中，$\boldsymbol{A}_1$、$\boldsymbol{A}_2$、$\boldsymbol{A}_3$ 分别为 $\boldsymbol{A}$ 的三个行向量。因此有一对对应的三维点 $\boldsymbol{M}$ 和图像点 $\boldsymbol{m}$ 得到的是两个关于 $\boldsymbol{P}$ 的方程，通常取前两个

$$\begin{bmatrix}0^{\mathrm{T}} & -w\boldsymbol{M}^{\mathrm{T}} & y\boldsymbol{M}^{\mathrm{T}}\\ w\boldsymbol{M}^{\mathrm{T}} & 0^{\mathrm{T}} & -x\boldsymbol{M}^{\mathrm{T}}\end{bmatrix}\begin{bmatrix}\boldsymbol{P}_1\\ \boldsymbol{P}_2\\ \boldsymbol{P}_3\end{bmatrix}=0 \tag{7-75}$$

由于 $\boldsymbol{P}$ 的自由度是 11，原则上只要 5.5 组对应点对就可以求得 $\boldsymbol{P}$。假设用 6 对对应点对，用奇异值分解的方法就可以计算得出 $\boldsymbol{P}$。但是由于存在噪声等误差，这样求得的 $\boldsymbol{P}$ 精度不高。因此常常通过鲁棒的方法求 $\boldsymbol{P}$，常用的鲁棒计算方法有随机一致性采样算法。

通过上述三维点 $\boldsymbol{M}$ 和图像点 $\boldsymbol{m}$ 可求出第三幅图像的相机矩阵 $\boldsymbol{P}$，这样就可以使用式(7-65)～式(7-68)及最小二乘法计算出第三幅图像的特征点的三维坐标。依此类推，后续的图像帧使用 RANSAC 方法求出相机矩阵 $\boldsymbol{P}$，然后可以计算得到图像中特征点的三维坐标。

§7.6 三维模型表面重建与纹理映射

使用前述的方法仅仅获得了稀疏的特征点的三维坐标，在无人机测绘中需要完整并丰富的三维地形。因此需要根据重建的稀疏点云宽展成稠密的三维点，以更好地展示三维地貌。本节说明如何从稀疏点云得到稠密的三维点云。

一、获取稠密的三维点云

由于最终要得到三维场景的表面网格，而通常基于特征点的匹配和提取只能得到非常稀疏的离散空间点，要使重建的地物足够光滑，就必须进行图像间的稠密匹配(dense matching)，获取稠密的三维点云。稠密匹配和特征点匹配有相似之处，即都是寻找两(多)幅图像之间的点对应关系，但两者也有区别：首先，稠密匹配所需计算量和内存空间远远大于特征点匹配，因此，解决时间和空间复杂度是这类算法的关键；其次，图像中大部分像素附近的亮度变化比较小，不具备特征点的性质，因此稠密匹配一般都要附加更严格的几何约束。

现有的稠密匹配策略按流程可以分为两类：一类是在校正(rectification)后的两幅图像之间进行，即首先利用多视点几何关系将两幅图像上的相应极线和扫描线对齐，再沿着对应极线(扫描线)逐点进行匹配；另一类方法不需要进行图像校正，直接依据几何约束和亮度相关性进行匹配，常用的算法有权龙提出的自适应匹配方法，该法计算出每对匹配点的匹配强度，并将其排序，匹配强度大，说明两点的相似度高，那么在它们周围一定存在潜在的匹配点，通过设置一定的窗口进行匹配扩散找到稠密的匹配点。完成稠密匹配后，通过投影矩阵或视差就能计算得到所有像素点对应的三维坐标。

根据上述流程，最终获得的是三维点云，它是基于图像重建的中间结果。由于点云是离散的，所以只能够大概表述重建物体的轮廓。为了进一步完善显示结果，接下来还需要完成三角网格重建、纹理映射等操作。

二、表面网格重建

网格重建作为曲面重建的重要前处理一直是研究的热点。近十几年来，国内外学者提出了许多网格重建的算法。根据重建过程中采用的具体方法可以将网格重建算法分为基于 Delaunay 重建法、区域扩张重建法、基于隐式曲面重建法和基于统计学重建法。

(1)基于 Delaunay 重建方法，具有很强的数学基础，一般能精确地重建物体表面，但计算量比较大，对带有噪声的物体和尖锐特征的物体，采用该方法重建并不能取得比较理想的结果。为了克服这个问题，可以通过采用三维 Delaunay 三角剖分得到数据点的凸包，然后逐步剥离冗余四面体，使所有数据点可见，最终重建出物体的网格模型。在采样点足够稠密的情况下，该方法能重建出与物体拓扑一致的网格模型，但当采样点不均匀以及存在噪声数据时，不能构造出与物体拓扑等价的网格模型，同时计算复杂，内存消耗比较多。另外一种解决方案是

α-shape 方法，该方法通过删除四面体凸包中包围球或者外半径大于 α 的四面体、三角面片和边重建测量数据的网格模型。

(2)基于隐式表面重建方法，可以有效处理噪声数据。该方法通过计算点的法矢，得到数据点局部处的切平面，用切平面线性逼近待重建网格的局部形状，从而建立距离场函数，通过提取等值曲面得到三角网格。该方法通常涉及复杂的法矢一致性调整，根据泊松等式 $\Delta f = \mathrm{div}(n)$ 建立隐式曲面，然后提取等值面，很多对隐式表面进行拟合的方法把数据分割到不同区域以进行局部拟合，然后使用合成函数进一步合并这些局部拟合结果。泊松重建是一个全局的方法，同时考虑了所有数据，而不借助于启发式的分割或合并。这样，类似于径向基函数(radial basis function，RBF)的方法，泊松重建创建了一个非常平滑的表面，它稳健地近似了含有噪声的数据。

(3)区域扩张法，一般都是从一个初始种子出发，不断向周边扩张直到所有数据点都被处理，其中初始种子可以是一个三角面片或者一条边。通过使用一个给定半径或者使用不同半径的球绕着活动边转动，直到找到另外一点，生成新的三角面片。三角面片生成可以根据边界边最小内切圆准则寻找一个新的顶点并构建新三角形，逐步覆盖整个数据集，该方法能高效地处理均匀数据点。

(4)基于统计学方法，将统计学习和机器学习的方法运用于网格重建。基于自我组织学习的网格重建算法，最先将统计学方法引入网格重建中。将反向传播用于网格重建，建立四层 BP 神经网格，以网格曲面或者 B 样条曲面作为样例训练该神经网络，不断调整神经网络的权值，将数据点与重建曲面转换为非线性问题，通过梯度方向搜索使数据点与重建曲面的方差最小，重建出来的曲面一般精度比较高。

三、纹理映射

映射纹理是三维重建流程的最后一步，也是增强模型视觉效果的必要和关键步骤。一般用于纹理映射的纹理图(texture map)为一幅图像，与此不同的是，本系统涉及的纹理映射是多视图纹理映射。

复杂的三维模型具有复杂的表面，需要多幅来自不同视点的图像作为纹理图才能为整个模型进行纹理映射，由此带来纹理边界和光亮度均衡问题，因此，模型的每个顶点都需要合理地分配纹理坐标。本书提出对针对图像中重建的复杂三维模型进行自动多视图纹理映射的新方法。在迭代框架中，基于马太效应法则，抽象出模型三角网格所属纹理对象的变换概率模型，对所有输入的多视图纹理图像进行自动重采样，对网格纹理分布进行优化，保证纹理效果最优的同时使纹理边界尽量减少。具体实现方法是：

(1)数据获取。利用前面章节的方法从多视图中获取点云数据，并通过表面重建将点云转换为三角网格。

(2)可见性判断。计算模型的每个表面三角形的参考视点，即求解表面三角形的纹理三角形所在的最佳视图。

(3)重新配置纹理分布。计算每个表面三角形的纹理坐标，并在迭代框架中利用相应的概率模型对纹理分布进行优化。

(4)融合纹理边界。对纹理分布优化后剩余的纹理边界进行加权融合处理。

(5)纹理空洞修补。某些表面三角形，由于成像角度或遮挡问题，在所有的输入图像中找不到对应纹理三角形，成为表面空洞，需要修补处理。

四、稠密点云重建的实例

下面给出一个稠密点云重建的实例，原始的输入图像如图 7-14 所示，重建后的点云如图 7-15 所示，最终结果如图 7-16 所示。该组照片由多旋翼无人机对地面拍摄得到，无人机的飞行高度约为 300 米，拍摄范围约为 1.5 km × 1.1 km，共拍摄了 68 幅照片，此处仅列出部分图片。

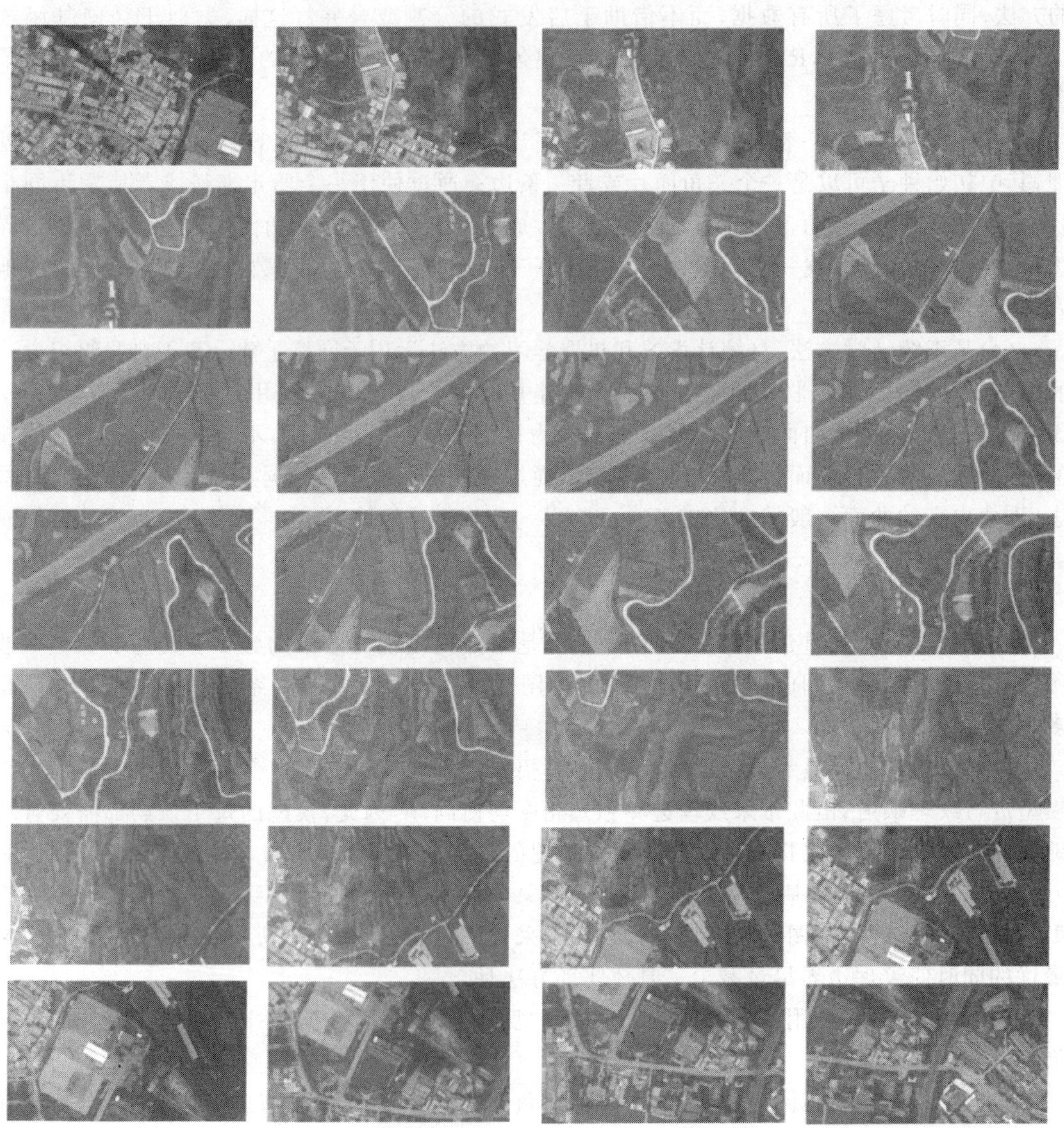

图 7-14　稠密重建的输入图像

首先对输入的图像进行特征点提取，然后进行每对图像的特征点匹配，从而计算得到相机的位置、姿态以及稀疏点云的三维坐标。使用上节介绍的自适应匹配方法，对图像的每个像素与相邻图像的像素做精确匹配，然后利用§7.5 介绍的三维点位置计算方法，计算得到稠密的三维点云，如图 7-15 所示（彩图见封二）。

图 7-15　稠密重建的点云

上述处理得到的点云数据由离散的点组成，直接进行显示的效果难以表达精细的地形特征。为了生成精确的三维地表模型，需要对稠密点云进行网格构建处理，然后进行地表纹理映射，从而生成逼真的三维地表模型（见图 7-16，彩图见封三）。对比图 7-15 与图 7-16，可以发现通过网格构建和纹理映射，能够得到与实际地形环境特征一致的精细三维地表模型。

图 7-16　稠密重建的最终结果

§7.7　基于计算机视觉的三维重建实例

本节介绍一个基于计算机视觉的三维重建实例，处理的流程如图 7-17 所示。

三维重建处理需要利用相机的内参和畸变系数，因此事先对相机进行标定。相机标定一般是通过拍摄一系列的标定板不同位置和姿态的图像，如图 7-18 所示，利用已知的黑白交叉点间相对位置关系来计算相机内参和畸变系数。本实例中所使用的标定板为棋盘标定板，由黑白间隔的等尺寸正方形构成。拍摄时对相机加以固定，手持标定板在相机前拍摄若干张照片，标定板在图像中需要有不同的姿态和位置，才能使标定的结果达到三维重建的精度要求。拍摄得到一系列图像之后，经过图像处理可以得到每张图像上所有黑白交叉的图像坐标，然后使用§7.3所讲的标定算法计算得到相机的内参和畸变系数。利用计算得到的畸变系数，可以将原始图像校正成标准针孔相机成像的图像，从而为后续的基本矩阵和本征矩阵的计算、稀疏点云计算提供支持。镜头畸变校正后的图像如图7-19所示。

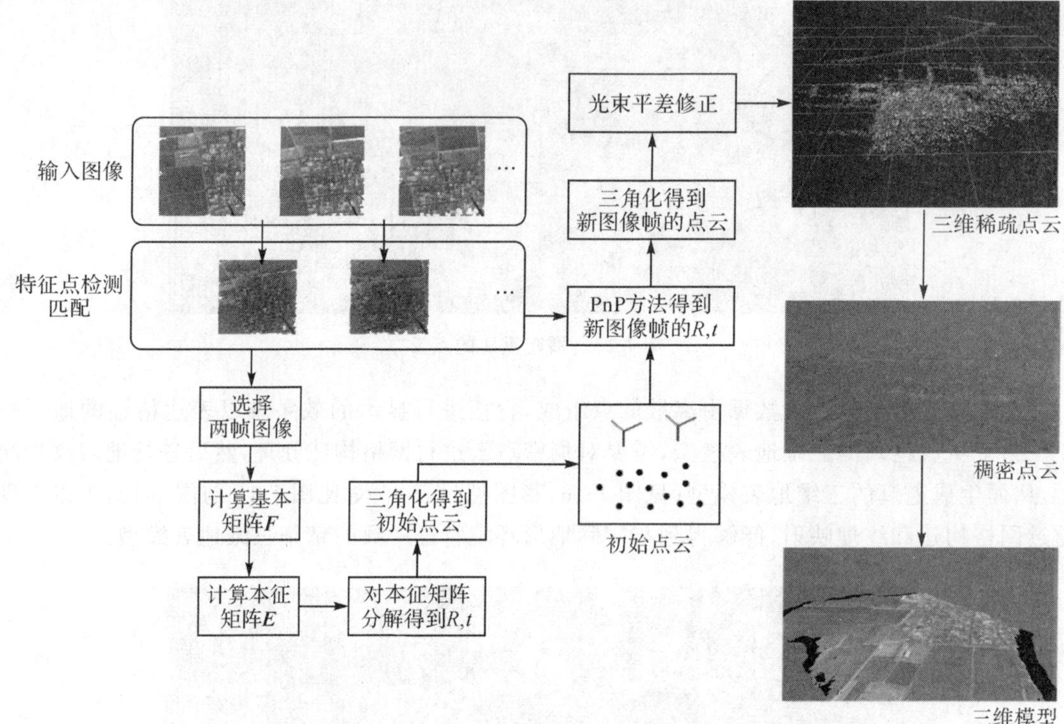

图7-17 基于计算机视觉的三维重建的流程

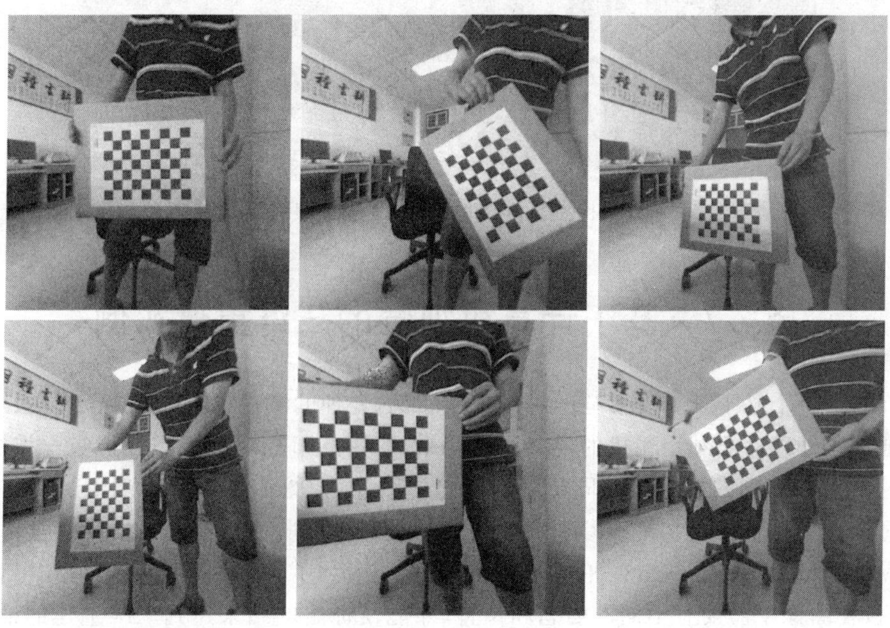

图7-18 拍摄的标定板图像

图 7-19　利用畸变系数校正后的图像

为了完成三维重建，需要获取图像序列中相邻图像对的特征点，并构建特征点的对应关系。在本实例中，特征点的计算采用 SIFT 算法，特征点的匹配采用近似最近邻算法。SIFT 特征点提取算法能够有效地克服尺度、旋转等变形的干扰，具备很高的鲁棒性。近似最近邻匹配算法能够对高维数据进行快速搜索，可以显著加速特征点匹配的计算过程。

本实例以飞艇航拍图像为图像源，图 7-20 给出了其中两幅图像和检测到的 SIFT 特征点，图 7-21 给出了特征点匹配的结果。图 7-20 中圆圈表示的是检测得到的 SIFT 特征点，能够看出图像中色彩变化较大的区域特征点较多，田地等纹理变化不大的区域特征点分布的较少。图 7-21 显示的是特征点匹配的结果，圆圈表示的是第二幅图像的特征点，线段的另一端是第一幅图像的特征点，从特征匹配的结果能够看出飞艇向右下方做平移移动。

图 7-20　两幅图像检测到的 SIFT 特征点

图 7-21　通过特征点匹配得到的特征点对

注：圆圈表示第二幅图的特征点，细线的另一个端点表示第一幅图像特征点的位置。

根据获得的两幅图像特征点对和相机内参系数，通过计算本征矩阵并对其分解可得到相机矩阵，利用第 § 7.5 的线性三角法可以重建图像中特征点的三维坐标，结果如图 7-22 所示(彩图见封三)。从图中可以看出计算得到的稀疏三维点云基本上位于大地平面上，相机位于地表上方一定的高度上，两张图像所对应的飞艇位置有一定的平移量。对于三维从建，拍摄的图像序列最好是相机进行平行移动，尽可能避免做旋转运动。

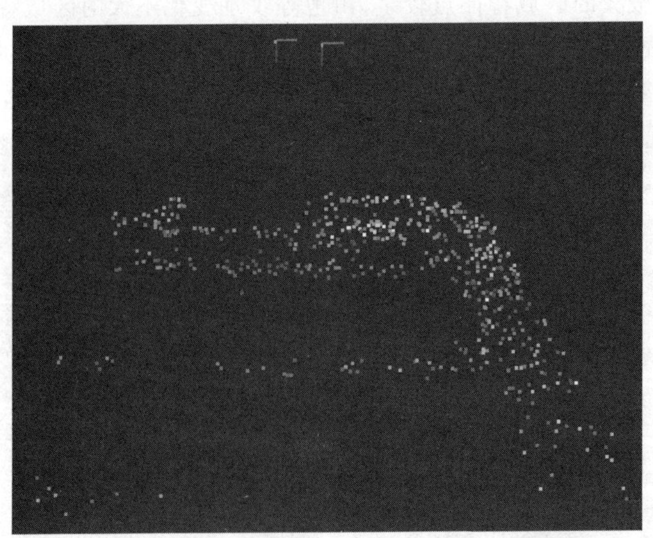

图 7-22　通过两幅图像的特征点对重建的三维点云

注：图中红色、绿色、蓝色线段分别表示相机的 X、Y、Z 轴。

得到初始点云之后，图像三维重建的后续阶段主要采用§7.5介绍的结构与运动恢复方法。基本的处理流程是：①对新加入的图像提取特征点，然后与之前的图像进行特征点匹配，从而得到特征点对；②利用前幅图像的三维点云和当前图像的特征点图像坐标进行3D-2D对应处理，从而计算当前相机的位置和姿态，相比从本征矩阵分解得到相机位姿的计算方法具有更高的鲁棒性；③利用相机的位置和姿态参数，对新的特征点进行线性三角法重建，得到新特征点的三维坐标，然后加入到地图中。重复上述过程，完成图像序列重建生成稀疏三维点云的过程，所得到的点云如图 7-23 所示(彩图见封三)。

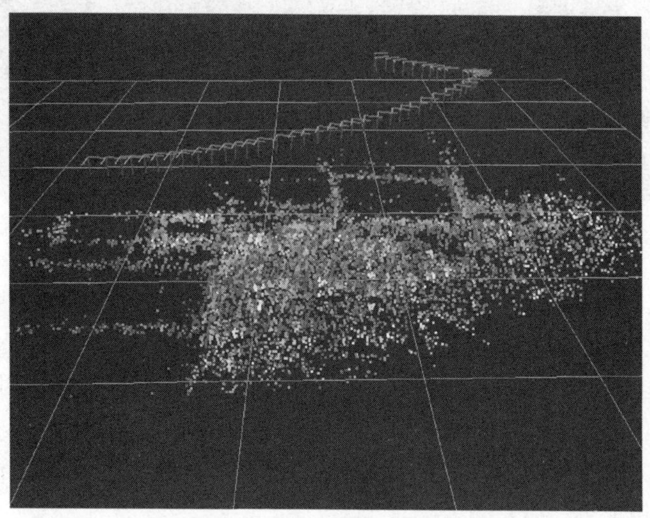

图 7-23　图像序列重建的结果

注：图中红色、绿色、蓝色线段分别表示相机的 X、Y、Z 轴。

得到稀疏点云和相机位置姿态之后，通过§7.6所讲的三维模型重建技术，能够得到稠密的三维点云和精细的三维模型，从而完成整个重建任务。重建得到的稠密点云如图 7-24 所示，利用航拍的图像与稠密点云，进行模型的纹理贴图可以得到精细的地理三维模型，结果如图 7-25 所示。

图 7-24　重建的稠密三维点云

图 7-25 最终生成的三维地理模型

从图 7-25 可以看出由于采用无人机作为拍摄平台，由于能够灵活地控制飞行高度，因此能够得到多种不同分辨率的三维地理模型；此外由于无人机相对其他飞行器具备更好的灵活性和机动性，因此能够快速对目标区域进行拍摄并生成三维模型，因此采用无人机测绘能够极大的加速测绘的速度，从而满足多种多样的实际要求。综上所述，采用无人机航拍，并结合三维重建技术能够极大的加速特定目标的测绘精度与速度，是未来测绘的一种重要技术手段，因此具有很广阔的应用前景。

思考题

1.三维重建的基本原理是什么？

2.为什么要对相机进行标定？

3.图像畸变形成的原因是什么？

4.如何得到相机的内部参数？

5.基础矩阵和本征矩阵的关系是什么？

第 8 章　基于无人机的空中全景监测

无人机成像范围是由事先规划的航迹决定的，即使可以航线实时上传以及多次补充飞行，仍存在视野有限、监测范围小、调整灵活性不够的缺点，严重制约着无人机执行监测任务的效能。在高度一定的约束条件下，如何使无人机既看得广又看得清，实现超宽视场、大范围的空中监测，空中全景监测技术是一种有效的技术途径。采用空中全景监测，可以提供从地平线到地平线的大范围超宽视场的监测，及时发现可视范围内的目标，然后引导无人机快速接近目标并进一步辨识目标细节和精确定位。

§8.1　概　述

全景图像是一种能为用户提供超大视野观察的实景图片，作为图像绘制技术的一种方法，利用其构建虚拟环境已经成为当前研究的热点问题。全景图像不使用对象的三维结构数据，因此绘制时间与场景的复杂程度无关。它以离散的实景图像作为源数据，通过对源数据的拼接融合处理，可以得到拍摄环境中各个视角的连续描述，具有绘制速度快、场景展示逼真度高、用户沉浸感强、显示时对计算机硬件要求不高等优点。

一、全景图的概念

全景(panorama)指各种宽视野的物理空间，全景图像的发展经历了最早的全景绘画，到后来的全景摄影，从传统的全景摄影又到数码摄影，再到虚拟漫游和 360°环绕电影等过程。

(一)全景绘画

在摄影技术出现之前，人们一直没有停止过利用全景表现空间场景的尝试，我国北宋时期张择端的《清明上河图》，如图 8-1(a)所示，采用散点透视构图法，记录汴京建筑及生活情景，这是人类历史上全景展现空间场景的最早尝试。南宋赵黻的《江山万里图》、元代黄公望的《富春山居图》，如图 8-1(b)所示，均是全景绘画的代表。

在西方，全景绘画始于 18 世纪。最早的全景绘画家是爱尔兰画家罗伯特·巴克，他于 1792 年在一个圆柱形画馆里展出了创作的爱丁堡图画，如图 8-2(a)所示。到了 19 世纪中叶，全景绘画在西欧盛极一时，荷兰艺术家梅斯达格 1881 年创办了全景画美术馆，其全景画高 14 m，周长 120 m，如图 8-2(b)所示。同年瑞士的布尔巴基全景馆展示了爱德华·卡斯特尔的普法战争全景画，高 10 m，周长 120 m。随后，亚特兰大全景画馆展示了美国内战亚特兰大战役的全景绘画，高度近 13 m，长 109 m。可见西方的这些全景绘画作品大都高于 10 m、长于 100 m，必须在专门的圆柱形展览馆里向人们展示。

(a) 清明上河图（部分）

(b) 富春山居图（部分）

图 8-1　中国早期的全景绘画

(a) 爱丁堡图画

(b) 梅斯达格全景绘画（部分）

图 8-2　早期国外全景图

(二)全景照片

随着摄影技术的发展和照片在社会中地位的提升，全景照片代替了全景绘画，成为表现全景更普遍的方式。1839 年，法国的达盖尔发明了银版摄影技术之后，摄影师把许多照片拼凑成一张宽视野的全景照片，这是最初期的全景照片的制作方法。到了 19 世纪末，使用特殊的广角镜头，一张照片的视角范围可达 180°。进入 20 世纪以后，特殊的全景摄影器材允许传统的摄影技术能够拍出 360°的全景效果。

但是，由于昂贵的价格和技术的复杂性以及数码相机的普及，传统全景摄影逐渐被简单易行的数码摄影技术取代。比起传统的胶片摄影，数码时代的各种图像处理软件在很大程度上降低了对前期拍摄技巧的要求，从理论上讲一个普通的广角数码相机就可以拍出理想的全景照片。在拍摄时使相机位置固定，通过机身绕一个点平稳转动拍摄，就能拍出多张景色连贯的图片，这一序列图片通过全景图像拼接融合后就形成了一整张大视角的全景照片（见图 8-3）。因此，全景照片迅速成为全景图像的主要构成形式。

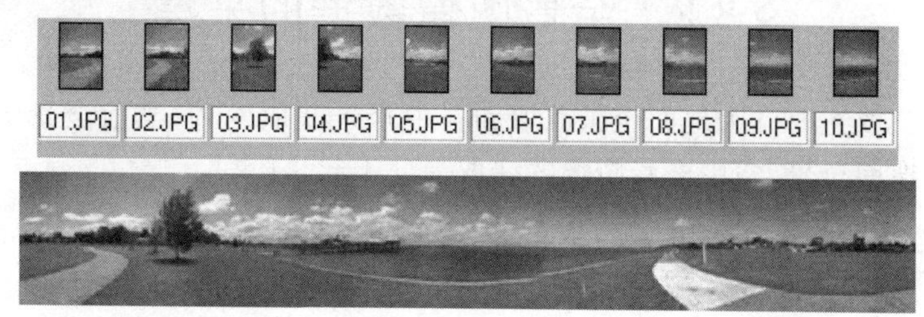

图 8-3　全景图

（三）全景图像的分类

目前，各种形式的全景图像，按不同的分类方式，主要有以下几种类型。

1. 按图像视角范围分类

全景图像按照视角范围可以分为宽景、环景和全景三种。宽景指画面涵盖的视角范围比普通水平视角大，但还没有达到 360°；环景指图像的水平视角达到 360°，但不包括头顶和地面；全景指水平视角达到 360°，并涵盖垂直视角的头顶和脚底的图像。

2. 按图像的展示方式分类

全景图像按照图像的展示方式可以分为图片格式和视频格式两种。图片格式的全景图像通常以 JPG 格式存储，以柱面全景、球面全景、对象全景等形式展示。视频格式是指利用 Java、QuickTime、Flash 等播放软件将获取的一张张全景图像按照一定空间关系连续播放，在网络上使用广泛。

3. 按播放方式分类

全景图像按图像的播放方式可以分为自动播放和交互播放两种形式。自动播放通常是在视频模式下采取一定浏览顺序的方式，如从左到右的方式固定观看水平面范围内的图像，而头顶和脚底的信息无法获取。交互播放允许人们使用鼠标等工具上下左右拖动图像，按照人们习惯的浏览方式自由转动视角，灵活观看全景图像。

二、全景图的应用

使用普通图像的视觉监测只能反映某一视角所看到的局部场景。由于全景图像可以得到对现实世界合适的描述，如果用全景图像替代普通图像，就能从某一视点处以任意视角对全局场景进行监测。

全景图像已被广泛运用于众多领域，军事领域如军事演习、武器操控、飞行模拟、宇航探测等；文化领域如场馆介绍、文物景点展示、虚拟校园等；商业和旅游领域如房地产展示、工程开发、旅游景点演示等；预防灾害领域如抗震救灾、抗洪抢险、森林火灾救护等。

就无人机而言，单靠卫星和有人侦察机无法快速、及时和全方位地获取地理信息，因此常采用无人机遥感进行有效补充。然而，无人机成像范围受事先规划的航迹范围约束，在应用中往往呈现视野有限、监测范围小、调整灵活性不够的缺点，大大制约了无人机的监测效能。因此，如果对机载设备获取的图像序列进行无缝拼接，生成航迹覆盖区域的全景图像，就可以有效解决无人机的视野和监测范围问题，进而实现大范围、超宽视场的空中全景监测，使无人机监测效能得到全面提高。

§8.2 全景图像数据的采集

全景图像的获取主要分为地面全景获取和空中全景获取两种，当前全景图像的获取方法研究主要集中在地面全景，空中全景图像的获取尚处于起步阶段。

一、地面全景图像的采集

拍摄过程中相机的选取和不同拍摄方法直接影响着获取全景图像的质量。按照拍摄相机不同，地面全景图像的采集方式可分为以下几种。

(一)普通相机方式

使用普通数码相机或者单反相机可拍摄全景图片。成像过程依照小孔成像原理，如图 8-4 所示。其中物距 u、透镜焦距 f、像距 v 三者满足以下等式

$$\frac{1}{f}=\frac{1}{u}+\frac{1}{v} \tag{8-1}$$

图 8-5 是普通相机成像投影示意图。成像平面为$O_1x'y'$，虚拟成像平面为 $Ox'y'$，光轴为 z 轴，空间上任意一点 $P(x,y,z)$在成像平面上的点为 $p(x,y)$，在虚拟成像面上的点为 $p(x',y')$

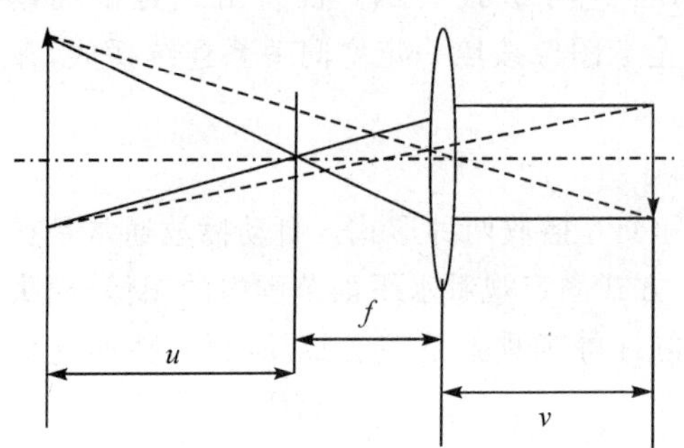

图 8-4 普通相机成像模型

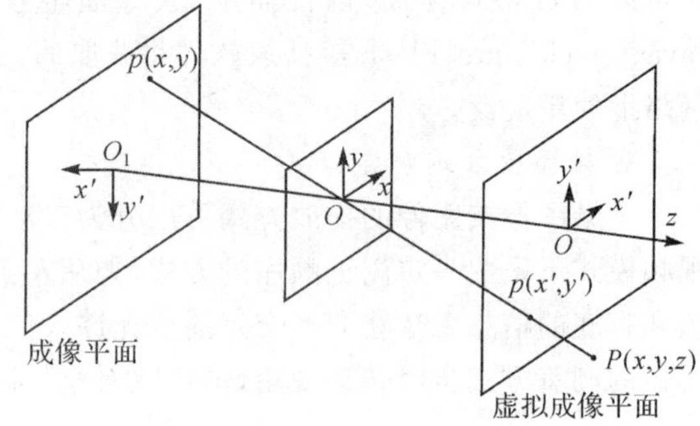

图 8-5 普通相机成像投影

影响普通相机获取全景图像的性能指标为分辨率、光学镜头、镜头焦距、光圈与快门、白平衡、感光度、曝光补偿和曝光模式。普通相机拍摄方法一般有以下几种。

1. 相机转动拍摄

拍摄时相机沿垂直主光轴的一个方向旋转，每旋转一定角度拍摄一幅图片直至闭合，相邻两幅图像间重合部分大于 30%，如图 8-6 所示。相机旋转运动方式连续获取序列图像，获取的图像方向各不相同，因此在图像处理前，需完成把所有采集图像投影到同一个平面的工作。

2. 相机平移拍摄

将相机放置在事先准备的直线轨道上，保持相机焦距不变下做平移运动，按一定方向连续获取序列图像，如图 8-7 所示，在实际应用过程中，通常由人手持相机运动代替相机在轨道中平移，由于拍摄时手会产生抖动，对后期处理图像会产生一定影响。

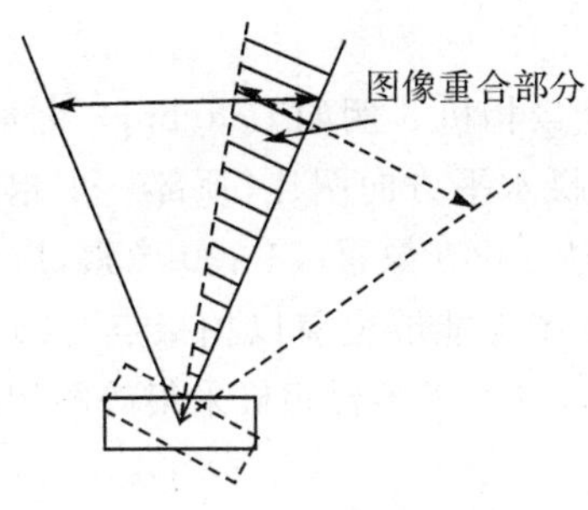

图 8-6　相机转动拍摄

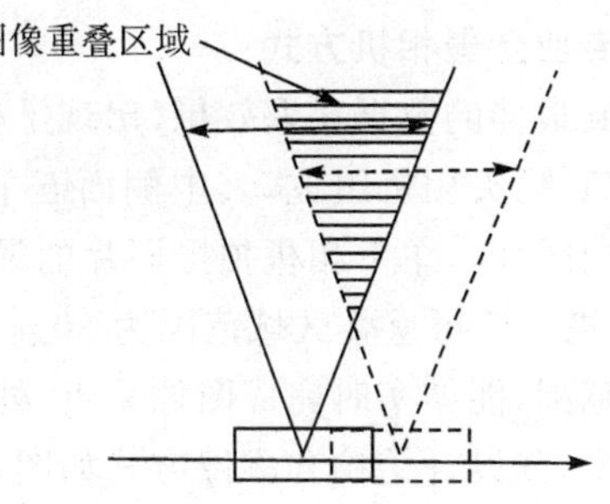

图 8-7　相机平移拍摄

3. 局部拍摄

全景基本实景数据是经过特别拍摄得到的实景图像，并非随意拍摄。这些数据各自反映了现实空间的某个局部，是在拍摄点、时间、方向、焦距等条件下的不同组合。根据照相机平移拍摄和照相机旋转拍摄的场景数据采集技术，设定焦距不变，而在时间上则在同一时刻完成采集，认为时间相同的条件下，其大致分为以下情况：

(1)反映整个观察点空间映像的图像，如图 8-8(a)所示。

(2)反映整个观察点空间水平方向或垂直方向映像的图像，如图 8-8(b)所示。

(3)反映某个物体或对象外部映像的图像，如图 8-8(c)所示。

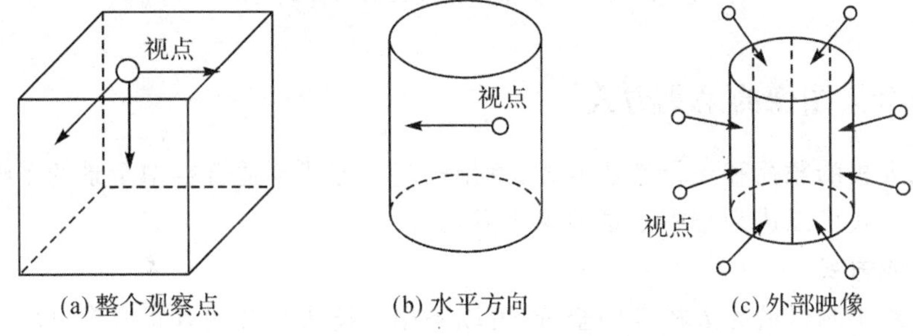

图 8-8　全景图像拍摄过程分类

(二)加装鱼眼镜头相机方式

鱼眼镜头是一种焦距极短并且视角接近或等于 180°的镜头，它的视角要求达到或超出人眼所能看到的范围。其成像投影模型如图 8-9(a)所示，O-XYZ 为鱼眼相机坐标系，c-xy 为图像平面坐标系，Z 轴为鱼眼镜头主光轴，P 在鱼眼相机坐标系坐标为(θ,β)，P 点在图像上坐标为(h,φ)，成像效果如图 8-9(b)所示。

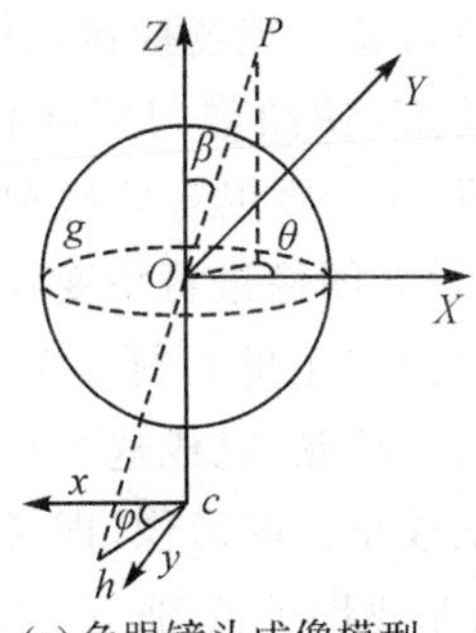

(a) 鱼眼镜头成像模型

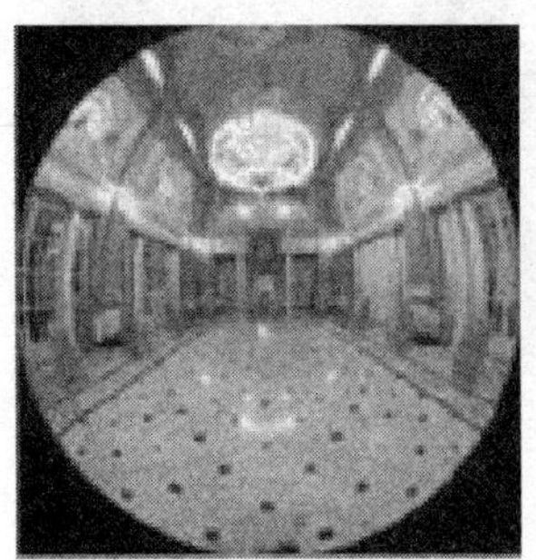

(b) 鱼眼镜头成像效果

图 8-9　鱼眼镜头

（三）专业全景相机方式

为达到最佳的数据获取效果，出现了很多专业型全景相机。例如 Ladybug3 全景相机，由六个 SONY 镜头相机组成，其中侧面五个相机负责拍摄水平方向图片，顶部一个相机负责拍摄垂直方向图片。单个相机拍摄照片的最高分辨率可达 1 600 像素×1 200 像素，成像范围为 120°，各相机间拍摄重叠区域范围为 30%。拍摄的全景图像能够覆盖以拍摄点为圆心的球面 75%以上范围，能够实时完成图像采集、处理、拼接工作，迅速将多台相机采集的图像组合成一幅全景图像，其设计结构和成像方式如图 8-10 所示。

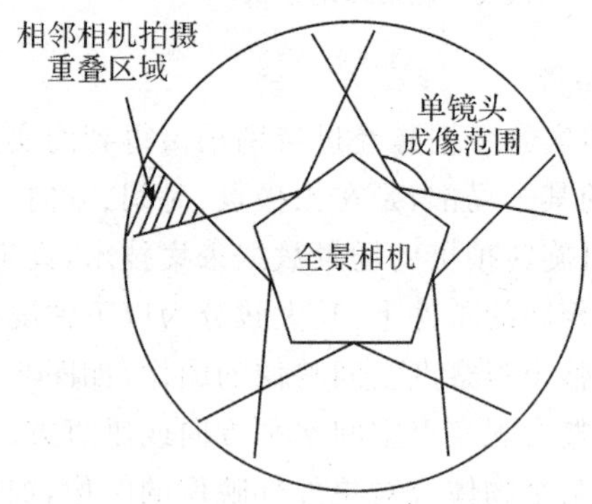

图 8-10　全景相机及其成像方式

二、空中全景图像的采集方式

考虑到无人机的载荷和飞行作业方式，单相机获取方式不适合空中全景的采集，多相机方式和鱼眼镜头方式可以成为空中全景的采集方式。

（一）多相机方式

要构建能用于测量的无人机空中全景，可以采用多镜头组合的方式成像，以正下方镜头为标准的主视场，以周围多个图像变形可控的摄像机为副视场，中心主视场可以精确定位，副视场存在可控变形，可以概略定位。

（二）鱼眼镜头方式

鱼眼镜头的成像视场极大，利用鱼眼镜头建造的成像系统可以获得半球甚至超半球空域的场景图像，因而成为比较成熟的全景获取设备。鱼眼镜头获得超大视场成像的同时，也带来了大量的桶形畸变，使图像与实际物体严重不相符，如图 8-11 所示。要想有效地利用鱼眼镜头获取的图像，必须对图像进行畸变校正。

图 8-11　无人机拍摄的全景图

镜头图像校正的目标是将鱼眼影像全部无畸变地显示或存储，完成这个目标首先考虑将鱼眼影像校正成正常的影像，即考虑鱼眼镜头的成像模型，完成从像平面到物球面的坐标变换，其中对应的非线性关系，通过成像模型来拟合；其次，在求解成像模型的参数过程中，观测数据的处理精度直接决定了成像模型的精度。

§8.3　鱼眼镜头成像校正

普通的全景图像采集方式主要由单摄像机旋转、多摄像机组合和摄像机加光能收集结合三种组成。但在无人机的应用中，由于其载荷和飞行方式的限制，无人机很难在同一平面上做旋转运动，因此不适合用单摄像机旋转方式进行空中全景的采集；而采用多摄像机方式时，需要专门处理图片光学盲区与重叠区的环节，无法实现实时绘图，同时还明显加大无人机数据链路带宽的压力；摄像机加光能收集方式常常使用鱼眼镜头生成全景，由于鱼眼镜头的成像视场极大，其构建的成像系统可以获得半球甚至超半球空域的场景图像，实现完全无盲区的全向、实时图像信息提取，同时不对无人机数据链路带宽造成压力。通过以上综合比较，采用鱼眼镜头（摄像机加光能收集方式）获取空中全景是体积最小、质量最轻、功耗最小、成本最低、信号处理最简捷的途径。

鱼眼镜头就是模拟鱼类在水下可以观察水面上大视场空间的原理而设计的。鱼眼镜头的英文名称为 fisheye，是一种焦距极短、视角接近甚至超过 180°的镜头。目前单个鱼眼镜头的最大视场已经达到了 240°。鱼眼镜头在对超大视场成像的同时，也为图像带了来大量的桶形畸变，使图像严重不相符于实际物体。要想有效利用鱼眼镜头获取的图像，必须对图像进行畸变校正。由鱼眼镜头成像模型（见图 8-12）可以看到，鱼眼镜头焦距很短，是一种极端的广角镜头。虽然这种镜头的视角已经达到甚至超越人眼所能及的范围，但在这种情况下获取的图片与真实世界的景象差别极大，景物形态畸变严重。

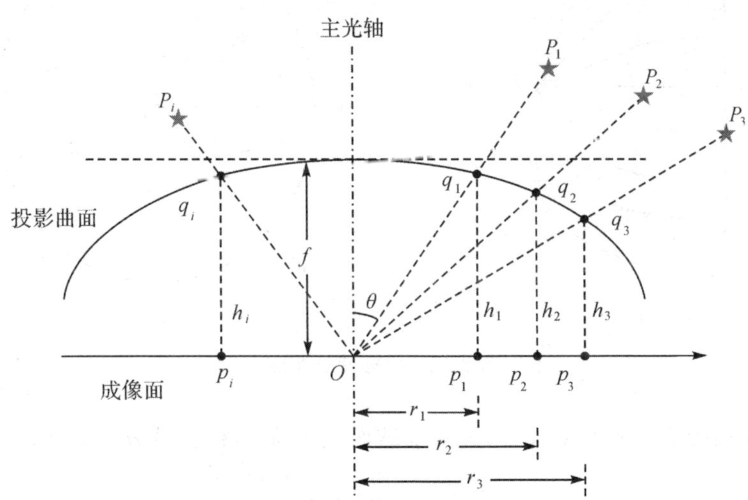

图 8-12　拟合投影曲面法模拟成像模型原理

为了获得能够真实反映环境的空中全景图像，首先必须对鱼眼相机拍摄的图片进行校正，去除图片中的畸变，使之与现实环境的几何形态基本相符。鱼眼镜头校正算法所采用的成像模型与实际鱼眼镜头投影模型及畸变模型的相似程度决定了畸变校正所能达到的精度。对鱼眼镜头图像校正的基本思路如下：

（1）测定鱼眼相机成像模型的参数。

（2）将鱼眼相机获取的畸变图像投影到相机成像模型中，得到畸变图像像素点在相机成像模型中的坐标。

(3)根据第(2)步中的坐标和像素点在畸变图像中的坐标，将像素点反投影到平面坐标系，得到校正后的平面图像。

具体的处理过程如下：

(1)用于图像校正计算用的鱼眼镜头成像模型都是对实际鱼眼镜头投影模型及畸变模型的近似。因此，援用的模型与实际成像系统的相似程度可以决定畸变校正所能达到的精度。与普通相机投影面为平面不同，这里使用曲面作为投影面，这样可以更真实地模拟和逼近鱼眼镜头的实际成像模型，从而实现高精度的鱼眼镜头校正，原理如图 8-12 所示。

图 8-12 中物方点 P_1 在像面上的成像点为 p_1，过像点 p_1 作成像面的垂线，该垂线与物方点 P_1 和成像中心 O 的连线相交于 q_1 点；同样，对于不同的物方点 P_2、P_3、P_i 均有对应的交点 q_2、q_3、q_i，当物方点无穷多时，则 q_i 点构成一个曲面，该曲面即为该成像系统的投影曲面，曲面顶点到成像中心的距离即为成像系统焦距 f。只要拟合出图中的投影曲面即可得到鱼眼镜头的投影模型。

(2)用鱼眼镜头直接拍摄到的畸变图像往往为球形，因此需要根据第(1)步得到的投影模型，计算出畸变图像上的像素点在投影模型中的球面坐标。即将如图 8-13(b)的图像按图 8-13(a)所示，由左往右，将平面坐标转换为球面坐标，球面坐标结果如图 8-13(b)所示。

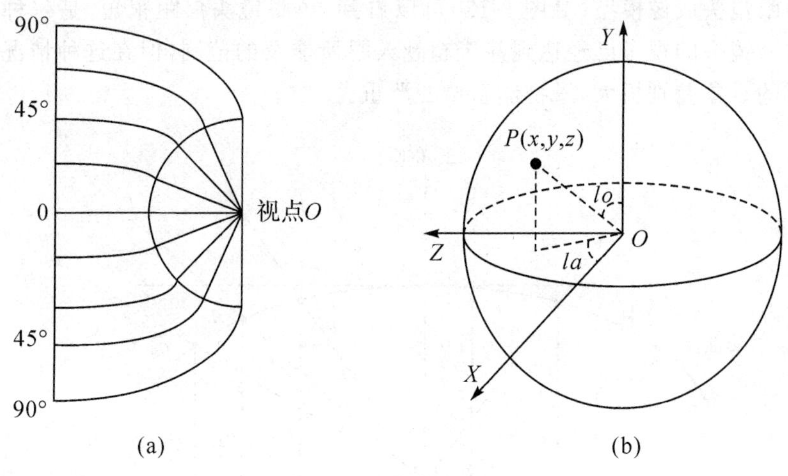

图 8-13　坐标转换原理

设已知畸变图像上一点$P'(u,v)$，其对应球面点 P 的坐标计算方法如下

$$\left.\begin{aligned} lo&=(1-u)\cdot\frac{\pi}{2} \\ la&=(1-v)\cdot\frac{\pi}{2} \end{aligned}\right\} \tag{8-2}$$

$$\left.\begin{aligned} x&=\sin(la)\cos(lo) \\ y&=\cos(la) \\ z&=\sin(la)\sin(lo) \end{aligned}\right\} \tag{8-3}$$

这样就得到了 $P(x,y,z)$。la，lo 分别为球面坐标系下的经度和纬度。

(3)球面坐标反映了环境中目标的影像在鱼眼镜头曲面中的位置。但全景图像必须由能用平面坐标系描述的一般图像组合而成。所以要将球面中的像素投影映射为普通图像的形式。原理如图 8-14 所示：当球面投影到平面时，球面中的曲线 OQ 的映射为平面中的直线 $O'Q'$。

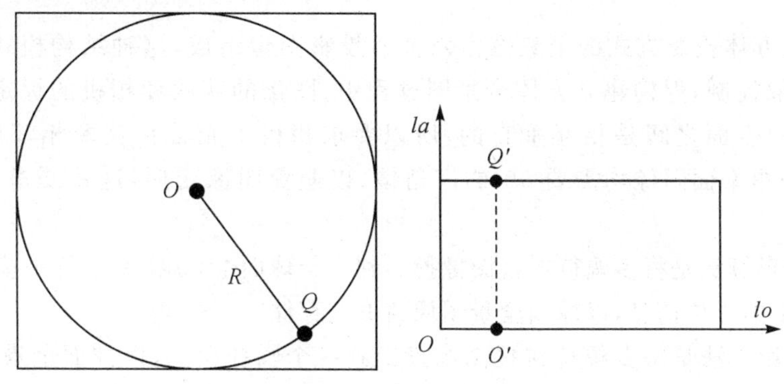

图 8-14　坐标转换原理

设球面点 $P(x,y,z)$ 在平面中的映射点为点 $Q(x_{\text{src}},y_{\text{src}})$，$Q$ 点坐标计算方法如下

$$\left.\begin{aligned} r&=\sqrt{x^2+y^2} \\ \varphi&=a\cos(z) \\ R&=\varphi(\text{image\_width}) \end{aligned}\right\} \tag{8-4}$$

$$\left.\begin{aligned} x_{\text{src}}&=R\,\frac{x}{r} \\ x_{\text{src}}&=R\,\frac{y}{r} \end{aligned}\right\} \tag{8-5}$$

其中，r 表示像点所在虚拟圆的半径，φ 表示在校正图像上与图像宽度的比例系数，a 为图像校正系数。这样，就得到了校正后的鱼眼图像。校正后的图像畸变基本被消除，可以用来生成全景图像。图 8-13(b)校正后效果如图 8-15 所示。

图 8-15　校正后的效果

§8.4　全景图的投影

全景图像是将用照相机拍摄的多张具有一定重叠边界的局部图像进行无缝拼接得到的。由于鱼眼镜头拍摄时覆盖范围极大，环境中的目标可以从不同的视角被反复拍到，所以获得的图像序列中往往有大量重叠影像。因此，对鱼眼图像进行校正后得到的图像序列就可以被用来生成全景图像。

由于相邻局部实景图像是在不同的视角上拍摄得到的，因此它们的投影平面存在一定的夹角。如果对局部图像直接进行无缝拼接，将会破坏实际场景中视觉的一致性，例如把一曲线变成了直线等，同时也很难进行无缝拼接。为了维持实际场景中的空间约束关系，必须把拍照得到的实景图像投影到某一曲面上(球体、圆柱体或者立方体等)，图像信息以曲面的形式保存在计算机上，对于全景图系统来说，构造合适的模型和表示是非常重要的。投影完成后，去掉了旋转关系，保留了平移关系，为图像的拼接做好了准备。

目前全景数据投影方式可分为三种：立方体投影方式、球面投影方式和柱面投影方式，如图 8-16 所示。

(1)基于立方体投影方式的全景图由六个面投影图像组成，这种结构模式规则性好，易于用计算机存取控制，但构建立方体全景图过程中，图像的获取和相机的标定困难较大，因为立方体的相邻表面之间是相互垂直的，所以要求相机主光轴在获取相邻图像时必须垂直，且摄取每一幅平面图像均需要 90°的广角镜，以避免图像变形，这就要求相机配有特殊的镜头。

(2)球面投影算法是将多幅待拼接图像投影到一个球面上，获得每幅待拼接图像上的像素点在视点空间中的方位信息，以球面全景图像的形式存储。

(3)柱面投影算法是将多幅待拼接图像投影到一个圆柱面上，以柱面全景图像的形式存储。这种方法可以消除待拼接图像之间可能存在的重复景物信息，同时也得到了每幅全景图像上的像素点在视点空间中的方位信息。

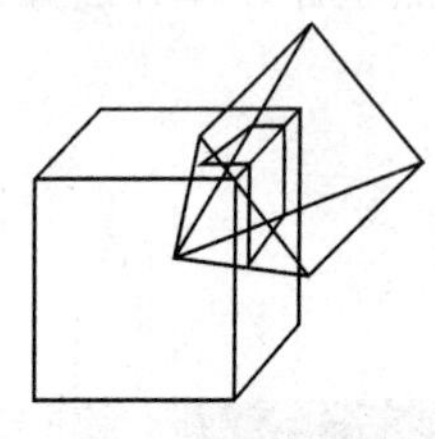

(a) 立方体投影方式

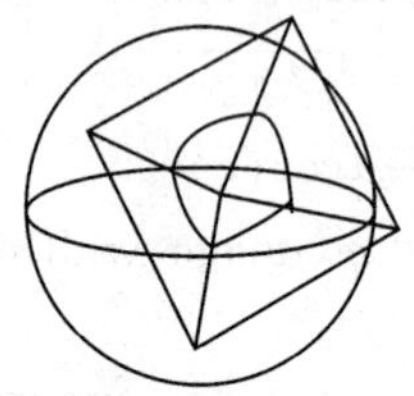

(b) 球面投影方式

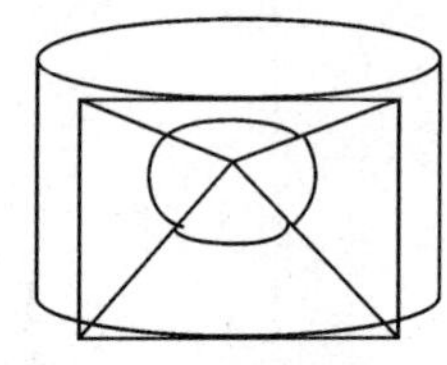

(c) 柱面投影方式

图 8-16　全景图的投影方式

全景图像投影分为正投影和反投影。全景图像的正投影指相机拍摄后获得的全景数据，由于各图像坐标系不同，在拼接配准之前需要对其统一坐标，把它们放到同一个坐标系中进行投影变换的过程。反投影指待拼接融合合成全景数据以后，又需要对全景数据显示输出，把拼接合成后的图像统一坐标，投影到屏幕上的过程就是图像的反投影。

(一)圆柱面正投影

圆柱面投影分为圆柱面正投影和圆柱面反投影。圆柱面正投影指将拍摄得到的多幅图像，按照图像像素点与视点空间中方位信息的映射关系，投影到圆柱体表面的过程，具体方法如下。

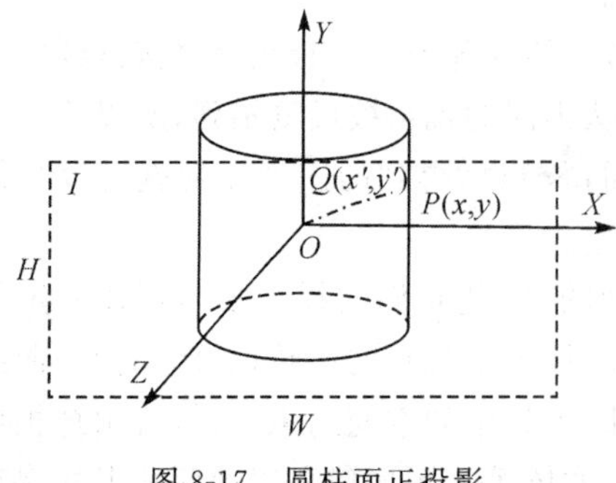

图 8-17　圆柱面正投影

如图 8-17 所示，$P(x,y)$是相机拍摄的一幅图像 I 上任意一个像素点，以圆柱体中心为相机坐标系原点。W 和 H 是图像 I 的宽度和高度，f 为相机的焦距，P 在相机坐标系下的坐标为$(x_1,y_1,-f)$，$x_1=x-\frac{W}{2}$，$y_1=y-\frac{H}{2}$。

$Q(x',y')$是像素点 P 在柱面全景图像上的投影点，过相机原点与 P 点直线的参数方程为

$$\left.\begin{aligned} u &= tx_1 \\ v &= ty_1 \\ w &= -tf \end{aligned}\right\} \tag{8-6}$$

式中，(u,v,w) 为像素点 (x,y) 在圆柱面上的投影点 Q 的参数坐标，圆柱面的方程可以表示为

$$u^2+v^2=f^2 \tag{8-7}$$

联立方程式(8-6)和式(8-7)得

$$\left.\begin{aligned} t &= \frac{f}{\sqrt{x_1^2+f^2}} \\ u &= \frac{fx_1}{\sqrt{x_1^2+f^2}} \\ v &= \frac{fy_1}{\sqrt{x_1^2+f^2}} \\ w &= \frac{f^2}{\sqrt{x_1^2+f^2}} \end{aligned}\right\} \tag{8-8}$$

令 $\theta=\tan^{-1}\dfrac{W}{2f}$，$Q(x',y')$ 可以表示为

$$\left.\begin{aligned} x' &= f\ \tan^{-1}\left(\frac{u}{w}\right)+f\cdot\theta \\ y' &= v+\frac{H}{2} \end{aligned}\right\} \tag{8-9}$$

联立式(8-8)和式(8-9)得

$$\left.\begin{aligned} x' &= f\ \tan^{-1}\left(\frac{x_1}{f}\right)+f\ \tan^{-1}\left(\frac{w}{2f}\right) \\ y' &= \frac{fy_1}{\sqrt{x_1^2+f^2}}+\frac{H}{2} \end{aligned}\right\} \tag{8-10}$$

式(8-10)即为实景图像 I 上的任意一个像素点 $P(x,y)$ 投影到柱面全景图像上 $Q(x',y')$ 的投影公式。

(二)圆柱面反投影

圆柱面反投影是指从圆柱面全景图像中，重新构造出圆柱面视点空间每一个视线方向所对应的全景视图。圆柱面反投影是正投影的逆过程，如图 8-18 所示，图像 C 是一张拼接完好的柱面全景图像，Q 是柱面全景图像 C 上任意一个像素点，它的图像坐标为 (x',y')，J 是需要生成的视图，假设 Q 在 J 上对应的点为 P，P 在 J 上的图像坐标为 (x,y)，图中的坐标系是照相机坐标系 $O\text{-}XYZ$。

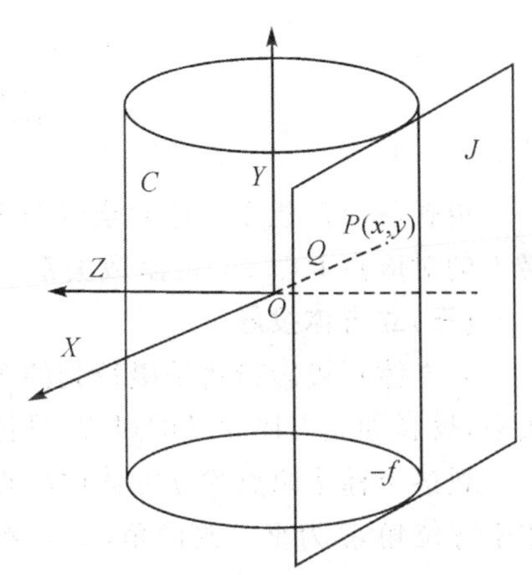

图 8-18　圆柱面反投影

由上文内容可以推导出 (x',y') 在圆柱面上的对应点 $R(u,v,w)$ 为

$$\left.\begin{aligned} u&=f\sin\left[\frac{x'-f\ \tan^{-1}\left(\frac{W}{2f}\right)}{f}\right] \\ w&=f\cos\left[\frac{x'-f\ \tan^{-1}\left(\frac{W}{2f}\right)}{f}\right] \end{aligned}\right\} \tag{8-11}$$

设当前相机相对于初始方向旋转了 θ，则有

$$\begin{bmatrix} u' \\ v' \\ w' \end{bmatrix}=\begin{bmatrix} \cos\theta & 0 & -\sin\theta \\ 0 & 1 & 0 \\ \sin\theta & 0 & \cos\theta \end{bmatrix}\begin{bmatrix} u \\ v \\ w \end{bmatrix} \tag{8-12}$$

连接视点 O 与 R 点的直线方程可表示为

$$\left.\begin{aligned} r&=tu' \\ s&=tv' \\ q&=tw' \end{aligned}\right\} \tag{8-13}$$

在相机坐标系 O-XYZ 下，视平面的方程为

$$q=-f \tag{8-14}$$

联立式(8-13)和式(8-14)，得

$$t=\frac{-f}{w'} \tag{8-15}$$

令

$$\left.\begin{aligned} x&=r+\frac{W}{2} \\ y&=s+\frac{H}{2} \end{aligned}\right\} \tag{8-16}$$

联立上述诸式得

$$\left.\begin{aligned} x&=-f\tan\left[\frac{x'-f\ \tan^{-1}\left(\frac{W}{2f}\right)}{f}-\theta\right]+\frac{W}{2} \\ y&=-\frac{f\left(y'-\frac{H}{2}\right)}{\cos\left[\frac{x'-f\ \tan^{-1}\left(\frac{W}{2f}\right)}{f}-\theta\right]}+\frac{H}{2} \end{aligned}\right\} \tag{8-17}$$

由式(8-17)建立了柱面全景图像上任意一个像素点 $Q(x',y')$ 与视线方向 θ 处反投影图像上的对应点 $P(x,y)$ 的函数关系。

(三)立方体投影

立方体正投影指将拍摄得到的多幅图像，按照图像像素点与视点空间中方位信息的映射关系，投影到立方体表面的过程，具体方法如下(见图 8-19)。

观察坐标系原点为立方体中心点，设 a 为立方体边长，w 和 h 分别为视平面宽和高，α 为水平方位角，β 为垂直俯仰角，立方体各面方程如下。

(1)前平面：$x=\frac{a}{2}, -\frac{a}{2}\leqslant y, z\leqslant\frac{a}{2}$；后平面：$x=-\frac{a}{2}, -\frac{a}{2}\leqslant y, z\leqslant\frac{a}{2}$。

(2)左平面：$y=-\frac{a}{2}$，$-\frac{a}{2}\leqslant x,z\leqslant\frac{a}{2}$；右平面：$y=\frac{a}{2}$，$-\frac{a}{2}\leqslant x,z\leqslant\frac{a}{2}$。

(3)上平面：$z=\frac{a}{2}$，$-\frac{a}{2}\leqslant x,y\leqslant\frac{a}{2}$；下平面：$z=-\frac{a}{2}$，$-\frac{a}{2}\leqslant x,y\leqslant\frac{a}{2}$。

视点与平面上任意一点连线方程为：$\frac{x}{x_0}=\frac{y}{y_0}=\frac{z}{z_0}$，视线与立方体相交面上对应点为$(u_0, v_0, w_0)$，则在立方体各表面对应点的坐标如下。

(1)前平面：$\left(\frac{a}{2},\frac{a\,y_0}{2\,x_0},\frac{a\,z_0}{2\,x_0}\right)$；后平面：$\left(-\frac{a}{2},-\frac{a\,y_0}{2\,x_0},\frac{a\,z_0}{2\,x_0}\right)$

(2)左平面：$\left(-\frac{a\,x_0}{2\,y_0},-\frac{a}{2},-\frac{a\,z_0}{2\,y_0}\right)$；右平面：$\left(\frac{a\,x_0}{2\,y_0},\frac{a}{2},\frac{a\,z_0}{2\,y_0}\right)$

(3)上平面：$\left(\frac{a\,x_0}{2\,z_0},\frac{a\,y_0}{2\,z_0},\frac{a}{2}\right)$；下平面：$\left(-\frac{a\,x_0}{2\,z_0},-\frac{a\,y_0}{2\,z_0},-\frac{a}{2}\right)$

如图 8-16 所示，立方体各边长相等，坐标原点 o 到 o 点与各定点连线的射线距离相等，因此该射线与坐标轴夹角都为 45°，任意一点(x,y,z)中坐标 x、y、z 取绝对值最大一个，则该点与原点连线与哪一个轴的夹角小于 45°，则射线会与该轴穿过的面相交。

(1)当$|x|=\max(|x|,|y|,|z|)$且 $x<0$ 时，视线必与后平面相交。

(2)当$|x|=|y|>|z|$且 $x>0$，$y>0$ 时，视线比与前平面和后平面交线相交。

(3)当$|x|=|y|=|z|$且 $x>0$，$y>0$，$z>0$ 时，交点为顶点。

依此方法，可以得到立方体表面上任意一点与视平面上对应点的映射关系。

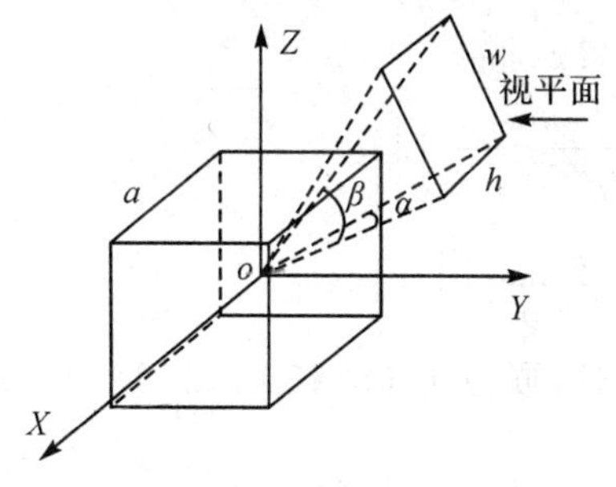

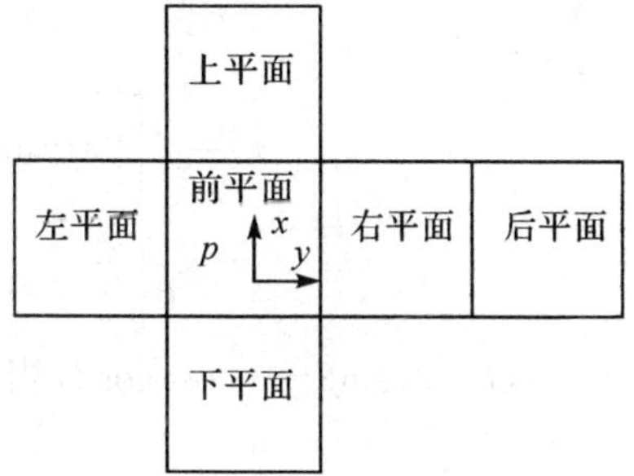

图 8-19　正方体投影

(四)球面投影

如图 8-20 所示，球面全景坐标为 $O\text{-}XYZ$，相机坐标为 $O\text{-}xyz$，假设相机坐标系 $O\text{-}xyz$ 是由球面全景坐标为 XYZ 绕 X 轴旋转 α，再绕 Y 轴旋转 β 得到的。

设全景图像上的一个像素点 P 的平面坐标为 (x,y)，它在球面全景图像上的对应点 Q 的坐标为 (x',y')。点 P 在坐标系 $O\text{-}xyz$ 下的坐标为$(x_1, y_1, -f)$，其中，$x_1=x-\frac{L}{2}$，$y_1=y-\frac{H}{2}$，f 为相机的焦距，L 和 H 分别是全景图像 A 的长度和宽度，设它在

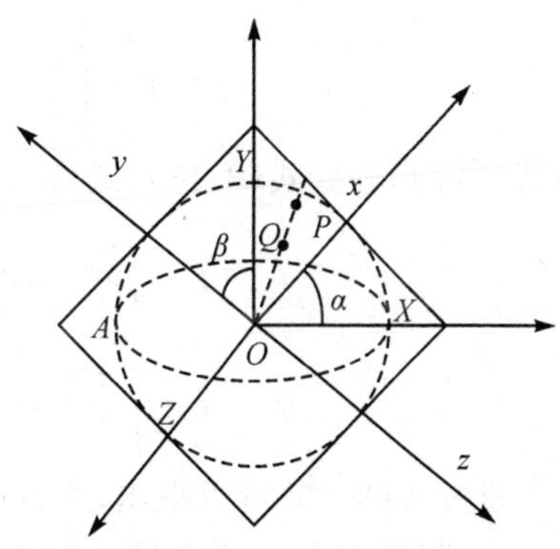

图 8-20　球面正投影

$O\text{-}XYZ$下的坐标为(u,v,w)，在$O\text{-}xyz$的坐标为(u',v',w')则可得

$$\begin{bmatrix} u \\ v \\ w \end{bmatrix} = \begin{bmatrix} \cos\beta & 0 & \sin\beta \\ 0 & 1 & 0 \\ -\sin\beta & 0 & \cos\beta \end{bmatrix} \begin{bmatrix} 1 & 0 & 0 \\ 0 & \cos\alpha & -\sin\alpha \\ 0 & \sin\alpha & \cos\alpha \end{bmatrix} \begin{bmatrix} x_1 \\ y_1 \\ f \end{bmatrix} \tag{8-18}$$

过P点的直线参数方程为

$$\left.\begin{aligned} u' &= tu \\ v' &= tv \\ w' &= tw \end{aligned}\right\} \tag{8-19}$$

球面方程可以表示为

$$u'^2 + v'^2 + w'^2 = f^2 \tag{8-20}$$

联立式(8-19)和式(8-20)即可求出参数t

$$t = \frac{f}{\sqrt{u^2+v^2+w^2}} \tag{8-21}$$

式中，(u',v',w')表示球面全景图的三维参数坐标，需要把它们转换为二维的图像坐标，以便于存储。下面的方法可以实现这种转换。

当$w' \geqslant 0$时，令

$$\left.\begin{aligned} x' &= f\arccos\left(\frac{u'}{\sqrt{u'^2+v'^2}}\right) \\ y' &= f\left[\frac{\pi}{2} + \arctan\left(\frac{v'}{u'^2+v'^2}\right)\right] \end{aligned}\right\} \tag{8-22}$$

否则令

$$\left.\begin{aligned} x' &= f\left[2\pi - \arccos\left(\frac{u'}{\sqrt{u'^2+v'^2}}\right)\right] \\ y' &= f\left[\frac{\pi}{2} + \arctan\left(\frac{v'}{u'^2+v'^2}\right)\right] \end{aligned}\right\} \tag{8-23}$$

令$\Delta = y_1\sin\alpha\cos\beta - x_1\sin\beta - f\cos\alpha\cos\beta$，当$\Delta \geqslant 0$时，联立式(8-18)、式(8-19)、式(8-20)得到

$$\left.\begin{aligned} x &= f\cdot\arccos\left[\frac{x_1\cos\beta + y_1\sin\beta\sin\beta + z_1\cos\alpha\sin\beta}{\sqrt{x_1^2+(y_1\sin\alpha+z_1\cos\alpha)^2}}\right] \\ y &= f\cdot\left\{\frac{\pi}{2} + \arccos\left[\frac{y_1\cos\beta - z_1\sin\alpha}{\sqrt{x_1^2+(y_1\sin\alpha+z_1\cos\alpha)^2}}\right]\right\} \end{aligned}\right\} \tag{8-24}$$

当$\Delta < 0$时，联立式(8-18)、式(8-19)、式(8-23)得到

$$\left.\begin{aligned} x' &= f\cdot\left\{2\pi - \arccos\left[\frac{x_1\cos\beta + y_1\sin\alpha\sin\beta + f\cos\alpha\sin\beta}{\sqrt{x_1{}^2+(y_1\sin\alpha+z_1\cos\alpha^2}}\right]\right\} \\ y' &= f\cdot\left\{\frac{\pi}{2} + \arccos\left[\frac{y_1\cos\alpha - f\sin\alpha}{\sqrt{x_1{}^2+(y_1\sin\alpha+f\cos\alpha)^2}}\right]\right\} \end{aligned}\right\} \tag{8-25}$$

通过式(8-25)可以得出，全景图像上点和球面全景图上点的对应关系与f、α、β三个参数有关，实际应用中f为全景球面半径，α、β分别为用户观察目标点视线水平角和俯仰角。

对比三种投影模型，圆柱面投影模型的优点是拍摄方式简单，能够展成矩形面并且数据易

存储，缺点是只能提供水平方向 360°浏览，垂直方向浏览受限制。立方体模型的优点是直观容易理解，提供全方位浏览，缺点是数据处理较复杂，画面清晰度不均匀。球面投影模型的优点是采用 360°球面存储全景图片，便于全景图的后期开发应用，可以使观察者以任何角度观察周围的环境，不存在视线的死角，用户视点在球体中心，观察时沉浸感强，缺点是计算复杂。

§8.5　空中全景数据与地理空间数据融合

空中全景数据与地理空间数据融合主要涉及两个方面的内容：一是在实现空中全景影像地理配准的基础上，建立地理空间数据的内插模型，将地理空间数据准确地绘制在影像上；二是建立全景影像上绘制地理空间数据的透视模型，使地理空间数据与全景影像无缝合成，避免空中全景成像过程中将三维空间映射到平面或球面上带来的变形。

目前照片、视频、三维点云与地理空间的配准的研究工作很多，采用的基准地理数据包括矢量数字地图、正射影像图和三维 LiDAR 点云等，主要方法包括人工指定影像和地图的配准点后自动进行三维映射、人工指定 GPS 信息或比例尺信息后自动化地将重建结果与卫星影像匹配、人工指定影像和 LiDAR 点云的配准点后自动进行三维映射等。目前，该领域的研究成果主要是人工完成或者半自动完成。从未来发展趋势看，利用带有较精确 GPS 参数的照片进行重建得到的三维点云模型，有望实现地理空间方位的自动配准，而对于没有附带地理位置信息或信息精度很低的影像，仍需人工辅助完成。

一、地理配准的基本内容

三维重建模型的地理配准一般方法是通过三维点云与二维正射影像进行，总体而言，配准主要包括四方面的内容。

(一)配准基元的选择

配准操作的第一步就是决定利用何种基元建立两个数据集之间的转换关系，因此，配准基元的选择是三维重建模型配准的重要问题。与影像之间的配准类似，三维重建模型与影像数据的配准基元通常可以分为两类：灰度区域和特征(点、直线、平面等特征)。由于三维重建模型和影像数据有各自的特点，并且其特征表现不一致，因此，在配准过程中需要根据两种数据的差异选择不同的基元进行配准，例如选择影像中的平面特征与三维重建模型数据中的点作为配准基元等。近年来由于机器学习方法的快速发展，采用深度学习方法得到的特征具备更高的特征表达能力，因此可以利用深度学习得到的二维、三维特征作为配准基元。

(二)配准变换函数

变换函数是描述待配准数据之间变换关系的函数，由待配准数据之间的变换方式(即刚性变换或是非刚性变换)确定。国内外对三维重建模型与影像数据的配准的研究大多集中在刚性变换上。刚性变换是指待匹配对象间仅存在旋转、平移和缩放变换。主要的过程是，对一系列三维模型和影像数据进行基元提取，然后计算基元的相似性，利用最优化方法得到最优匹配，进而计算配准变换函数的参数。最后利用配准变换函数实现多种数据的融合。

(三)配准相似性测度

相似性测度是用数学的方式表达相关配准基元之间的关系，以量化配准效果。相似性测度可以看成是一个以变换参数为自变量的函数，为匹配策略求解最优变换提供数学依据。三维重建模型数据与影像数据配准通常选择的相似性测度有共线方程、法向距离、图像与点云融合的特征描述符等。

(四)匹配策略

配准问题本质上是多参数优化问题,因此,匹配策略在有些文献中也称优化算法,是配准问题中最核心的步骤,它将配准基元和相似性度量有效组织,采用一定的优化算法解求得出全局最优变换函数的参数。主要的步骤是,首先构建最优化目标函数,然后定义优化变量,利用线性或非线性最优方法求解最优参数,从而得到全局最优变换函数。

二、配准基元的选择

任何两种数据集之间的配准,必须能够从两种数据集中的将共性特征及配准基元提取出来,这些共性特征可以看成是两种数据集的配准基元。配准基元的选择决定了配准的其他步骤,因此,配准基元的选择是配准的首要步骤,然后决定使用何种配准转换方程、相似性测度和配准策略。

一般而言,特征由人工选取,对于自动配准的过程,主要使用的是以下两个重要的特征提取方法。

(一)基于面的方法

基于面的方法是最优拟合两种数据源中面的分布,使得两种数据源中的面能够尽可能拟合在一起。相比其他的方法,由于面所表达的信息较特征点更多,因此配准精度更高;此外由于不使用大量的特征点,因此配准的速度较快。但是需要考虑的是仅仅对面进行拟合鲁棒性往往不能达到很高的水平,所以需要考虑面与面之间的结构关系,并建立相应的约束关系。

(二)基于特征的方法

该方法是基于静态结构特征的提取。重要的区域(森林、湖泊、原野)或点(区域的角点、线的交点、大弧度特征的拐点等)被称为特征,其必须是在待配准遥感数据中具有明显、分布均匀和易提取的特性。另外,具有足够数量的特征,并且不受遥感数据的几何或辐射变形、噪声、场景变化等的影响。与基于面的方法相比,基于特征的方法不直接利用影像的显著标志信息,因此特征包含更多属性信息,这个属性使得基于特征的方法适合于不同传感器的遥感数据的配准。

(1)面特征的提取。面特征可通过数据分割的方法获得,分割精度影响配准精度。为了改善配准精度,分割和配准同时迭代计算。在每次的迭代中,前一次的迭代分割结果用于获取第二次迭代分割结果参数的获取,这样能够获取亚像素的配准精度。面特征的主要优点是不受数据尺度变化的影响。

(2)线特征的提取。线特征如地物边界、海岸线、道路等,线特征通常表示为端点或者中间点。传统的线特征提取算子包括 Canny 算子、高斯 Laplacian 探测算子。这类特征的优点是对遥感数据中的噪声具有较好的抑制作用,因此能够获得较好的鲁棒性。

(3)点特征。点特征包括线段的端点、道路交叉点、水域的重心点、高变化点、曲线的断点。这类特征数据结构简单、容易计算,但数量较多,而且很多不同物体具有相似的点特征,因此区分能力较弱。常用的解决方式是构建结构表述模型,通过点特征的空间组合关系来排除错误的配准。

三、配准变换模型

在正射影像中,所有的配准基元是在二维环境下量测的,而在三维重建模型数据中,配准基元是在三维环境下量测出来的,因此配准变换模型必须把二维、三维的配准基元联系起来。

更重要的是，配准变换方程需要适应线特征和面特征，此外配准变换模型不仅能够将两种数据叠加在一起，还能对传感器内部参数进行检校，从而提高配准精度。配准变换模型主要包括二维-二维、二维-三维以及三维-三维的变换模型。

(1)二维-二维变换模型，包括刚性变换、仿射变换和投影变换。主要用在二维地图间的配准，配准的模型包含四个模型参数，一般通过找到至少三个配准基元就能最优估计出变换模型的参数。

(2)二维-三维变换模型，将空间地物用通过像主点的光线将影像透视投影到影像空间，对于相机而言，有四种模型描述了影像和地物的转换关系——共线方程、直接线性变换、投影变换和多项式变换。这种变换模型主要用于地图和三维模型的配准，模型一般包含六个模型参数，通过找到三对配准基元能够最优估计出变换模型的参数。

(3)三维-三维的变换模型，几何变换中，重要的是三维相似变换，该变换方程主要应用于摄影测量绝对定向，这种变换保留几何相似变换，角度和距离以同样的比例变换。换言之，该变换属于刚性变换，该模型包含七个模型参数——一个比例因子、三个位置偏移和三个旋转角度。

四、相似度测度

相似度测度即测定配准基元经配准转换后在正射影像和三维重建模型之间是否重合。配准测度主要取决于配准所选择的配准基元、配准方式及配准过程。配准测度早期主要针对遥感、计算机视觉和医学影像等数据，现在已广泛应用于各种数据类型。对三维表面与三维表面之间的配准，一般是将两个数据集内插到同一个格网。两个数据集内插之后，通过两个网格表面的高程差来进行匹配基元的测度。其中，用于进行点基元的配准测度是二维相似性测度和仿射变换方程。该方法有两个缺点：①格网内插会引入误差，尤其在城市地区的表面区域；②表面在 z 方向上的差异，但是在平坦的城市区域常常无效。另外一种方法是利用原始数据而不依赖于内插，但是针对城市的场景，往往存在具有一定高度的楼房，因此同一个位置存在不同的高程，这会导致相似性计算不具有唯一性。因此同样有表面内插算法所存在的问题，也不适应城市地区。

五、配准策略

三维重建模型数据与遥感正射影像数据的配准，本质上是以三维重建模型的点云数据作为物方空间，实现影像与点云的准确重合。配准的一般过程是：构建配准转化模型，通过优化方法得到最优的模型的参数。为了有效组织配准基元、相似性度量和消除各种系统校验误差的影响，并获取满足精度要求的配准结果，一般采取适合数据特点的匹配策略。对于传统影像之间的配准，匹配策略主要包括单纯形算法、分级配准法、梯度下降法、半穷尽搜索法、迭代最邻近点(ICP)算法等。对于二维-三维的配准，一般采用 n 点透视方法来最优估计配准变换模型参数。三维-三维配准则常采用迭代最邻近点等算法。

思考题

1. 鱼眼镜头成像的基本原理是什么？
2. 全景图的投影有哪些种类？
3. 空中全景数据地理配准有哪些基本方法？

参考文献

贝超，杨嘉伟，张伟.2002.无人机在战场侦察与目标指示中的应用[J].现代防御技术，30(5)：46-50.

陈明生.2006.图像配准技术研究与应用[D].长沙：国防科学技术大学.

陈裕.2009.基于 SIFT 算法的无人机遥感图像配准[D].武汉：中南大学.

董辰世，汪国昭.2005.一个利用法矢的散乱点三角剖分算法[J].计算机学报，6(28)：1000-1005.

董绪荣，张守信，华仲春.1998.GPS/INS 组合导航定位及其应用[M].长沙：国防科技大学出版社.

段春梅.2009.基于多视图的三维模型重建方法研究[D].济南：山东大学.

房建成，陶冶，于歌.2010.空战新兵：无人机与战争[M].广州：花城出版社.

弗里德曼.2011.无人空中作战系统[M].吴汉平，毛翔，杨晓波，译.北京：中国市场出版社.

甘晓华，郭颖.2005.飞艇技术概论[M].北京：国防工业出版社.

黄长强，曹林平，翁兴伟，等.2011.无人作战飞机精确打击技术[M].北京：国防工业出版社.

金剑秋.2005.多光谱图像的融合与配准[D].杭州：浙江大学.

库利 G A，吉勒特 J D.2008.飞艇技术[M].王生，译.北京：科学出版社.

李德仁，胡庆武.2007.基于可量测实景影像的空间信息服务[J].武汉大学学报：信息科学版，32(5)：377-380.

李红军.2006.航空航天概论[M].北京：北京航空航天大学出版社.

李季，孙秀霞，马强.2008.无人机对空威胁算法与仿真[J].系统仿真学报，20(16)：4237-4243.

李俊山，杨威，张雄美.2009.红外图像处理、分析与融合[M].北京：科学出版社.

李乐.2007.全景视频实时处理系统的设计与实现[D].长沙：国防科学技术大学.

李立新.2001.散乱点集曲面重建的理论、方法及应用研究[D].杭州：浙江大学.

李清.1997.综合低空飞行与突防系统研究[D].南京：南京航空航天大学.

李学友.2005.IMU/DGPS 辅助航空摄影测量综述[J].测绘科学，30(5)：110-113.

李征航，黄劲松.2005.GPS 测量与数据处理[M].武汉：武汉大学出版社.

李征航，吴秀娟.2002.全球定位系统(GPS)技术的最新进展第四讲——精密单点定位(上)[J].测绘信息与工程，27(5)：34-37.

梁勇.2006.一种基于 Hausdorff 度量的多传感器的图像配准方法[J].遥感技术与应用，21(5)：473-476.

梁运行，崔杜武.2003.图像拼接的预处理算法研究[J].西安理工大学学报，19(4)：348-351.

廖永生，陈文森.2011.无人机低空数字摄影测量参数计算和路线设计系统[J].测绘通报(9)：38-41.

刘静宇.1995.航空摄影测量学[M].北京：解放军出版社.

柳长安，李为吉，王和平.2004.基于蚁群算法的无人机航路规划[J].空军工程大学学报，4(2)：9-12.

逯宏亮，欧建军.2005.协同空战中目标的威胁判定方法[J].电光与控制，12(6)：8-11.

吕金建.2008.基于特征的多源遥感图像配准技术研究[D].长沙：国防科学技术大学.

闵昌万.1999.飞行器航迹规划与轨迹控制研究[M].西安：西北工业大学出版社.

穆中林，鲁艺，任波，等.2007.基于改进 A * 算法的无人机航路规划方法研究[J].弹箭与制导学报，27(1)：297-300.

倪国强.2001.多波段图像融合算法研究及其新发展[J].光电子技术与信息，14(5)：11-17.

潘时祥.1997.地形图更新[M].北京：解放军出版社.

齐贤德，程昭武. 2006.飞机的诞生与发展[M].北京：国防工业出版社.

任波，于雷.2007.自适应蚁群算法的无人机航迹规划方法[J].电光与控制，12(6)：36-39.

任博，潘景余，苏畅，等.2008.不确定环境下的侦察无人机自主航路规划仿真[J].电光与控制，1(1)：31-34.

沈怀荣，邵琼玲，王盛军，等.2010.无人机气象探测技术[M].北京：清华大学出版社.

《世界无人机大全》编写组.2004.世界无人机大全[M].北京:航空工业出版社.
孙红星.2004.差分 GPS/INS 组合定位定姿及其在 MMS 中的应用[D].武汉:武汉大学.
孙杰,林宗坚,崔红霞.2003.无人机低空遥感监测系统[J].遥感信息(1):36-38.
谭建荣,李立新.2002.基于曲面局平特性的散乱点数据拓扑重建算法[J].软件学报,13(11):2121-2126.
唐琏,谷士文,费耀平,等.2000.全方位全景图像的一种映射方式[J].计算机工程,26(8):95-97.
王飞.2007.支持向量机在图像配准中的应用研究[D].西安:西安理工大学.
王海晖.2002.一种多传感器遥感图像的配准方法[J].华中科技大学学报,30(8):1-3.
王娟,师军.2008.一种柱面全景图像自动拼接算法[J].计算机仿真,25(7):213-215.
王青,王融清,鲍虎军,等.2000.散乱数据点的增量快速曲面重建算法[J].软件学报,11(9):1221-1227.
王永波,盛业华,闾国年,等.2007.基于 Delaunay 规则的无组织采样点集表面重建方法[J].中国图象图形学报,12(9):1537-1543.
王志勇,张继贤,黄国满.2012.数字摄影测量新技术[M].北京:测绘出版社.
韦燕凤,赵忠明,闫冬梅,等.2005.基于特征的遥感图像自动配准算法[J].电子学报,33(1):161-165.
魏瑞轩,李学仁.2009.无人机系统及作战使用[M].北京:国防工业出版社.
邢帅.2004.多源遥感影像配准与融合技术的研究[D].郑州:解放军信息工程大学.
邢素霞.2011.红外热成像与信号处理[M].北京:国防工业出版社.
熊自明.2013.无人机战场监测理论与技术研究[D].郑州:解放军信息工程大学.
熊自明,万刚,曹雪峰,等.2010.一种用于空中全景监测的无人机监测系统[C]//第 17 届中国遥感大会摘要集.北京:科学出版社:378-383.
熊自明,万刚,吴本材.2011.基于改进蚁群算法的无人机低空突防三维航迹规划[J].电光与控制,18(12):44-48.
熊自明,万刚,闫鹤,等.2012.基于改进 SIFT 算法的小型无人机航拍图像自动配准[J].测绘科学技术学报,35(2):36-40.
许振辉,张峰,孙凤梅,等.2009.基于邻域传递的鱼眼图像的准稠密配准[J].自动化学报,35(9):1159-1167.
严京旗,施鹏飞.2001.基于无组织结构数据集的三维表面重建算法[J].计算机学报,24(10):1051-1056.
杨猛.2008.一种新的基于多特征的图像自动配准技术[J].计算机应用研究,25(7):2228-2231.
杨欣.2007.基于边缘拟合直线的遥感图像自动配准[J].计算机工程与应用,43(28):34-36.
杨遵.2007.一种多无人机协同侦察航路规划算法仿真[J].系统仿真学报,1(2):16-17.
叶文,范洪达,朱爱红.2011.无人飞行器任务规划[M].北京:国防工业出版社.
叶玉堂,刘爽.2010.红外与微光技术[M].北京:国防工业出版社.
英向华,胡占义.2003.一种基于球面透视投影约束的鱼眼镜头校正方法[J].计算机学报,26(12):1702-1708.
于文率,余旭初,张鹏强,等.2007.一种改进的 UAV 视频序列影像拼接方法[J].测绘科学技术学报,24(6):415-418.
余战武.2006.基于傅里叶变换的多源高分辨率遥感数据的配准技术[D].北京:中国科学院研究生院.
张保明,龚志辉,郭海涛.2008.摄影测量学[M].北京:测绘出版社.
张鹏强.2009.无人飞行器序列图像战场地理环境探测关键技术研究[D].郑州:解放军信息工程大学.
张鹏强,余旭初,韩丽,等.2007.基于直线特征匹配的序列图像自动配准[J].武汉大学学报:信息科学版,32(8):676-679.
张鹏强,余旭初,于文率,等.2007.机载视频影像运动目标检测与跟踪技术[J].测绘科学技术学报,24(6):410-413.
张强.2007.低空无人直升机航空摄影系统的设计与实现[D].郑州:解放军信息工程大学.
赵铭,盛怀洁,王伟.2008.无人机在突防行动中的航路规划研究[J].电光系统,12(4):32-34.
郑金华.2006.无人机战术运用初探[M].北京:军事谊文出版社.

朱宝鎏.2006.无人飞机空气动力学[M].北京:航空工业出版社.

ARYA S,MOUNT D.1993.Approximate nearest neighbor queries in fixed dimensions[C]//Proceedings of the Fourth Annual ACM-SIAM Symposium on Discrete Algorithms. Wisconsin:[s.n.]:271-280.

ARYA S,MOUNT D,NETANYAHU N,et al.1998. An optimal algorithm for approximate nearest neighbor searching in fixed dimensions[J].Journal of the ACM,45(6):891-923.

BARBARA Z, JANF.2003. Image registration methods: A survey[J].Image and Vision Computing,21:977-1000.

BRANDT S.2002.Maximum likelihood robust regression with known and unknown residual models[C]//Proceedings of the ECCV 2002.Copenhagen:[s.n.]:97-102.

CANDOEIA F M.2003.Jointly registering images in domain and range by piecewise linear comparametric analysis[J].IEEE Transaction Image Processing,12(4):409-419.

FAHLSTROM P G,GLEASON T J. 2003.无人机系统导论[M].2版.吴汉平,译.北京:电子工业出版社.

HUTTENLOCHER D P, ULLMAN S. 1990. Recognizing solid objects by alignment with an image[J]. International Journal of Computer Vision,5(2):195-212.

KAMINSKY R S,SNAVELY N,SZELISKI R. 2009.Alignment of 3D point clouds to overhead images[J]. IEEE Conference on Computer Vision and Pattern Recognition,78(6):63-70.

LI Xiangru,HU Zhanyi. 2010.Rejecting mismatches by correspondence function[J]. International Journal of Computer Vision,89:1-17.

LOWE D G. 1999. Object recognition from local scale-invariant features[C]//Proceedings of the IEEE International Conference on Computer Vision. Kerkyra:[s.n.]:1150-1157.

LOWE D G. 2004. Distinctive image features from scale-invariant keypoints[J]. International Journal of Computer Vision,60(2):91-110.

MIKOLAJCZYK K,SCHMID C.2005.A performance evaluation of local descriptors[J].IEEE Transactions on Pattern Analysis and Machine Intelligence,27(10):1615-1630.

MOORE A.1991.An introductory tutorial on KD-trees[R].London:University of Cambridge:6-18.

TRAJKOVIC M,HEDLEY M.1998.Fast corner detection[J].Image and Vision Computing,2(16):75-87.

WANG Guanghui,WU Q M J.2010. Quasi-perspective projection model: theory and application to structure and motion factorization from uncalibrated image sequences[J].International Journal of Computer Vision, 87(3):213-234.

WU F C,WANG Z H, HU Z Y. 2009.Cayley transformation and numerical stability of calibration equations [J].International Journal of Computer Vision, 82(2):156-184.

XIONG Ziming, WAN Gang, LIU Yongjun. 2011.An approach to sudden occurred disaster-scene 3D fast reconstruction[C]//Proceedings of 2011 International Symposium-Geospatial Information Technology & Disaster Prevention and Reduction. Australia: St. Plum-Blossom Press:155-158.